U0366182

# 城市道路交通规划与管理

王庆海　著

中国建筑工业出版社

图书在版编目(CIP)数据

城市道路交通规划与管理/王庆海著. —北京：中国建筑工业出版社，2007
ISBN 978-7-112-09583-4

Ⅰ. 城… Ⅱ. 王… Ⅲ.①城市道路—交通规划②城市道路—交通运输管理 Ⅳ. TU984.191

中国版本图书馆 CIP 数据核字(2007)第 122442 号

责任编辑：陆新之
责任设计：崔兰萍
责任校对：刘　钰　孟　楠

**城市道路交通规划与管理**

王庆海　著

\*

中国建筑工业出版社出版、发行（北京西郊百万庄）
各地新华书店、建筑书店经销
北京天成排版公司制版
北京建筑工业印刷厂印刷

\*

开本：787×1092毫米　1/16　印张：36　字数：1080千字
2007年11月第一版　　2008年5月第二次印刷
印数：3,001—4,000册　　定价：**76.00**元
ISBN 978-7-112-09583-4
　　　　(16247)

# 序

改革开放以来，我国国民经济一直维持比较高的发展速度，城镇化与机动化也随着产业结构调整和经济水平的提升，呈现出以中心城市为核心加快发展的趋势，城市发展与国民经济发展之间的协调互动关系日益紧密。在城市空间扩张和城市功能进一步完善的过程中，交通系统作为承载城市社会、经济、文化、政治活动的物质基础，发挥着越来越显著的作用。但与此同时，城市交通发展中所暴露的问题也越来越多，城市交通系统十分脆弱，交通拥堵逐年加剧，交通污染日趋严重，交通效率不断下降，交通问题已成为政府和公众最为关注的核心问题。因此，如何建设一个通畅的交通系统，缓解日益突出的各种交通矛盾，支持城市的可持续发展，已成为城市发展进程中必须正视和应对的一个不容忽视的重大课题。

现阶段，我国城市交通难题已由设施供给矛盾正逐渐转变为资源短缺矛盾，必须寻求新的交通发展模式，这是解决我国城市交通问题的根本出路，也是城市交通规划和管理必须回答的战略问题。在未来城镇化和城市机动化进程中，城市布局形态的扩张和城市功能的聚集都不可避免，交通需求将会以更快的速度增长，层次性、多样性特征也会更加显著，对交通供应系统的层次性、服务的整合性、资源利用的有效性、交通信息的即时性、与环境的协调性都会提出更高的要求。在新的发展时期，以科学发展观为指导，以建设资源节约型和环境友好型社会为目标，做好交通规划是解决交通问题的首要环节。城市交通规划作为协调城市发展与交通发展、指导城市交通建设的纲领，将发挥越来越重要的作用。交通规划必须要有前瞻性、战略性和综合性，要通过技术手段和科学方法来体现政府的公共政策，指导城市交通的建设。

在这样一个大的发展背景下，王庆海同志结合自己的工作实践撰写了本书，从城市发展、土地利用、设施建设、规划方法、可持续发展等方面系统地阐述了自己对城市道路交通规划与管理的认识和观点，体现了城市政府领导对城市交通发展的高度关注和重视。城市交通规划与管理事业仍处于发展之中，我国紧凑的城市布局形态、高密度的城市开发、高速度的城市化进程、复杂的城市交通构成，都给城市交通规划与管理工作提出了新的挑战，也给城市管理者提出了新的要求。衷心希望本书的出版能为城市交通发展起到助推作用。

马　林

2007 年 8 月 22 日

# 自 序

交通是人类进行生产、生活的重要需求之一，凡是有人的活动就离不开交通。城市道路是随着城市形成而形成的。社会生产力的发展推动着人类物质文明，道路交通也是遵循着这条规律逐渐形成和发展起来的。

高效的交通运输网络、科学的交通管理手段是保障城市交通有序、规范、科学发展的决定因素。目前，由于城市交通供需矛盾的日益突出，交通设施和交通管理水平的相对落后，交通布局结构的不尽合理，交通拥挤、秩序混乱、事故频发等"城市病"越来越突出，严重地影响了社会经济的发展和人民生活水平的提高，同时也严重制约了城市建设和管理活动的开展。

总结我国城市道路交通规划和管理的经验教训，并借鉴国外的先进经验，使我们清楚地认识到：科学编制城市道路交通规划，加强城市道路交通管理，及时把握城市交通问题发展的规律，是从技术和行政管理两方面指导交通管理政策、措施制定的重要途径；遵循交通设施和管理资源相结合，规范管理与人性化管理相结合的道路设计规划标准，是提高道路通行能力、规范交通行为、体现"以人为本"的重要手段；综合制定城市道路交通管理评价指标和体系，运用定性和定量的评价标准，是综合衡量城市交通管理水平，找出管理薄弱环节，有针对性地制订完善方案的有效依据。

笔者根据所学的城市道路交通规划与管理理论，结合多年的工作实际，在参阅了大量资料的基础上编写了这本书。本书力求体现系统性、通俗性、实用性、前瞻性、创新性等特点，通俗易懂、重点突出、便于应用、理论和实践相结合，适于城市道路交通规划管理者和从事城市管理的行政管理人员阅读。

由于笔者的知识水平和实践经验等方面的欠缺，加之是在工作繁忙之余写作，因此差错难免，不周不妥之处敬请读者批评指正，并欢迎提出问题和意见进行磋商探讨，希望通过此书结交更多的朋友和城市交通规划与管理爱好者。本书的编写参阅了大量的中外城市交通规划和管理类资料，也得到了我的博士生导师杨超教授的指导和同学、同事的帮助，在此一并表示衷心的感谢。

王庆海

2007 年 7 月

# 目　　录

# 第一章　概　　论

# 第一节 城 市 与 交 通

## 一、城市与交通的关系

城市构造与交通，或者土地利用形态与交通是相互作用、相互影响的，在研究探讨城市交通时，离不开研究城市构造以及土地利用形态。土地利用形态决定了交通发生、吸引的强度，城市构造影响着交通的空间分布形态。反过来交通基础设施的建设又引导着城市的空间发展方向。因此，在研究和探讨城市中日益严重的交通问题时，不仅要考虑交通，同时应充分考虑与城市构造以及土地利用的关系，否则交通问题难以真正地得到解决。

在历史上，随着商人这样一个不从事生产而只从事产品交换的阶层的出现，产生了人类第三次大分工，从而城市开始形成。城市是人类聚集在一起共同生活的场所，人类的城市社会具有"居住"、"工作（包括学习）"、"游憩"这样三个要素。

在城市形成的初期，"居住"、"工作（包括学习）"、"游憩"处在同一个空间，随着工业化的发展和扩大，出现了生活环境恶化等诸多问题，居住地和工作场地混在一起的模式带来了很多弊端。逐渐地，城市空间被划分开来并被特定为具有专门性质的空间，作为居住的区域有住宅地区，作为工作与学习的区域有工业地区、商业地区、学区等，作为生活区域有商业地区、公园绿化地区等。各种性质的区域配置适当，相互之间有一定间隔，其全体就形成了现代的城市空间。

现代城市的形成，欧洲是个典型的例子。19 世纪的欧洲，随着工业革命的进展，在城市中无计划地出现了大量中小工厂，农村人口向城市集中的现象十分显著。林立的烟囱中排出的黑烟、废气覆盖了天空，工业废水与生活污水遍地皆是。工厂建在住宅周围，造成了生活环境的恶化。为了解决这些城市问题，从 19 世纪后半叶到 20 世纪初期，从城市规划的角度，对于不同性质的城市空间进行了分离，纯化了土地利用的性质，于是"居住"、"工作（包括学习）"、"游憩"三种城市空间逐渐分离开来。

随着城市人口的增加，城市规模的不断变大，不同目的、性质的城市空间的分离程度也随之加大。人们为了进行上述三种基本的活动，就必然需要移动。也就是说，随着城市空间的分离，最终产生了城市社会的第四大要素——"交通"。因此，在物理上可以把城市解释为人们进行生活所必需的"居住空间"、"工作(学习)空间"、"游憩空间"以及"交通空间"的组合体。

图 1-1 表示了城市社会四要素及其相互之间的关系。

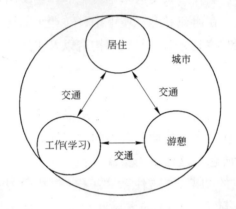

图 1-1　城市社会四要素及其相互之间关系图

随着城市经济的快速发展，人口向城市的不断集中，进一步促进了城市向郊外不断扩张，增加了城市的交通需求。而这种增长的交通需求则需要更加发达的交通方式和交通基础设施与其对应。与此同时，交通方式与交通设施的发达反过来又促进了进一步的城市化。从国内外的实例可以看到，城市发展的特征之一就是城市的繁荣是沿着干线道路以及大量运输方式的走向而形成的。

中国的城市交通发展事业同样说明了城市与交通发展的相互作用。特别是近年来中国的城市化发展速度不断加快，新的开发区或是卫星城多是沿着主要交通通道形成的。

北京市的城市发展正好说明了这一点。北京地铁于 1965 年 2 月 4 日破土奠基，1969 年 10 月 1 日北京地下铁道一期工程建成通车试运行。从北京站至古城站共设 16 座车站及一座地面车辆段——古城车辆段，运营线路长 21km。1971 年 1 月 15 日，北京地铁一期工程线路开始试运营，实行内部售票，接待参观群众。1972 年 12 月 27 日，北京地铁由原凭证出售地铁票改为免证件出售地铁票，单程票价仍为一角。1972年，北京地铁年客运量为 1503 万人次，开行列车为 35052 列，日开行列车 96 列，日均客运量为 4.1 万人次。1981 年 9 月 15 日，北京地铁一期工程验收正式交付使用。北京地铁一期工程从福寿岭至北京站，运营线路全长 27.6km，设 19 座车站。从 20 世纪 80 年代开始，地铁一号线沿线，特别是在地铁横贯全区的石景山区，陆续形成了多个大型居民住宅区。

北京市的环线道路建设也带动了城市的发展。全长 65.3km 的北京四环路 2001 年 6 月 9 日通车。四环路为双向八车道，设计时速为80～100km，与首都机场、京通、京沈、京津塘、京开、京石、八达岭等 7 条高速公路和数十条城市干道相连，是全封闭、全立交、具有城市交通特点并且不收费的城市快速路。

城市功能布局以及空间结构的优化调整，是改善城市交通的治本之策。目前，北京市正在按照国务院批准的《北京城市总体规划（2004—2020）》全面实施新的空间发展战略，优化调整城市功能布局，逐步构建"两轴—多带—多中心"的城市空间结构，相信北京市的交通问题将会随之大大改善。

### 二、城市交通的特征

城市是一个以人为主体，以空间利用为特点，以聚集经济效益和人类进步为目的的集约人口、集约经济、集约科学文化的空间地域系统。城市虽然占据的地球表面面积很小，但却高度聚集了大量的人口、财富和社会经济活动。它是人类物质财富和精神财富生产、传播和扩散的中心。而随着城市规模的扩大，城市交通问题变得越来越复杂，特征也越来越明显。

城市是个巨系统的特点决定了城市交通的复杂性。城市交通问题一直是世界各国大城市关注的焦点。在城市发展的各个阶段，大城市总是面临着各种不同的交通问题。

城市交通系统是一个由人、车、道路、公交系统，以及环境组成的相当复杂的动态系统。系统科学家们习惯将其看成一个复杂、开放的巨系统。城市交通系统运送的对象包括人和物。

城市的特性使得城市交通通常具有如下特征：

（1）近距离交通为主体，市中心的短距离交通更多。

（2）具有时间周期性。人的移动以通勤、通学为主，而且主要集中在早晚的短时段内。这种变动通常以 24 小时，或是 1 周时间为周期。

（3）对于城市中心、交通枢纽以及车站，具有聚集性。

（4）具有方向性。由于城市活动集中在市中心进行，所以城市中心发生的集中交通居多，通常呈现向心的形态。

（5）多种交通方式。城市中的人流，或者说人的出行（Person Trip）采用的交通方式多种多样，包括步行、自行车、摩托车、小汽车、公交车、轨道交通等。城市中的物流则以汽车为主，随着快递业的发展，小宗货物运送量的增加，近年来摩托车、自行车也被广泛应用。

（6）大量、密集交通。与城市间交通相比，城市中交通密集、交通量大这一特征十分明显。城市越大，城市中人和物体的移动总量就越大，交通的发生率、集中率也就越高。

（7）出行率高。个人出行调查表明，城市中的平均出行次数要高于外围地区。广州市 1998 年的调查数据显示，老城区的日均出行次数为 2.2 左右，而外围地区仅为 1.9 左右。苏州市 2000 年的调查数据显示，中心区的日均出行次数为 2.45，外围区的日均出行次数小于 2.40。

### 三、城市交通方式的多样性及特点

交通可以被定义为人或物体地点之间的移动。随着城市规模的加大，城市中的社会、经济活动变得越来越复杂，城市功能也随之分化，连接这些城市功能的交通的作用显得越来越大。构成交通的要素有移动的主体、交通方式、交通通路。

城市中交通的各种特性，特别是移动主体的多样性，决定了城市交通需要由多种交通方式共同担负。具体到一种交通方式，一般是由交通动力、交通工具、交通通路、运营管理四种要素构成。

交通动力包括人力、畜力、风力、电力等。交通工具包括自行车、汽车、火车、船舶、飞机等。交通通路即道路、铁路、水路、空路等线形网络，以及汽车枢纽、港口、机场等枢纽设施，合起来被称为交通的基础设施。交通动力和交通工具通常是一体的，比如汽车、船舶、飞机；有时是分离的，如电气化铁道。交通动力和交通工具一体的情况，可以将其称为可移动设施。

当代的城市中，除了徒步这种传统的交通手段外，自行车、摩托车、小汽车、货车、公交汽车、有轨电车、新交通系统、城市轨道、地下铁道等等多种多样的交通方式非常发达。城市中各种交通方式的基本要素决定了包括运送能力（表1）、舒适程度等它们各自的特点，正是由这些交通方式共同构成的城市综合交通体系支撑着城市的交通。如图1-2所示，城市中的出行距离长短不同，出行量自然不同，所适合的交通方式也不同。步行方式老幼皆宜，更适合短距离出行。小汽车的效用尽管很高，是其他方式无法比拟的，但是运送能力却是各种方式中最低的，而且短距离出行花费的时间可能会比步行或是自行车多，大量出行如果使用小汽车，则会造成城市道路拥堵，并且还

**各种交通方式的运送能力比较**　　　　　　　　表1

| 交通方式 | 运送能力观测值的范围 |
|---|---|
| 铁道、地铁 | 40000～50000人次（小时·方向） |
| 有轨电车、轻轨等 | 5000～24000人次（小时·方向） |
| 快速公交（BRT） | 10000～25000人次（小时·方向） |
| 普通公交车 | 4000～18000人次（小时·方向） |
| 私人汽车 | 620～2400人次（小时·方向） |
| 自行车 | 1500～1800人次（小时·方向） |
| 步行 | 1400～1800人次（小时·方向·人行带宽） |

注：1. 各个地方对于BRT的定义不同，设计标准也不同，因此运送能力的范围较大，有的数据高达60000人次（小时·方向），一般认为10000～25000人次（小时·方向）更为合理。运能过高意味着车辆大型化，运送频度密集化，其结果会导致交叉方向道路交通延误增加；

2. 城市道路的人行带宽为0.75m，车站、码头、人行天桥和地道为0.75m。

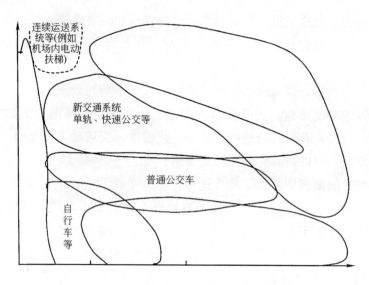

连续运送系统等(例如机场内电动扶梯)

新交通系统单轨、快速公交等

普通公交车

自行车等

图 1-2 多种交通方式适应范围示意图

会带来交通安全等社会问题以及污染等环境问题。因此，大城市中尤其需要像地铁这样的大运量公共运输方式。而城市的出行交通也只有由各种交通方式共同承担，才能有效地处理好交通问题。

近年来随着自动控制技术的不断进步，运营管理愈发受到重视。这是解决交通拥堵、安全、环境等问题的重要手段。

**四、城市交通的发展战略**

**1. 北京宣言**

城市交通问题的解决离不开城市交通发展战略的指导，这一战略应该包含公众利益优先、综合交通体系的形成、需求引导型交通规划理念、科学合理的交通运用及其管理等内容。1994—1995 年，建设部与世界银行、亚洲开发银行合作开展"中国城市交通发展战略研究"，并于 1995 年 11 月在北京召开的研讨会上通过了关于中国城市交通发展战略的《北京宣言》，提出了五项原则、四项标准和八项行动。

（1）五项原则

交通的目的是实现人和物的移动，而不是车辆的移动；交通收费和价格应当反映全部社会成本；交通体制改革应该在社会主义市场经济原则指导下进一步深化，以提高效率；政府职能应该是指导交通的发展；政策上应该鼓励私营部门参与提供交通运输服务。

（2）四项标准

经济的可行性；财政的可承受性；社会的可接受性；环境的可持续性。

（3）八项行动

改革城市交通运输行政管理体制；提高城市交通管理的地位；制定减少机动车空气和噪声污染的对策；制定控制交通需求的政策；制定发展大运量公共交通的战略；改革公共交通管理和运营；制定交通产业的财政战略；加强城市交通规划和人才培养。

近年来许多城市注重城市发展战略的制定，北京市 2005 年 4 月率先公布了《北京市交通发展纲要(2004—2020)》，昆明市也于同年 7 月通过了《昆明城市交通发展纲要》的评审。

**2. 城市交通发展战略**

城市交通发展战略是对城市交通未来发展趋势的总体预测与判断，从宏观上把握城市交通发展的方向，避免走弯路。结合我国人口众多，城市人口密度高，目前处于汽车化和城市化的进程之中等特点，在我国城市交通的发展战略中应特别注意下列几项基本内容。

（1）公众利益优先

城市的交通发展战略应该是以公众利益优先为主体，从城市交通结构的发展趋势看，大致有两类：一类是大力发展公共交通的交通发展战略，另一类是以小汽车为主导的交通发展战略。我国的大多数城市是人多地少的紧凑型发展模式，故应将发展公共交通作为主要的策略，根据不同城市规模，确定适合相应的城市规模的公交发展战略，形成以公交为主体的综合交通体系。

城市交通设施的建设应该充分体现公平性原则。公共交通是城市交通设施公平性的最好体现。

（2）综合交通体系和信息化

大中城市应该形成城市综合交通体系。城市综合交通体系包括城市对外交通、市内客货运交通、交通枢纽、静态交通等诸多内容，是城市各类交通设施合理结合的有机组成。城市交通发展战略应该根据城市发展的需要对城市综合交通体系作出总体部署，其内容包括：确定城市对外交通设施的选址、规模与功能；确定城市道路网络的骨架、规模和布局；确定公共交通设施的主导形式、规模和布局；确定城市停车系统的规模、等级和分布；确定交通枢纽、货运系统以及其他城市交通设施的规模与布局。

信息化可以促进出行的效率。建立城市交通信息平台，应该是城市综合交通体系建设的一个有机组成部分。

（3）以交通设施引导城市的合理发展

有交通规划学专家把交通规划划分为需求追随型和需求诱导型两种。所谓需求追随型就是指当交通需求大于交通供给时，为了满足需求的需要而做出的设施规划。需求诱导型则是指在需求发生变化之前，预测出其变化的趋势，针对需求预测的增加提前做出设施建设的规划，以满足潜在的需求增加的要求，避免城市交通问题表面化。需求诱导型是规划专家们追求的规划方式。具体在城市的发展过程中，就是试图用交通设施先行这种方法来引导城市的合理发展。

（4）动态管理与静态管理并举

交通规划通常是在给定的框架下进行交通需求预测，然后在预测结果的基础上进行设施的规划。但是随着汽车化的快速发展，对于迅速增加的汽车需求，在有限的城市空间中已经很难进行对应预测的需求的设施建设，因此综合考虑对于交通设施的运营与管理、控制机动车需求的做法越来越被大多数人所接受。

在欧洲，特别是在英国首先出现了综合交通管理(Comprehensive Traffic Management：CTM)，美国则出现了交通系统管理(Transportation System Management：TSM)，并由此在英国产生了交通设施建设与运营、管理并重的一揽子方法，而在美国则发展成为交通需求管理(Travel Demand Management：TDM)。德国出现了在全国范围开展的各地区的停车管理，最近发展成为从交通需求出发进行土地利用管理的成长管理。

（5）完善规划体系

交通规划要与城市总体规划和国民经济社会发展计划相协调，与城市规划层次和编制阶段相衔接，并且建立和完善多层次的城乡一体化交通规划体系。各层次的交通规划要与相应层次的城市规划同步编制、相互协调，同时要建立交通规划与城市土地利用规划之间的反馈机制。

为了保障规划的科学性、合理性、可行性、公平性，交通规划研究与编制要向社会开放，重大规划编制项目要实行社会公开招标，并且建立专家论证与社会公示制度，鼓励公众参与规划的编制，监督规划的实施。

# 第二节　城市道路交通规划与管理概念

## 一、城市道路交通规划

### 1. 定义

所谓"规划"（Planning），是指确定目标与设计达到该目标的策略或行动的过程，而"交通规划"就是确定交通目标与设计达到交通目标的策略或行动的过程。

具体地讲，交通规划是经过交通现状调查，预测未来在人口增长、社会经济发展和土地利用条件下对交通的需求，制定出相应的交通网络形式，并对拟定的方案进行评价，对选用的方案编制实施建议、进度安排和经费预算的工作过程。道路交通规划也就是在确定规划期限、目标的基础上，根据交通调查、分析和预测以及社会经济效益估价等，制定的交通结构与道路网的规划。

### 2. 交通规划的内容

（1）经济调查和分析。包括与交通有关的社会经济统计资料，历年客、货运输资料，以及各个交通分区的现状用地资料和规划用地资料，对这些进行系统的调查、整理和分析。

（2）交通现状调查。对规划区域内现有各类交通现状进行调查。

（3）交通需要调查。包括客、货流的生成与吸引、出行目的和出行方式以及停车调查。

（4）根据以上各项调查资料，建立交通需求模型和交通评价模型，对现状系统进行综合交通评价，并进行未来各个时期的交通需求预测。

（5）根据对现状的综合交通评价和交通需求预测资料，提出近期的交通治理方案和交通系统规划方案。

（6）在对上述方案进行综合评价的基础上，确定道路网的布局，包括道路网的形式和指标、各条道路的等级和功能，以及各个交叉口的类型和有关技术参数。

（7）建立交通数据库，不断进行交通信息反馈，修订交通模型、交通预测数据和规划方案，使规划保持持续和不断完善。

**3. 交通规划的制定**

制订交通规划方案的过程一般分为如下几个步骤。

（1）输入数据

以系统定量分析为基本手段的现代路网规划必须借助计算机来完成。在利用计算机进行路网规划分析时，需要输入的基本资料为：①区域内的人口、土地利用和社会经济预测资料；②交通预测资料；③区域内的现状道路网络。

（2）方案准备

根据对区域内土地利用、社会经济、交通需求的预测、现状路网交通质量评价，提出规划年区域内道路网改建、新建、调整、补充等一系列方案。

（3）交通分配

将不同的规划方案输入计算机，把规划年的交通量分配到这些路网上。

（4）交通质量评价

（5）可行方案的效益分析和综合评价

城市道路交通规划是根据城市的规模、经济发展、交通现状以及整个城市近期和中、长期发展规划，依据交通工程、系统工程的理论和方法，对城市道路交通管理特别是城市交通组织管理、交通管理科技发展和政策发展等方面提出的发展规划。城市道路交通管理规划应与城市总体规划、城市交通规划有机地结合起来，以适应社会和经济发展对交通管理的要求，确保道路交通管理规划的有效性、合理性。因此，道路交通管理规划的制定应获得城市建设部门、城市规划部门的支持和协助。

### 二、城市道路交通建设

**1. 城市道路交通建设应与交通管理相适应**

城市道路交通建设包括道路基础建设和交通管理设施建设，是交通管理的基础。有路才有行人和车辆，才有交通行为，才需要交通管理。二者的关系是辩证的统一，前者是前提，后者是手段，共同服务于经济建设。

**2. 城市道路交通建设要优先考虑管理因素**

正确把握城市道路交通建设与管理的关系，重在一个"建"字，即只有优先搞好城区道路交通建设，才能谈得上管好交通，否则，管理就无从谈起。一座城市的道路交通建设是否科学合理，是否上品位、上档次，既取决于城市规划目标和地方经济承受能力，又取决于交通管理的要求。城市道路交通建设不能超前（超前则劳民伤财），也不能滞后（滞后则制约管理水平的提高），而是要优先考虑管理因素。

第一，城市规划要与交通规划同步。长期以来，我国中小城市在制定道路规划中，忽视了交通管理规划，造成了交通管理设施建设不能与道路基础建设同设计、同施工、同投入使用。因此，政府部门要重视城市交通管理规划的制定，在规划和建设城市时，要坚持"百年大计"的方针，充分预测交通发展趋势，街道的走向、宽度要和城市发展规模相适应，重点建筑物的规划、设计和施工也必须考虑交通发展因素，合理布局相应的停车场所和安全设施。

第二，城市道路建设要与交通管理设施建设同步。主、次干道必须是人行道、非机动车道、机动车道隔离，路面交通标牌、标志、标线齐全，交叉路口和危险地段要设置指路牌和安全警示牌，主要路口要建交通信号指挥灯和交警指挥岗亭。道路设计要充分考虑交通流量和场站布局，施工尽量避免坡度、高度过大，交通拥挤路口要建立交桥。政府要采取硬性措施，督促城建部门和开发商做到道路建设和交通管理设施建设同步进行，并按照"谁投资谁受益，谁受益再投资"的原则，鼓励道路开发商抓好基础建设和管理设施建设。就是说，既要做到同步，又要使投资者受益。

第三，整改事故多发路段。城区事故多发路段大多数是因为道路设计不合理、缺乏必要的交通管理设施造成的。公安交警部门在搞好事故多发路段的排查中，要积极向城建部门提出合理的改造建议，集中人力、财力进行路面改造，注重建设质量，提高道路完好率，最大限度地减少交通事故的发生。

第四，要在城市建设上重视交通管理。凡影响城市交通管理的改建、扩建工程和开挖、占道工程都须征求公安交警部门意见，统筹兼顾，合理安排。政府在城市建设资金预算上，要考虑交通管理设施建设预算。最好是设立畅通工程专项资金，保证交通管理设施建设和科技投入的资金能及时到位。

总之，城市道路交通建设与管理相辅相成，缺一不可。惟有正确地把握好两者之间的关系，才能营造出一个良好的道路交通环境，更好地为城市经济发展服务。

### 三、城市道路交通规划管理

道路交通规划管理工作是城市总体规划中重要的环节，制定城市道路交通管理规划也就显得十分必要而迫切。城市道路交通管理规划应对道路交通和管理的发展做出系统总结，并对城市交通现状进行合理分析，运用多学科的理论、方法，科学地预测规划年份道路交通发展趋势，研究城市道路交通规划管理发展的基本方略，提出今后交通规划管理工作的具体发展规划。

#### 1. 城市道路交通现状分析

通过社会经济和相关交通调查，获得大量的城市交通基础资料和信息，并对道路系统、动态交通、静态交通和交通管理现状存在的问题进行分析。

#### 2. 城市经济和交通发展预测

城市经济和交通发展预测包括对城市发展、社会经济发展、道路交通发展分别进行预测，道路交通发展预测应具有道路发展、公交交通发展和包括机动车、私人小汽车和非机动车在内的车辆发展以及交通状况的预测。

**3. 城市道路交通管理具体规划**

城市道路交通管理具体规划内容应包括公共交通管理工作的各个方面，主要有：

（1）道路交通组织规划。

科学合理地组织道路交通，优化和调节交通结构及出行方式，形成快速、畅通、有序的城市道路交通网络。

（2）交通管理科技发展规划。

加大高、新技术在道路交通管理中的研究应用，不断提高科学管理水平。

（3）道路交通宣传教育规划。

以形成社会化的交通安全宣传教育网络为目标，寓宣传教育于执法管理之中，提高全民交通安全整体素质。

（4）车辆管理发展规划。

加强车辆管理工作，以先进、规范、有序、合理、便捷的手段进行车辆管理。

（5）勤务管理发展规划。

提高交警执法的整体水平，强化执勤民警的管理、服务职能，提高民警队伍形象。

（6）交通法制建设发展规划。

进一步强化社会主义法制建设，健全道路交通法规，提高交警队伍的整体法制意识，真正做到有法可依、有法必依、执法必严、违法必纠。

（7）道路交通事故防范工作规划等。

**4. 城市道路交通管理规划方案的评价**

规划方案的评价是指通过对备选方案进行交通流分配预测、效益分析，阐明其达到预期规划目标的可行性。同时还可发现方案中存在的问题，从而有助于及时解决问题或重新选择方案。

**5. 城市道路交通管理规划方案的实施**

上述第 1 项、第 2 项工作主要由交通规划部门完成，交通管理部门协助进行并可采用相关资料用于城市道路交通规划。城市道路交通管理规划按阶段分年度安排，在实施过程中形成滚动发展机制，定期进行充实调整，不断推进。

城市道路交通管理规划在规划时间上可以和道路规划建设周期保持一致，一般可分为三个层次：

（1）宏观交通管理战略发展规划

规划年限一般为 5～10 年，主要是确定道路交通管理发展的基本方略。如完善交通政策、制定相关法规、实现公共交通占主导地位、建成智能化交通管理系统(ITMS)等战略性目标。

（2）中期交通管理发展规划

规划年限一般为 1～3 年，主要工作是在宏观交通管理战略发展规划的指导下，提出具体的分年度工作方案。如道路交通组织的中期规划可以是结合道路网建设状况，规划、确定切实可行的交通流组织管理方案和措施，具体措施可以是均衡路网的交通流量、规划单行线和专用线、信号灯控制实现线控等。

（3）近期交通管理计划

近期交通管理计划的工作年限为 1 年左右，即年度工作计划。如道路交通组织的近期计划主要是重点交叉口、路段的交通管理方案设计与论证，以完善交通管理设施、合理组织和渠化交通为主。如对重点交叉口渠化、信号灯配时优化设计、转向控制等，以及路段机非分离、车道划分、停车管理等。

# 第三节　城市交通与经济发展

## 一、城市交通与经济发展密切联系并相互促进

经济发展离不开交通运输的支撑。城市是经济发展的中心，是各种交通运输方式的集中地和交通运输的枢纽，城市交通在整个交通运输体系中具有特别重要的地位。

从人类发展史来看，城市交通伴随城市的产生而产生，在经济发

展中发挥着重要作用。为了将农产品和手工产品从产地运到消费地，商人们需要使自己的产品发生空间位置的移动，这就是生产对交通的需求。同时，城市居民需要消费基本的生活必需品，他们需要到相应的市场购得自己的生活用品，这就是生活对交通的需求。在城市形成的初期，城市的规模还不是很大，步行就能够完成人们的出行需求。但是随着城市规模的不断扩大，城市中各功能分区越来越细致，道路网建设因此不断发展，人们已经不能单纯靠步行来解决交通问题了，他们需要交通工具的辅助。另外，从出行目的来看，人们的出行也由单纯地为了生产和交换，发展为社会经济活动和生活中的多种需求。

近代的工业革命，使城市发生了巨大的变化，从而也使城市交通发生了巨大变化。蒸汽机的发明，标志着人们摆脱了风力和水力，从而可以把生产集中于城市，使加工工业迅速地在城市发展，并随之带动了商业和贸易的发展，城市人口迅速膨胀，正如马克思所说："人口也像资本一样集中起来。"随着工业的发展，产业门类的增多，工业需要大量的原料，产品需要运输至消费地，原料及产品需要仓库。同时城市人口的聚集，以及生活水平的提高和需求的多样化，应运而生了许多新型的公共建筑。所有这些使城市用地的种类和功能布局远比封建社会时期的城市复杂得多，由此也产生了比从前大得多的交通需求。技术的进步，使得更多、更高速方便的交通工具得以产生，把人类的机动性带到了一个又一个新的高度。

当前，伴随着新科技革命的浪潮，全球经济正向一体化、信息化和科技化的趋势发展，经济增长方式正从以资本、劳动力投入为主体向以技术投入为主体的集约型经济拓展。作为经济发展中心的城市，其经济结构也在不断地调整和变化。总体来看，第二产业始终是增强城市经济实力的基础，仍然以较大增量在发展，但曾经在第二产业中居核心地位的制造业在城市经济中的比重却在不断下降，而以高水平科学研究来生产尖端产品的高新技术产业则蓬勃地成长起来。尤其是第三产业逐步发展壮大并占据了城市经济的主导地位，使城市作为有形产品中心的功能逐渐削减，而作为知识密集和先进的服务中心的功能逐步加强。在这历史性的经济发展过程中，需要城市交通扮演怎样的角色，城市交通如何才能适应和促进经济的发展，是我们应该考虑和回答的问题。

**二、经济发展产生了越来越大的交通需求，并给城市交通系统提出了新的更多的要求**

高速的经济增长促使人、车、物的流通频繁，不仅对区域交通和市际交通带来巨大的压力，而且对城市特别是大城市交通的压力尤为显著。全国 32 个百万以上人口的大城市拥有全国城市人口的 7.6%，但却占有近 1/4 的国民收入，全国工业产值的 1/4 集中在大城市，社会商品零售额的 1/4 通过大城市实现。这些经济指标反映了大城市中频繁的物质交换和人员流动，而实现这些交换和流动的主要载体是城市交通。

国内外学者的研究表明，机动车拥有水平和发展速度同人均国内生产总值密切相关，当人均收入增长一个百分点时，机动车拥有量增长约 1.4 个百分点。收入对机动化的推动作用远远大于其他所有因素对机动化发展的影响。此外，客车的收入弹性系数普遍高于火车及机动车收入弹性系数，也就是说客车的增长速度比火车增长速度要快得多。在我国城市，一般客车与火车年增长比重，已经由 20 世纪 80 年代的 3∶7 转为目前的 7∶3。随着国民经济的增长，城市交通系统将面临比公路系统更大的需求量。

**三、经济发展对城市交通系统的通畅性和高效性提出了更高的要求**

在两地之间存在着几种速度不同的交通工具的情况下，并不一定是最快速的交通工具被选择，因为不同的旅客会选择不同的交通工具。但是，从历史发展看，速度慢的交通工具逐渐被淘汰，交通工具的总体速度在不断提高。从根本上说，这是由人们的客观需求决定的。一般情况下，交通出行属于派生需求，也就是说，出行本身不是目的，只是实现空间位移的一种手段。在交通时间内，人们活动的自由度减少，使人们无法正常工作从而获得收入。因此，作为派生需求的交通时间显然是越短越好。随着经济的发展，人们的时间价值越来越高,缩短交通时间的愿望也就越来越强烈。特别是随着知识密集型产业比重的上升,企业间的技术协作日益加强,为了有效地满足知识产业带内部及其与外部的客、货运输需求,充分利用知识解决区域集聚特性,人们对城市交通系统的通畅性和高效性提出了更高的要求,迫切需要形成快捷高效的交通系统。

**四、城市经济发展中产业结构的变化影响着交通需求产生的内在机制**

随着大城市劳动力、土地等成本的提高,生产技术的标准化和竞争条件的公平化,大城市制造业有着比非大城市更高的成本,这迫使制造业从城市中转移出去,或实现产品及资本的充足以降低成本。而大城市的技术优势使它又成为生产尖端产品的高新技术产业的集聚地。高新技术企业具有产品附加值高、劳动力密度低、素质高的特点,使得城市对劳动力使用的规模和要求产生了变化,体现为通勤出行密度低、出行距离相对较长、出行方式多样化的特点。此外,随着商业、交通运输、通信业、金融保险业和决策管理服务业为核心的第三产业的崛起,也产生了其独特的交通需求特性。商业、金融保险业的拓展使得交通需求具有一定的地域集聚特性,且需求强度很大;旅游业和管理服务业等则是本源性交通需求产生的内在根源,这种交通需求在信息化社会中对道路交通容量和交通管理模式的冲击将会逐步增大。

**五、城市经济发展中产业布局的调整影响和改变交通需求的时空分布特性**

在城市经济的发展过程中,不但产业结构在不断变化,产业布局也在城市经济影响范围内不断地进行调整。由于城市用地的限制和城市交通及通信系统的不断完善,基于基本的考虑,一些技术和资本密集型的第二产业转移到城市边缘地带、卫星城市或次中心城市。而市中心由于信息丰富,联系集中,与财政金融、商业、服务活动交往密切,成为各公司总部所在地。此外,以商业、金融业、旅游服务业及管理服务等为特征的第三产业实现了在城市范围内的分散性布局。产业布局的调整，在一定程度上缓解了城市交通需求的集聚特性，降低了交通出行的平均距离。

城市经济与交通之间的作用不是单方向的，交通系统的建设反过来也会影响城市经济的发展。一方面，交通基础设施建设和交通管理的不断发展和完善是城市实现经济功能的核心载体，先进的交通网络体系能够促进并保障经济的良性发展，促进城市土地开发效率的提高和城市经济布局的调整；另一方面，城市经济发展会不断地创造交通需求，并且保证交通运输体系建设和发展的投入力度，对扩大内需以拉动国民经济持续稳定发展起到了非常重要的作用。

# 第四节　城市交通与居民生活

衣食住行是人类生活的基本要素，其中"行"不但直接影响人类的生活质量，还通过作用于其他生活要素对人类生活质量产生间接影响。

### 一、城市交通对居民生活质量有直接影响

如上所述，在多数情形下，交通出行属于派生需求，因此人们在交通时间内既难以自由活动，也无法正常工作。交通时间长，一天之内的工作时间和休息时间就会相应减少，这是交通快捷性对居民生活质量的直接影响。除了占据时间以外，不舒适的交通出行还会对人的生理和心理产生消极影响，甚至引起工作效率和休息质量的降低；出行期间的噪声、废气和振动会严重损害人的健康，这是交通舒适性和环境污染的影响。除此以外，交通事故直接危及到人们的生命，据公安部统计，我国 2002 年交通事故死亡人数为 10.9 万人，受伤 52.6 万人。交通事故引起受害者及其家庭生活质量的严重下降，这种影响往往是长期甚至终身的，这是交通安全性对居民生活质量的直接影响。

### 二、城市交通对居民物质丰富程度有重要影响

在产品的全部成本中，直接劳动成本往往不足 10%，而采购、生

产、加工、包装和配送过程中的物流成本占了全部成本的绝大部分；在全部生产过程中，只有5%的时间直接用于加工制造，而95%的时间用于储存和运输。因而，城市间和城市内的交通便捷性对货物成本具有极其显著的影响。交通不便引起货物成本上升，货物价格将随之上升，对于需求弹性较大的货物，其供应量将限制在一个很小的范围内；对于需求弹性不大的货物，消费者不得不付出较高的价格。城市交通的便捷性极大地影响着物资的丰富程度，并由此对居民的生活质量产生重大影响。

### 三、城市交通对城市布局及人们生活方式有重要影响

在城市交通系统与城市土地利用形态之间，存在着一个循环反馈的关系。一方面，城市土地利用形态决定了城市交通发生、吸引量的大小和交通需求的空间分布特点，从而在一定程度上决定了城市的交通结构。另一方面，城市交通的发展又会影响和改变城市土地的交通区位特点和可达性的大小，反过来又影响社会经济活动的空间选址，刺激新的土地开发，从而开始新一轮的土地利用和交通系统互相影响的循环。从短期看，二者关系主要体现在城市土地利用形态对城市交通系统的影响；但从长远看，二者的主要关系却是城市交通系统对城市土地利用形态和城市空间结构的影响。在美国，完善的道路系统和私人小汽车之间互相促进，鼓励人们迁往离市中心越来越远的地方居住，同时一些与居民生活密切相关的零售商和制造商也追随着迁往郊区，造成了城市的极度蔓延和对土地的低密度开发。在伦敦，总长414km的9条地铁将市中心与远郊区高效率地联系起来，由于英国工业化早，在大量机动车出现以前，伦敦已经发展到饱和状态，而铁路的发明和迅速发展，使其竞争力远远超过其他交通工具，促使伦敦郊区和卫星城得以建设和发展，形成了以铁路为基础的城市结构。城市交通系统和土地利用形态就是这样互相影响并共同决定着城市居民的生活方式。

### 四、城市交通对城市环境有重要影响

交通对环境的影响主要包括废弃物排放（如汽车尾气）、噪声、振

动、电磁波干扰等，其中交通系统产生的大气污染及噪声污染是影响城市环境质量的主要污染源。

交通系统产生的大气污染包括一氧化碳 CO、氮氧化物 NOx、非甲烷碳氢化物 THC 及其他有害物质(铅、氟氯化烃排放物的二次衍生物——光化学烟雾等)。即使在环境优美的欧洲，交通污染也相当严重。全欧洲由道路交通产生 CO 和 NOx 分别占总排量的 80% 和 60% 左右。在美国，交通对大气环境的污染更为严重，多次发生光化学烟雾事件及酸雨事件。1970 年 2 月，美国总统尼克松在交给国会的咨文中大声疾呼："美国人民被汽车呛得呼吸窒息，被烟雾弄得透不过气来，喧嚣震耳欲聋⋯⋯"，美国官方也宣称"汽车是最大的污染"。在我国，尽管汽车拥有量不大，但汽车尾气对大气的污染程度已与发达国家相似，如北京市机动车产生的污染排放量占污染总排放量的比例为：CO，60%；THC，86.8%；NOx，54.7%。随着机动车保有量的增加，汽车尾气对大气污染的程度还在加剧。

道路交通产生的噪声污染在城市声污染中所占比例也是相当高的。在发达国家，道路交通产生的噪声强度一般都占总噪声强度的 80% 以上；在我国，由于大多数城市处于城市开发阶段，施工噪声及工业噪声占有一定的比重，但交通噪声仍占主导地位，一般占总噪声强度的 50%。多数大城市的主要道路噪声均超过允许标准 15dB，有些城市的道路噪声超标率达 90% 以上。

# 第五节　城市交通系统的建设目标

## 一、城市交通系统的总体建设目标

由于城市交通与经济发展、居民生活之间的密切关系，城市交通的建设不仅要尽量满足经济发展和生活质量提高的需求，还要充分发挥交通对于经济发展、城市化和居民生活方式的引导作用，变追随型发展为引导型发展。

20 世纪 70 年代以前，人们通常把"满足居民的各种交通需求"作为城市交通系统建设的惟一目标。此后，随着"可持续发展"概念对社会各个领域广泛而深刻的影响，人们在城市观念和发展观念上发生了深刻变化，表现出对人和社会的全面关注，特别是对持续性、有效性、科学性的重点关注，对城市交通系统的发展目标也有了新的认识。人们认识到，在很好地满足城市经济发展和居民生活的正常交通需求的前提下，城市交通系统还要通过全面的、完备的、科学的方案规划和方案实施，达到资源的有效利用、环境系统的动态平衡。也就是说，我们要建立的是可持续发展的交通运输系统。

为建设可持续发展的交通运输系统，我们把城市交通系统的建设目标概括为三个方面，即交通功能目标、环境保护目标和资源利用目标。交通功能目标是城市交通系统的基本目标，主要包括舒适性、安全性、高效性和可达性等；环境保护目标要求城市交通行为应尽量减少对空气、声环境、生态及其他人类生活环境要素的负面影响；资源利用目标要求城市交通系统能够有效地利用土地、能源、人力等资源。图 1-3 显示了城市交通系统的总体建设目标。

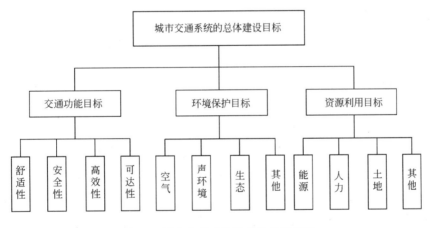

图 1-3　城市交通系统的总体建设目标

**二、城市交通系统的量化目标**

若将上述建设目标用更为明确的形式表达，则可得到以下 5 项量化目标。

## 1. 最小化交通需求

通过科学的城市布局和规划，使得维持城市与社会的运作和发展所需的交通需求最小（或较小）。

## 2. 最佳服务水平

城市交通系统（包括管理制度）能够使各种交通需求得到最大限度的满足。

## 3. 最小资源占用

城市单位产值的交通能耗最低（或较低），城市交通系统的建设、维护、使用和管理对土地、人力资源等占用最低（或较低）。

## 4. 最小环境影响

城市交通对人的生存环境和活动的影响及干扰最小（或较小）。

## 5. 最小运营费用

城市交通系统的建设、维护、使用和管理费用最低（或较低）。

上述 5 项目标之间具有复杂的相互关系，有的是相互一致的，有的则不尽一致甚至相互矛盾。城市交通发展的最终目的在于寻找到一个相对的平衡点，使各种目标的总体水平达到最优，其目的是建立起一个可持续发展的交通运输系统。

# 第六节　城市交通发展战略与对策

## 一、城市交通发展战略

我国城市交通问题很多，诸如城市交通基础设施建设速度跟不上迅速增长的交通需求，导致交通供给能力不足，尤其是缺少大运量的快速轨道交通系统；交通管理设施不足和交通组织管理的科学化、现代化程度不高；交通参与者缺乏交通法规意识和现代交通意识等，导致了目前交通拥堵加剧、交通事故频发、交通环境恶化。

解决城市交通问题是一个系统工程，既要考虑交通基础设施的科学规划与建设，又要考虑已建的交通基础设施的有效利用；既要考虑最大限度地满足交通需求，又要通过土地利用形态调整，努力创造交通负荷小的城市结构，进行交通需求管理；既要考虑交通的畅通，又要考虑交通的安全；既要做好交通硬环境的建设，也要形成良好的交通软环境。因此，解决城市交通问题，应从如下"三个层次、两个方面"着手，采取系统的对策和措施。

所谓"三个层次"，是指：其一，是从城市规划、土地利用的角度，避免城市人口、城市功能的过度集中，造成交通总需求超过城市的交通容量极限，避免城市中心商务区等局部土地利用强度过大而使交通问题无法解决；其二，是从交通结构的角度，采取各种有效措施优先发展公共交通，形成以公共交通为主体、以轨道交通为骨干的多种交通方式共存、相互协调和补充的综合运输系统，从而达到合理利用城市有限的土地资源和交通设施的目的；其三，是通过提高路网容量和合理性，以及借助科学化、现代化的交通管理手段充分有效地利用现有交通基础设施等综合对策，提高道路网的整体容量并使现有的交通设施发挥最大作用。

所谓"两个方面"，是指：要从提高交通供给能力和实施交通需求管理(创造交通负荷小的城市结构，调整交通需求的时间、空间分布特性和需求强度以及需求总量特性等)这两方面着手，实现交通供求关系的动态平衡。

总之，解决城市交通问题的关键有两点：一是考虑供求两方面，二是采取综合措施。

**二、综合解决城市交通问题的对策**

**1. 建立保证科学决策、规划实施和具有综合协调能力的组织管理体制**

解决城市交通问题必须从整个系统出发。上述解决城市交通问题的"三个层次、两个方面"的基本思想，缺少哪个层次和方面，都无法从根本上解决问题。即便是考虑如道路拓宽、路口改造等道路交通问题，也不能就路口论路口，就某段道路论某段道路，而要进行整个路网的分析，避免"缓解了局部交通，扩大了堵塞面积"的决策失误。

无论从哪个层次上研究解决问题，都应该以交通规划理论、系统工程原理、交通工程原理和交通经济学原理等科学理论为依据，制订出多个可行方案，进行事先的比较分析和对策效果的预测与评价。

为保证决策的科学性和规划的实施，也为有效协调规划、建设、管理、运营与维护的各个环节，以及城建、交通、管理等有关各职能部分，应成立由市长或主管副市长领导的、各有关部门参加的城市交通综合协调机构，统筹解决城市交通问题。

## 2. 做好交通与土地利用的协调规划

交通与土地利用相互联系、相互影响，交通发展与土地利用能够相互促进。从交通规划的角度来说，不同的土地利用形态，决定了交通发生量和交通集中量，决定了交通分布形态，在一定程度上决定了交通结构。土地利用形态不合理或者土地开发强度过高，将会导致交通容量无法满足交通需求。从土地利用的角度来说，交通的发达改变了城市结构和土地利用形态，对土地利用和城市发展具有导向作用。交通和土地利用的上述关系决定了交通与土地利用协调规划的重要性。

发达国家的实践表明，必须注意分散城市功能，形成交通负荷小的城市结构。应采取强有力的措施，对城市的发展进行管理。在城市规划和城市交通规划过程中引进相互反馈的机制，进行整合规划和量化分析，改变交通规划仅仅是城市规划的一个专项规划的状况。没有交通规划的强有力支持，城市功能很难实现。因此，城市总体规划应该在充分的定性和定量分析的基础上，确定城市发展模式、产业布局、土地功能分区以及功能区设计等，在进行土地利用规划的同时进行综合交通规划，做好交通与土地利用的协调规划。

## 3. 制定好城市交通发展战略规划

制定好城市交通发展战略规划是解决城市交通问题的关键环节和实现资源最佳配置的重要保证措施。应把市郊铁路、地铁、轻轨、新交通系统、常规公共交通系统及道路网等统筹考虑，从定性分析和定量计算两个方面研究确定各交通方式的合理分担率及规划实施的优先顺序。应把远期规划和近期项目结合起来，近期的所有举措都应与城市交通发展战略规划相一致，且应是实现战略规划的一个环节。

### 4. 在进行城市开发时导入交通影响分析

借鉴美国等发达国家的经验，为防止土地超强开发，保证新的开发不导致交通服务水平的大幅度下降，应导入交通影响分析制度，作为开发项目审批的先决条件。此制度和政策的导入，不但有重要的现实意义，而且对城市发展有深远的影响。它的好处在于：

（1）以进行交通影响评价为杠杆，充分发挥政策和规划部门对城市发展的导向作用，力图使城市土地利用合理化，避免土地开发强度过大，城市机能和交通需求过于集中，从城市规划和发展的角度，建立交通负荷小的城市模式。

（2）在我国，城市基础设施尤其是交通设施，是国家投资建设的。而近年来，开发商在交通设施完备的地区进行开发，获得了开发效益。这些效益中的一部分，是公共投资产生的。这部分效益理所当然应该返还给社会。从另一个角度来说，开发商的开发，使开发区域的交通需求增加。这些新增的交通需求加重了周围路网的负荷，降低了交通设施的服务水平。所以开发商理所当然地应该负责解决新增的交通负荷，保证交通服务水平不低于规定水平，这保证了社会资源分配的公平性。

（3）土地利用和交通规划存在着深刻的内在联系和能动作用。交通设施的建设和改良将促进该地区的土地开发利用，土地开发利用创造新的交通需求。在进行交通系统规划时，必须考虑这种相互影响关系的存在，分析系统应具有反馈功能。进行交通影响分析是将城市规划、土地利用和交通规划联系起来，作为一个系统来考虑的重要环节。

### 5. 切实落实优先发展公共交通的政策和措施

优先发展公共交通是世界各国解决城市交通问题的共识。应在体制、政策、建设、管理以及运营等各个方面全面实施优先发展公共交通的对策。在发展公共交通过程中，应探讨解决好下述问题。

（1）城市间铁路与城市轨道交通的配合与协调问题

城市间铁路在城区部分，应该为城市本身的交通需求服务。铁道、地铁和其他轨道交通方式以及常规公共交通整合建设与运营，是世界上大城市的主要交通模式和成功经验，应进行深入的分析研究，从体制、规划、运营管理等诸方面全面规划，切实保证各种交通方式之间的协调和配合。

（2）加快城市轨道交通建设问题

交通拥挤每年造成巨额的经济损失。从全社会的经济效益出发，应加快城市轨道交通的建设速度，这对于解决特大城市的交通问题，具有决定性的意义。应敢于打破常规，加速发展城市轨道交通。在城市轨道交通建设中，应坚持综合网络规划、综合枢纽建设、综合运营管理、动静交通结合。

（3）积极发展新交通系统和公共汽车专用道系统

目前，各种新交通系统迅速发展，它们有自己的特点和适用范围，和传统的交通方式互为补充，共同构成了城市综合交通系统。不同城市应根据所在城市的规模、需求特点，确定适合自己城市的交通系统的构成。公共汽车专用道系统在国外有了成功实践，效果很好。在建设公共汽车专用道时，应注意建立公共汽车专用路网，而不是一两条专用线。所以应首先做好规划和经济效益分析，然后确定分步实施计划。

（4）实现公交管理现代化问题

目前，将高科技应用于交通管理的智能交通系统的研究正在世界范围内广泛开展。利用这些研究成果，公交企业对内建立高效的调度指挥系统，对外（交通参与者）建立信息服务系统，在交通管理和路面政策方面给公共交通优先权，以提高公共交通的服务水平，提高公共交通的吸引力和竞争力。

**6. 进行整合的交通规划是提高交通效率的关键**

要想提高交通效率，必须进行整合的交通规划。例如：轨道交通应该成为大城市综合交通系统中的骨干交通，但轨道交通的覆盖有限，轨道交通作用的发挥有赖于常规公共交通的支持和配合。在轨道交通能够覆盖的范围，常规公共交通就应该成为骨干交通了。实现上述思路的关键就是要对轨道交通和常规公共交通进行整合的规划。不考虑常规公共交通的轨道交通规划和不考虑轨道交通规划的常规公共交通规划，是难以实现规划目的的。

人们的交通出行时间一般来说主要由两部分构成，即在交通工具内时间（在途时间）和等车换乘时间，其中等车换乘时间占有相当大的比重。因此，做好综合交通枢纽建设也是提高交通效率的关键之一。

综合交通枢纽规划过程中最重要的一点是交通需求特性分析，要根据利用交通枢纽的交通参与者的总量、流量流向特性和出行特性，进行交通设施规模、交通组织管理的规划和建设。交通枢纽建设在物理上应进行一体化设计，使换乘乘客的交通距离尽可能地短；在运营管理上要一体化经营，以使交通参与者最方便地利用。

**7. 建设具有合理层次序列的道路网**

城市道路网的规模、层次结构以及功能设计对交通系统的效率、交通组织与管理方案的制定、经济发展以及交通利用者的方便性等，均有很大影响。

从层次结构上看，城市的次干道应多于主干道，支路应多于次干道；从连通关系来看，支路应与次干道相连，次干道应与主干道相连；同时，道路的规划设计、交通组织管理方案的制定，应与道路的功能定位相一致。

总体上看，我国城市注重修建大路、宽路，而往往忽视路网密度指标，使得主、次干道密度较小。道路修建过宽，不但使行车交织过多，而且不利于行人安全过街。

**8. 加速推进道路交通管理的科学化和现代化进程**

提高现有交通基础设施的利用效率，是解决城市交通问题的重要环节。加速推进道路交通管理的科学化和现代化进程，是提高现有设施利用率的根本措施。所谓科学化，就是按照交通工程原理，扎扎实实地落实工程设施、交通教育和严格执法的系统对策，强化路段路口渠化、信号控制、交通标志标线、人行过街设施、停车设施、交通教育、完善交通法规等工作；所谓现代化，就是新观念、新技术、新方法、新手段、新机制的导入与采用，运用各种技术手段促进交通设施的有效利用，促进交通安全水平的提高，促进全社会遵守交通法规意识的普遍增强，促进管理效率的提高和可持续发展交通系统的建设。

**9. 实施交通需求管理**

交通需求管理从广义上说是指通过交通政策与对策的导向作用，

促进交通参与者的交通选择行动的变更，以减少机动车出行量，减轻或消除交通拥挤。从狭义上说是指为削减高峰期间一人乘车的小汽车交通量而采取的综合性交通政策与对策。交通需求管理的主要内容为：通过实施时差出勤、弹性工作制等对策，在时间上分散交通需求；通过向驾驶人提供道路交通信息和拥挤、事故状况信息，促使交通需求在空间上分散化；通过提高公共交通的服务水平，促进人们利用大运量、快速度的公共交通；实施各种综合对策，促进小轿车的有效利用以及通过城市规划、交通规划等对交通发生源进行调整。

应根据城市的发展阶段、汽车化的状况与水平，以及供求关系不平衡的状况与特点，制定切合实际、合理有效的交通需求管理规划与对策。

**10. 有针对性地开展智能交通系统的研究与应用**

智能交通系统是美国、日本和欧洲等发达国家为解决交通拥挤、交通事故、能源和环境问题，建立高效、安全的运输系统而正在研究开发的新一代交通运输系统，它的实质是运用当代的高新技术综合解决交通运输问题。在解决我国城市交通问题时，这是不可忽视的一个重要途径。为此提出如下建议：

（1）紧密结合我国实际，积极开展智能交通系统研究。

（2）智能交通系统的研究应用要分清层次，有所侧重。

（3）优先开发交通拥挤预测、交通信息服务系统。

（4）优先开发适合中国城市交通特点的信号控制系统和与此相应的现代化指挥系统、事故快速处理系统。

（5）研究并实现先进的公共交通系统。

（6）加强与智能交通系统相关的基础性研究工作。

**11. 加强停车规划与管理**

停车问题是调控城市机动车出行总量的重要杠杆。城市停车场过多，则会促进小汽车的使用；城市停车场过少，则会导致小汽车利用者非法停车的增加，侵蚀城市有限的道路空间。因此，应该加强相关研究，探讨城市停车泊位的最佳容量，停车场相关法则、政策对交通需求的调控效果，停车规划与管理对公共交通发展与交通需求管理对策的促进作用和整合规划等，完善和落实配建停车场法规，规划、整理和挖掘停车潜力，努力解决停车问题。

停车换乘问题既是促进公共交通利用率的关键措施，又是提高交通运输系统效率的关键环节，应在物理设施规划和综合信息引导两个方面加强此项工作。德国等欧洲国家实时提供道路交通拥挤状况并提供交通方式转换信息与方案，不但提高了交通系统的效率，而且为交通方式的转换提供了极其方便的条件。

根据城市特点，应在城市周边建设若干大型停车换乘用的停车设施，形成进入市中心之后以公共交通作为主要交通方式的交通格局。

### 12. 完善城市道路交通设施

建设结构合理、功能明确的道路网是解决城市交通问题的基本前提。应从道路网的连通结构、功能结构以及不同功能道路的比例关系等方面着手，提高整个路网的交通容量和服务水平，同时完善城市道路的交通管理、交通安全设施，做好路段、路口渠化。这些措施对于提高通行能力、减少交通事故，创造交通出行者守法氛围和环境，树立崭新的现代城市形象，均有重要意义。

### 13. 强化交通需求管理

在任何条件下，处于任何时期，交通的供需平衡都是动态平衡。在需求大于供给的情况下，我们一方面要扩大交通供给能力，同时也要适当地管理需求，从而取得交通供需的动态平衡。

# 第二章　城市道路交通规划与管理
## 面临的挑战及发展趋势

# 第一节 城市交通规划的沿革

## 一、城市交通是随着城市的出现而发展的

纵观城市发展史，可以看出这样一个普遍现象：城市的形成与演变取决于交通，城市的发展又促进了交通。交通发展与城市演变互相影响，兴衰与共，是不可分离的有机整体。

城市交通系统的功能是为城市居民的各种出行活动提供必要的条件，城市交通设施把城市居民的各种出行活动有机地连接在一起。城市交通系统的性质，在很大程度上决定了城市的生活方式。

所谓城市交通规划，是指为城市居民的交通行为提供合适的交通设施，改善以至于优化城市交通条件，并创造良好的城市环境。从人们有意识地规划城市起，城市交通规划便被作为城市规划的一个主要方面来进行。

## 二、我国的城市交通发展历史沿革

道路因交通的需要而产生，道路系统的规划是城市交通规划的主要方面。我国周代就已有了明确的道路系统及城市道路网规划。王城与诸侯国之间，诸侯国与诸侯国之间，都有大道相通，并有明确的规定。《周礼·考工记》记有："匠人营国，方九里，旁三门，国中九经九纬……经涂九轨，环涂七轨，野涂五轨。"王城规划中的建筑及道路网均为方格形，城市的道路有经纬交叉，城的四周有环涂围绕，野涂是连接王城与诸侯国的城际道路，经涂、环涂、野涂均有明确的设计标准。这种"九经九纬"的道路系统规划模式几乎一直沿用到近代，成为我国城市规划和道路网布局的典型图之一。

隋唐时的长安城和洛阳城，道路系统规划更明显地突出了道路系统的功能，道路两边是封闭的坊里，有城墙、坊门，只有三品以上官吏的府第可以直接面向城市道路开门。道路路幅很宽，中轴线的主干道路幅多在 150m 以上，其他干道的路幅也在 100m 以上。道路分为御用干道、全市性的主要交通干道、一般坊里的

城市街道及坊内小路 4 种形式。这与目前采用的快速干道、主干道、次干道及支路 4 级划分基本相同。如图 2-1 所示为唐长安道路系统复原图。

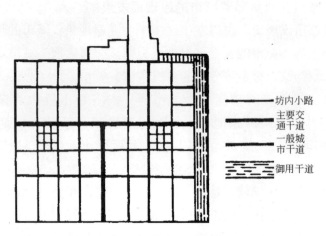

图 2-1　唐长安道路系统复原图

我国在 1840 年鸦片战争以后发展起来的城市及开拓的道路系统与封建时期形成的城市及道路系统明显不同，由于商埠及民族工商业的发展，铁路、汽车的出现以及国外城市的影响，城市布局和道路系统发生了很大的变化。如青岛、哈尔滨、大连等城市道路系统规划，异国色彩十分明显。图 2-2 为 1901 年的大连道路网规划图。有些以租界形式发展起来的城市，租界各自为政，互不联系，其道路系统十分混乱，路网分布很不均匀。如图 2-3 所示为 20 世纪 30 年代上海道路系统规划图。

新中国成立后，全国新建了不少城市，一些旧城市也在原有基础上扩建发展。建国初期，城市布局与道路网系统规划比较注重轴线、放射线，追求干道网的平面对称性，对于道路的系统性、功能划分考虑不多。

历史上形成的城市道路系统，不外乎这样四种形式：方格（棋盘）式路网、放射环形式路网、自由式路网及混合式路网。

古代与近代的城市交通规划，主要是道路网络系统的布局与规划。近 40 年来，由于城市机动车、非机动车拥有量的急剧增加，城

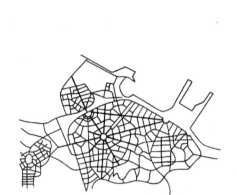

图 2-2　1901 年大连道路网规划图　　图 2-3　20 世纪 30 年代上海道路系统规划图

市交通拥挤现象日趋严重。为了解决日益恶化的城市交通问题，城市地铁、高架路、快速轻轨等现代化交通设施相继出现，城市交通规划已不再局限于单纯的城市平面道路网络系统的布局，而是各种交通形式的综合规划，并与城市土地利用规划同步进行，相互作用，彼此协调。

　　城市交通是一个复杂的、动态的大系统，它涉及社会、经济、环境、居民心理及生活方式等方面的因素，具有多方面的属性。城市交通规划必须采用系统工程方法来进行，即以科学性为基础、以综合性为手段、以整体性为目标进行系统的总体优化，以便得到一个能最佳满足居民出行要求，与城市环境相互协调的综合交通系统。

　　我国自 20 世纪 70 年代以后才逐步开展综合性的交通规划工作，到目前为止，我国已有 60 多个城市进行了交通规划工作，其中，各省会城市都已基本完成了综合交通规划，有些城市已开始进行新一轮的综合交通规划滚动（如南京市、郑州市）。

### 三、国外的城市交通发展历史

西方国家城市交通系统发展经历了两个阶段：建设阶段，二战后至 20 世纪 70 年代；管理阶段，20 世纪 80 年代至今。重点在公共交通系统、小汽车发展、单项交通、交通信号控制以及道路的有效利用等多方面进行交通管理规划。

国外大城市均经历了私家车膨胀、交通严重拥挤的发展时期，但经过多年的规划治理，交通状况有了明显改善，其发展经验很值得借鉴和参考。

#### 1. 美国纽约

纽约的城市交通是比较典型的由外部交通逐渐走向内部。由 17 世纪的水上运输演变到 19 世纪的铁路与水运方式，其后随着城市化速度的加快，城市内部交通问题逐渐突出。总体上说，纽约市解决城市交通问题大致可分为三个阶段。不同的阶段，纽约的城市发展与城市交通也呈现出不同的特征。

（1）小汽车发展阶段

自 20 世纪 20 年代起，针对快速发展的汽车工业，纽约市政府提出了普及小汽车的政策，不断完善其公路法规，加大了对城市道路基础设施的投入，以建设完善的公路网络、适应小汽车发展需求为目标，道路交通基础设施的供给能力大体与需求相适应，从而推动了汽车进入家庭，改变了人们出行、居住、交往的方式。市区的人口开始向市郊扩散，城市发展也开始向外延伸。这一阶段小汽车发展迅速，纽约市的公共交通系统开始萎缩。

（2）公共交通发展阶段

自 20 世纪 60 年代起，纽约市考虑到公路建设带来的城市交通问题、环境问题、社会问题及城市中心的振兴问题，开始提倡发展公共交通，鼓励城市公共交通系统的规划和建立，使得公共交通发展迅速。城市公共交通逐渐成为城市交通的主体，约占总客运量的 75%（其中轨道交通占 50% 以上）。纽约市轨道交通的发展改变了纽约地区的发展形态，使城市沿轨道交通走廊轴向伸展。

（3）多种运输方式协调发展阶段

自 20 世纪 80 年代起，纽约开始强调各种运输方式的协调发展，提出了各种交通方式通用法案，其宗旨是促使各种交通方式经济上有效、环境方面友好、能源利用高效，其中多项是关于发展公共交通的条款，注重城市交通与外部交通环境的协调统一。目前，由于交通基础设施的引导和支持，纽约作为美国经济中心的向心力作用比较突出，纽约市单中心、高密度沿交通走廊方向发展的城市空间结构特征突出。

## 2. 美国洛杉矶

美国的洛杉矶市的城市发展过程比较具有汽车文化特征，一直被誉为美国的"高速公路之都"。高速公路在洛杉矶的城市交通系统中一直处于主导地位，约占城市交通总量的55%。同美国其他同类城市相比，洛杉矶市中心的重要性相对较低，除了市中心外尚有10个左右的次中心。发达的高速公路系统、迅猛的郊区化进程、低廉的燃油价格以及收入持续增长所带来的对私人汽车的高购买力，使得洛杉矶市多中心、低密度、外延式发展的城市空间结构十分明显。洛杉矶市低密度的城市土地开发利用不适合公共交通的发展，其人口密度约为每平方公里905人（2000年统计），因而其公共交通发展缓慢。除了市中心西洛杉矶有高层建筑外，其他地区的房地产开发均低于5层，故而形成了所谓的城市蔓延现象。

尽管发达的高速公路系统为洛杉矶地区带来极大的交通便利，但人口和汽车数量的增长使得道路的增长速度滞后于交通量的增长速度，交通拥挤现象相当突出。2001年，洛杉矶市平均每人每年由于交通拥挤所造成的延误时间为56小时，浪费的汽油为318L，拥挤费用约为1000美元。为了缓解交通紧张状况，洛杉矶市采取了发展快速公共汽车、规划建设城市铁路和上下班通勤铁路等措施，其部分交通走廊的交通拥挤程度有所缓解，空气污染程度也有所下降。但总体而言，现在洛杉矶的整体交通状况同10年前相比并没有得到根本改善。预计未来洛杉矶市的交通将面临更大的调整。为了应对未来的交通问题，洛杉矶市制定了长期交通规划。除了实施传统的增加交通供给、减少交通需求措施外，其重点突出3个战略转变：

（1）积极建设共乘车道（鼓励出行者共乘措施）来提高高速公路的

通过能力，停止建造新的高速公路。

（2）开发应用智能交通系统，提高交通系统管理水平，减少耗资大、费时长的交通工程项目。

（3）大力发展低成本快速公共交通系统，停止发展地铁。

### 3. 法国巴黎

从某种程度上讲，由于巴黎较早地对城市交通进行了规划（20 世纪初），特别是对道路交通建设留有余地，所以在汽车时代到来之前，巴黎的城市交通在总体上问题仍不是很突出。在小汽车快速发展并造成城市交通拥挤后，巴黎开始迅速开发以城市快速铁路和地铁为主的轨道交通，形成了较为完善的公共交通体系（内外衔接），将市中心与近郊就业区、生活区及远郊 5 个卫星城镇有机地连接起来，逐渐形成多中心的城市结构；同时注重对私家车的需求管理（实行小汽车进入市区的准入政策），通过经济手段调节出行结构。

目前，巴黎的轨道交通（包括城市轨道交通和城市铁路）在市内交通结构中占第一位，在 45% 左右；私家车占 40% 左右，处于第二位；公共汽车占 15% 左右。公共交通占有绝对的优势。尽管汽车拥有量和车流量都比较大（与北京相比），但交通拥挤现象并不十分突出。

### 4. 英国伦敦

在伦敦的发展史上出现了两次比较大的交通危机。为缓解这两次交通危机，伦敦市政府采取了不同的交通改善措施，为今后的交通发展奠定了基础。

（1）由于人口增长和伦敦市区的不断扩张，城市的交通量不断发展，19 世纪中叶，城市交通出现了危机，处于停滞状态。为缓解这一危机，伦敦采取了将客运铁路引入市内的办法，在很大程度上缓解了交通紧张状况，此后在市中心还开辟了一些新的道路，原有的道路系统也有了改善。

（2）由于经济的发展和伦敦市区的不断外延，在 19 世纪末，再次导致了市中心交通的拥挤，造成第二次交通危机。伦敦解决第二次危机的办法是大量修建地铁。至 20 世纪初，伦敦已经具备了较为完善的内城地铁系统。

目前，伦敦近 400km 地铁和 3000km 市郊铁路，对保持伦敦成为强大世界中心城市起到重要作用，同时也在解决城市交通问题上发挥了骨干作用。在高峰小时期间，近 80% 进入市中心地区的出行是通过轨道交通实现的。地铁年客运量占全市公交总客运量的 45%，市郊铁路占公交比重的 12%。

由于城市土地利用的合理规划以及轨道交通的引导作用，市区人口减少到每平方公里不到 5000 人，而到市区工作的人员达 50 万人；郊区分为内环、中环和外环，内环和中环是工业区和住宅区，外环有几个独立城市以及农业、地方工业和游览区。城市由同心圆环发展模式转换为以交通走廊为依托的发展模式。

**5. 日本东京**

东京是世界上人口最多的城市。市中心成为业务中心，早高峰每小时约有 100 万人从郊外各县涌向市区。20 世纪 60 年代交通问题日益紧张，政府历经 20 余年的努力才使问题基本上得以解决。其具体做法是：

(1) 注重交通基础设施与城市的发展保持充分协调。东京的城市交通系统以建设和发展轨道交通为主，再综合布置高速公路和其他交通方式。现有交通以快速铁路为主，包括国铁、私铁、地铁、有轨电车等，公共汽车和出租车作为补充，轨道交通所承担的城市运量达 60% 以上。

(2) 建设综合性枢纽。东京市十分重视综合性枢纽建设，有效地将高速铁路、城市轨道交通、地面公交、汽车停车和商业布局有机地联系在一起，缩短了乘客的换乘时间，方便了乘客活动，也促进了物业的开发；综合性枢纽建设还有助于交通的合理组织，提高交通安全性。

(3) 实行交通需求管理。东京市在注重交通管理现代化的同时，制定了相应的交通需求管理措施，通过经济杠杆(提高停车费用等)调节进入市区的机动车需求，引导和鼓励居民使用公共交通系统，使得公共交通在城市交通中一直处于主导地位。

东京地铁线网由东南海滨的城市中心向北、向西扇形发展，呈放射式布局，并与市郊铁路衔接联运。其城市发展结构也与轨道交通网络相适应。

### 6. 俄罗斯莫斯科

莫斯科市区呈单中心结构，形成辐射状和环状相结合的圈层式城市布局。莫斯科市一直注重轨道交通建设。自 1935 年一期地铁通车以来，莫斯科市已建成了由 11 条线路组成的地铁网络，目前莫斯科地铁长度超过 275km，居世界第 5 位。其日客运量 730 万人次，占公交客运量的 47%，中心区线网密度 1.98km/km²，全市线网密度 0.28km/km²（不包括市区内市郊铁路）。目前它是世界上最大的快速交通网之一。莫斯科既有地铁和市郊铁路的线网密度为 2.06km/km²，年客运量 32.8 亿人次，占公交比重的 56%。其拥有轨道线网长度为 0.49km/万人。

莫斯科的私人小汽车和高速公路均比西方国家少。因此，公共交通系统（尤其市地铁）在城郊间旅客运输上承担主要任务。其地铁的布置是一个典型的环线加放射线的结构，环线的直径是 6km，有 12 个站，其中 11 座是换乘车站，车站最多层数达四层，每站设出入口 2～6 个。放射线间多点相交，交织成网，对外有很好的延伸性。

莫斯科市郊铁路十分发达，10 余条线路通到地铁环线上或市中心。每天进城上班 50 万人，出城上班 10 万人。铁路线网有两个分别为 70km 长和 554km 长的大环线以加强郊区间的联系和减轻换乘压力，并且计划用市郊铁路穿过市中心。目前已有一条以高架形式的市郊铁路穿越市中心。

莫斯科市区环线加放射线的地铁线网形态，较好地与城市布局结构相配合，地铁线路在市中心区呈三角形交叉，均匀分布。莫斯科的地铁线网规划与城市总体规划相结合，利用地铁建设引导城市向规划中的布局形态发展，带动地铁走廊沿线的土地开发。

### 7. 国外大城市交通方式和布局形态与都市地区发展的关系

纵观国外大城市的发展经验，交通方式和布局与城市地区的发展形态有很大关系，主要体现在以下几个方面：

（1）以步行和自行车交通方式为主的城市。由于人们步行及自行车所能涉及范围的限制，城市一般都呈现高度密集的围绕城市中心区的饼状发展。许多欧美城市在 20 世纪就是呈这种发展态势。

（2）以小汽车为主要交通方式的城市。伴随着以高速公路为先导的大规模公路的建设，城市沿高速公路向郊区或远郊发展加快，人口分布日益分散，人口密度相对较低，如美国的洛杉矶市（表 2-1）。

世界部分城市人口密度（单位：人/km²）　表 2-1

| 城　　　市 | 人口密度 | 城　　　市 | 人口密度 |
|---|---|---|---|
| 休 斯 教 | 900 | 伦　　敦 | 5600 |
| 洛 杉 矶 | 900 | 巴　　黎 | 4800 |
| 纽　　约 | 2000 | 东　　京 | 10500 |

　　过度分散的都市发展模式，促使人们居住和地区活动中心的日益分散，交通流向由传统的以向市中心主导型转向以郊区至郊区的出行为主导，加上出行目的的多样性，难以形成大客流量的交通走廊。公共交通，特别是载客量较大的轨道交通很难形成规模。这反过来又使人们更加依赖小汽车。一个高度汽车化的社会，必然以大量的能源消耗为代价。美国的小汽车文化消耗了全世界近 1/3 的能源。同时，由于城市蔓延，城市中心衰落并且沿着高速公路出现了郊区中心。

　　（3）以公共交通为主的城市。由于这类城市的土地开发利用通常是沿着公共交通走廊沿线均衡展开，所以其城市公共交通的布局结构直接影响城市的结构形态。其中环状结构城市一般呈现饼状发展形态，并向外延伸；放射状结构多为分散组团状形态。如欧洲国家，在城市土地资源上较为缺乏，地价较高，私人企业的财力有限，居民住房依靠政府公房的现象较多，并且长期以来，重视公共交通特别是轨道交通的发展，因而城市布局还可以保持传统的形式，而非美国式的城市蔓延。

## 第二节　我国城市交通发展现状与发展趋势

### 一、我国城市的发展现状与发展趋势

#### 1. 我国的城市化历程及其特点

我国的城市化经历了一个发展滞缓、起伏较大、漫长而曲折的过程，大致可以分为以下四个阶段：

(1) 城市化的史前阶段(1840 年以前)——古代城市发展缓慢, 经历了漫长的时期。

(2) 城市化的启动阶段(1840—1949 年)——古代城市的发展。到 1949 年新中国成立前夕, 我国城镇人口总数为 0.57 亿, 城市化水平为 10.6%, 比 1900 年的世界平均水平还要低 3 个百分点。

(3) 城市化的初级阶段(1949—1979 年)——计划经济体制下城市的曲折发展, 期间中国城市化水平年均增长 0.28%, 低于同期世界平均增长水平(0.40%)。这个阶段的中国城市发展由于受国内政治、经济动荡的影响, 走过了一条蜿蜒曲折的道路, 又分为正常上升时期 (1949—1957 年)、剧烈波动时期(1958—1965 年)和徘徊停滞时期 (1966—1978 年)。

(4) 城市化的加速时段(1979 年至今)——改革开放后城市的迅速发展。改革开放给我国城市的发展注入了强大活力, 城市化进程加快, 我国与世界平均水平的差距日益缩小。据国家统计部门提供的数据显示, 1999 年我国名义城市化水平(即市镇人口占总人口的比重)为 30.9%, 相当于全世界在 1959 年的平均水平。也就是说, 我国城市化水平与世界的差距, 已经从 1979 年时相差 64 年, 缩短为 1999 年的相差 40 年。2002 年末, 我国城市化水平达到了 37.66%。图 2-4 是建国以来我国城市化的发展曲线。

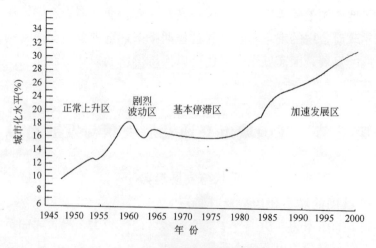

图 2-4　建国以来我国城市化的发展曲线

　　总的来说，虽然我国城市化总体上同国外的发展规律相同，但由于我国工业化起步较晚，加之又走了一段弯路，与西方发达国家相比，我国的城市化具有自己经济的、自然的、民族的和社会的特点。如：城市化水平比较低，城市化人口绝对数大，城市化进程呈渐进式的发展态势，城市化的地区分布不平衡，城市化以乡村经济的发展和繁荣为基础等。

　　**2. 我国大城市土地利用形态的演变特征**

　　我国的城市土地利用形态，同样遵循着世界大城市由单中心空间结构向多中心空间结构演变的规律。但由于社会生产力发展道路曲折、交通工具革新步伐缓慢，加之受中国封建都市传统格局的影响，建国以来我国绝大多数城市的土地利用形态都采用了单中心同心圆的模式，多中心分散组团模式的发展速度非常缓慢。表2-2是对20世纪80年代末我国城市土地利用形态和发展规划模式的总结。

**20世纪80年代末期中国城市土地利用形态及规划模式**　　表 2-2

| 城市类别 | 城市土地利用形态 | | | |
|---|---|---|---|---|
| | 单中心同心圆 | 带状 | 带有卫星城镇 | 多中心组团式 |
| 全国城市 | 62% | 10% | 18% | 10% |
| 百万人口以上的特大城市 | 73% | 12% | 5% | 10% |
| 特大城市的规划模式 | 0 | 20% | 5% | 75% |

　　从表2-2中可以看出，长期以来，我国大部分城市都采用了单中心同心圆式的土地利用格局，其中尤以没有特殊地形的平原城市为甚。在超大城市中，这一格局以北京为代表；而郑州、西安、成都、昆明、徐州、常州等特大城市或大城市也采用了相似模式；另外，在许多经济发展较快的中小城市，如粤东北的梅州、珠江三角洲的东莞、广西的贵港等也有类似的发展趋势。造成这种局面的原因有两个：一是我国的城市化起步较晚，大多数城市还处于向心集聚阶段；二是在规模较小的城市和较低的经济发展水平下，单中心同心圆土地利用形态的市中心区位突出，周边区域的发展机会、城市人口密度、土地功能及开发强度、环境负荷等各项指标均围绕市中心，沿着已有的城市道路网络向城市外围呈阶梯式变化，能较为有效地利用现有的

城市基础设施，因而导致很多城市在发展初期对它的偏好。

改革开放以后，国民经济的飞速发展，为我国城市化进程注入了强大的动力，大批中小城镇迅速扩张的同时，部分大城市由于具有相对有利的区位、良好的基础设施和投资环境、较多的就业机会以及相应的社会经济集聚效益，仍然保持着对人口和经济要素强大的吸引力。在东部沿海的经济发达地区，已经形成长江三角洲、珠江三角洲、京津唐和辽中南4大块具有全国意义的经济和城镇人口高度集聚的重要经济核心区或城镇密集区。但在集聚的同时，各大城市也开始出现离心扩散的趋势。近年来，我国城市学界分别在北京、广州、上海、沈阳、大连、杭州、苏州、无锡、常州等城市进行实证研究，都认为这些城市已经进入了郊区化过程。我国大城市的发展开始进入集聚与扩散并存的状态，多中心分散组团的土地利用形态开始萌芽和发展。如上海、北京、广州等特大城市在借鉴国外大城市发展经验的基础上，开始有计划、由近及远地发展市郊工业区、卫星城镇，在改善旧城土地利用的基础上，逐步构建多中心的组团城市。如上海市逐步开辟了吴淞、五角场、桃浦、漕河泾、长桥、高桥6个近郊工业区和嘉定、安亭、松江、闵行、吴泾、金山卫、宝山7个远郊卫星城镇。广州也逐渐形成了以珠江河道和城市干道为轴线，由中心、东翼和北翼三大组团组成的多组团、半网络式城市空间结构体系，将番禺、花都并入广州，并将佛山、东莞、顺德等与广州市区有极强经济地理联系和紧密共生依存关系的城镇纳入大广州都市圈的功能地域范围。

目前我国大城市的向心增长和空间集聚，主要表现为以下三种形式：

① 内城的更新与改造，使得大型公共建筑向市中心聚集，中心商务区逐步形成。

② 城市外延扩展，主要指城市不断向周围郊区蔓延，包括连片发展、分片发展和渐进发展三种形式。连片发展使城市土地多呈块状或指状向外拓展；分片发展则是组团式规划的产物，相对独立的城市功能组团之间由绿化带隔开；渐进发展实际上是连片发展的一种特殊类型，是指大城市土地由内向外、由商业中心区向城市住宅区、城市

工业区、农村地区呈圈层状的渐变交替。

③ 郊区城市化，即城市郊区转变为城市地区，包括农业用地向非农业用地的转化、纯农户向兼业农户或非农户转化，农村经济由以第一产业为主向以第二、第三产业为主转变等等。

在这种集聚驱使下，由于大城市的产业结构逐步升级，"退二进三"的产业发展政策使得交通流动性和需求弹性较高的第三产业在市中心聚集；城市土地开发进入市场后，由不同区位形成的土地有偿使用带来的巨大地价差别使单位土地面积收益较低的工业企业、仓库和廉价住宅等从市中心迁出；城市快速交通工具(轨道交通、小汽车)和现代通信手段的不断发展以及人们对良好居住环境的追求等因素，都在刺激着大城市的离心扩散。这种离心增长和空间扩散，主要有以下几种形式：

① 轴向扩展。即沿大中城市对外交通干线等基础设施轴线发展，从而形成工业走廊、居住走廊或综合走廊等城市发展轴。

② 卫星城建设。大多在远郊自然发展起来的小城镇或已有工业点的基础上，择优进行规划建设，逐步扩大规模、完善配套设施、增强经济实力，以适当分散对市中心的集聚压力。

③ 开发区建设。主要以经济技术开发区和高新技术开发区为主体，多数布置在远郊或城市边缘地带。

④ 城市郊区化。主要表现为内城区或市中心人口下降而近郊区人口迅速增长，工厂在级差地租的利益驱动下迁往郊区并形成新的工业区，在外围居住区出现大批商城与中心商业区抗衡等。需要指出的是，我国的城市郊区化不同于西方国家那种在中产阶级日益壮大、小汽车普及的背景下形成的自发性迁移现象，而是主要由旧城改造引起的、有组织的迁移，具有一定的被动色彩。同时，由于我国目前私人汽车还不普及，公共交通系统又不发达，大量通勤不得不采用自行车和常规公交车完成，这种近距离的郊区化特别容易导致城市建成区向四周蔓延，并潜在地刺激居民拥有私人汽车的愿望。

总之，当前我国城市的土地利用形态正处于集聚与扩散并存的加速发展时期，城市发展方向非常敏感，城市规划、土地利用政策、经济发展模式等宏观因素对城市结构的影响很大。因此，应注重规划引导，避免原有单中心城市结构的恶性蔓延，使城市土地利用形态向多中心、分散型、网络状、宽绿带的多中心分散组团的方向发展。在建设多中心分散组团的城市结构时，尤其要注意城市功能的分散，而不是简单的居住分散。

## 二、我国城市道路设施现状与发展趋势

### 1. 城市道路建设状况

一方面，从城市道路情况来看，城市交通堵塞情况日趋严重，城市道路网密度很低。与美国、日本、意大利、俄罗斯、韩国等的大城市相比，平均城市道路面积率仅为国外平均值的1/4，平均人均道路面积仅为国外平均值的1/8，平均道路网密度约为国外平均值的1/4。由此可见，与国外相比还是相当落后的。

另一方面，城市道路的发展在近些年来进入了快车道，其道路里程的平均年增长率接近10%，且主要集中于联系城市各功能组团的高等级城市快速路以及联系城市与周围卫星城和附属城镇的高等级城际道路上。这种发展趋势是以下两种因素综合作用的结果：一是城市经济和城市化进程的不断发展所带来的交通需求强度的压力；二是城市综合水平的提高和城市生产、交换、分配等功能对交通效率的要求使得城市道路交通网络体系要求整体升级。

因此，为了促进国民经济的发展，提高国际竞争力，必须在进一步加大建设运输网络密度的同时，优先抓好城市间高速公路和城市道路的建设。我国正在进行的西部大开发中，交通基础设施建设占有非常重要的地位，西部道路交通进入了全新的发展时期。

### 2. 其他交通辅助设施发展情况

交通基础设施建设落后于机动车发展的另一个表现是城市机动车的停车位严重不足，停车难、乱停车问题十分严重。据统计，1998年北京市停车泊位仅有7万多个，停车泊位数占机动车总数不足6%，其中1.7万个车位还是占路停车，与实际需要相差甚远。长沙市现有95%的私车和60%的公车无停车场地，全市每天有8000辆汽车无处停放。武汉市如果按照有关规定的标准，目前至少应该配置各类公共停车场的面积约360万 m²，而实际上仅有107处，合计面积约为

18.8万 $m^2$ ，其中还包括临时停车场24处，其停车场面积仅为需求总面积的5.3%。上海市市区现有停车点(处)共252个，提供停车泊位9115个，停车场面积为12.9万 $m^2$ ，与市区道路总面积之比仅为1:500。1997年初，有关部门对广州市33条主要道路的停车情况调查显示，占用道路停放车辆竟达该市道路面积的40%。像这样的一些情况在许多大中城市均普遍存在。停车泊位数量不足，必然导致违章占道停车现象增多，从而大大降低道路通行能力，并容易引发交通拥堵和交通事故。而住宅小区内机动车乱停乱放、防盗器扰民的现象也时有发生，导致了不小的社会问题。

此外，行人过街辅助设施和机动车与非机动车分离设施严重匮乏，这一状况直接导致行人乱穿街道、机动车和非机动车混行，从而危及交通安全，阻碍车辆畅行。

可以预见，随着"畅通工程"的实施和西部大开发的进行，我国城乡的交通面貌将焕然一新，整个国家的城乡交通状况将得到明显改善。

### 三、我国机动车发展现状与发展趋势

机动车拥有量与经济发展密不可分，经济增长迅速，货物和人员的流动性就大，客观上就要求更多的机动车来承担交通运输任务。交通运输量可以说是国民经济发展的晴雨表，经济增长(人均国内生产总值)与机动车拥有水平存在高度的相关性。改革开放以来，中国经济增长迅速，机动车拥有量迅猛增加。

#### 1. 机动车发展现状

20世纪80年代以来，我国城市社会经济发展水平呈现的快速发展态势，在城市交通方面表现为强大的需求，机动化的发展势头迅猛。图2-5显示的是我国民用汽车1949年以来的发展趋势。

总体上说，我国的民用汽车呈现指数增长的方式。民用汽车的增长可以分为三个阶段：第一个阶段为1980年以前，民用汽车总量很少，并且呈现平缓增长的趋势；第二个阶段为1980—1990年，民用汽车稳定增长，由1980年的178.29万辆，增加到1990年的551.36

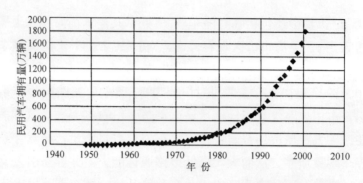

图 2-5　中国民用车辆统计示意图(1949—2001 年)

万辆,增加了 2.1 倍,增长率 11.95%;第三个阶段为 1991 年至今,民用汽车快速发展,在 1990 年的基础上,增加到 2001 年的 1802.04 万辆,增加了 2.3 倍,增长率为 11.38%。1980—2001 年平均增长率为 11.64%。

图 2-6 显示的是我国私人汽车 1985 年以来的增长趋势。

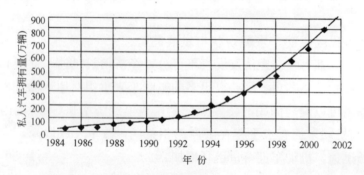

图 2-6　中国私人汽车增长趋势示意图(1985—2001 年)

我国私人汽车的发展非常迅速,私人汽车由 1985 年的 28.49 万辆增加到 2001 年的 770.78 万辆,增加了 26.1 倍,年平均增长率为 22.87%,远远高于同期民用汽车的平均增长率,也远远高于同期国内生产总值的平均增长率(9.1%)。

我国城市机动化发展的另一个表现是摩托车的发展迅速。1980—1997 年,全国摩托车的年平均递增率高达 36.76%,从 12.53 万辆增加到 2022.21 万辆。

　　尽管近年来机动车增长速度很快，但中国人均拥有机动车数量仍属世界低水平之列。千人拥有机动车仅为 8 辆，其中客车千人仅拥有 1 辆。这不仅远低于经济发达国家，即使在同等经济水平国家中也是相对较低的。这表明中国机动化的起点很低，还有很大的发展潜力。

　　最近几年，中国一些经济发达城市的机动车增长尤其引人注目。北京、广州、成都、汕头的机动车增长速度远远高于全国平均水平，即使在人口高度密集不利于机动车发展的上海，机动车年增长率仍达 10%。另外，这些城市的人均机动车拥有量也明显高于全国水平。图 2-7 和图 2-8 显示的是北京市机动车和私人机动车拥有量变化的趋势。

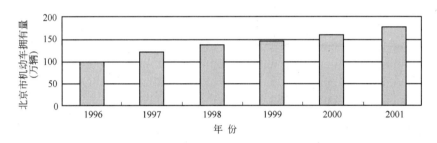

图 2-7　北京市机动车的发展情况

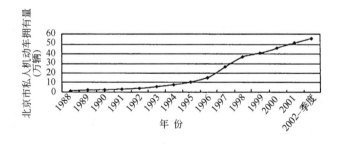

图 2-8　北京市私人机动车的发展情况

## 2. 机动车发展趋势

　　我国机动化发展还存在许多不确定因素：较低的起点，目前很高的增长速度，国家鼓励汽车工业与国内市场发展，以及在大城市进行交通管制，限制交通总量尤其限制私家车的发展。这些因素对中国机动车的发展都会产生不同程度的影响，因此要把握未来机动化的发展水平及未来增长的幅度就比较困难。

通过对众多国家的机动化发展过程比较分析表明：虽然影响机动化发展水平的因素很多，诸如经济、文化、地理等因素，但其中人均收入的增长是推动机动化发展的最重要因素。经济发达，人们的生活水平提高，不可避免地将对私家车产生较大的需求，而且我国的机动化水平并不高，与发达国家差距较大，即使与同等发展水平的国家相比，我国的机动化水平也偏低。因此，不论我国采取什么样的机动车发展策略，可以肯定的是我国的机动车仍将处于迅速发展时期。

由于各个城市小汽车使用的物质条件各不相同，地方政府对机动车拥有与使用可能采取的政策等也难于预料，这使得对城市机动化水平的预测变得更为困难。我们应用收入弹性系数法（小汽车 1.58，火车 1.15）对 2000—2020 年的中国小汽车、火车、机动车拥有量进行了预测，建立了小汽车拥有交叉回归分析模型，发现小汽车拥有的 80%变化可由人均国内生产总值与城市人口密度这两个变化来解释。人均国内生产总值对城市机动化水平的作用，如同收入对全国机动车水平的作用，城市人口密度用以反映城市物质条件对城市机动车拥有的影响，研究得到小汽车拥有量对于人均国内生产总值与城市人口密度的弹性系数分别为 1.02 和－0.21。这意味着对每一个百分点的收入增长将导致 1.02%的小汽车拥有量增长，同样每一个百分点的城市人口密度下降将伴随 0.21%的小汽车拥有量增长。

预测分析表明：随着我国经济今后 25 年的持续增长，中国城市小汽车拥有量将普遍增加 13～22 倍，年增长率为 11%～13%。尽管如此，应该说这样的估计还是保守的。许多东南亚国家已经经历了机动车快速发展的过程，而中国也必将经历这个过程。

### 四、我国交通拥挤现状与发展趋势

交通需求与供给之间的不平衡给城市道路交通带来的直接问题之一就是交通拥挤加剧，出行时间延长，环境污染加重，从而引起不必要的时间和金钱损失，交通的外部成本很高。

　　近年来，许多大城市不同程度地受到交通拥挤的困扰，解决"出行难，乘车难"问题普遍成为城市政府头疼的问题。以北京市为例，高峰小时交通流量超过 10000 辆的交叉路口数从 1994 年的 29 个增加到 1999 年的 52 个，高峰小时交通流量超过 4000 辆的交叉路口数已达到 98 个，作为交通干道的二、三环路高峰小时流量为 12000～14000 辆/h，主要干道的负荷度在 90% 左右。

　　不但是北京、上海和广州这些特大城市，就连一些建市不久的地区级或县级市的市民也对拥挤不堪和秩序混乱的城市交通怨声载道，关于我国城市交通堵塞问题已成为人们的热门话题和研究的热点问题。交通拥挤使交通延误增大，行车速度降低，带来了时间损失和燃料费用的增加；低速度行驶增加了排污量，导致环境恶化；另外，交通拥挤使交通事故增加，堵塞使人烦躁和不安，不但容易导致交通事故增多，而且影响工作效率和人的健康。总之，拥挤不但造成了巨额的经济损失，而且也制约着社会经济的进一步发展。

　　交通拥挤已经成为制约城市经济发展的瓶颈问题，因此，缓解城市交通拥挤、改善交通环境已刻不容缓。"畅通工程"通过建立综合协调机构、制定交通规划、强化交通管理、开展交通教育、完善交通法规、改革管理体制、增强服务意识和采用高新技术等综合措施，引导城市交通进入科学化、现代化发展的新阶段。这是一个系统工程，它是由经验管理走向科学管理，由落后的管理方式走向现代化管理方式的过程。它通过完善交通标志标线、信号控制等交通工程设施，通过完善交通法规和严格执法，通过建立交通指挥中心和采用高科技手段，通过勤务体制调整，实现充分利用现有交通基础设施的目的。通过路段、路口改造和新建道路，调整路网结构，通过公交线网优化和港湾式停车场的建设，调整交通结构，从而实现"土地利用、交通结构和道路交通建设管理"三个层次及"交通供给和交通需求"两个方面的综合对策措施，以达到建立起畅通、安全、高效、有序、舒适、低污染、低能源消耗的可持续发展的交通运输系统的目的。

　　"畅通工程"的实施，在缓解交通拥挤、提高道路畅通程度方面取得了喜人的成绩，表 2-3 为 1999—2002 年实施"畅通工程"部分城市的车速统计，由表可知，这些城市各级道路上的平均行驶车速在近年来都有了稳步增加，这对于正处于迅速机动化时期的我国各类城市来说，是一项很难得的收效。

实施"畅通工程"部分城市的车速变化统计（单位：km/h）　　表 2-3

| 内　　容 | 1999 年 | 2000 年 | 2001 年 | 2002 年 |
|---|---|---|---|---|
| 主干道平均车速 | 31.04 | 33.55 | 37.67 | 37.30 |
| 次干道平均车速 | 27.49 | 29.30 | 30.91 | 33.31 |
| 支路平均车速 | 23.78 | 25.54 | 27.01 | 28.76 |
| 公交车速 | 23.47 | 24.99 | 26.27 | 27.94 |
| 城市道路平均车速 | 26.99 | 28.70 | 30.49 | 32.51 |

但是，应该看到，交通拥挤问题的解决有赖于保持供求关系的长期的动态平衡。我们所做的努力随时都可能被迅速发展的机动化以及由此产生的强大的道路交通需求所吞噬。因此，与交通拥挤的搏斗是长期的、艰巨的，我们要坚持长期不懈的努力。

### 五、我国交通安全现状与发展趋势

#### 1. 交通安全现状

自第一辆汽车问世以来，在一个多世纪中汽车为人类的文明进步起到关键性的作用。但是汽车同时也给人类留下了严重的创伤，汽车的使用导致了道路交通事故的频繁发生。自从汽车问世以来，全世界惨死于车祸的人数已有 4～5 亿人，远远超过两次世界大战中丧生的总人数。而且随着汽车数量的增加，社会机动化程度的提高，交通事故日趋严重。进入 20 世纪 80 年代以来，全世界每年大约有 50 万人在车祸中死亡，1000 多万人受伤。在机动化程度较高一级正在走向机动化的国家，交通事故是导致死亡和伤残的重要原因之一。国际防灾权威性组织——红十字及红新月国际联合会在 1998 年的最新报告中明确指出："道路交通事故在不久的将来将超过呼吸疾病、肺结核、艾滋病，成为世界头号杀手之一"。2002 年，全国交通管理部门共受理道路交通事故 773137 起，事故造成 109381 人死亡、526074 人受伤，直接经济损失 332438 万元，分别比上年增长 2.41%、3.26%、

2.85％和7.66％；平均每天发生交通事故2118起，死亡300人，受伤1441人，直接经济损失911万元。从以上数据看出，我国属于交通事故死亡人数较多的国家之一，交通安全形势非常严峻。

（1）全国谤路交通事故的基本情况

纵观世界发达国家所走过的机动化与交通事故的发展历程，有一个普遍性的规律，即经济增长速度、机动化进程与交通事故的严重程度具有同步性。

在我国也遵循这一规律。在改革开放以前，我国的经济发展缓慢，机动化水平不高，交通事故情况不甚严重。但从改革开放以来，尤其是进入20世纪80年代中期以后，我国的经济进入了全面快速发展时期，机动车拥有量增长迅速，伴随着经济和机动车的快速增长，交通事故也明显增加。从1985年开始，我国的机动车增长迅速，每年机动车的增长速度都在10％以上，有时甚至达到30％。现以1995—1997年3年为例来说明。

1995年全国机动车保有量已达到3180万辆，比1994年增长16.2％；机动车驾驶人达3500万名，比1994年增长24.5％；而全国公路里程只由1994年的111.78万km增加到115.70万km，增长幅度仅为3.5％，并且总里程中66.6％为中低级公路及无路面公路。据统计，1995年全国共发生道路交通事故271843起，造成71494人死亡，159308人受伤，直接经济损失15.2亿元，平均每天有196人死于交通事故。

1996年全国机动车保有量已达36096463辆，比1995年增长13.52％；机动车驾驶人达4270万名，比1995年增长22％，而全国公路里程仅由1995年的115.70万km增加到118.58万km，增长幅度仅为2.49％。据统计，1996年全国公安机关交通管理部门共受理道路交通事故287685起，因交通事故死亡73655人，受伤174447人，经济损失17.2亿元。平均每天发生交通事故788起，死亡202人，受伤478人，直接经济损失471万元。

1997年，全国机动车保有量达到42093152辆，机动车驾驶人5206万名，比1996年分别增长16.61％和22％。全国公路里程达到122.64万km，比1996年的118.58万km仅增长3.42％。据统计，1997年，全国公安机关共受理道路交通事故案件304217起，因交通事故造成 73861 人死亡，190128 人受伤，直接经济损失 18.5 亿元，分别比 1996 年增长 5.7％、0.3％、9％和 7.5％。全国平均每天发生交通事故 834 起，死亡 203 人，受伤 521 人，直接经济损失 506 万元。

从 1995—1997 年 3 年的全国道路交通事故情况可以看出，经济快速发展，交通需求不断增加，机动车迅猛增长，而同时交通基础设施的增长缓慢，迅猛增长的交通需求与落后的道路基础建设之间的矛盾不断加剧，交通拥堵非常严重，导致隐患增多，事故频发。表 2-4 反映了我国历年来交通事故情况。根据表 2-4 中的数据可以绘出从 1983—2002 年交通事故次数和死亡人数示意图，如图 2-9 所示。

我国各年份交通事故死亡人数 表 2-4

| 年份 | 次数 | 死亡人数 | 万车死亡率 | 10 万人口死亡率 |
|---|---|---|---|---|
| 1983 | 107758 | 23944 | 84.35 | 2.33 |
| 1984 | 118886 | 25251 | 42.99 | 2.43 |
| 1985 | 202394 | 40296 | 62.39 | 3.89 |
| 1986 | 295136 | 50063 | 61.12 | 4.7 |
| 1987 | 298147 | 53439 | 50.37 | 4.94 |
| 1988 | 276071 | 54814 | 46.05 | 5.0 |
| 1989 | 258030 | 50441 | 38.26 | 4.54 |
| 1990 | 250297 | 49271 | 33.387 | 4.31 |
| 1991 | 264817 | 53292 | 32.15 | 4.6 |
| 1992 | 228278 | 58729 | 30.19 | 5.0 |
| 1993 | 242343 | 63508 | 27.24 | 5.36 |
| 1994 | 253537 | 66362 | 24.26 | 5.54 |
| 1995 | 271843 | 71494 | 22.48 | 5.9 |
| 1996 | 287685 | 73655 | 20.41 | 6.02 |
| 1997 | 304217 | 73861 | 17.5 | 5.97 |
| 1998 | 346129 | 78067 | 17.3 | 6.25 |
| 1999 | 412860 | 83529 | 15.45 | 6.82 |
| 2000 | 616971 | 93853 | 15.60 | 7.27 |
| 2001 | 757000 | 106000 | 15.46 | 8.51 |
| 2002 | 773137 | 109381 | 13.71 | 8.79 |

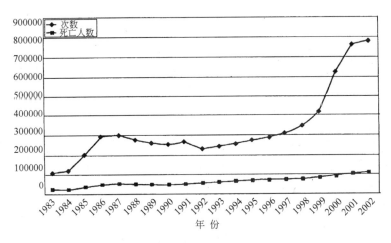

图 2-9　我国各年份交通事故次数和死亡人数统计图

交通事故的发生与经济增长速度、机动化进程密切相关。在我国，地区经济发展不平衡，东部沿海地区经济活跃，而西部经济发展相对落后。经济发达地区交通需求大，而道路交通基础设施却不能满足交通需求，从而导致交通事故频发。从全国各省情况看，全国道路交通事故死亡人数、直接经济损失列前几位的地区多为沿海和经济发达省或人口大省，边远地区、经济欠发达地区的交通事故死亡人数、直接经济损失在全国占较小比例。1995 年，交通事故死亡绝对数居全国前 5 位的是广东、山东、浙江、江苏及四川 5 省，共计死亡 27770 人，占全国交通事故死亡总数的 38.8％。这些地区经济发展较快，交通需求及运力、运量也快速增长，1995 年 5 省货运量占全国货运总量的 31.7％，客运总量占 42.5％。客、货运量比重约为 37.1％，与该 5 省所占死亡比例基本相当，也就是说道路交通运输总量的迅猛发展已成为交通不安全因素增加的一个重要原因。1996 年，死亡绝对数居全国前 5 位的依然是上述 5 省，共计死亡 28212 人，占全国交通事故死亡总数的 38.3％。从 1995 年、1996 年两年交通事故死亡的人数来看，经济活跃的地区，交通运输量大，交通事故频繁，交通事故所占比重较大。1998 年交通事故死亡人数列全国前 5 位的分别是广东、江苏、山东、浙江和河南，除河南是全国人口第一大省外，其余 4 省均为沿海及经济发达省份。因此，加强经济发达地区的交通管理，加大经济发达地区道路交通设施的建设力度十分必要。

（2）交通事故发生的原因分析

人、车辆、道路和交通环境是构成交通系统的基本要素，因此在分析造成交通事故发生的原因时，也要从这几个方面入手分析。

① 人的原因

作为交通参与者的人是交通事故发生原因中一个最重要的因素。在交通事故中有的是由于驾驶人的责任，有的是行人和非机动车使用者的责任。驾驶人肇事的主要原因有：超速行驶，不按规定让行，纵向间距不够，措施不当，违章占道等；行人和自行车违反交通规则和交通安全意识淡漠也是发生交通事故的重要原因。

② 车辆的原因

主要是由于车辆发生了制动失效或不良、灯光失效、转向失效等机械故障，从而使驾驶人无法及时避免事故的发生。

③ 道路的原因

纯粹由道路原因引起的交通事故相对较少，主要由于道路狭窄、路面质量低劣、道路坡度大以及道路线形不规范等原因对驾驶人和行人产生误导，从而导致交通事故的发生。

④ 交通环境的原因

交通环境主要包括：机动车和非机动车的行驶是否进行了有效的分离，道路交通是否进行了必要的控制，是否具有诸如降坡、截弯、设置防护栏、交通标志标线等必要的安全设施，平直道路是否进行了必要的绿化美化以减轻驾驶人的疲劳程度，道路的照明条件等。在交通事故中没有进行有效机非分离的混合交通占有相当比重；缺乏必要的标志、标线、防护栏等安全设施致使发生了许多本可以避免的交通事故；在各类线形道路中，平直道路交通事故数量最大，这是由于平直路面视野开阔，警示标志少，加之路线长，不易管理，造成驾驶人开快车，注意力不集中，应急措施不力等原因造成的；夜间行驶的车辆在无路灯照明的路段发生交通事故的可能性比照明条件好的路段要大。

上面的分析重在阐明交通事故的微观发生机理，它告诉我们，人、道路、车辆和交通环境都是可能引起事故的重要因素。另一方面，从宏观上看，交通运输量、机动车保有量的大小，对交通事故发生的多少有着决定性的影响。显然，当事故发生概率相同时，运输车辆越多，运输里程越长，事故的发生次数就越多。

## 2. 交通事故的发展趋势

交通事故与地区的经济发展和机动化水平密切相关。西方发达国家也经历了一个交通事故与经济增长速度、机动化进程同步发展时期，但在采取有效的交通安全措施之后，交通事故的增长得到了有效的遏制，经济快速增长、机动化水平继续提高，但交通事故的比率却呈下降态势，甚至交通事故的绝对数也在减少，这说明经济发展和机动化程度的高低对交通事故的影响并不是完全确定的比例关系，更主要的取决于整个社会对交通安全的重视程度。

目前，我国正处于经济快速增长、机动化水平不断提高的时期，交通基础设施建设缓慢，远远不能满足交通需求的迅猛增长。因此我国的交通事业现在正处于西方发达国家过去所经历的发展时期，并且我国交通事故的发展态势也正重复西方发达国家所走的老路，所以，吸取国外发达国家交通事故方面的教训，借鉴国外加强交通安全管理的经验，对于我国交通事业的健康发展具有重要的意义。

如果从交通事故的数量上来看，无论从经济发展还是机动化水平来看，西方发达国家都比我国要发达，但他们的万车死亡率却很低，我国经济发展和机动化水平虽然远远落后于西方发达国家，但却是世界上道路交通事故死亡率较高的国家之一。这说明我国不能无所作为地听任交通事故的发展，在交通安全管理方面有大量的工作要做。这里以日本和英国为例来说明加强交通安全管理具有的十分重要的意义。

日本在1945年战败后经过6年艰苦的经济恢复，从1952年到1970年的18年间，经济保持高速增长。这段时间是日本机动化快速发展的时期，同时也是日本交通事故最严重的时期，交通事故的死亡人数达到最高峰。1952年死亡人数4696人，1970年交通事故死亡人数达到16765人，比1952年增长了2.57倍，平均年增长率7.7%。交通事故成为全国最瞩目的焦点问题，它的惨痛现状震撼着每一个人的心灵，日本人惊呼这是一场"交通战争"，开始像重视战争一样重视交通事故，寻找各种良策进行大力度的整治，从而在保障交通安全方面走出了一条成功之路。

图 2-10 显示了日本从 1965 年到 1994 年 30 年间机动化程度的发展与万车死亡率的变化曲线。

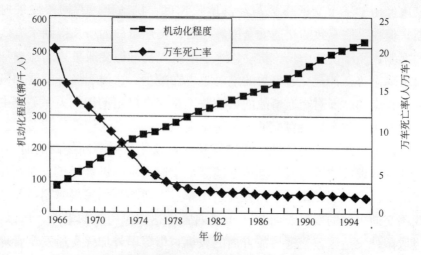

图 2-10　日本机动化程度的发展与万车死亡率的变化曲线

由图 2-10 可以看出，20 世纪 60 年代中期，日本的机动化程度在 90 辆/千人左右，当时的万车死亡率高达 20 人/万车，10 万人死亡率达 14 人/10 万人，每年死于交通事故的人数超过 13000 人。当时正是日本经济高速发展时期，机动化发展速度很快，随着机动车保有量的增加，交通事故次数逐年增加，10 万人死亡率持续攀高，1970 年达到最高的 16 人/10 万人。

交通事故及死亡人数的增加，引起了日本政府以及交通管理部门的极大重视。

1969 年，负责执行交通法规的国家机构"警察厅"宣布了一项"国家紧急状态令"，因为道路交通事故死亡总人数已经达到了 17000 人这个空间最坏水平。1970 年，日本通过了"关于交通安全措施的基本法令"，同时建立了两个机构：第一个是交通安全措施中央委员会，由首相亲自担任主席，由国家警察厅、运输、建设、教育、劳工、国内事务、卫生与福利、司法、财政等 20 多个部门的首脑组成该委员会。运输部负责车辆安全（包括设计标准与驾驶操作），建设部负责道路的建造与维修，制定了交通安全措施五年计划，并立法规定该委员会负责计划的实施；第二个机构是交通政策总部，负责协调五年计划的执行。各地方政府在法令的作用下，不得不将交通安全规划纳入当时的国家五年计划范围之中。

在立法与严格执法的同时，日本政府加大了交通安全方面的财政拨款，从 1970 年开始直到 20 世纪 70 年代末，日本政府用于交通安全方面的拨款比以前增加了 13 倍，而同一时期的国家整体财政预算仅增加了 5 倍。这一时期日本每年的道路交通事故绝对死亡人数减少了一半，在此之后日本用于交通安全方面的财政支出基本上保持在这一时期的水平。

强大的立法、执法力度，各部门分工负责，以及强大的财政后盾，使日本的交通事故态势得到了遏制。1970 年以后，尽管机动车保有量持续上升，机动化程度不断提高，但交通安全和人身安全指标始终保持在较低水平上。1980 年以后，10 万人死亡率控制在 8～10 人/10 万人，达到了国际最好水平。图 2-11 显示的两条曲线中，一条是日本 10 万人死亡率和千人汽车保有量之间的关系曲线，另一条是相应的国际普遍规律曲线。由图 2-11 可知，日本的交通事故发生率低于

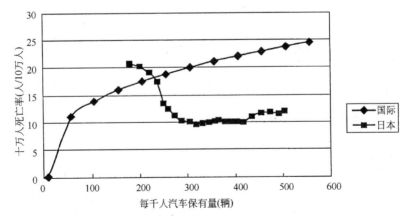

图 2-11　日本千人汽车保有量和 10 万人死亡率的关系

国际平均水平。

英国在解决交通安全问题方面也取得了良好的效果。二次世界大战以后，英国的机动化程度迅速提高，道路交通量也不断增加。从1949 年到 1989 年，机动车交通量增加了大约 8 倍，平均每年增加5.5％，而公路里程却只增加了 20％。早期英国的交通事故情况与日本有相似之处，从 1950 年到 1965 年，交通事故次数与死亡人数都持续增长，而到 20 世纪 70 年代以后，交通事故次数基本呈水平波动变化趋势，交通事故死亡人数则开始呈现下降趋势，万车死亡率持续下降，到 1996 年，万车死亡率仅为 1.4 人/万车。分析英国自 20 世纪70 年代以来万车死亡率下降的原因，主要是强化了车速限制、禁止酒后开车、汽车乘员必须使用安全带等交通安全方面的对策。

从日本和英国交通事故和交通安全指标的变化过程可以看出，随着经济的发展，道路、车辆和交通管理水平的不断提高，人们对交通事故的认识不断深化，万车死亡率一般都会不断下降，最后趋近于一个极限值。而人为的努力可以缩短这一过程，减少交通事故造成的人员伤亡和经济损失。尤其是发展中国家，可以吸取发达国家的经验和教训，对交通事故的发展施加人为的控制因素，使人类在享受现代社会高度发达的机动化所带来的便捷、舒适的生活的同时，将交通事故所带来的痛苦和损失降低到最小范围。

从日本和英国在治理交通事故的经验上来看，只要整个社会重视交通安全问题，就一定能够遏制交通事故的不断变化的趋势。

### 六、我国交通环境现状与发展趋势

随着城市的不断发展，环境问题已经成为社会各界广泛关注的焦点问题。而城市环境问题的起因、恶化与城市交通密不可分。

尽管我国是一个机动化还处于较低水平的国家，然而，汽车污染所引起的危害已相当严重，已直接影响到国家的经济发展和人民的生活。世界银行的环境、经济专家在关于中国环境污染状况的调查报告中指出：全球空气污染最严重的 20 个城市有 10 个在中国。污染已严重威胁到中国人的身心健康和智力发展，中国的环境治理已迫在眉睫。如果把水污染加在一起，仅环境污染每年造成的损失高达 540 亿美元。

从世界银行调查报告可以得知：中国城市地区空气中悬浮的微粒和硫含量目前是全世界最高的，其中山西太原空气中悬浮微粒的含量是世界卫生组织规定标准的 8 倍，济南接近 7 倍，北京和沈阳接近 6 倍。由保有量约 150 万辆汽车所造成的日趋严重的空气污染使北京上空已罩在红蒙蒙的烟雾中，这些烟雾是由汽车尾气中的二氧化碳和氮氧化物在大气物理化学作用下生成的新污染微粒所形成的。

中国近 10 年的环境监测结果也显示，与世界银行调查报告一样，随着经济高速发展带来的中国机动化的加速和汽车的大量增长，汽车所排放的有毒气体污染日趋严重，全国 60% 以上的城市大气中二氧化碳日均浓度超过国家三级标准，污染对环境的破坏力也越来越大。1998 年夏季洪水灾害的直接经济损失达 2600 多亿，占国土面积约 40% 左右的酸雨每年造成的经济损失达 1100 多亿。仅 20 个大城市每年因大气污染而患慢性支气管炎的人数达 150 万，死于呼吸道疾病的达 203 万。

从环保部门测定的数据得知：汽车每燃烧 1t 的燃料，产生的有毒物质达 40～70kg。每千辆汽车每天排出一氧化碳（CO）约 3000kg，碳氢化合物（HC）为 200～400kg，氮氧化物（$NO_x$）为 50～150kg。据此计算，我国仅民用汽车每天排放的这三种有毒气体就达 5 万 t 左右。2003 年 5 月，我国的机动车保有量约为 7976 万辆，其中摩托车高达 5037 万辆，小型载客汽车 1066 万辆，因此每天所排放的污染物远远高于以上数字。

汽车所排放的有毒物质在数量上惊人，但更严重的问题还在于这些有毒物质对人类和自然界具有很强的破坏力。研究表明：一氧化碳超过一定浓度，轻则使人头疼、头晕、呕吐，重则使人昏迷致死。碳氢化合物中所含苯并芘是对人威胁很大的致癌物质。氮氧化物中主要含有二氧化氮，其毒性比一氧化碳高 10 倍，而且对人体血液里的血红蛋白具有较大破坏作用，可致人死亡。特别是 HC 和 $NO_x$ 排放到空气中被阳光照射后就迅速形成光化学烟雾，使人中毒流泪、呼吸系统受损，最后窒息死亡。震惊世界的八大光化学烟雾事件就是由它造成的，英国伦敦因此一次就使约 4000 人丧生；美国洛杉矶、华盛顿等城市也相继发生过这类事件；发生于 1970 年的日本东京光化学烟雾事件则是汽车有毒气体毒杀市民的一次十分残酷的案例，它导致 1 万多人中毒受伤和死亡。从有关方面对世界上汽车数量多且人口密集的大城市进行的调查得知，由于汽车排放的有毒气体，这些城市中的呼吸道发病率高于一般城市 1.5 倍以上，而且死于肺心病尤其是肺癌的人呈不断上升趋势。

当前，城市交通所引起的空气污染、交通噪声与汽车扬尘已成为城市环境污染的主要原因。据统计，交通造成的污染已占城市总污染的 80％以上，其中空气污染尤为严重，以北京为例，目前全市一氧化碳污染中的 63.3％、碳氢化物污染中的 73.54％、氮氧化物污染中的 35.19％，均来自汽车排放的尾气。

环境污染不仅直接严重危害到城市居民的身心健康，也将间接影响城市经济的发展，直接成为城市可持续发展的障碍，因此解决城市交通对环境的污染问题已迫在眉睫。

由于汽车所排放的废气是城市大气污染的主要原因，因此采取措施加强对汽车废气污染的治理工作十分必要。这些相关措施有：

**1. 改善城市综合交通运输体系**

寻求一种高速度、低污染、低消耗(资源、占地)的交通方式(如轨道交通系统)并使其成为主流，建立以公共交通为主体，以地铁、轻轨、公共汽车、小汽车、自行车等多种交通方式在时间和空间上构成合理的城市综合交通运输体系。

**2. 研制绿色环保汽车**

对于当前以汽油和柴油为主要燃料、污染比较大的汽车，西方发达国家采取手段加速淘汰年限，代之以新型的环保汽车；我国也把开发研制绿色环保汽车确定为"十五"的重要研究课题。

**3. 开发新型低污染或无污染的能源**

在环保汽车产量和性能有限的情况下，往往采用低污染、低噪声的替代能源来缓解机动车的环境负荷。目前已颇有成效的替代能源有：天然气、乙醇(德国)、汽油分解装置(烃链断裂)(日本)、电能与汽油并用(美国)等。

以北京市为例，我国在治理汽车废气污染中也采取了一系列措施。过去出租车中大量是黄色的面的，废气排放量大，对城市空气污染严重，因此市政部门下令淘汰了黄色面的；进而对所有车辆的废气排放进行管制，要求车辆所排放的废气达到一定的标准，为此对废气排放不合标准要求的车辆安装尾气清洁器；对陈旧的公共汽车进行了淘汰，新造的公共汽车采用两种能源，即汽油和液化气，采用液化气大大降低了公共汽车所排放废气的污染程度。另外，北京市还通过限制使用有铅汽油而以无铅汽油来代替，从而减少汽车废气对环境的污染程度。虽然如此，由于城市的交通量太大，汽车废气仍然是城市环境污染的主要原因，但只要重视，就能够减轻交通对城市环境的污染程度，从而改善城市的大气环境。

# 第三章　城市交通特征

# 第一节 城市人、车、道路的基本特征

## 一、人的交通特性

道路交通系统中的人包括驾驶人、乘客和行人。人是交通系统中的主要部分，贯穿于交通工程学的各个方面。例如，汽车的结构、仪表、信号、操作系统应当适合驾驶人操纵，交通标志的大小、颜色、设置地点应考虑驾驶人的视觉机能，道路线形的设计要符合驾驶人的视觉和交通心理特性，制定的交通法规、条例应合情合理等等。

### 1. 驾驶人的交通特性

（1）驾驶人的职责和要求

在道路交通要素中，驾驶人具有特别重要的作用。因为除了行人和自行车交通以外，其他的道路客、货运输都要由驾驶人来完成。驾驶人既要保证将旅客和货物迅速、顺利、准时送到目的地，又要保证旅客安全、舒适及货物的完好。同时，行人和自行车交通也使用同一道路网络，受到机动车交通的影响。交通事故统计表明，绝大多数交通事故直接、间接地与驾驶人有关。因此，要求驾驶人具有高度的社会责任感，良好的职业道德、身体素质、心理素养，熟练的驾驶技术。充分认识和掌握驾驶人的交通特性对于保证交通运输的正常运行以及人民生命财产的安全是十分重要的。

（2）驾驶人的反应操作过程

驾驶人在驾驶车辆过程中，首先通过自己的感官（主要是眼、耳）从外界环境接受信息，产生感觉（视觉和听觉），然后通过大脑一系列的综合反应产生知觉。知觉是对事物的综合认识。在知觉的基础上，形成所谓"深度知觉"，如目测距离、估计车速和时间等。最后，驾驶人凭借这种"深度知觉"形成判断，从而指挥操作。在这个过程中，起控制作用的是驾驶人的生理、心理素质和反应特性。

（3）驾驶人的生理、心理特性

① 视觉特性

眼睛是驾驶人在行车过程中最重要的生理器官，视觉给驾驶人提供80%的交通情况等信息。因此，驾驶人视觉机能直接影响到信息获取和行车安全。对于驾驶人的视觉机能主要从以下几方面来考察：

A. 视力。眼睛辨别物体大小的能力称为视力。视力可分为静视力、动视力。顾名思义，静视力即人体静止时的视力。我国驾驶人体检时要求两眼视力均为 0.7 以上，或两眼裸视力不低于 0.4，但矫正视力必须达到 0.7 以上，无红、绿色盲。

动视力是汽车运动过程中驾驶人的视力。动视力随速度的增大而迅速降低，同时，动视力还与驾驶人的年龄有关，年龄越大，动视力越差，如图 3-1 所示。视力还与亮度、色彩等因素有关，视力从暗到亮或从亮到暗都要有一个适应过程。高速公路上要设置必要的防眩设施，在隧道进、出口都要认真考虑视力的这一渐变过程，而采取相应的措施。

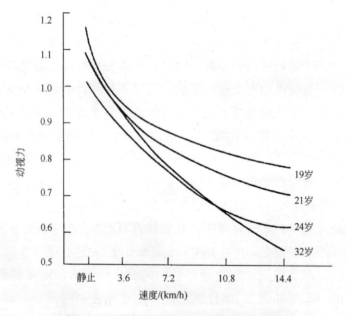

图 3-1  不同年龄时车速与动视力的关系图

B. 视野。两眼注视某一目标，注视点两侧可以看到的范围称为视野。视野受到视力、速度、颜色、体质等多种因素影响。静视野范围最大。随着车速增大，驾驶人的视野明显变窄，注视点随之远移，两侧景物变模糊，见表 3-1。

驾驶人视野与行车速度的对应关系　　　　表 3-1

| 行车速度(km/h) | 注视点在汽车前方距离(m) | 视野(°) |
| --- | --- | --- |
| 40 | 183 | 90～100 |
| 72 | 366 | 60～80 |
| 105 | 610 | <40 |

C. 色感。驾驶人对不同颜色的辨认和感觉是不一样的。红色刺激性强，易见性高，使人产生兴奋、警觉；黄色光亮度最高，反射光强度最大，易唤起人们的注意；绿色光比较柔和，给人以平静、安全感。因此，交通工程中将红色光作为禁行信号，黄色光作为警告信号，绿色光作为通行信号。交通标志的色彩配置也是根据不同颜色对驾驶人产生不同的生理、心理反应而确定的。

② 反应特性

反应是由外界因素的刺激而产生的知觉—行为过程。它包括驾驶人从视觉产生认识后，将信息传到大脑知觉中枢，经判断，再由运动中枢给手脚发出命令，开始动作。知觉—反应时间(从刺激到反应之间的时距)是控制汽车行驶性能最重要的因素，如图 3-2 所示。

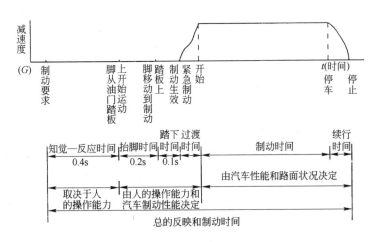

图 3-2　反应时间和制动操作示意图

驾驶人开始制动前最少需要 0.4 秒的知觉—反应时间，产生制动效果需 0.3 秒的时间，共计 0.7 秒。根据美国各州公路工作者协会规定，判断时间为 1.5 秒，作用时间为 1 秒，故从感知、判断、开始制动到制动发生效力全部时间通常按 2.5～3.0 秒计算。道路设计中以此作为计算制动距离的基本参数。

反应时间的长短取决于驾驶人的素质、个性、年龄、情绪、环境、行车途中思想集中情况以及工作经验。

③ 驾驶人的心理特点和个性特点

驾驶人身心健康是安全行车必不可少的条件。思想上注意安全行车，平静的精神状态、安定谨慎的性格也是必要的条件。研究表明，情绪不稳定、易冲动、缺乏协调性、行为冒失往往容易造成行车事故。相反，情绪稳定、行为谨慎、有耐心的驾驶人发生交通事故的情况就少些。

（4）驾驶疲劳

驾驶疲劳是指由于驾驶作业引起的身体上的变化、心理上的疲劳以及客观测定驾驶机能低落的总称。

驾驶人长时间开车会发生疲劳，这时感觉、知觉、判断、意志决定、运动等都受到影响。统计表明，因疲劳产生交通事故的次数，占总事故的 1%～1.5%。由于疲劳很难具体判断，所以实际上因疲劳发生的事故比上述数字要大。试验发现，驾驶人以 100km/h 的速度行进，30～40 分钟之后，出现抑制高级神经活动的信号，表现欲睡，主动性降低；2 小时后，生理机能进入睡眠状态。在一般情况下，驾驶人一天行车超过 10 小时，前一天睡眠不足 4.5 小时者，事故率明显增高。因此，对驾驶人一天的开车时间长短、连续行驶距离、睡眠都应加强管理，做出具体规定。

目前对疲劳的检查方法一般有生化测定、生理机能测定、神经机能测定、自觉症状陈述等。从交通心理学的角度看，常被采用的方法有触两点辨别检查、颜色名称测验、反应时间检查、心理反应测定、驾驶人动作分析等。

在行车过程中，如出现动作不及时、或迟或早、操作粗糙、不准确、情绪低落、身体不适等情况，则要求驾驶人停车休息，避免肇事。

**2. 乘客的交通特性**

(1) 乘客的交通需求心理

人们总是抱着某种目的(如上班、上学、购物、公务、社交、娱乐等)去乘车,为乘车而乘车的旅客几乎没有。乘车过程本身意味着时间、体力、金钱的消耗。因此,人们在乘车过程中总是希望省时、省钱、省力,同时希望安全、方便、舒适。道路设计、车辆制造、汽车驾驶、交通管理及交通设施布设等都应考虑到乘客的这些交通心理要求。

(2) 乘客反应

不同的道路等级、线形、路面质量、汽车行驶平稳性、车箱内的气氛、载客量、车外景观、地形等对乘客的生理、心理反应都有一定的影响。

研究表明,汽车在弯道上行驶,当横向力系数大于 0.2 时,乘客有不稳定之感;当横向力系数大于 0.4 时,乘客感到站立不稳,有倾倒的危险。汽车如果由长直线直接转入圆曲线,并且车速较快,乘客就感到不舒服。因此,在公路线形设计中对于平曲线的最小半径和缓和曲线的长度等均有明确规定的标准。

道路路面开裂、不平整,引起行车振动强烈,乘客受颠簸之苦,厉害时使人感到头晕、恶心、呕吐。

在山区道路上或陡边坡或高填土道路上行车,乘客看不到坡脚,易产生恐惧心理。如果在这种路段的路肩上设置防护栏或放缓边坡,就可消除乘客的不安全心理。

乘车时间过长,容易产生烦燥情绪。为此,路线的布设应考虑到美学要求,尽量将附近的自然景物、名胜古迹引入驾驶人和乘客的视野,使乘客在旅途中能观赏风光、放松精神、减轻疲劳感。

每个旅客都有一定的心理空间要求。心理空间是指人们在自己周围划出的、确定为自己领域的不可见区域。当个人的心理空间遭到外界不该闯入的人或物的侵袭时,人的心理会感到压抑、厌恶、排斥。乘车拥挤不但消耗人的体力,而且给乘客心理上造成额外的压力。

由于体力、心理、生活、就业等方面的原因,城市居民对日常出行时间的容忍性有一定限度，见表 3-2。居民的居住地如果离市中心或工作地点的距离超出了可容忍的最大出行时间，则他们对居住地的位置以及交通系统服务就不会满意。我们根据城市大小和建设水平将不同规模城市的出行时耗列于表 3-3。

前苏联在城市交通规划时规定了乘客的乘车时耗定额，见表 3-4。

不同出行目的的出行容忍时间（单位：min）　　　　　表 3-2

| 出行目的 | 理想出行时间 | 不计较出行时间 | 能忍受出行时间 |
|---|---|---|---|
| 就　业 | 10 | 25 | 45 |
| 购　物 | 10 | 30 | 35 |
| 游　憩 | 10 | 30 | 85 |

我国不同城市规模城市居民的出行时耗建议　　　　　表 3-3

| 城市人口（万人） | >100 | 100～50 | 50～20 | 20～5 | <5 |
|---|---|---|---|---|---|
| 95%居民出行时间小于(min) | 50 | 50～40 | 40～30 | 30～20 | <20 |

前苏联不同城市出行时耗定额　　　　　表 3-4

| 人口规模（万人） | >100 | 100～50 | 50～25 | <25 |
|---|---|---|---|---|
| 时耗定额(min) | 45 | 35 | 30 | 25 |

（3）社会影响

乘车安全性、舒适性、满意性不仅对乘客个人的生理、心理有影响，同时也对社会产生预想不到的影响。上、下班等车与路途上时间过长、多次换乘、过分的拥挤给职工造成旅途疲劳、心理压力、情绪烦燥，就难免产生下列情况：

① 容易引起乘客纠纷，发生过激行为；
② 既有损职工身体健康，又会使劳动效率降低；
③ 下班回家过迟影响家庭和睦；
④ 引起居民对公交服务系统的不满；
⑤ 影响居民对社会生活和公共事业的态度，或对政府产生不满等等。

### 3. 行人交通特性

步行交通是与人类生活密不可分的一项活动。步行能够使个人与环境及他人直接接触，达到生活、工作、交往、娱乐等各种目的。为了满足步行者的生理、心理和社会需要，并保证他们不消耗过多的体力、不受其他交通的干扰、不发生交通事故，就必须提供必要的物质设施。这些设施的规划、设计、实施需要对行人交通的特性有很好的认识和理解。

（1）行人交通流特性

相对于汽车交通来说，我国对行人交通特性的研究还很少。国外一些学者则已经做了不少工作。美国学者弗洛因（J. T. Fruin）在其博士论文《行人规划与设计》中，详细研究了行人流的速度、流量、密度及行人占有空间等特征要素及其相互关系，提出了人行道服务水平划分建议值，见表 3-5。1979 年，以色列学者普鲁士（A. Polus）等人对行人交通作了实地观测和理论分析。他们发现，步行道行人的步行速度平均值在 1.03～1.28m/s 之间。男性的步行速度比女性要快。步行速度随行人流密度增大而下降。他们在平均步行速度与平均行人密度之间建立了一元回归模型，如图 3-3 所示。

人行道流量、行人占有空间与服务水平　　　　　　　　表 3-5

| 服务水平 | 行人流量（人/m·min） | 行人占有空间（m²/人） | 行人交通情况 |
|---|---|---|---|
| A | ≤30 | >2.3 | 自由流 |
| B | 30～55 | 2.3～0.9 | 行人步行速度和超越行动受到限制，在有行人反向和横穿时严重地感到不方便 |
| C | 55～70 | 0.9～0.5 | 步行速度受到限制，经常需要调整步伐，有时只好跟着走；很难绕过前面慢行的人；想要反方向走或横穿特别困难 |
| D | ≥70 | <0.5 | 不稳定流动，偶尔向前移动；无法避免与行人相挤；反向和横穿行动不可能 |

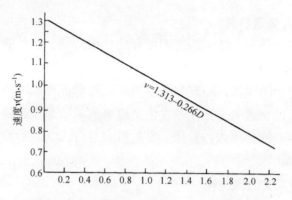

图 3-3　平均步行速度、平均行人密度回归模型

（2）行人交通特征及相关因素

行人交通特征表现在行人的速度、对个人空间的要求、步行时的注意力等方面。这些与行人的年龄、性别、出行目的、教养、心境、体质等因素有关，也与行人生活的区域、周围的环境、街景、交通状况等有关，总结起来见表 3-6。

行人交通特征及相关因素分析　　　　　表 3-6

| 特征<br>因素 | 行人速度 | 个人空间 | 行人注意力 |
|---|---|---|---|
| 年　龄 | 成年人正常的步行速度为 1.0～1.3m/s 之间，儿童的步行速度随机性较大，老年人较慢 | 成年人步行时个人空间要求为 0.9～2.5m²/人；儿童个人空间要求比较小；老年人则要求比较大 | 成年人比较重视交通安全，注意根据环境调整步伐和视线，儿童喜欢任意穿梭 |
| 性　别 | 男性比女性快 | 男性大、女性小 | 大致相当 |
| 出行目的 | 工作、事务性出行，步行速度较快；生活性出行较慢 | 复杂 | 工作、事务性出行注意力比较集中，生活性出行注意力分散 |
| 文化素养 | 复杂 | 受教育程度高的人一般要求高，为自己，也为别人；反之，则要求低，也不太顾及他人 | 受教育程度高的人一般对个人空间要求高，也比较注意文明走路和交通安全 |
| 心　境 | 心情闲遐时速度正常，心情紧张、烦恼时速度较快 | 心情闲遐时个人空间要求正常，心情紧张时要求较小，烦恼时要求较大 | 心情闲遐时注意力容易分散，紧张时比较集中 |

| 特征　　因素 | 行人速度 | 个人空间 | 行人注意力 |
|---|---|---|---|
| 街　景 | 街景丰富时速度放慢，单调时速度加快 | 街景丰富时个人空间小，单调时个人空间大 | 街景丰富时注意力分散，单调时集中 |
| 交通状况 | 拥挤时，速度放慢 | 拥挤时，个人空间变小 | 拥挤时，注意力集中 |
| 生活的区域 | 城里人生活节奏快，步行速度快，乡村人生活节奏慢，步行速度慢 | 复杂 | 城里人步行时注意力比较集中，乡村人比较分散 |

## 二、车辆交通特性

车辆的特征和性能在确定交通工程的某项任务中起着重要的作用。车辆尺寸、质量决定道路桥梁的几何设计、结构设计以及停车场地等交通设施的设计；车辆的各种运行性能与使用这些性能的驾驶人相结合，决定交通流的特性和安全。目前，公路、城市道路上通行的各种车辆，有小汽车、公共汽车、火车、特种车、摩托车和自行车等，这里仅扼要介绍汽车特性和自行车交通特性。

### 1. 汽车基本特性

（1）设计车辆尺寸

车辆尺寸与道路设计、交通工程有密切关系。例如，制定公共交通规划时要用到公共汽车额定载客量的参数；研究道路通行能力时要使用车辆长度等数据；车辆宽度影响着车行道宽度设计等；在我国《公路工程技术标准》(JTJ 001—97)和《城市道路设计规范》(CJJ 37—90)中都规定了机动车辆外廓尺寸界限，如表3-7、表3-8所示。

（2）动力性能

汽车动力性能通常用三方面指标来评定，即最高车速、加速度或加速时间、最大爬坡能力。

① 最高车速 $v_{max}$

是指在良好的水平路段上，汽车所能达到的最高行驶速度(km/h)。

《公路工程技术标准》(JTJ 001—97)规定的

设计车辆外廓标准(单位：m) 表 3-7

| 车辆类型 | 项　目 | | | | | |
|---|---|---|---|---|---|---|
| | 总长 | 总宽 | 总高 | 前悬 | 轴距 | 后悬 |
| 小客车 | 6 | 1.8 | 2 | 0.8 | 3.8 | 1.4 |
| 载重汽车 | 12 | 2.5 | 4 | 1.5 | 6.5 | 4 |
| 鞍式车 | 16 | 2.5 | 4 | 1.2 | 4+8.8 | 2 |

《城市道路设计规范》(CJJ 37—90)规定的

设计车辆外廓标准(单位：m) 表 3-8

| 车辆类型 | 项　目 | | | | | |
|---|---|---|---|---|---|---|
| | 总长 | 总宽 | 总高 | 前悬 | 轴距 | 后悬 |
| 小客车 | 5 | 1.8 | 1.6 | 1.0 | 2.7 | 1.3 |
| 普通汽车 | 12 | 2.5 | 4.0 | 1.5 | 6.5 | 4.0 |
| 铰接车 | 18 | 2.5 | 4.0 | 1.7 | 5.8+6.7 | 3.8 |

注：自行车的外廓尺寸采用宽 0.75m，长 1.9m。

② 加速时间 $t$

加速时间 $t$ 分为原地起步加速时间和超车加速时间。原地起步加速时间是指汽车由第 I 档起步，以最大的加速度逐步换至高档后达到某一预定的距离或车速所需要的时间。超车加速时间大多是用高档或次高档由 30km/h 或 40km/h 全力加速至某一高速度所需的时间来表示。

③ 最大爬坡能力

用汽车满载时第 I 档在良好的路面上可能行车的最大爬坡度 $i_{max}$（%）表示。

(3) 制动性能

汽车的制动性能是汽车的主要性能之一，直接关系到交通安全，是汽车安全行驶的重要保障。汽车制动性能主要体现在制动距离或制动减速度上。制动距离计算公式为：

$$L = \frac{v^2}{254(\varphi \pm i)}$$ (3-1)

式中　$v$——汽车制动开始时的速度（km/h）；

$i$——道路纵坡度(%)，上坡为正，下坡为负；

$\varphi$——轮胎与路面之间的附着系数。

汽车的制动性能还体现在制动效能的力度稳定性和制动时汽车的方向稳定性上。制动过程实际上是汽车行驶的动能通过制动器转化为热能。所以在制动片温度升高后，能否保持在冷状态时的制动效能，对于高速时制动或长下坡连续制动都是至关重要的。

方向稳定性是指制动时不产生跑偏、侧滑及失去专项能力的性能。制动跑偏与侧滑，特别是后轴侧滑是造成事故的主要原因。

**2. 自行车交通特性**

自行车交通是目前我国城市交通的一大特点，除个别城市自行车不多外，大、中、小不同规模城市的出行方式构成中，自行车出行均占有很大的比例。一般大城市自行车出行量占总出行量的 35%～55%；中等城市占 45%～65%；小城市更高，有的超过 80%。因此，研究自行车的交通特性，对于治理城市交通，保障交通安全具有重要的意义。

(1) 自行车的基本特性

① 短程性

自行车是靠骑车人用自己的体力转动车轮，因此其行驶速度直接受骑车人的体力、心情和意志的控制，行、止、减速与制动亦决定于骑车人的操纵。同时，也受到路线纵坡度、平面线形、车道宽度、车道划分、气候条件与交通状况的直接影响。个人的体力虽有强弱之分，但总是很有限的。因此，只适应于短距离出行，一般在 5～6km 以内(或 20 分钟左右)。

② 行进稳定性

自行车静态时直立不稳，当以一定速度前进时，则可保持行进的稳定性，只要不受突然加之的过大横向力的干扰，是可以稳定向前而不致侧向倾倒的。

③ 动态平衡

自行车骑行过程中重心较高，因此，存在如何保持平衡的问题，特别是在自行车转向或通过小半径弯道时，就必须借助于人体的变位或重心倾斜以维持运行中的动态平衡，一般有以下三种情况：

A. 中倾平衡。人体同车倾斜角度一致，即自行车的中心线同身体的中心线完全重合。

B. 内倾平衡。自行车的倾斜角度小于人体的倾斜角度。

C. 外倾平衡。自行车的倾斜角度大于人体的倾斜角度。

④ 动力递减性

自行车前进的原动力是人的体力，是两脚蹬踏之力。一般成年男子，10分钟以上可能发挥出的功率约为220.6W；成年女子则约为147.1W；儿童更小，约为73.5W。持续时间愈长，则可能发挥出的功率愈小，车速亦随之减小。这就是动力递减的结果，一般自行车出行不宜超过10km。

⑤ 爬坡性能

由于自行车的动力递减，对于普通无变速装置的自行车，不能爬升大坡、长坡，也不宜爬陡坡，否则控制不住易酿成危险。通常规定在短坡道上坡度不大于5%，长坡道上坡度不大于3%；对纵坡3%、4%与5%的坡道，其坡长限制分别为500m、200m和100m。当然，对于北方冰雪地区，其坡度与坡长更应减小，否则冬天无法骑车。

⑥ 制动性能

自行车的制动性能，对于行车安全与通行能力具有重要意义，它与反应时间一起决定纵向安全间距，即纵向动态净空（$L_{净}$），根据国内外的研究资料，认为可采用公共汽车的制动模式，参数采用下限，即：

$$L_{净}=1.9+0.14v_{max}+0.0092v_{min}^2 \qquad (3-2)$$

式中　1.9——自行车车身长度(m)；

$v_{max}$——行驶时的最大车速(km/h)；

$v_{min}$——制动前减速后的车速(km/h)，即刹车开始时的车速；

0.0092——制动系数；

0.14——制动时的反应系数，采用0.5秒的反应时间计算得出。

在实际使用时为安全起见，多采用$v_{min}=v_{max}$，这样，制动距离要大些，因为车速不是太高，相差不会很大。按理论上考虑，因为经过反应时间自行车的速度已有所降低，应较正常速度稍低。现以

$v_{min} = v_{max}$，并采用自行车的常见速度对纵向动态净空进行计算，得出的结果列于表 3-9。

纵向动态净空距离（单位：m）　　　　　　　表 3-9

| 自行车速度(km/h) | 5 | 10 | 15 | 20 | 25 | 30 |
|---|---|---|---|---|---|---|
| $0.14v_{max}^2$ | 0.7 | 1.40 | 2.1 | 2.8 | 3.5 | 4.2 |
| $0.0092v_{min}^2$ | 0.23 | 0.92 | 2.07 | 3.68 | 5.75 | 8.28 |
| $L_净 = 1.9 + 0.14v_{max}$ $+ 0.0092v_{min}^2$ | 2.83 | 4.22 | 6.07 | 8.38 | 11.15 | 14.38 |

（2）自行车流的交通特性

① 群体性

由于自行车众多，在多车道高峰时间常首尾相连，成群结队地骑行，甚至连绵不断，像水流一样不可遏制。

② 潮汐性

在信号灯控制的路段，自行车车流由于受到交叉口红灯的阻断，常一队一队地像潮汐一样向前流动。

③ 离散性

在车辆不多时，为了不受其他骑行者的约束与干扰，有不少骑车人常选择车辆少、空档大的路段骑行。在这样的车道上行驶可以自由、机动。

④ 赶超现象

青年骑行者多喜欢超赶其他自行车，甚至有相互追逐、你追我赶的现象。

⑤ 并肩或并排骑行

下班或放学的青年人，常三五成群地并肩骑行，甚至拉手、搭肩，使其他自行车无法通过，形成压车现象。

⑥ 不易控制

由于自行车灵活机动，特别在机动车与非机动车混行的车道上，有空就钻，常常不遵守交通法规，甚至闯红灯或逆向骑行。

### 三、道路交通特性

道路是汽车交通的基础、支撑物。道路必须符合其服务对象的交通特性，满足它们的交通需求。道路服务性能的好坏体现在量、质、形三个方面，即道路建设数量是否充足，道路结构和质量能否保证安全快速行车，路网布局、道路线形是否合理。另外，还有附属设施、管理水平是否配套等。

#### 1. 路网密度

要完成一定的客、货运输任务，必须有足够的道路设施。路段密度是衡量道路设施数量的一个基本指标。一个区域的路网密度等于该区域内道路总长与该区域的总面积之比。一般地讲，路网密度越高，路网总的容量、服务能力越大。但路网的密度也不是越大越好，道路网密度的大小应与一定的经济发展水平相当，与所在区域内的交通需求相适应，应使道路建设的经济性和服务水平以及道路系统的社会效益、经济效益、环境效益得到兼顾和平衡。既要适当超前，也要节约投资。在我国《城市道路交通规划设计规范》(GB 50220—95)中，给出了不同规模城市道路网密度等规划指标，可供实际应用时参考。

#### 2. 道路结构

道路结构基本部分是路基、路面、桥涵，另外还有边沟、挡墙、盲沟、护坡、护栏等，亦属其组成部分。

#### 3. 道路线形

道路线形是指一条道路在平、纵、横三维空间中的几何形状，传统上分为平面线形、纵断面线形、横断面线形。线形设计的要求是通畅、安全、美观。随着交通需求的增大和道路等级的提高，人们对道路线形的协调性、顺适性的要求也越来越高，更加强调平、纵、横线形一体化，即立体线形的设计。

#### 4. 道路网布局

道路的规划、设计不能仅仅局限于一个点、一条线，而应从整个路网系统着眼。路网布局的好坏对整个运输系统的效率有很大影响，良好的路网布局可以大大提高运输系统的效率，增加路网的可达性，节约大量的投资，节省运输时间和运输费用，取得良好的经济效益、社会效益与环境效益。

## 第二节　城市交通方式的发展与分类特征

### 一、交通工具与城市的发展

随着生产力的发展，城市人口不断增加，面积不断扩大，城市生产的原料、燃料、产品和生活物资的供应量和运距随之增加，居民出行次数和距离也增加，这对城市交通工具不断提出新的要求。首先是要有代步的工具，以后又对速度快和运量大的交通工具提出要求。

从城市交通工具的发展历程来看，它可以分为 4 个时期。

**1. 步行—马车时代 (1800—1890 年)**

这一时期城市没有公共交通，人们出行方式主要靠步行，所以城市的发展限定在步行 1 小时范围内(4～5km)，因为可达性有限且可达区域高度集中，城市呈现出高密度聚集的形态。1850 年以后出现作为早期公共交通的马车。这种公共马车，有的还按固定路线行驶，乘客是社会中上层人士。马车在块石路面上的速度约 5km/h，市中心区人车混杂，交通十分拥挤。以后出现了马拉轨道车，这是在路面上铺硬木做的轨道，马车行驶其上，可以更平稳和快速(车速可达到 6～7km/h)，载客量更大(可载 15～20 人)。乘客对象已扩大到普通劳动人民。马拉轨道车的运营，扩大了人们的活动范围，对城郊工业区的开发起促进作用。以后，伦敦又出现双层马车，使运量进一步增加。城市出现沿着这些轨道向外"星形"发展的形态。

**2. 有轨电车时代 (1890—1920 年)**

进入 19 世纪，工业发展的浪潮席卷欧洲和美国。农村人口大量流入城市，提供了廉价的劳动力。工业企业如雨后春笋般竞相树立，牟取暴利的竞争使现有社会风俗、习惯遭受冲击和破坏，城市人口急剧增加，出现了大量贫民窟。拥挤不堪的居住区与工业作坊混杂在一起，混乱噪杂的社会秩序和肮脏的环境在不断发展。资产阶级为了维护自己的利益，制定了卫生、防火、城建、交通和土地使用等一系列法规。但他们更需要的是城市用地能不断向外扩展，以便买到廉价的土地，修建新的工厂、获得更多的利润，同时也产生了大量远距离的客流。

城乡间的货运激增，也要求有更强大的运输工具来承担日益增长的运输任务。蒸汽机的发明，使交通发生革命，出现了蒸汽机轮船、蒸汽火车。在英国伦敦，19世纪50年代城市地面交通已极为拥挤，要求有街道外的交通。1864年在帕丁顿到法灵顿大街之间建造并启用的3.6km的蒸汽车地下铁道就是在这种困境下出现的产物。

之后，在美国纽约、芝加哥和德国柏林也建造了高架铁路。

蒸汽火车因技术作业的需要，平均每8~10km就有一个车站，进行车辆交会、越行、挂摘车皮，从事客、货运业务。这样，城市用地也往往在车站周围扩大起来，在城市外围呈现串珠状发展。以后，这些车站也成为城市近郊的客运站。

到19世纪的最后20年，电力的发展使交通工具再次得到变革——有轨电车(tramway或streetear line)问世。

1881年，德国柏林初次研制的有轨电车上了街。

1883年在美国芝加哥，1886年在加拿大多伦多，出现试验生产的电力街车。

1888年，法郎克·朱斯卜拉格在美国里士满，将马拉的街车线路改为电力牵引，并改进了车辆和架空线的分岔技术，使有轨电车能付之使用。

从19世纪末到20世纪20年代是有轨电车的兴盛时期。世界各国大城市都相继建造了大量的有轨电车线路，成为城市客运的主力军。美国在第一次世界大战前后有轨电车有8万多辆。英国1926年在本土三岛有轨电车线路有5000km。法国在1926年仅巴黎就有1110km长的有轨电车线路。我国上海在1908年建有轨电车线路，1914年建无轨电车线路；沈阳1910年先建有轨马车，1925年改为有轨电车。到解放前，我国已有8个城市运行有轨电车。

有轨电车的出现，为城市提供了速度快、运量大和价低廉的交通工具。它不仅与各阶层人士的生活密切相关，还成为城市形成和发展诸多因素中最具有影响的因素之一。与此同时，电力牵引也用到蒸汽火车、地下铁道和高架铁道上，使客运事业得到了进一步的发展，车速提高，站距缩短，运量增加，对城市用地的开发起到了积极的促进作用。

有轨电车的使用，大大缓解了城市发展可达性上的限制，使城市可以沿有轨电车轨道向外放射状扩展。城市结构出现了明显的变化，首先出现了一个以商业和服务业为主的中心，同时出现了不同宗教群体和收入层次的独立社区。由于有轨电车扩大了人们可以到达的区域范围，城市第一次出现了"郊区化"的趋势，少数富人选择居住在郊区，同时也标志着城市阶层化的开始。

**3. 汽车时代**（1920—1945 年）

19 世纪末，柴油发动机的发明对城市交通的发展起到了推动作用。

1880 年，德国本茨发明了柴油汽车；1885 年，美国福特发明了火花塞汽油车；1886 年，美国蒲尔曼提出了建造铰接公共汽车（因发动机功率不足，未能推广使用）。1896 年，出现了第一辆出租汽车。

随着汽车制造业的发展，汽车售价逐步降低，汽车已不再是富人们财富的标志和消遣的玩物，而成为广大群众用得起的交通工具。

在城市中有大量有轨电车和地铁的同时，汽车能够异军突起，并逐步取代有轨电车，是因为它没有大量的轨道、架空线和配电设施需要建设和维护，且机动灵活，服务面广，开办费低，建设速度快，运价又不贵，所以有强大的生命力，尤其当大功率柴油车问世后，有轨电车就越来越失去竞争力，在有些城市甚至完全被拆除了。

在汽车进入历史舞台的早期，有些城市出现过无轨电车，这是有轨电车与公共汽车的结合产品。

1882 年，无轨电车在德国柏林试验，随后，法国、英国也相继试验，到 1902 年，捷克（奥匈帝国）第一条无轨电车线路投入运行。我国上海 1914 年 11 月起开始无轨电车运行，至今已超过 90 年，是世界上运行历史最长的城市。国外大量使用无轨电车的国家有瑞士、捷克和前苏联等，他们具有较高的技术水平。

在公共汽车替代有轨电车的过程中，电气化交通在大城市和特大城市转向了轨道交通，轨道交通在第二次世界大战后得到了快速发展。表3-10列出了城市交通发展的主要里程碑。

城市客运交通发展的主要里程碑 表3-10

| 年份(年) | 国家 | 城　　市 | 事　　件 |
|---|---|---|---|
| 1600 | 英国 | 伦敦 | 第一辆出租马车 |
| 1662 | 法国 | 巴黎 | 第一辆城市马拉公共班车 |
| 1825 | 美国 | 斯托克顿至达灵顿 | 第一条铁路 |
| 1832 | 美国 | 纽约 | 第一条马拉有轨街车线 |
| 1863 | 英国 | 伦敦 | 第一条地下铁路 |
| 1873 | 美国 | 旧金山 | 出现缆车 |
| 1888 | 美国 | 弗吉尼亚州 | 第一条电车线 |
| 1899 | 英国 | — | 第一辆公共汽车问世 |
| 1901 | 法国 | 巴黎 | 第一条无轨电车线 |
| 1910 | 英国 | 伦敦 | 马拉公共班车全由公共汽车代替 |
| 1955 | 德国 | 杜塞尔多夫 | 第一辆现代铰接式电车 |
| 1955 | 美国 | 克利夫兰 | 第一个大规模的停车换乘快速公交系统 |
| 1956 | 法国 | 巴黎 | 第一条胶胎快速公交线 |
| 1962 | 美国 | 纽约 | 第一条全自动快速公交线 |
| 1969 | 美国 | 华盛顿 | 第一条通勤车专用道 |
| 1972 | 美国 | 旧金山 | 第一条由计算机控制的快速轨道公交系统 |
| 1975 | 美国 | (西)弗吉尼亚 | 第一个全自动无人公交系统 |
| 1978 | 德国 | — | 双能源、无轨电车问世 |

历史上从未有其他一种技术革新对城市空间变化的影响像汽车这样大。早期汽车还只被有钱阶层用来作为进行郊外远足的工具，当汽车进入普通家庭后，汽车促进了人口和就业岗位向郊外分散，城市改变了高密度聚集的发展形态，出现了低密度扩张的趋势。正是在这一时期，欧洲和北美的城市发展途径出现了分异，为了鼓励城市中小汽车的使用，北美的石油和汽车厂商开始收购城市有轨电车系统，并且将其拆除。1938年通用汽车公司和标准石油公司收购了洛杉矶的太平

洋电车公司，拆除了轨道代之以城市道路，以鼓励小汽车交通的发展。从此有轨电车在美国城市中的作用消失了。与此同时，欧洲城市中公共交通系统仍然被保留下来，并且作为城市交通的重要方式。从而两地的城市发展出现了不同的特点。

第二次世界大战期间，西方发达国家小汽车的普及和大规模的基础设施建设促使城市向外扩展到距离市中心 50km 的范围内，人口密度降为 10～20 人/hm$^2$，此时的城市形态称为"小汽车城市"。郊区交通条件的改善使市中心不再具有强大优势，促使人口和就业中心向郊区迁移，形成更分散的布局形态，机动交通周转量（vehicle miles traveled，VMT）的不断激增，引起了一系列严重的社会和环境问题，这种现象称为"城市蔓延（urban sprawl）"，在美国一些大城市，这种模式达到了顶峰。

**4. 高速公路时代（1945—2000 年）**

二次世界大战之后的 20 年，小汽车在西方发达国家得到了普及，极大地增强了个体机动化的水平。与此同时，北美和欧洲都开展大规模的高速公路建设，欧洲高速公路的建设强度低于北美，而且高速公路的走向一般与公交线路一致，美国则采用引导郊区发展的模式。这一时期虽然没有出现新的交通技术，但却体现出交通基础设施增强居民可达性的特点。居民点和就业岗位的"离心化"趋势继续得以增强，城市副中心（sub center）开始在郊区出现。为了加强它们之间的联系，大城市外围开始修建环路（图 3-4）。

总体来说，在城市的形成和发展过程中，随着社会生产力的发展、人口的增加、用地面积的扩大，城市生产、生活产生的交通量和运距也随之增加，对交通运输工具不断提出新的要求。首先是要有代步的交通工具，随后要求交通工具不断提高运载能力和运送速度。在城市形成的初期，仅为小城市规模时，城市以步行和非机动车为主，如自行车和人力三轮车；城市规模扩大后，便产生了干道网和公共汽（电）车；随着城市人口和用地进一步扩大，交通需求进一步增长，伴随着科学技术的进步，公共交通方式从公共汽（电）车发展到大中运量的快速轨道交通；如今，在一些发达国家的现代化大城市中，自动导轨公共交通已投入使用。

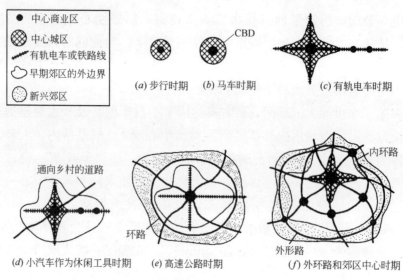

图 3-4　交通方式与城市形态的演变

　　交通工具的发展十分清楚地提示我们，每一种交通工具的技术性能是一定的，只能适用于城市发展的一定时期、一定水平的交通需求。当旧的交通工具不能满足新的需求时，必须要有新的交通工具来代替。否则，城市交通必定出现供不应求和交通紧张状况，以致阻碍整个客运系统的发展。

### 二、交通方式的分类

　　交通方式指人们从甲地到乙地完成出行目的所采用的交通手段，通常可分为个体交通方式与公共交通方式两大类。个体交通方式又分为个体非机动化交通方式与机动化交通方式（图 3-5）。个体非机动化交通方式包括步行、自行车和其他非机动车，个体机动化交通主要指的是家庭小汽车、公务小汽车和摩托车。公共交通方式主要有轨道交通、公共汽（电）车、中小巴士、出租车、轮渡、缆车和索道，在一些大型交通枢纽，还应用了步行传送带。其中最常见的两种形式是公共汽（电）车和轨道交通。

　　个体交通方式的优势在于灵活自由，能够实现"门到门出行"，从使用者的角度来看是有利的。公共交通方式的优势在于运输效率

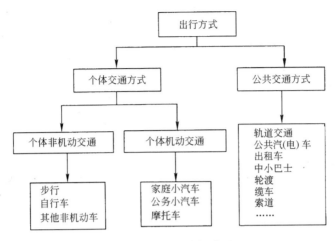

图 3-5　出行方式划分图

高，从交通系统的角度来看是有利的，除了出租车以外，只能提供定点定时的服务。

在 Nested-Logit 模型中，通常把交通方式选择分为三步骤，假定人们对于交通方式的选择是分步骤考虑的。第一步，人们决定是采用步行还是采用交通工具；第二步，选择交通工具的人们要决定是采用自行车还是机动车；在第三个步骤里，选择了机动车的人们要最终选择是采用个体机动交通方式还是公共交通方式(图 3-6)。

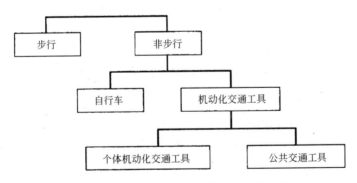

图 3-6　Nested-Logit 模型的分步骤交通方式图

## 1. 步行交通

步行交通方式是人们最基本的出行方式，在现代化的社会中依然不可替代。只要人们的身体条件许可，均可自由选择步行作为其出行方式。影响人们步行方式的因素主要是出行目的和出行距离等内在因素，出行距离的因素应该尤为突出。

大量的调查统计资料显示，步行方式的出行比例随出行距离而变化的规律非常明显，一般而言，步行出行基本上集中在 1.5km 范围内。

**2. 自行车交通**

作为一种需依靠体力运行的交通方式，自行车具有如下较为明显的优势：

① 自主灵活，准时可靠；

② 连续便捷，可达性好；

③ 用户费用低廉，运行经济；

④ 节能特性显著，环境效益好；

⑤ 时空资源占用相对较少，交通效率较高。

但是，由于受地理气候环境条件应该较为突出，自行车交通方式的发展变化也呈现出十分明显的特征。

目前在我国，城市自行车拥有量经历了一个由快速增长到平稳增长的发展时期。城市适龄人口的自行车拥有率已达 1 辆/人，基本饱和。而在这一时期，我国城市自行车交通出行的显著特征之一，是自行车在客运系统各类出行方式的构成中所占比例很高，一般大城市占总出行量的 35％～55％，中小城市占 45％～65％。随着近年来城市公交行业的快速发展，居民生活水平提高带来的出行机动化进程加快，我国一些城市的自行车出行比例已开始显著下降，如上海市居民出行的自行车方式分担率已由 1995 年的 41.7％下降至 1998 年的 28.9％；广州市居民的自行车方式分担率由 1992 年的 33.8％下降至 1998 年的 21.5％；在中等规模的城市珠海，居民的自行车交通出行分担率也由 1992 年的 52％下降至 1998 年的 18％左右。

在 20 世纪 30～60 年代，西方一些国家的自行车交通也曾发挥过重要作用，但 60 年代以后随着汽车工业的发展，小汽车的普及，自行车的使用率普遍下降。

总的来看，在地形平坦的城市中，自行车的利用率要比同样大小的丘陵地区的城市高出 1～2 倍。在一定的经济发展水平下，在小汽车尚未大量普及、城市规模尚小、公共交通尚不发达的情况下，自行车交通便可能在城市居民出行方式结构中占较大比重。当城市的规模扩大、社会经济发展水平提高，特别是小汽车的普及程度提高以后，自行车交通在城市客运交通中的地位和作用必然下降。

### 3. 机动化交通方式

我国城市机动化交通方式主要包括公交车、小汽车、摩托车以及地铁、轻轨等快速轨道交通方式。对比分析国内外城市交通方式的发展历史、现状与变化趋势所呈现出的规律可知，机动化交通方式的发展规模、发展水平及结构比例，受经济、政策两大因素影响较大。

在经济发展水平相对较低、机动化个体交通工具（特别是小汽车）尚无条件进入家庭或开始进入家庭的初期阶段，影响机动化交通方式结构的主导因素是经济因素，城市社会经济发展水平和居民的收入水平在很大程度上决定了城市交通系统的供求特征。

当经济发展到一定水平，小汽车有条件进入普通市民家庭的阶段，影响城市机动化交通方式结构的主导因素是政策因素。包括交通政策、土地利用政策、经济产业政策等在内的各项公共政策决定着城市人口、土地利用模式及相应的城市交通系统的供求特征；政策可以导向大力优先发展高水平、高质量、高效率的公共交通，引导城市紧凑布局，集约利用土地，从而减少人们对个体机动化交通工具的依赖；政策也可以导向个体化交通工具（主要是小汽车）迅速发展并普遍使用，使城市的道路网络系统、城市的用地布局发生结构性改变。因此，在研究确定城市交通方式结构时，必须重视经济因素的制约作用和政策因素的导向作用。

### 三、交通方式的特征

通过对几种常见的通勤工具的比较分析，可以发现，快速轨道交通相对于公共汽车、私人汽车、自行车等大众交通工具而言，具有运量大、低污染、低噪声、低能耗、高速度、低成本、占地少、舒适、全天候等得天独厚的优势，应是最佳的通勤方式（表 3-11）。同时，另一项研究也表明，地铁、轻轨和市郊铁路等轨道交通方式在单通道宽度、容量、运送速度、单位动态占地面积等指标上，都较一般交通工具有明显优势，如表 3-12 所示。

几种常见的通勤方式的比较     表 3-11

| 通勤方式 | 优　点 | 缺　点 | 最佳适用范围 |
|---|---|---|---|
| 自行车 | 出行方便、安全、无污染、无噪声、节能、低成本 | 速度慢、占地多、舒适性差、受天气影响大 | 适合短距离通勤 |
| 公共汽车 | 密度大、线路多、安全、乘车方便、低价格、载客多 | 速度慢、污染大、噪声大、能耗高、受道路影响大、拥挤、舒适性差、占地多、工作人员多 | 适合中短距离及客流集中地方通勤 |
| 私人汽车 | 出行方便、舒适、速度较快 | 污染较大、运量少、成本高、受道路影响大、停车难、占地多 | 适合中长距离通勤 |
| 轨道交通 | 运量大、低污染、低噪声、低能耗、高速度、占地少、舒适、全天候、低价格 | 高投入、高维护成本、建设周期长、线路密度低 | 适合各种距离通勤 |

各种交通方式单通道密度、容量、运送速度、单位动态<br>占地面积比较表     表 3-12

| 种　类 | 交通方式 | 单通道宽度（m） | 容量（万人/车道·小时） | 运送速度（km/h） | 单位动态占地面积（m²/人） |
|---|---|---|---|---|---|
| 个体交通 | 步　行 | 0.8 | 0.1 | 4.5 | 1.2 |
| | 自行车 | 1.0 | 0.1 | 10～12 | 2.0 |
| | 摩托车 | 2.0 | 0.1 | 20～30 | 22 |
| | 小汽车 | 3.25 | 0.15 | 20～30 | 32 |
| 公共交通 | 公共汽车 | 3.5 | 1.0～1.2 | 15～20 | 1.0 |
| | 轻　轨 | 2.0(高架) | 1.0～3.0 | 35 | 0.2 |
| | | 3.5(地面) | | | |
| | 地　铁 | 0(地下) | 3.0～7.0 | 35 | 0～0.2 |
| | | 3.5(地面) | — | — | |
| | 市郊铁路 | 3.5 | 4.0～8.0 | 50～60 | 0.2 |

在城市中，步行仍然是最普遍的交通方式。科学技术的发展使交通方式不断变化，每种新的交通方式的出现，都会使城市交通发展轴向外延伸，使城市用地不断扩大，也使大城市郊区化成为可能。随着城市建设财力的增强，运用快速公共系统或轨道交通引导城市围绕站点高强度开发的模式正在各地兴起，它使城市用地布局更趋合理。居民出行距离呈近多远少分布，而各种交通方式都有其最佳的出行范围，在城市中多种交通方式共存、互补是最合理的。其间，有便捷的换乘设施是发展综合运输体系的必要条件。

## 第三节　行人交通流特征

### 一、行人交通速度、密度与流量的关系

道路上行人的速度、密度与流量存在以下关系：

$$Q = K \cdot v \tag{3-3}$$

式中　$Q$——单位时间内单位人行道宽度内通过的行人数量（人/min·m）；

　　　$v$——每分钟步行距离（m/min）；

　　　$K$——单位面积行人数量（人/$m^2$）。

行人流的速度表示每分钟行走的距离。速度是衡量服务水平的一个重要标准。行人占有空间值的倒数是行人密度，表示每平方米的行人数量。随着行人密度的增加，每人占有的空间减少，行人个人的机动性下降，速度随之下降，如图 3-7 所示。

如图 3-8 所示，行人最大流量在很小的范围内下降，即在人流密度达 1.3～2.2 人/$m^2$ 时流量最大，或行人占用空间在 0.46～0.8$m^2$/人时的流量可达最大。

图 3-9 表示行人速度与流量间的关系。这些曲线与机动车的相似。它表明当人行道上有少量行人时，空间较大，行人可选择较高的步行速度。当流量增加时，由于行人间隔较近，速度下降。当达到拥挤的临界状态时，行走变得很困难，流量和速度都下降了。

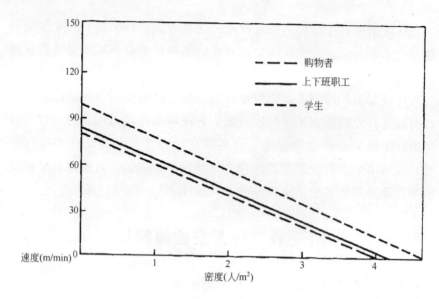

图 3-7　行人速度与密度的关系图

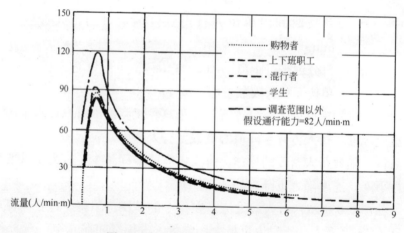

图 3-8　行人流量与行人空间的关系图

## 二、人行道上的人流特征

由于行人是随机到达的大多数不规则的人行交通流，总会出现短时间波动的现象。在人行道上，由于有交通信号灯引起的人流受阻和排队，进一步扩大了这些随机的波动。公共交通站点也会在某个短时间内拥出大量人流，紧跟着一段时间又是无人流出现。人流成团地在一起行走，成为人群。这个时候要考虑人群速度的快慢，行走速度快

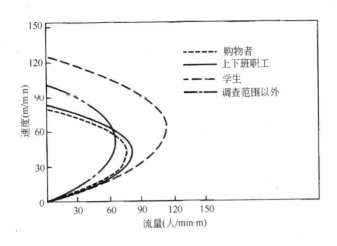

图 3-9  行人速度与流量的关系图

的行人不得不跟随人群慢走，行走速度慢的行人也会跟着人群快走。

街道转角处要比街道内的人行情况复杂得多，因为这里会出现相交的行人流、穿过街道的行人和等候信号灯的排队人群，由于这些地方的人流特别集中，所以常成为行人特别拥挤的地方。街道转角处人行交通超负荷的运转，有时甚至会需要延长行人过街的绿灯时间或者会延误转弯车辆，影响机动车的运行。在转角处，要考虑满足红灯期间行人站立等待的面积要求和另一个方向行人在绿灯期间通行的面积要求，保证双向行人顺畅地过街。否则站立的行人等候信号时会出现争先恐后的排队现象。人行横道内行人流的特征和人行道的特征基本相似，上班人流的步行速度为 100m/min。而人行横道上的平均步行速度，经常为 70~80m/min，这是由于转弯车辆使行人步行受到干扰，降低了服务水平。

行人过街有单人穿越和结群而过两类。行人过街时，第一种情况是待机而过，行人等待汽车停止或车流中有足以过去的空档才过街，他们步伐均匀。第二种是适时过街，行人走到人行横道起点正好车流中出现可穿越的空档，行人随即过街。他们多半是在走过路中线以后加快步伐。第三种情况是抢行过街，车流中本无可穿越的空档，但行人快步抢行，在路中停步，再过街。行人过街时，是根据左侧的来车情况决定过街的，等待过街时间和长短与汽车交通量、街道宽度、年龄大小、是否上班高峰时间等有关。在高峰时间、年轻人、路宽、车辆又多，过街行人往往缺乏耐心，先穿越一半路幅，在路中等候时机再过，所以在此设置行人安全岛十分必要。

行人喜欢走捷径。据调查，为走横道线而绕行 20m 以上，超越了很多人的心理接受范围。所以要加强安全教育，采取必要的防范措施，使过街行人走横道线。若行人沿人行横道过街和经天桥（或地道）过街的时间大致相同时，约有 80% 的人愿意使用天桥或地道；若超过一倍时间时，则几乎无人使用天桥和地道。天桥和地道相比，使用天桥的人，安全感较强。

# 第四节　车辆交通流特征

## 一、车流量

道路车流量是指在单位时间段内，通过道路某一断面或某一条车道的车辆数，且常指来往两个方向的车辆数。

由于统计车流量所得的结果是混合交通量，为计算交通量，应将各种车种在一定的道路条件下的时间和按占有率进行换算，从而得出各种车辆间的换算系数，将各种车辆换算为单一车种，称为当量交通量(PCU/单位时间)。国外多以小型车为标准换算车辆。我国调整高速公路、一级公路至四级公路和城市道路均以小型车为标准换算车辆，换算系数见表 3-13。

城市道路各种车辆对标准车的换算系数　　　　　　表 3-13

| 车型 ＼ 位置 | 路　段 | 环形平交 | 设信号平交 |
|---|---|---|---|
| 小型车 | 1.0 | 1.0 | 1.0 |
| 中型车 | 1.5 | 1.4 | 1.6 |
| 大型货车、公共汽车 | 1.5 | 1.5 | 1.6 |
| 拖挂车、铰接车、大货车 | 2.0 | 2.0 | 2.5 |
| 摩托车 | 0.5 | 0.5 | 0.5 |
| 自行车 | 0.2 | 0.2 | 0.2 |

由于交通量时刻在变化着，对不同计量的时间，有不同的表达方式，一般取一时段内的平均值作为该时间段的代表交通量。

$$\text{平均交通量} = \frac{1}{n}\sum_{i=1}^{n}Q_i \quad (\text{PCU/单位时间}) \qquad (3\text{-}4)$$

式中　$Q_i$——各规定时间段(分钟、小时、日)内交通量的总和；

　　　$n$——统计时间内(小时、日、年)的规定时间段的个数。

根据统计时间类型的不同可分为日交通量、小时交通量和时段交通量(不足一小时的统计时间)。

**1. 平均日交通量**

平均日交通量依其统计时间的不同又可分为年平均日交通量、月平均日交通量和周平均日交通量。年平均日交通量在城市道路设计中是一项极其重要的控制性指标，用作道路交通设施规划、设计、管理等的依据，是确定车行道宽度、人行道宽度和道路横断面的主要依据。

$$\text{年平均日交通量} = \frac{1}{365}\sum_{i=1}^{365}Q_i \quad (\text{PCU/d}) \qquad (3\text{-}5)$$

**2. 小时交通量**

将观测统计交通量的时间间隔缩短，能更加具体反映观测断面的交通量变化情况。因此，常用到以下概念：

小时交通量———一小时通过观测点的车辆数；

高峰小时交通量———一天内的车流高峰期间连续 60 分钟的最大交通量。

城市道路上的交通量有明显的高峰现象。一定时间内(通常指一日或上午、下午)出现的最大小时交通量称为高峰小时交通量。在一天中，工作上下班前后有早高峰和晚高峰，通常以早高峰为最大，时间最集中；晚高峰次之，但持续时间长；中午的峰值较小。图 3-10 给出了某市居民全日出行的时间分布状况。

根据国内一些城市的交通调查，高峰小时中最大连续 15 分钟的交通量约占高峰小时交通量的 1/3 左右。一天中高峰小时的交通量约占全天交通量的 1/6。其具体数值应通过交通调查得到。

作为道路规划和设计依据的交通量，称为设计交通量。一般取一

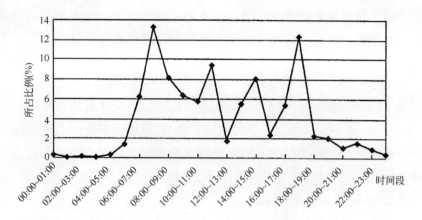

图 3-10　某市居民全日出行时间分布图

年的第 30 小时交通量作为设计交通量，即将一年中 8760 小时的交通量按大小次序排列，从大到小序号第 30 位的那个小时交通量（图 3-11）。

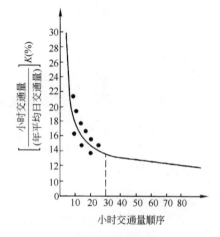

图 3-11　第 30 位最高小时交通量示意图

**3. 时间交通量(流率)**

对不足 1 小时的时间间隔内观测到的交通量换算为 1 小时的车辆数称为当量小时流率，或简称流率。计算式为：

流率＝n 分钟内观测到的车辆数

$$\times 60/n \quad (\text{PCU/h}) \quad (3\text{-}6)$$

式中　$n$——观测时间(min)，一般取用 5 分钟或 15 分钟。

**二、行车速度**

车速是泛指各种车辆的速度，是单位时间($t$)内行驶的距离($S$)。按 $S$ 和 $t$ 的取值不同，可定义为各种不同的车速。

**1. 点车速**

它是车辆通过某一地点断面时的瞬时车速，做道路交通管理和规划设计时参考用。

### 2. 行驶车速

它是指驶过某一区间距离与所需时间(不包括停车时间)求得的车速，用于评价该路段的线形顺适性和通行能力分析，也可用于进行道路使用者的成本效益分析。

### 3. 行程车速

它是车辆行驶路程与通过该路程所需的总时间(包括停车时间)之比。行程车速是一项综合性指标，用以评价道路的通畅程度，估计行车延误情况。要提高运输效率，归根结底是要提高车辆的行程车速。

### 4. 设计车速

道路几何设计所依据的车速，称为计算行驶速度，也称设计车速。它是指在气候良好、交通密度低的条件下，一般驾驶人在路段上能保持安全、舒适行驶的最大速度。

汽车在道路上以一定车速行驶，除了车辆本身要有良好的性能外，还要靠道路提供相应的技术保证。例如车行道的宽度、道路的平面线形及纵坡是否平缓、道路的几何形状乃至路面质量等均与行驶速度有关。行驶速度不同，对道路的要求亦不相同，因此道路设计前所确定的计算车速是道路设计的一项重要依据。否则，道路建成后，汽车要在道路上以最高速度行驶，也会被上述各项几何要素所限制。

我国对大、中、小城市道路网规划的机动车设计车速规定见表3-14。

大、中、小城市道路网规划的机动车设计车速(单位：km/h)　　表 3-14

| 城市规模 | | 快速路 | 主干路 | 次干路 | 支 路 |
|---|---|---|---|---|---|
| 大 城 市 | >200 万人 | 80 | 60 | 40 | 30 |
| | 50～200 万人 | 60～80 | 40～60 | 40 | 30 |
| 中等城市 | | — | — | 40 | 40 | 30 |
| 小 城 市 | | — | — | 40 | | 20 |

车辆在行驶时若经常变换排档，改变车速，将导致燃料和时间的

额外消耗，机件和轮胎的磨损加剧，驾驶人也倍感疲劳。因此同一条道路上的计算行车速度应该一致，以使车辆状态较稳定。不同设计车速的道路衔接处，应设过渡段。过渡段的最小长度应能满足行车速度变化的要求，其变更位置应选择在容易识别的地点，如道路交叉口、匝道、道路出入口等，并设置相应的交通标志。

以上几种车速代表了不同的作用。地点车速是经过理论分析推算所得的车速，设计车速是以道路几何设计的计算为依据而制定的车速，行驶车速是车辆在道路上实际行驶的车速。

行车速度既是道路规划设计中的一项重要控制指标，又是车辆运营效率的一项主要评价指标，对于运输经济、安全、迅捷、舒适具有重要意义。了解和掌握各类道路上行车速度及其变化规律，是正确进行道路网规划、设计和车辆运营、管理的基础。

### 三、车流密度

车流密度是指在某一瞬时内一条车道的单位长度上分布的车辆数。它表示车辆分布的密集程度，其单位为 PCU/km，于是有：

$$K = N/L \quad \text{(PCU/km)} \tag{3-7}$$

式中　$K$——车流密度（PCU/km）；

$N$——单车道路段内的车辆数（PCU）；

$L$——路段长度（km）。

路段上车头间隔也反映车流密度。车头间隔常用车头间距与车头时距两种方式表示。

#### 1. 车头间距

在同向行驶的车流中，前后相邻两辆车的车头之间的距离称为车头间距，用 $h_s$ 表示（图 3-12）。计算公式如下：

$$h_s = L_车 + \frac{v}{3.6}t + S_制 + L_安 \quad \text{(m/PCU)} \tag{3-8}$$

式中　$L_车$——车身长度（m）；

$v$——行车速度（km/h）；

$t$——驾驶人反应时间（s），驾驶人发现前方问题后到采取措施的反应时间，一般取 1.2 秒；

$S_制$——后车正常制动刹车与前车紧急刹车的制动距离之差
　　　值(m)；

$L_安$——安全距离(m)，车辆距前车的最小距离，一般取 5m。

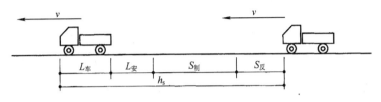

图 3-12　车头间距

制动距离的大小取决于制动效率和行车速度，制动力取决于
轮胎与道路表面之间的道路阻力系数、路面的附着系数之和。在
不同季节、不同气候条件、不同粗糙程度的路面上行车时，路面
的附着系数不同，可从相应规范中查取。根据能量守恒定律，制
动力与停车距离的乘积应当等于车速从 $v$ 降到零时的动能消耗，
式(3-9)成立：

$$G(\varphi + f \pm i)S = \frac{1}{2}Mv^2 = \frac{G}{2g}v^2 \tag{3-9}$$

式中　$\varphi$——附着系数；

　　　$f$——滚动阻力系数；

　　　$i$——道路坡度，上坡取正号，下坡取负号；

　　　$G$——车辆重量。

公式整理后，代入重力加速度数值。另外，从安全角度考虑，由
于刹车受到制动性能影响，制动距离需要乘上安全系数 $K$，所以制动
距离最终计算公式整理如下：

其中，$S_制$ 的计算公式如下：

$$S = \frac{K_2 - K_1}{2g(\varphi + f \pm i)} \times \left(\frac{v}{3.6}\right)^2 \tag{3-10}$$

式中　$K_1$——前车刹车安全系数；

　　　$K_2$——后车刹车安全系数；

　　　$\varphi$——附着系数，一般取 0.3；

$f$——流动阻力系数，可取 0.02；

$i$——道路坡度，上坡取正号，下坡取负号。

将式(3-10)代入式(3-8)可得：

$$h_s = L_{车} + \frac{v}{3.6}t + \frac{K_2 - K_1}{2g(\varphi + f \pm i)} \times \left(\frac{v}{3.6}\right)^2 + L_{安} \qquad (3-11)$$

观测路段的所有车辆的车头间距平均值，称为平均车头间距，用 $\bar{h}_s$(m/PCU)表示。平均车头间距 $\bar{h}_s$(m/PCU)与密度 $K$(PCU/km)之间的关系为：

$$\bar{h} = 1000/K \quad (m/PCU) \qquad (3-12)$$

**2. 车头时距**

在同向行驶的车流中，前后相邻两辆车驶过道路某一断面的时间间隔称为车头时距($h_t$)。车头时距可通过车头间距 $h_s$ 除以行驶速度 $v$ 求得。观测道路上所有车辆的车头时距的平均值称为平均车头时距，用 $\bar{h}_t$(s/PCU)表示。平均车头时距 $\bar{h}_t$(s/PCU)与交通量之间的关系为：

$$\bar{h}_t = 3600/Q \quad (s/PCU) \qquad (3-13)$$

车头时距、车头间距与速度的关系为：

$$h_s = \frac{v}{3.6}h_t \qquad (3-14)$$

## 四、车流量、行车速度和车流密度之间的关系

**1. 基本关系**

在一条车道上，车流量 $Q$、行车速度 $v$、车流密度 $K$ 存在以下关系：

$$Q = K \cdot v \qquad (3-15)$$

式中 $Q$——平均流量(PCU/h)；

$v$——平均车速(km/h)；

$K$——平均车流密度(PCU/km)。

**2. 速度与密度的关系**

1963 年，格林希尔茨(Greenshields)提出了速度—密度线性关系模型，如图 3-13 及式(3-16)、式(3-17)所示：

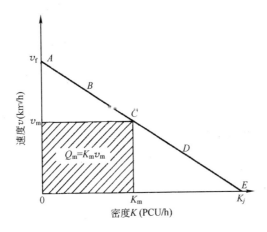

图 3-13 速度—密度关系曲线图

图 3-13 中：

$Q_m$——最大流量；

$v_f$——畅行速度，当车流密度趋于零、车辆可以畅行无阻时的最大速度；

$v_m$——临界速度，流量达到 $Q_m$ 时的速度；

$K_m$——最佳密度，流量达到 $Q_m$ 时的密度；

$K_j$——阻塞密度，车流密集到所有车辆无法移动时的密度。

$$v = v_f \left(1 - \frac{K}{K_j}\right) \tag{3-16}$$

$$K = K_j \left(1 - \frac{v}{v_j}\right) \tag{3-17}$$

式中　$v_f$——畅行速度；

$K_j$——阻塞密度。

研究表明，平均车速与车流密度是直线关系，并且模型与实测数据拟合良好。当 $K$ 趋近于零时，$v = v_f$，即在车流密度很少的情况下，车辆可以自由速度行驶。当 $K$ 趋近 $K_j$ 时，$v = 0$，即在车流密度很大时，车辆速度就趋向于零，出现交通阻塞。

**3. 速度、密度与流量的关系**

将式(3-17)代入式(3-15)，得：

$$Q = K_j \left(v - \frac{v^2}{v_f}\right) \tag{3-18}$$

式(3-18)可用一条抛物线表示(图 3-14)，图中斜率为车流密度 $K$。速度—密度—流量曲线形状与实测结果十分相似。三者之间的关系见图 3-14 的右侧部分。开始时车流密度稀少，通过的车流量很小；车流量随着车流密度的提高而增加，车速稍有下降，车流为自由流；随着车流密度的增加，车流量进一步增大，车流在道路上处于稳定流状态；当车流密度再提高时，同向车流在车道上连续行驶时，车和车之间存在着相互影响，当车流密度增加到一定程度时，车速就出现不稳定状态，这些车辆同样在道路上行驶时，时快时慢，但这时通过的车流量最多；当车流密度继续增大时，车速和车流量随之每况愈下，车流进入强制流状态，后车的行动还受到前车的制约，并且受制约的状况要向后传递，后车动作要比前车的动作延迟一点时间。当车流密度很大时，车辆间的空档已经很小，若驾驶稍有不慎，就会发生车辆追尾事故。当密度继续增大到阻塞密度 $K$ 时，速度趋近于零，交通流量也趋近于零，此时道路上的车流被完全阻塞。

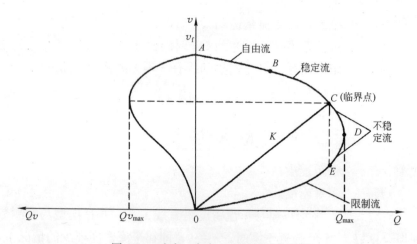

图 3-14　速度—密度—流量关系曲线图

若将式(3-18)乘上 $v$，取横坐标为 $Qv$，即查看车辆通过得又多又快时与车速的关系，如图 3-14 的左侧部分所示。此曲线为三次方的曲线，即车速与流量曲线所包围面积的积分值。从曲线中可以看到：当车流密度增加时，车速虽有所下降，但车辆在稳定流时通过的流量又多又快；

当车流进入不稳定流后，状况就急剧下降。这说明在城市快速路和主干路上控制驶入车数、保持一定车流密度的重要性。

目前国内外的一些城市，在快速路和主干路上设置了传感器或使用卫星传感自动定位导向装置（GPS），将自动收集到的交通信息传递到控制中心的电子计算机。选择出最佳运行方案，再发山指令，指挥车辆应遵循的行驶方向，以此来迅速地调度交通流，使整个道路系统发挥最大的效能。

### 五、汽车在城市道路上的行驶特征

由于城市道路有不同等级，车辆在行驶过程中归纳起来可分为连续流和间断流。

#### 1. 连续流

连续流一般出现在无平面交叉口的城市道路上。

在城市快速路上，车辆可以不间断地连续行驶，它在道路上的分布是随机的、离散型的。在车流密度不大时，后面的快车要超越前面比它慢的车，可以自由变换车道超车，然后交汇到前面的车流中去。到了立体交叉口，或路侧出入的匝道口，也很容易分流、合流，自由出入。当车流密度增加，车辆行驶的自由度就受到前车的制约，尤其是在不稳定流的状态，车速时快时慢，变化又是突然，容易发生交通事故。所以，在整个行驶进程中道路上的车流是决定车辆能否自由交织、变换车道、出入车道，能否按规定的车速安全、舒适行驶的关键。国外常用道路上每车道的车流密度值来确定其分级的服务水平。

对于城市快速路的服务质量，人们最关心的是车速和在路途上耗费的时间。但在连续稳定的交通流内，流量是随车流密度的增加而增加的。为此，采用车流密度作为规定连续流道路路段服务水平的参数。按照每车道每公里分布的当量小汽车数分成若干级别（美国分6级），定出每级的最大车流密度，由此规定出各级服务水平下的平均行程速度和道路饱和度，以及相应的最大服务流量。道路的饱和度（$V/C$）是一个相对值，表明道路上车辆的充盈程度，是指道路上的车流量（Volume）与其可能通行能力（Capacity）之比。我国尚无服务水平的技术规定，大都是套用国外的做法。

**2. 间断流**

间断流一般出现在有平面交叉口的城市道路上。

在城市主干路上，若纵、横两个方向行驶的车辆都既快又多，这时就要用信号灯管理交通，借用红绿灯的不同相位，将纵、横两个方向的车流在时空上错开通过。这时道路网上各个流向的车流就被切成段，间断式地向前行驶。最理想的是使它们在到达交叉口时，横向的车流正好驶过交叉口。这时道路上的车流大都能在绿灯中通过，使道路发挥最大的效能。这时城市道路上可用于分布车辆的道路面积最多只能占道路总面积的一半(图 3-15)，这是理想的绿波交通状况。实际上，城市交通是很复杂的。例如交叉口间距不等、路段流量不均匀、车种繁多、人车混杂等等，都能影响道路上的车速，产生交叉口交通延误，降低交叉口的通行能力，进而限制了路段的通行能力。所以，盲目追求宽马路、不展宽交叉口的做法，是得不偿失的。

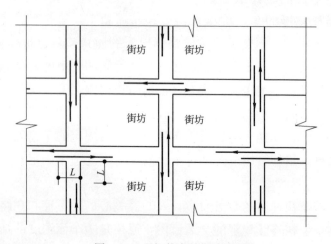

图 3-15　理想状态的绿波交通

此外，城市主干路的功能以通为主，设计车速在 60km/h 以上，安全停车视距是很长的。实测表明，道路上车速越快，其停车视距越长、视角也越窄，驾驶人的视点聚集在前方远处，而对道路两侧近处的直观形象是模糊的。若要求车辆速度快，就必须简化道路两侧的交通状况。但目前国内许多城市的主干路的路幅都做得很宽，既有机动车道、非机动车道、路边停车带，又有吸引大量人流和客流的沿街商店和公交站点，使道路路段上纵、横两个方向的交通都很繁忙，相互干扰严重，最终驾驶人只能将车速降到 15km/h 以下，导致主干路的效能低下。

在有平面交叉口的城市次干路上，机动车流量和车速要比主干路小些，一般仍采用信号灯管理或用环形交叉口。按道路性质和功能，它兼有通与达的任务，道路两旁建筑和商店吸引人流和非机动车流要比主干路多，道路上出入交通频繁，公交线路和停靠站多，路边停车也多，交通情况比较复杂，有时还会影响到主干路交叉口的交通。

在有平面交叉口的城市支路上，由于支路网密，每公里支路所承担的车辆都较少，设计车速也很低，它主要起交通出发和到达的作用，并且不常承担路边停车的功能。总体上看，城市支路的交通情况与前者比较，要简单些。国外城市对于车流量低的支路交叉口，常用让路规则和停车规则管理交通。在车辆驶过交叉口时，先在停车线前停止后再启动，纵、横向车辆相让，一隔一地依次通过交叉口，并且对过街行人是车让人的做法，以策安全。但应指出：由于种种原因，我国城市中的支路十分稀少，次干路也不多，许多本该由支路和次干路承担的功能都由主干路承担，造成道路功能混杂，交通汇集量过大，问题十分严重，这是今后城市道路交通整治的重点。

### 六、城市公共交通车辆行驶的特征
#### 1. 公交车辆运行的典型特征
公共交通车辆是按固定线路行驶，沿途停靠站点的。所以，它的速度变化就受到站距的限制，与道路上其他车辆的行驶特征不同。

公交车辆在两个停靠站之间的典型运行情况，可分为五个过程，如图 3-16 所示。

启动加速——车速从 $O$ 启动，经变换排档逐渐加强，经 $t_1$ 秒后达到 $v_1$，即图中 $A$ 点。$OA$ 的斜率就是车辆的加速度，与车辆的动力装置有关，通常电车的启动性能比公共汽车好。

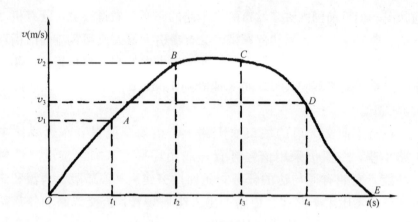

图 3-16　公交车运行情况

加速行驶——随着车速加快，加速度逐渐减少到 0，经 $t_2$ 秒后，速度达到 $v_2$，在图中的曲线上由 $A$ 点到 $B$ 点。

等速行驶——这时车辆的行驶速度最稳定，也最高，与道路上其他车辆的车速相近，在图中的曲线上由 $B$ 点到 $C$ 点。

淌车——车辆的发动机已熄火(或离合器已脱开)，车辆靠惯性向前行驶，车速受到各种行车阻力影响逐渐降低，经 $t_4$ 秒后降到 $v_3$，在图中的曲线上由 $C$ 点到 $D$ 点。

制动——车辆临近停靠站，驾驶人踩下制动器，使车辆的减速度更大，直到车辆刹停，在图中的曲线上由 $D$ 点到 $E$ 点。

从曲线图可知：车辆在两站之间以 $v_2$ 高速行驶只有一小部分时间，其余部分的速度都是比较低的，平均行驶速度要比最高速度低许多。图中尚未计及道路交叉口红灯及其他交通干扰车速的影响情况。若车辆的加速性能差，站距短，道路交通情况复杂，则公交车辆的平均行驶速度就很小。因此，宜在城市道路上辟出公交港湾站、公交专用道，减少公交车辆与其他车辆的相互干扰，以保证公交车辆的正常运行。

**2. 行驶速度 $v_行$**

由于一条公交线路所经过的道路和街道情况比较复杂，站距也不等，各站间的行驶速度 $v_行$ 会有较大的差别，所以，通常用的平均行

驶速度 $v_行$ 是按整条线路计的(图 3-17)。

$$v_行＝l_线/\Sigma t_行 \tag{3-19}$$

式中　$l_线$——线路长度；

　　　$t_行$——车辆在线路两站间行驶的时间；

　　　$\Sigma t_行$——车辆在线路各站间行驶时间之和。

### 3. 运送速度 $v_送$

它是公交车辆运送乘客的速度，是衡量乘客在旅途消耗时间多少的一个重要指标(图 3-18)。

$$v_送=\frac{l_线}{\Sigma t_行＋\Sigma t_停} \tag{3-20}$$

式中　$l_线$——线路长度；

　　　$\Sigma t_行$——车辆在线路两站间行驶的时间之和；

　　　$\Sigma t_停$——车辆在线路各站上停靠时间之和。

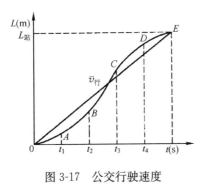

图 3-17　公交行驶速度

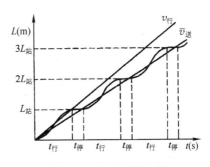

图 3-18　公交运送速度

车辆沿途停靠的总时间决定于：停站次数、每次停站上下车的人数和每人所花的时间，通常占车辆在全线行驶和停靠时间总和的 25%～30%。这项时间的大小不仅影响运送速度，还影响停靠站和线路的通行能力。因此，缩短这段时间对乘客尤其是特大城市的乘客有很大的意义。目前，我国城市公共交通在同一条道路上的线路重复太多，使站点被堵塞，延长了车辆停站时间，降低了运送速度。运送速度在市区为 14～18km/h，郊区为 16～25km/h。

### 4. 运营速度($v_营$)

它是公交车辆在线路上来回周转的速度。衡量整个客运企业或某条线路上车辆运营情况好坏的指标(图 3-19)。

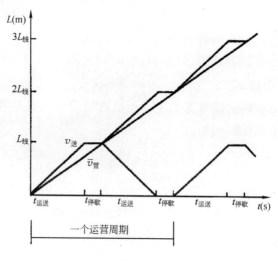

图 3-19  公交运营速度

$$v_{营} = \frac{2 \cdot l_{线}}{\Sigma t_{行} + \Sigma t_{停} + \Sigma t_{首末停}} \qquad (3-21)$$

式中  $\Sigma t_{首末停}$——车辆在线路两端首末站上停歇的时间。

式(3-21)中的分母表示车辆在线路上一个来回的周转时间。

上述三种速度是逐个减少的,其中主要的影响者是行驶速度。这三种速度在各个城市、一年四季或一天各小时中也是不同的,影响它们的主要是天气、道路与街道上交通。线路上使用长站距和设通过交叉口的公交专用道,也能大大提高车速。

### 七、自行车行驶特征

一般自行车在路段上占用道路面积为 4~10m²/车,但在交叉口停车线前拥挤堵塞时,其密度很大,一般为 2~4m²/车,有时甚至更大。在南京市珠江路观测,自行车的密度平均值高达 0.63 辆/m²。而北京市对 8 个路口的观测,自行车的密度最高可达 0.54 辆/m²。

有资料统计,不同速度下自行车占用道路面积是不同的。自行车以 5km/h 骑行时,占用道路面积约为 4.1m²;10km/h 时,占用道路面积为 5.2m²；12km/h 时，占用道路面积为 6.2m²；15km/h 时，占用道路面积为 8.1m²；20km/h 时，占用道路面积为 10m²；25km/h 时，占用道路面积为 12m²；30km/h 时，占用道路面积为 16m²。

自行车的特征与机动车相比有很大的不同：

### 1. 摇摆性

自行车转向灵活，反应敏捷，正常行驶时，横向摆动 0.4m 宽，但在行进中常因超车、让车或加速而偏离原骑行车道线，甚至有时突然偏离或冲出原骑行车道线。

### 2. 成群性

自行车交通流在路段上不严格保持有规则的纵向行进，而是成群行进，交叉口信号灯的控制是这种现象的原因之一；另一方面是由于骑车人喜欢成群结队，这是同机动车交通流显著不同的一个特点。

### 3. 单行性

与成群性相反，有些骑车人不愿在陌生人群中骑行，也不愿紧紧尾随别人，往往冲到前面个人单行，或滞后一段单行。

### 4. 多变性

由于自行车机动灵活，爱走近路，又易于转向、加速或减速，因而骑车速度和自行车流向常常突然变化，还有在车流中你追我赶的现象。

自行车行驶时绝大多数车辆是互相错位的。左右两车靠得近时，前后两车的间距就大；左右两车离得远时，前后两车靠得就近，万一发生刹车，后车仍能插入前面的两车之间，还有左右摆动把手的余地而不致撞车。每车所占用的活动面积 $A$ 值是自动调节的。在路段上，当每车的 $A$ 值大于 8m² 时，骑车人的车速不限，行人尚可穿越自行车流去公交车站；当 $A$ 值为 6m² 时，骑车超车已较难，行人也难穿过自行车流；当 $A$ 值为 4.5m² 时，车速下降到 10km/h 左右，车流较密集，行人不可能横穿自行车流；当 $A$ 值小于 3m²，车速小于 8km/h 时，一车倒下，相邻或后面的自行车会跟着倒下，或车速骤降而推行，只有个别骑车。在交叉口的骑车人在绿灯初期大量人推车而行，当 $A$ 值达到 2.2m² 时，即可骑行。从 $A$ 值的变化可知，车流密度与车速有密切关系。例如：自行车在平段行驶时，车流密度正常；到了上坡段，车速变慢，车流变密，$A$ 值变小；下坡时，车速加快，车流变稀，$A$ 值就变大，而这时所通过的自行车数并没有变化。又如进入交叉口的自行车受到红灯阻拦，车流也会变密；离开交叉口后又会变稀。如果道路上自行车流本来就很密，当交叉口红灯一拦，整条车流没有多少压缩余地，立刻会在停止线前出现一条自行车长龙，即使交叉口开放绿灯，停止线处的自行车已可驶出，但排成长龙的自行车流密度变稀要有一段时间，使后续的骑车人仍然不断下车，排队现象会继续向后延长，达一二百米，甚至波及到下一个交叉口。这时，排成长龙的自行车流往往要等二次绿灯后才能通过交叉口，这对交叉口的畅通、提高道路通行能力都是不利的。此外，北方城市冬天结冰路滑，车流太密也容易摔倒出事。

# 第四章　城市交通调查

# 第一节 城市交通调查概述

城市交通调查是进行城市交通规划、设计、建设与管理的重要基础性工作。城市交通调查是一种用客观手段，测定道路流以及与其有关现象的片断，并进行分析，从而了解与掌握交通流规律和居民出行心理，为城市交通规划建设方案制定和交通预测模型标定提供定量与定性参考的依据。

## 一、城市交通调查的主要内容

城市交通调查可服务于多种目的。城市交通调查的内容应该根据规划的对象及目标来确定。城市综合交通规划、城市交通管理规划、城市道路系统规划、城市交叉口改善规划等不同研究项目的交通调查内容和交通调查范围差别较大。

城市交通调查的对象主要为交通流现象，而与交通流有关的诸如国民经济、经济结构、运输状况、城乡规划、道路交通设施、交通环境等均可以作为城市交通调查的内容。

一般而言，城市综合交通规划的交通调查内容主要包括以下 12 个方面：城市规划和社会经济基础资料调查、居民出行特征和出行意愿调查、机动车出行特征调查、道路交通量调查、城市出入口交通调查、道路车速调查、城市道路交通设施调查、停车调查、城市公交调查、城市货物源调查、城市交通管理调查及城市交通环境调查等。

## 二、城市交通调查的主要方法

一般而言，城市交通调查的范围需与城市交通规划的范围相一致。城市交通调查不仅需收集道路交通量、道路车速等动态数据，而且需收集人口、经济等统计数据。城市交通调查数据的最新年份为基年。为了完成历史年份数据和现状的纵向比较，城市交通调查不仅需收集基年的现状数据，同时也需收集历年的相关历史数据。为完成同类城市的横向比较，城市交通调查也需收集同类城市的相关调查数据。

城市交通调查的涉及面广，可运用的方法也是多种多样的。各类调查方法的选取与调查对象、规划研究要求直接相关。各种调查方法也都具有各自的局限性。

**1. 现场踏勘及观察调查**

这是城市交通调查的最基本方法，可以用来描述各类城市交通的实际情况，如用于城市道路交通量及车速调查、城市出入口交通量调查、城市公交调查、停车调查等。

**2. 抽样调查或问卷调查**

针对不同的城市交通问题，以问卷形式对居民或机动车辆进行抽样。如居民出行特征和出行意愿调查、机动车出行特征调查、城市出入口机动车 OD 调查等。

**3. 访谈或座谈会**

性质上，该方法与抽样调查类似，但访谈或座谈会则是与被调查者面对面的交流。在城市交通规划中，该方法主要运用于如下两种情况：一是针对无文字记载也难以有记载的民俗民风、历史文化等方面；二是针对尚未形成文字或对一些愿望或设想的调查，如城建领导意向调查。

**4. 文献资料的运用**

通过文献资料的运用，可以掌握与城市交通发展相关的信息。在城市交通规划中，所涉及到的文献主要包括：历年的统计资料（统计年鉴）、城市（或县）志以及专项志（如城市规划志、城市建设志等）、相关政府文件、现有的相关规划研究成果等。

### 三、城市交通调查的步骤

城市交通调查一般分为调查准备、试点调查、实地调查、调查结果整理与数据录入等几个阶段。

**1. 调查准备阶段**

（1）成立专门机构、统一协调调查

城市交通调查一般是涉及面十分广的社会性调查，没有强有力的工作队伍和政府的宣传号召予以支持是很难完成的。对于大型综合性交通调查，一般需成立专门组织机构，并需通过新闻媒体进行舆论宣传。但对于小型调查，可不成立调查组织和实施机构。

（2）资料准备

包括调查区域内的居民点与人口分布造册、土地利用现状、各级行政组织(行政区、街道、派出所、社区和居委会)等。

（3）设计调查方案

拟定调查区域、踏勘调查现场、划分交通小区、确定调查样本（如居民出行特征与出行意愿调查需确定抽样率，道路交通量调查需确定调查路段和道路交叉口）、设计调查表格、制订实施计划。

（4）培训调查人员

**2. 试点调查阶段**

在全面铺开调查工作之前，先做小范围的典型试验调查，从而暴露一些问题，取得经验教训，进一步完善调查方案，确保达到预期结果。

若某城市同类别调查已开展过多次，并积累了丰富的调查经验，试点调查阶段可取消。

**3. 实地调查阶段**

在规定的时间、空间范围内，全面实施城市交通调查。在实地调查工作中，必须严格把关，及时抽查应贯穿于交通调查全过程。

**4. 调查结果整理与数据录入阶段**

验收城市交通调查成果，对明显错误的调查样本进行补测。在整理调查资料过程中，首先应去掉无效的调查表，对调查表的有效性进行处理。对于存在遗漏后有不合理项的调查表，可以根据统计分析需要和目的来对该表其他数据进行酌情取舍，以忠实于原始的调查目的。

原始调查表格验收通过后，设计专门的数据库文件，将编码后的调查数据录入计算机。

**四、城市交通调查的组织实施**

城市综合交通调查涉及面广，工作量大，完成交通调查工作需要各部门协同作战，统一领导、统一部署，高效组织。我国城市编制《城市综合交通规划》时，一般均成立城市交通规划领导小组，并在领导小组下设置城市交通规划工作办公室。交通调查工作由城市交通规划领导小组统一领导，由城市交通规划工作办公室负责组织实施。

例如：2004 年 4 月 29 日，上海市政府召开联席会议，组织开展了上海市第三次综合交通调查。在市政府的统一领导下，调查工作由市规划局牵头，上海市城市综合交通规划研究所具体主持，全市 17 个委、办、局等相关部门及其下属单位共同组织实施。调查对象涉及 3 万多户家庭、7 万多名汽车驾驶人和 2 万多个企事业单位，共动用调查员及管理人员 4 万多人次，发放调查表格 20 余万张。调查实施工作于当年全面完成。

又如：1997 年，南京市编制《南京城市交通发展战略与规划》过程中，成立了由分管区长负责的区综合交通调查办公室，负责本区的交通调查工作。各有关部门的交通规划办公室成员，负责本部门的交通调查组织实施工作。表 4-1 为 1997 年南京市综合交通调查的责任分工。

**1997 年南京市综合交通调查的责任分工**　　　　　　　　　表 4-1

| 序号 | 调 查 内 容 | 主办单位 | 协 办 单 位 |
|---|---|---|---|
| 1 | 居民出行特征调查 | 各区调查办公室 | —— |
| 2 | 吸引源调查 | 市规划局 | —— |
| 3 | 居住人口调查 | 市公安局 | —— |
| 4 | 社会经济、就业岗位调查 | 市统计局 | —— |
| 5 | 机动车公共停车设施调查 | 市公安局 | 市规划局 |
| 6 | 机动车配建停车设施调查 | 市公安局 | 市规划局 |
| 7 | 机动车停车特征调查 | 市规划局 | 市公安局 |
| 8 | 道路交通设施调查 | 市规划局 | 市市政公用局 |
| 9 | 核查线及道路交通流调查 | 市规划局 | 市公安局、市市政公用局 |
| 10 | 公交客流调查 | 公交公司 | —— |

为保障城市交通调查质量，各部门要选派责任心强、文化素质较高的人员参加调查，并且调查结果需层层把关。一般情况下，城市交通规划工作办公室组织中间检查和成果验收，对不合适者，要重新调查。

### 五、城市交通调查的注意事项

#### 1. 交通小区划分

在准备及试点代替阶段，应当以城市交通调查范围为基础，把调查区域分成若干个交通区，每个交通区又可划分为若干个交通小区。交通小区划分是否适当将直接影响到交通调查、分析、预测的工作量及精度。

我国城市发展速度很快，交通小区的划分必须考虑近远期结合。现状交通小区划分一般应在城市建成区的范围内进行划分。对于远期，应在城市交通规划的范围内，以现有交通小区为基础，进一步增加交通小区。应当指出，近期与远期必须采用统一的交通小区编码系统和小区划分。否则，近期与远期的交通分析口径不统一，这将影响交通预测结果的可信度。

首先确定近期和远期划分交通小区的用地边界。划分交通小区的区域除包括规划区域外，还应包括与规划区域有较大交通联系的其他区域，以及城市对外交通出入口。

大城市具有较强的辐射功能，交通小区划分的区域除其本身外，还应考虑其辐射范围。对于中小城市，交通小区划分的区域则应包括有较多过境交通经过城市的区域。可见，交通小区由城市内部交通小区或城市对外交通出入口交通小区两部分组成。

划分交通小区的目的是全面了解交通源与交通源之间的客(车)流的时间、空间分布特征。从理论上讲，交通小区划分得越小越好。但是交通小区划分过小，会使调查、分析、预测的工作量增大。目前，伴随计算机技术的提高，交通规划软件的运算速度大大加快，交通小区划分可划小，但是交通小区划分过小可能不能反映各个交通小区之间的交通流空间分布特征。因此，建议每个交通小区的面积宜为 $1 \sim 2\text{km}^2$。在城市建成区内，交通小区面积宜取小值。但在城市外围，交通小区面积宜取大值。

交通小区边界一般沿河道、铁路、山体、城墙和道路等自然屏障，以方便交通调查、交通分析和交通预测，并且交通小区内的用地性质、交通特点应尽量一致。

划分交通小区一般应符合下列条件：

（1）应与城市规划和人口等调查的划分相协调，一般不应打破行政区划，以便充分利用现有资料。

（2）应便于把该区的交通分配到城市道路网、城市公交网、城市轨道网等网络上。

（3）应充分考虑调查区域的大小和规划目的。一般来说，城市交通规划中交通小区划分较小，区域交通规划中交通区划分较大；交通矛盾突出的地方，交通小区应划分得小些，反之则可划分大些。

图 4-1 为某城市交通规划的城市内部交通小区划分图。

图 4-1　某城市交通规划的城市内部交通小区划分图

## 2. 车辆分类

机动车分为客车与货车两大类。其中客车又分为摩托车、小客车、中客车和大客车四种，货车又分为小货车、中货车、大货车三种。

摩托车：牌照为黄色，包括二轮、三轮摩托车；

小客车：牌照为蓝色，额定座位小于 15 座(含 15 座)的客车及如小汽车、吉普车、面包车等；

中客车：牌照为蓝色，额定座位大于 16 座(含 16 座)而小于 29 座(含 29 座)的客车；

大客车：牌照为黄色，额定座位大于 30 座(含 30 座)的客车，如大巴、双层客车等；

小货车：牌照为蓝色；

中货车：牌照为黄色，两排轮组(双轴)，如解放、东风等型号卡车、参见图 4-2；

大货车：牌照为黄色，多排轮组（多轴），车长明显大于单节卡车，如集装箱车、拖挂车等，参见图 4-2。

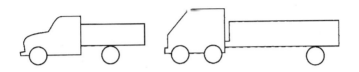

图 4-2　两轴中货车与三轴大货车示意图

注：其他颜色的牌照，如白色牌照(军车、警车)、黑色牌照(外企车、使馆车)，参照上述标准确定车型。

### 3. 时间单位

城市交通调查的时间单位常采用 24 小时制，不能写早晨几点几分或下午几点几分。例如上午 8 点 8 分，填 08：08；下午 2 点 30 分，填 14：30。

### 六、城市规划和社会经济基础资料调查

交通运输是为经济服务的，但社会经济活动又衍生交通需求。社会经济发展水平不同，城市私家车保有量、城市交通方式结构和居民对交通的舒适性、便捷性要求也不同。因此，建立城市交通与社会经济的关系，不仅需要现状及历史社会经济状况，而且需要未来的社会经济预测。

### 1. 城市社会经济基础资料调查

（1）调查内容

城市社会经济调查的内容包括以下内容。

① 行政区划、隶属关系、管辖范围、影响区域等；

② 人口：城市人口总量、人口结构及分布、人口增长情况等；

③ 经济情况：国民收入、居民人均收入、各行业产值等；

④ 产业：产业结构、布局、资源等；

⑤ 客货运输：运输量、运输周转量、各运输方式的比重等，场站设施的布点以及对规划区域发展的影响；

⑥ 交通投资：交通投资的逐年情况，建设资金的筹集情况；

⑦ 交通工具：机动车和非机动车各类交通工具逐年增长情况；

⑧ 自然情况：地形、地质、土壤、气候、水文、水文地质以及名胜古迹等。

（2）调查方法

社会经济历史及现状资料以及有关的规划、计划等，一般可从统计局、发展与改革委员会、交通局、交巡警支队等政府部门获得。

社会经济调查的步骤通常分为准备、采集、整理汇总三个阶段。

① 准备阶段：确定调查口径，收集汇总调查区域内的地形、地物图册和各种已有的社会经济统计资料，拟定调查提纲、表格，制订工作计划；

② 采集阶段：按工作计划和调查提纲进行实地采访调查、表格登记工作；

③ 整理汇总阶段：将调查得到的数据资料归并整理，推算规划年限所需的各种数据，如人口规模、国民经济发展指标、客货运量、交通设施和交通工具的需求量等。

**2. 城市土地利用基础资料调查**

土地利用与城市交通有密切的关系。不同性质的土地利用，如居住区、工业区、商业区等具有不同的交通特征；交通与土地利用的关系是进行交通需求预测的基础。城市交通调查、分析、预测的结果又可以反过来验证城市土地利用是否合理，为城市土地利用规划提供必要的依据。

土地利用与社会、经济也有密切的关系，例如居住区的人口会远高于工业区，工业区的产值又会远高于居住区，这种关系是社会经济分析预测的基本关系之一。

该项调查内容包括以下内容。

① 土地利用性质调查：各交通小区主要土地类别的用地面积，如居住、商业、工业等；

② 就业岗位数：全部交通小区或典型交通小区的就业岗位数；

③ 就学人数：全部交通小区或典型交通小区的就学人数；

④ 商品销售额：全部交通小区或典型交通小区的商品销售额。

土地利用调查资料可从有关政府部门获得，如城市规划部门、土地管理部门等。

根据土地利用调查的成果，应对各交通小区现状及未来的土地利用状况做出统计分析。

**3. 城市规划资料收集**

城市交通规划、建设与管理具有一定的延续性，必须在已批准的相关规划的基础上开展城市交通规划编制工作。

城市规划方面需收集的资料包括：

① 城市总体规划；

② 城镇体系规划；

③ 城市社会经济发展规划；

④ 轨道交通、公共交通、公路、铁路、水运、港口、航空等专项规划；

⑤ 城市交通管理规划；

⑥ 城市近期建设规划；

⑦ 以前编制的城市道路与交通规划等。

城市规划资料可从规划局、交通局、交巡警支队等政府部门获得。编制城市交通规划必须仔细研读这些背景资料，必须以既有规划成果为基础，完善、深化、优化既有规划成果，并进行创新。

**七、居民出行特征和出行意愿调查**

**1. 调查目的与对象**

居民出行特征和出行意愿调查的目的是获得居民出行的时间、空间、方式、目的的分布等特征数据，分析居民出行与年龄结构、职业结构、城市社会经济与土地利用发展的相互关系，掌握居民对现状城市交通状况反映和交通需求发展态势，为城市交通政策和交通规划方案的制订提供定量参考依据，为交通预测模型的建立提供技术参数。

居民出行特征和出行意愿调查的对象是常住或暂住被调查家庭中 6 周岁以上居民。常住人口指户口在调查区内的在册人口。暂住人口指户口在调查区外或外地，但居住满三个月的人员，如外来务工人员。

居民出行特征和出行意愿调查以户为单位进行登记。所谓家庭户是指以婚姻和血缘关系为主，在一个住宅单元中居住，共同生活的人口。单身居住的也作为一个家庭户。

**2. 调查内容与方法**

居民出行特征和出行意愿调查应搜集城市居民家庭的基本资料（如家庭人口、交通工具拥有等情况）、城市居民的基本资料（如年龄、性别、职业、收入、居住地等情况）、城市居民的每次出行的资料（如起点、终点、出行时间、出行距离、出行方式选择等）、城市居民的出行意愿资料（如使用各类交通工具的烦恼、步行烦恼、交通政策意愿等）。我国幅员辽阔，各城镇情况千变万化，各城市需根据实际情况，设计针对性的调查表格。为保障调查数据的可比性，若某城市开展过同类调查，在调查内容设计过程中需考虑延续性。

居民出行特征与出行意愿调查采用的方法有：家庭访问法、电话询问法、明信片调查法、工作出行调查法、职工询问法及月票调查法等。目前，国内一般采用家庭访问法，调查工作委托相关城市的城乡调查队完成。

居民出行特征与出行意愿调查的抽样率一般取城市现状人口总数的1%～5%，国内外一般推荐的抽样率见表4-2。如果以前该城市没有开展过同类调查，建议第一次调查采用较高的抽样率。如果有历史调查资料，可以采用较低的抽样率。

居民出行特征与出行意愿调查的户数抽样率推荐值　　　表4-2

| 调查区现状人口（万人） | 最小抽样率（%） | 推荐抽样率（%） | |
|---|---|---|---|
| | | 美　国 | 一　般 |
| <5 | 10 | 20 | 20 |
| 5～15 | 5 | 12.5 | 12.5 |
| 15～30 | 3 | 10 | 10 |
| 30～50 | 2 | 6.6 | 6.6 |
| 50～100 | 1 | 4 | 5 |
| >100 | 1 | 4 | 4 |

**3. 居民出行调查员须知**

（1）调查注意事项

为了使居民(被调查对象)配合做好居民出行特征与出行意愿调查工作,调查员需注意以下几个问题。

① 要讲究"礼貌"。

② 要简明扼要地说明该项调查的目的、意义。

③ 要有认真负责精神,务必使调查表填写正确、字迹清楚,不遗失。

④ 应把家访调查提前两天通知被调查户。

⑤ 家访询问时要有针对性地启发被调查对象回忆一天出行活动情况。如:对年老的可以询问他们早晨是否外出锻炼身体或者送小孩上托儿所等,对妇女可以询问她们早晨是否去菜场,年轻人可以询问他们晚上是否外出逛街、看电影、上夜校,对中小学生可以询问他们是否去少年宫、业余体校等。

⑥ 如遇到被调查户有人外出(如上班、走亲访友等),可根据外出人对本人个人基本情况及调查目的出行情况所作的书面记载及家庭其他人员的代述进行调查。若记载及代述不清,则须另约次日当面调查。

⑦ 在调查中遇到无法回答的问题,不要自己主观行事,应及时和上一级工作组联系,研究解决的办法。

⑧ 应确保被调查户及本人的安全,负责对调查内容保密。

⑨ 为减少调查过后根据出行起讫点地址进行交通小区编码的工作量,在该项调查前应在调查区的交通旅游图上绘制交通小区图,调查员需根据起讫点地址直接填写交通小区编码。

(2) 调查表填写说明

① 如果被调查者是驾驶人,那么驾驶人出行次数应同其所使用的车辆出行次数一致。如果驾驶人是开公交车的,上班期间,从公交车驶出停车场算起,至该线路终点站为1次出行,然后由终点站出发,往返一次为2次出行(即单程为一次出行)。如果驾驶人是开货车或单位车辆,上班期间,有一个出行目的算一次出行。如果驾驶人是开清洁车或食品车的,上班期间,垃圾装满一次算一次出行,或者食品分发完一次算一次出行,到达点(D点)以垃圾装满时或者食品分发完时所在地为准。

② 在填写以购物为目的的出行时,按一次出行计算,到达点(D点)以最远点为准。

③ 户籍人口按户口簿上的人数填写。

④ 非户籍人口指的是非户口簿上的人，包括长期寄住人员和短暂停留人员，如亲戚、保姆等。

⑤ 对于年龄、职业、月平均收入及休息日可按实际情况填写。

⑥ 家庭住址（O点）和单位地址（D点）必须填写路名、弄堂名或附近知名单位名称。

⑦ 家庭常住人口和暂住人员个人出行情况调查内容为：

A. 每人填写一张表，填写家访日前一天凌晨2时至家访当日凌晨2时（即调查日），24小时的全部出行情况。表中除出发时间、出发地点、到达时间和到达地点如实填写，常住人口和暂住人员当日有无出行作"√"记号外，其余均在相应栏内填写。

B. 出发地点和到达地点应同时填写地名和交通小区编码。

C. 离退休或下岗人员若又去工作的，按现从事工作填写职业栏目及相关信息。

（3）调查表验收要求

为了确保调查质量，应对调查员上交的调查表实行逐项验收，如发现有5%的调查表不合格，则需重新调查。调查表有以下情况之一者，即认为不合适。

① 户籍调查内容中，凡住址、日期、家庭常住人口、暂住人员项目中有漏填、错填或涂改辨认不清的。

② 家庭常住人口和暂住人员个人情况调查内容中，凡年龄、性别、单位名称、单位地址、收入、职业以及意愿调查项目中有漏填、错填或涂改辨认不清的，分段耗时之和超过总耗时或耗时明显过短的。

③ 家庭常住人口和暂住人员出行情况调查内容中，凡上班（或上学）等出发时间、地点、到达时间、地点与出行过程中所描述的情况有明显矛盾，以及出行目的、出行方式项目中有漏填的，需退回重新调查。

### 八、机动车出行特征调查

#### 1. 调查目的与对象

机动车出行特征调查的目的是掌握各类机动车的出行次数、出行时间、停车时间、出行目的、出行空间分布等出行特征，揭示机动车交通需求与土地利用、经济活动的规律。

### 2. 调查内容与方法

机动车出行特征调查的内容包括车辆的种类、起讫地点、行车时间、距离、载客载货情况等。调查的方法一般有发（收）表格法（表4-3）、路边询问法、登记车辆牌照法、车辆年检法、明信片调查法等。由于车辆管理集中，可以通过公安交警部门或公路管理部门对车辆进行大样本或全样调查。

**某城市机动车出行特征调查表**  表 4-3

调查日期：_____年___月___日 星期___调查人：___联系电话：_____
驾驶人姓名：_____车牌号：___工作单位：_____联系电话：_____
一、您的车是(请打"√")：(1)摩托车 (2)小客车 (3)中客车 (4)大客车
　　　　　　　　　　　　(5)小货车 (6)中货车 (7)大货车

二、请按下表填写相关的内容：

| 编号 | 发车时间 | 发 车 地 点 | | 到达时间 | 停车状况(填代码) |
| | | 路名及地名(如××路××商场) | 编码(请勿填写) | | |
| --- | --- | --- | --- | --- | --- |
| 1 | | 首次发车地点： | | | |
| 2 | | 再次发车地点： | | | |
| 3 | | 下次发车地点： | | | |
| 4 | | ……………………： | | | |
| 5 | | ……………………： | | | |
| 6 | | ……………………： | | | |
| 7 | | ……………………： | | | |
| 8 | | ……………………： | | | |
| 9 | | ……………………： | | | |
| 10 | | ……………………： | | | |
| 11 | | ……………………： | | | |
| 12 | | ……………………： | | | |
| 13 | | 最终到达地点： | | | |

## 九、道路交通量调查

### 1. 调查目的

交通量调查的主要目的是了解现状城市道路网的交通分布状况，包括对道路网、路段、交叉口、交通枢纽等的交通流量、流向调查。

交通量调查资料在城市交通规划、设计、运营、管理和研究等方面有着广泛的用途，主要如下所述：

① 评定已有道路的使用情况，通过论证确定道路建设计划；

② 为道路几何设计和设置交叉口信号灯等交通管理设施提供依据；

③ 计算不同道路上的车祸发生率，评价道路交通安全度；

④ 找出交通量增长规律，探求交通发展趋势，为城市改动规划和路网建设提供依据；

⑤ 掌握城市交通动态与变化规律；

⑥ 通过事前和事后的交通量调查，评价交通管理措施和道路设施建设的效果；

⑦ 为制定城市交通政策法规与科学理论研究提供基础数据。

**2. 调查内容**

交通量调查应包括机动车、非机动车、行人等各类交通的流量、流向调查。一般选择调查范围内的道路网上的典型路段和交叉口同时进行观测。交通量调查的主要内容包括的方面为：道路路段机动车流量调查、道路路段非机动车流量调查、道路交叉口机动车流量调查、道路交叉口非机动车流量调查、行人流量调查等。

最常进行的是道路路段和交叉口的交通量调查。该调查需分车型、分时段、分方向；一般依据交通量调查目的、道路网交通量实际情况和交通量调查实施方案，来设计调查表格；表4-4～表4-7是常用的交通量调查表。考虑对实测数据的精度要求，一般选定15分钟为一时段，即每小时测量4个时段；当有特殊需要时可缩短为5分钟。

**道路路段机动车交通量调查表**  表4-4

路段名称：_____ 调查方向：_____ 调查员：_____

观测日期：____年____月____日 观测时段：____：00～____：00 天气：____

| 时 段 (min) | 摩托车 | 小 客 | | | 中客 | 大客 | 小货 | 中货 | 大货 |
|---|---|---|---|---|---|---|---|---|---|
| | | 出租车 | 私家车 | 其他 | | | | | |
| 0～15 | | | | | | | | | |
| 15～30 | | | | | | | | | |
| 30～45 | | | | | | | | | |
| 45～60 | | | | | | | | | |

**道路路段非机动车交通量调查表**　　　　　表 4-5

路段名称：_____　调查方向：_____　调查员：_____

观测日期：____年____月____日　观测时段：____：00～____：00　天气：____

| 时段(min) | 自 行 车 | 三 轮 车 | 平 板 车 | 其 他 |
|---|---|---|---|---|
| 0～15 | | | | |
| 15～30 | | | | |
| 30～45 | | | | |
| 45～60 | | | | |

**道路交叉口机动车流量流向调查表**　　　　　表 4-6

进口名称：_____　调查方向：_____　调查员：_____

观测日期：____年____月____日　观测时段：____：00～____：00　天气：____

| 时　段<br>（min） | 摩托车 | 小　客 | | | 中客 | 大客 | 小货 | 中货 | 大货 |
|---|---|---|---|---|---|---|---|---|---|
| | | 出租车 | 私家车 | 其他 | | | | | |
| 0～15 | | | | | | | | | |
| 15～30 | | | | | | | | | |
| 30～45 | | | | | | | | | |
| 45～60 | | | | | | | | | |

**道路交叉口非机动车流量流向调查表**　　　　　表 4-7

进口名称：_____　调查方向：_____　调查员：_____

观测日期：____年____月____日　观测时段：____：00～____：00　天气：____

| 时段(min) | 自 行 车 | 三 轮 车 | 平 板 车 | 其 他 |
|---|---|---|---|---|
| 0～15 | | | | |
| 15～30 | | | | |
| 30～45 | | | | |
| 45～60 | | | | |

### 3. 调查方法

交通量调查是在固定地点、固定时段内的车辆与人流数量调查。交通量调查的方法取决于所能获得的设备、调查经费和技术条件、调查目的等。交通量调查一般有人工观测法、浮动车法、机械计数法、仪器自动计测法和摄影法等。若采用人工观测法，填表时采用画

"正"字方法，机动车一般一辆车记一画，非机动车一般 5 辆或 10 辆车记一画，每个时段一小计。

### 十、城市出入口交通调查

伴随我国城市社会经济快速发展，城镇之间的客流与货流交往活动日益频繁。城市交通活动不仅局限于城市内部，更重要的是城市之间的交通活动。可见，过境交通流和城市出入境交通流在城市交通总量中占有一定比例，尤以经济发达城市和地区中心城市为甚。

#### 1. 调查目的

城市出入口是指位于城市调查区边界上的道路交通量调查点。城市出入口交通调查的目的是掌握城市出入口的交通流特征、过境交通量特征和来源与去向的起讫点分布特征，为城市道路交通预测模型的建立和对外交通设施的规划提供参考依据。

#### 2. 调查内容

城市出入口交通调查的内容主要分为三个方面，即：

① 历年收费站流量统计资料的收集；

② 出入口机动车交通量调查；

③ 出入口机动车问讯调查。

出入口机动车交通量调查应当分车型、分时段、分方向，调查内容同道路路段机动车交通量调查。出入口机动车问讯调查分入城（镇）问讯调查和出城（镇）问讯调查，主要是问讯各类机动车从哪里来到哪里去，以及货种装载情况。

#### 3. 调查方法

城市出入口交通调查的调查点位置不一定要在调查区边界的出入口道路上，为考虑问讯方便和交通安全，调查地点一般在公路收费站附近。

（1）历年收费站流量统计资料的收集

一般可向调查城市的交通局和相关的高速公路公司收集城市收费站的历年交通量统计资料。

（2）出入口机动车交通量调查

城市出入口机动车交通量调查一般采用人工观测法，调查方法同道路路段机动车交通量调查。若城市道路和城市出入口的机动车交通量高峰时段不重叠，则需要调查城市出入口在两个时段的机动车交通量。

（3）出入口机动车问讯调查

城市出入口机动车问讯调查一般需要公安交管部门或公路运政部门的国家公务员配合拦车问讯。

### 十一、道路车速调查

#### 1. 调查目的

道路车速调查的目的是掌握道路网的车速空间分布特征、车速分布规律及变化趋势，为辨别交通瓶颈、评价规划设计方案、道路服务水平等提供依据。

#### 2. 调查内容

道路车速调查的内容包括地点车速调查和区间车速调查。城市交通规划一般调查区间车速，通过区间车速调查表格的合理设计，不仅可得出机动车的路段行程车速和行驶车速，同时可得出车辆在行驶过程中的延误特征。

#### 3. 调查方法

车速调查的地点和时间应按照调查目的确定。速度调查还应避开交通异常时间，如节假日及天气恶劣后的时间。当调查区间车速时，一般需分早高峰、早平峰、晚平峰、晚高峰四个时段。

区间车速的调查需要实测车辆通过某一已知长度路段的时间，如牌照法、流动车法、跟车法。当用跟车法调查区间车速时，调查车辆一般需在同一路段往返多次。当编制城市交通规划需要了解整个道路网的车速分布时，跟车法是简便易行的常用方法。下面重点介绍跟车法。

在车速调查前，用图纸量测路段全长和各交叉口间及特殊地点（如道路断面宽度变化点）间的长度，并在地图上做好标记。测试车辆一般采用小汽车，测速时，测试车辆必须跟踪道路上的车队行驶。车上有两名调查员，一人观测沿线交通情况，并用秒表读出经过各交叉口或特殊地点的时间、沿线停车时间、停车原因，由另一人记录。

跟车法的优点是：能够量测全程各路段间的行程车速、行驶车速、停车延误时间、延误原因，便于综合分析与车速有关的因素；所需的观测人员少，劳动强度低，适用于交通量大、交叉口多的城市道路上。

跟车法的缺点是：量测次数受行程时间影响，次数不可能很多，有时还要受偶然因素的影响。当道路交通量大时，测量数据能代表道路上的实际行车速度；但当交通量小时，测试车辆较难跟踪到有代表性的车辆，所测车速受到测试车辆性能和驾驶人行车习惯的影响。

### 十二、城市道路交通设施调查

#### 1. 调查目的

城市道路交通设施调查目的是摸清城市道路系统的供应情况，即道路网容量。

#### 2. 调整内容与方法

（1）城市道路网总体状况调查

主要内容包括城市历年的道路网的总长度、总面积、人均道路面积等指标，参见表4-8。这些指标可以通过查阅相关城市的历年统计年鉴得到。

××市城市道路网总体指标统计表　　　　　表4-8

| 年份(年) | 城市道路总长度(km) | 城市道路总面积($10^4 \times m^2$) | 人均道路面积(人/$m^2$) |
| --- | --- | --- | --- |
| 1980 | | | |
| 1985 | | | |
| 1990 | | | |
| 1995 | | | |
| 2000 | | | |
| 2001 | | | |
| 2002 | | | |
| 2003 | | | |
| 2004 | | | |
| 2005 | | | |
| ... | | | |

（2）城市道路设施状况调查

城市道路设施状况调查包括具体道路等级、长度、宽度、面积、道路横断面形式与分配、车道划分、机动车道条数、路面质量、干扰情况、交通管制情况、有无拓宽可能等，参见表4-9。可以采用查阅电子影像图或电子地图的方法获得相关调查数据，并结合外业踏勘现场进一步核实地图读取数据。

××市城市道路设施状况调查表

表 4-9

调查员：　　　　日期：　　　年　月　日

| 序号 | 路名 | 起点 | 终点 | 长度 (m) | 现状宽度 (m) | 道路等级 | 横断面示意图 | 路况 | 交通管制情况 | 备注 |
|---|---|---|---|---|---|---|---|---|---|---|
|  |  |  |  |  |  |  |  |  |  |  |
|  |  |  |  |  |  |  |  |  |  |  |
|  |  |  |  |  |  |  |  |  |  |  |
|  |  |  |  |  |  |  |  |  |  |  |
|  |  |  |  |  |  |  |  |  |  |  |

注：1. 道路等级：①为快速路；②为主干路；③为次干路；④为支路；
　　2. 交通管制情况：①为单向交通；②为双向但机动车道数不一致；③为正常。

（3）城市交叉口设施状况调查

城市交叉口设施调查包括几何形状、控制方式、分隔渠化措施等。调查方法同城市道路设施状况调查。

**3. 调查注意事项**

（1）统计口径

城市道路网总体状况调查的统计口径是城市建成区内宽度大于或等于 3.5m 道路，包括了居住区内的道路。

根据国标《城市用地分类与规划建设用地标准》（GBJ 137—90）要求，居住区内道路不属于城市道路。建议城市道路设施状况调查的统计口径为宽度大于或等于 7m 或 12m 的道路。由此计算道路网密度、道路等级结构、道路面积率等指标。

（2）调查范围

城市道路网总体状况调查的统计范围是城市建成区。城市道路设施状况调查的统计范围是城市交通规划范围。

（3）指标含义

城市道路网密度的定义是，调查区或规划区内的道路广场用地总面积除以调整区域规划区的城市建设用地总面积，分母需扣除山林、水系等非城市建设用地面积。

## 十三、停车调查

### 1. 调查目的

停车调查的目的是掌握停车设施的建设和使用状况，掌握车辆停放特征，了解驾驶人停车意愿，为加强停车场管理、社会公共停车场规划和配建停车指标的制定提供基础数据。

### 2. 调查内容

（1）停车设施供应及使用情况调查

该调查包括路内和路外停车场的位置、建筑设施规模及内部功能构成、从业人员（居民）数量、客流吸发特征、停车设施规模、每日与高峰的停车需求、主要停车问题等内容。对于配建停车设施，居住社区和各类公建的停车问题、停车特征存在很大差异，应当分别设计调查表格。如表 4-10 为典型居住社区的配建停车设施及使用基本情况调查表。

**××市典型社区配建停车设施及使用基本情况调查表**　　表 4-10

调查日期：_____　天气：_____　调查员：_____　联系人：_____　联系电话：_____

| 社区名称 | | 地址 | | | 社区停车场有否对外服务 | | |
|---|---|---|---|---|---|---|---|
| 竣工年代 | 建筑面积 | | m² | 居民户数 | | 建筑幢数 | |
| 居住人口 | | 居民摩托车数 | | 居民非机动车数 | | 居民机动车数 | |
| 室内类型 | （1）地下室；<br>（2）停车楼 | 建　设<br>泊位数 | | 使　用<br>泊位数 | | 每日停车车次<br>（辆次/日） | |
| 室外合法画线<br>泊位数 | | | 室外不合<br>法泊位数 | | | 高峰小时<br>停车数 | |
| 停车场未完全使用<br>原因 | （1）收费高；（2）使用不方便；（3）管理不到位；（4）需求不足；<br>（5）其他 | | | | | | |
| 停车场超负荷原因 | （1）没有配建停车设施；（2）配建停车泊位数不足；（3）部分停车场地挪为它用；（4）全部配建停车场地挪为它用；（5）其他 | | | | | | |
| 解决停车泊位不够<br>的方法 | （1）停在基地（建筑周边）内地面；（2）停在小区通道；（3）使用人行道占路咪表停车；（4）使用车行道占路咪表停车；（5）使用人工行道占路人工收费停车；（6）使用车行道占路人工收费停车；（7）使用人行道占路免费停车；（8）使用车行道占路免费停车；（9）社会单位和个人自建对外经营服务的停车场；（10）政府投资建设的社会停车场；（11）其他 | | | | | | |
| 采用上述措施停车问题<br>是否解决 | （1）是；<br>（2）否 | 占道停车的高<br>峰时刻数量 | | | 占道停车的<br>高峰时间段 | | |
| 非机动车和摩<br>托车场（库） | （1）地面；（2）地下<br>库；（3）停车楼 | 建设面积（m²） | | 使用面积（m²） | | （1）够；（2）缺 | |
| 高峰停自行车和摩托车数 | | | 每日停自行车和摩托车数（辆次/日） | | | | |

（2）机动车连续停放调查

采用记车号方法在停车场出入口记录每辆机动车到达与离去的时间。这种调查工作较细，数据精度高，特别适合于公共建筑与专用停车场(库)的调查；缺点是数据整理工作量大。

（3）停车特征询问调查

采用抽样访问方法对存车人停放目的、步行距离、停放时间、管理意见等进行征询问答，详见表4-10和表4-11。

（4）路内违章停车调查

调查典型时刻路内违章停车的数量和分布。

机动车停车问讯调查表

表 4-11

调查日期：_____　天气：①晴；②阴；③雨　调查员：_____

停车设施名：_____

| 编　　号 | 询　问　栏 |
| --- | --- |
|  | 1. 车牌：_____车型：_____。<br>2. 车辆所在地：①市区；②外地。<br>3. 停放目的：①上班；②公务；③购物；④文化娱乐；⑤其他。<br>4. 从停放处到目的地步行距离_____m。<br>5. 预计停车时间：_____min。<br>6. 您希望从停车场处到目的地的距离是_____m。<br>7. 停车是否方便：(1)是；(2)否 |

## 十四、城市公交调查

### 1. 调查目的

城市公交调查的目的是了解现状公交设施和客运需求情况，掌握公交对调查城镇居民乘车服务的状况和水平，进而确定公交线网上乘客分布规律，确定各公交线路的乘客平均乘距及乘客平均乘行时间，确定公交车辆和出租车的满载率、车载量，用于建立居民出行量与车流量之间的换算关系。

### 2. 调查内容与方法

城市公交包括常规地面公共汽车(简称常规公交)、轨道交通(包括地铁、轻轨)、出租车等多种形式。常规公交与轨道交通调查具有一定的共性，本节重点介绍常规公交和出租车调查。

（1）常规公交调查

城市常规公交调查主要包括公交运营指标调查、公交线网及线路调查、公交场站设施调查、公交运营特征调查等。公交运营指标调查主要调查城市历年常规公交的线路条数、线路长度、年客运量、运营车数、年运营里程、运营单位成本和利润等指标，详见表4-12。

公共交通历年运营指标调查表 表 4-12

| 年份（年） | 线路条数（条） | 线路长度（km） | 年客运量（万人次） | 运营车数(辆) | | | | 年运营里程（万车公里） | 运营单位成本（元/千车公里） | 利润（万元） |
|---|---|---|---|---|---|---|---|---|---|---|
| | | | | 单机 | 铰接 | 双层 | 中巴 | | | |
| | | | | | | | | | | |
| | | | | | | | | | | |
| | | | | | | | | | | |
| | | | | | | | | | | |
| | | | | | | | | | | |
| | | | | | | | | | | |
| | | | | | | | | | | |
| | | | | | | | | | | |

公交线网及线路调查主要调查各条公交线路的起讫点、站点、具体走向、配车数、发车频率和线路长度等。公交场站包括公交首末站、公交枢纽站、公交停靠站、公交综合车场(停车保养场)、公交修理厂等各种类型。公交场站调查的主要内容有：各类公交场站的位置、面积、服务车种和车辆数(或线路)、服务半径等。

公交运营特征调查包括公交站点上、下客人数调查和线路跟车调查，详见表4-13、表4-14。

公交站点上、下客人数调查 表 4-13

站点名称：_____ 调查日期：_____ 天气：_____ 调查人：_____

| 线路名称 | 到达时间 | 上客数 | 下客数 | 线路名称 | 到达时间 | 上客数 | 下客数 |
|---|---|---|---|---|---|---|---|
|  |  |  |  |  |  |  |  |
|  |  |  |  |  |  |  |  |
|  |  |  |  |  |  |  |  |
|  |  |  |  |  |  |  |  |
|  |  |  |  |  |  |  |  |

公交线路跟车调查 表 4-14

公交线路：_____ 行车方向(上/下行)：_____ 调查日期：_____

天气：_____ 调查人：_____

| 站名 | 序号 | 到站时间 | 离站时间 | 上客人数 | 下客人数 | 受阻记录 |
|---|---|---|---|---|---|---|
|  | 1 |  |  |  |  |  |
|  | 2 |  |  |  |  |  |
|  | 3 |  |  |  |  |  |
|  | 4 |  |  |  |  |  |
|  | …… |  |  |  |  |  |
|  | N |  |  |  |  |  |

公交站点上、下客人数调查和线路跟车调查需要在外业完成。当调查公交站点上、下客人数时，在每条公交线路的各停靠站设 3～4 名观测员，记录各公交车辆在各停靠站的上客数及下客数。当线路跟车调查时，在每一被调查车辆内设 2～3 名调查员（一般一个车门设一名调查员），调查该车在各停靠站的上下客人数、车内人数、开车时间等。其余调查资料可由调查城市公交公司、交通局或客运管理处等单位提供。

（2）出租车调查

出租车调查主要包括驻足车发展规模、运量、服务设施、运营状况等调查。出租车发展规模、运量、服务设施可由出租车行业主管单位提供，运营状况可通过收集调查出租车的打表记录资料。

### 十五、城市货物源流调查

#### 1. 调查目的

该调查的目的是为分析预测货物发生吸引（即各交通小区的货物运入、运出量）、分布（即各交通小区之间及各交通小区与外地之间的货物来往量）提供必要的基础数据。

#### 2. 调查内容

① 各单位的货物运入、运出量；

② 调查日各交通小区之间及各条交通小区与外地之间的货物来往量；

③ 各单位历年有关基础数据。

#### 3. 调查方法

有关城市所辖的单位比较多，不可能全部调查，一般取年货物运输量达到一定水平（如超过 100t，视城市规模而定）的单位开展调查。

（1）发表调查

可由主管单位（部门）按分系统（行业）发调查表到各所属单位及其分支机构，由单位负责填写，并按与发表同系统收回。

（2）采访调查

由调查员深入各单位进行统计调查。

### 十六、城市交通管理调查

#### 1. 调查目的

该调查的目的是客观评价城市交通管理水平，分析交通管理工作的成绩和薄弱环节，有针对性地开展工作，为城市交通规划、建设和管理的科学决策和系统解决城市交通问题提供参考和依据，进而引导城市交通管理实现科学化、现代化。

#### 2. 调查内容

（1）交通管理体制、政策与规划调查

了解城市政府有关部门和交通管理部门为促进形成良好的城市交通面貌而制定、颁布、执行的政策、法规和规划。

交通管理政策分为优先发展政策、限制发展政策、禁止发展政策和经济杠杆政策四类。

（2）交通管理设施调查

调查内容包括：城市道路交通管理设施投资、标线施画率、标线设置、行人过街设施设置率、路口渠化率、路口灯控率、路口与路段人行道灯控率、指路标志、让行标志、标线设置率、学校周边安全设施设置率等。

（3）交通管理措施调查

调查内容包括：建成区道路管控率、机动车登记率、规范化停车率、交通诱导、停车诱导、社会停车场利用率等。

（4）交通安全宣传教育及队伍教育调查

调查内容包括：交通法规和交通安全常识普及率、交通安全社区建设、群众对交通管理工作和城建监察管理工作满意率等。

（5）交通管理现代化调查

调查内容包括：交通指挥中心、路口与路段违章自动监测设备设置率及道路交通管理信息系统等。

（6）交通秩序状况调查

调查内容包括：主干路机动车、非机动车与行人的遵章率、主干路违章停车率、非交通占用道路率及让行标志、标线遵章率。

（7）交通安全状况调查

调查包括：万车事故率、万车死亡率、交通事故多的点、段整治率及交通事故逃逸案破案率、简易程序处理事故率。

### 十七、城市交通环境调查

对环境污染严重的路段、交叉口进行调查，包括对交通噪声、尾气排放、振动污染等指标的调查。

### 十八、城市流动人口出行 OD 调查

流动人口是城市总人口中特殊的组成部分，流动人口的出行规律（如出行次数、出行方式等）与城市居民出行规律有很大差异，要详细了解流动人口的出行状况，必须对流动人口出行 OD 进行调查。

流动人口的组成十分复杂，按其在城市中停留的时间可分为常

住、暂住、当日进出城等三种情况；按其来城市的目的又可分为出差、旅游、探亲、看病、经商、转车等。因此，流动人口出行 OD 调查难度较大，对不同类别的流动人口应采取相应的调查方法。常住、暂住流动人口一般可采用与居民出行调查类似的家访调查、电话询问等方法（重点调查宾馆、招待所、建筑工地等吸引流动人口的场所）；对当日进出的流动人口则可采用在城市的出口（如车站、码头等）直接询问的方法等。

流动人口出行 OD 调查的内容包括流动人口的职业、年龄、性别、收入、来城的目的、停留时间等基础情况，以及各次出行的起点、终点、时间、距离、出行目的、所采用的交通工具等出行情况。

城市流动人口出行调查表与居民出行调查表基本相似。

### 十九、城市交通信息数据库的建立

城市交通信息数据库的建立非常重要，它是进行城市交通需求预测、交通管理方案制订的依据。城市交通信息数据库可利用 EXCEL 或 ACCESS 建立，也可以用专门的数据库管理系统建立。

由于城市交通管理规划中交通调查的内容很多，可采取连续几年进行，逐年补充的方式进行调查，不断完善城市交通信息数据库。

# 第二节　交通需求分析与预测

城市交通预测一般可采用出行生成、出行分布、出行方式划分、交通分配四阶段方法进行。采用四阶段方法进行城市交通预测，需借助专用的交通规划软件来完成。国外软件有如 EMME/2，Transcad，Trips 等，国内软件有如交运之星等。

对于四阶段交通需求预测方法中需要的一些参数，如各类交通工具、社会经济指标、运输量、运输周转量等的预测，往往根据预测变量与相关因素的因果关系，建立简单的数学函数模型进行预测。本节着重介绍机动车发展预测的各种方法，其他指标预测可参照机动车预测方法进行。

### 一、交通预测的一般程序

**1. 确定所要研究的系统范围和预测年限，即需明确预测指标适用的空间范围、预测的基年、近期、远期和定型代表年份**

交通预测的近期与远期年限和交通预测的空间范围一般需与城市规划或城市交通规划一致。但机动车保有量、客货运输量、客货运输周转量等指标的预测范围可能是在全市或市区范围，与城市交通规划范围不一致，在交通预测过程中需要重点考虑。

**2. 明确交通预测的目的，确定被预测变量**

根据需要和可能，说明通过预测可能解决的问题。

**3. 通过调查、收集相关资料，筛选可能与被预测变量有关的解释变量(主要元素)**

**4. 确定逻辑关系、选择预测方法**

就是说，搞清楚预测变量与解释变量间的内在关系和逻辑关系，并选择与要求相适应的预测方法。我国城市正处于交通发展的突变时期，一项重大政策的出台，可能对某项预测指标发展产生重大影响。因此，交通预测不只是建立数学模型或数学公式的过程，更重要的是了解研究对象、深刻把握发展政策的过程。

**5. 建立预测模型**

要以较低的费用建立效益较高的模型，以达到较好地反映客观实际的目的。预测模型越复杂，要求的信息越多，资料收集的工作量越大。值得注意的一点，模型建立必须采用定性分析与定量计算相结合的方法。预测模型必须抓住矛盾的主要方面，否则预测模型可能不能反映被预测变量与相关因素的本构关系，复杂模型的预测结果不一定精度高。

**6. 检验模型**

评价和检验预测结果的精度、合理性和可信程度，通常用后验方法。用历史数据检验模型的合理性和客观性，把预测结果和实际情况相比较，找出模型的不足点，优化和完善预测模型。

**7. 假定因素和条件**

通过模型对某些假设进行计算，检验模型对有关参数的敏感性，以确定有些因素变化时对模型的影响程度。预测模型是对客观实际现象的简化和抽象，在建立模型时，还会存在一些由于难以考察或技术上的困难而被省略、被简化的复杂环节，所以需要反复分析。

### 二、城市社会经济分析与发展预测

城市社会经济发展预测的内容包括对现状土地使用状况的分析、研究以及在此基础上进行的与城市交通需求预测密切相关的土地使用的未来情况的预测。有些指标可以从城市总体规划中获得，一般包括以下内容：

**1. 城市社会经济发展总量预测**

城市社会经济发展预测就是要了解各规划期特征年的城市社会经济发展指标。主要有以下指标：

（1）城市人口

在城市社会经济预测中，城市人口数是最基础且最重要的指标。城市或城市分区居住的人口数，最能反映人们在这块土地上从事社会经济活动的强度。对城市人口的预测，也为深入分析其他社会经济发展指标提供了基本条件。

城市人口包括城市居民人口和流动人口。

（2）劳动力资源及就业岗位数

上班活动是城市居民出行的一个主要部分，劳动力资源是上班活动的发生源，就业岗位是上班出行的吸引源。劳动力资源数、就业岗位数预测是上班出行预测的基础。

（3）在校学生数与就学岗位总数

同样，上学活动也是城市居民出行的一个主要部分，而学生居住地是上学活动的发生源，就学岗位是上学出行的吸引源。学生数、就学岗位数预测是上学出行预测的基础。

（4）车辆拥有量

不同种类车辆拥有量水平是一定社会经济发展水平和交通政策综合作用的结果，它反映了同一时期内城市交通发展的控制性政策，是交通结构预测的控制性指标。

（5）城市规模和布局指标

反映城市规模和布局的指标，主要有城市各类用地面积、分布及使用情况等。它对整个城市客货运交通的发生、吸引、分布有着重大的影响。

（6）其他

如国民经济的发展速度、城市居民的收入及消费水平等，都是在进行社会经济发展预测时需了解分析的因素。

国内多数城市在进行交通规划（不论是综合交通规划还是专项交通规划）时，社会经济指标的预测一般都以该城市的总体规划为准，原则上在交通规划中不再做具体预测。因为城市交通管理规划是以城市总体规划为前提的，城市总体规划中的各项社会经济发展总指标均由政府的政策研究及经济发展等专门研究机构通过翔实的数据调查分析及理论方法确定的，是政府制定的作为城市发展的宏观控制指标。

**2. 社会经济指标总量在各交通小区的分布预测**

（1）人口、劳动力资源总量及学生居住量分布预测

人口、劳动力资源总量及学生居住量分布预测通常采用规划年各社会经济指标的小区吸引权模型确定。如规划年交通小区居住人口分布吸引权的模型通常被表示为现状年交通小区的居住面积、规划年交通小区的居住面积、现状年交通小区的居住人口数、规划年交通小区的人口密度等各影响因素的函数形式。

规划年交通小区的劳动力资源和学生数分布可根据各交通小区的居住人口比例进行预测。

（2）就业及就学岗位分布预测

就业岗位数在各交通小区的分布，需根据各交通小区内所包含的工业、商业、居住、科教文卫等各类用地的面积和密度确定。

就学岗位的分布根据各交通小区的科教用地面积和密度进行预测，在实际预测中，应特别考虑各交通小区的学校规模及未来的学校发展规划。

（3）流动人口分布预测

不同性质的流动人口的分布是不同的，有其各自的居住地和活动场所，应区别对待。譬如：流动人口中的保姆、投亲靠友这一类，其分布可根据规划年各小区人口的分布按比例确定；而建筑工人一般居

住在工地，这一类流动人口的居住分布应按工地的分布来进行，即考虑各交通小区规划年新开发的用地面积和强度等因素来进行分布。

### 三、城市客运交通需求发展预测

对于交通需求预测，目前常用的是"四阶段"模型，分出行生成、出行分布、出行方式划分和交通分配四个阶段。

#### 1. 出行生成

居民出行生成预测分居民出行发生预测和居民出行吸引预测两部分。通过建立小区居民出行发生量和吸引量与小区土地利用、社会经济特征等指标之间的定量关系，推算规划年各交通小区的居民出行的发生量、吸引量。

全方式居民出行生成预测是"四阶段"交通需求预测的基础，预测方法较多，有家庭类别生成模型、回归分析法、增长率法、生成率法、吸引率法、平均出行次数法、时间序列法等。常用的方法为回归分析法、增长率法、平均出行次数法等。

回归分析法是在分析小区居民出行发生量、吸引量与其影响因素（如小区人口、劳动力资源数等指标）相关关系的基础上，得出回归预测模型。函数形式有一元回归、多元回归、指数函数、对数函数及幂函数等。

#### 2. 出行分布

出行分布预测是将各交通小区居民规划年的出行发生量和吸引量转化成为各小区之间的出行交换量的过程，即要将由出行生成模型预测的各出行端交通量（发生量及吸引量）转换成交通小区之间的出行分布量。预测方法大体上分为三类：增长率法、重力模型法和概率模型法。

（1）增长率法

增长率法可根据各小区居民出行发生量、吸引量的增长率通过现状 OD 表来直接推算未来的 OD 表。用增长率法进行出行分布预测需要事先给定现状年的 OD 矩阵，该 OD 矩阵的来源可以是对历史资料的补充及修正、现状年抽样调查的结果或是按某种数学方法计算得出。增长率法思路清晰，运算简便，但由于该法是基于两点基本假设：在预测年内城市交通运输系统没有明显的变化和区间的出行与路网的改变相对独立。因此，该方法无法考虑未来交通格局变化可能带来的影响，应用范围一般针对区域增长较为均匀的城市或趋于平衡发展阶段的大城市中心区的出行分布预测。

在城市交通管理规划中，近期(0～3年)预测可以采用增长率法。

增长率法有平均增长率法、Fratar 模型、Furness 模型等多种。应用最广泛的是 Fratar 模型。

（2）重力模型

重力模型借鉴了牛顿万有引力定律来描述城市居民的出行行为，是国内交通规划中使用最广泛的模型。此法综合考虑了影响出行分布的地区社会经济增长因素和出行空间、时间阻抗因素。它的基本假设为：交通小区 $i$ 到交通小区 $j$ 的出行分布量与小区 $i$ 的出行发生量、小区 $j$ 的出行吸引量成正比，与小区 $i$ 到小区 $j$ 之间的交通阻抗成反比。该模型结构简单，适用范围较广，即使没有完整的现状 OD 表也能进行分布预测；缺点是对短距离出行的分布预测结果会偏大，尤其是区内出行。

在城市交通管理规划中，中远期(3～20年)分布预测应采用重力模型。

交通小区之间的交通阻抗的函数形式有多种，常用的有幂函数、指数函数、Gamma 函数等，不同的交通阻抗函数形式组成了多种形式的交通分布重力模型。

（3）概率分布模型

概率分布模型是将小区的居民出行发生量以一定的概率分布到吸引小区的方法，它是一种以出行个体效用最大为目标的非集合优化模型。从理论上讲是一种更为精确合理的方法，但实用上，这种模型结构复杂，需要的样本量较大，难于求解和标定，因此，实际的规划预测中很少应用此模型。

**3. 出行方式划分**

城市活动中，居民在交通小区之间的出行是通过选择不同的交通方式实现的。目前，城市居民采用的交通方式有步行、自行车、公交系统、出租车、单位车、摩托车、私家车及其他等几类。交通方式分担预测即指在进行了出行分布预测得到 OD 矩阵之后，确定不同交通方式在小区间 OD 量中所承担的比例。

目前，常用的出行方式划分方法有转移曲线法、回归模型法和概率模型法等。

从目前国内城市交通需求预测的实践看，在进行居民出行方式划分预测时，一个普遍的趋势是定性和定量分析相结合。在宏观上依据国家未来的经济政策、交通政策及相关城市的对比分析来对未来城市交通结构作出估计，然后在此基础上进行微观预测。影响居民出行方式结构的因素很多，社会、经济、政策、城市布局、交通基础设施水平、地理环境及居民出行行为心理、生活水平等均从不同侧面影响居民出行方式结构。其演变规律很难用单一的数学模型或表达式来描述，尤其是在我国经济水平、居民的物质生活水平还相对落后，居民出行以非弹性出行占绝大部分，居民出行方式可选择余地不大的情况下，单纯的转移曲线法或概率选择法等难以适用。因此，在居民出行方式划分预测时，一般采用这样的思路：宏观与微观相结合，宏观指导微观预测。

首先，在宏观上考虑该城市现状居民出行方式结构及其内在原因，定性分析城市未来布局，规模变化趋势，交通系统建设发展趋势，居民出行方式选择决策趋势，并与具有可比性的有关城市进行比较，初步估计规划年城市交通结构可能的取值。

其次，在微观上，根据该城市居民出行调查资料统计计算出不同距离下各种方式的分担率，然后，根据各交通方式特点、优点、缺点、最佳服务距离，不同交通方式之间的竞争转移的可能性以及居民出行选择行为心理等因素，对现状分担率进行修正，经过若干次试算，使城市总体交通结构分布值落在第一步所估计的可能取值范围之内。该方法以转移曲线法为基础，但在应用上做了重要修改。

## 四、城市货运交通需求发展预测

城市货运是城市交通运输的组成部分之一。城市货运交通需求预测包括城市货运出行总量预测、货运出行发生量预测、货运出行吸引量预测及货运分布预测四个方面，一般来说，不需要进行货运方式划分预测。

**1. 城市货运出行总量预测**

一个城市的道路货运总量与该城市的国内生产总值、商品零售额、土地使用有着密切的关系。通常城市道路货运总量可通过与该城市国内生产总值、商品零售额的历史资料建立回归模型进行预测，并根据产业结构、工业区分布进行修正。

**2. 交通小区货运发生、吸引量预测**

各交通小区的货运发生、吸引量，以城市道路货运总量为基础，根据各交通小区的土地利用性质（各类用地面积及货运生成密度）进行分担，对大型企业的货运发生、吸引量要做专门预测，最后进行货运总量的平衡。

**3. 城市货运分布预测**

与城市客运分布预测一样，各交通小区的货运发生、吸引量需通过分布预测转换成货运未来年份的 OD 矩阵，并根据货车的运输效率转换成货车 OD 矩阵。

用于城市货运分布预测的预测方法与客运分布预测的预测方法一致，货运分布预测中最常用的模型为双约束重力模型，客、货运分布预测的模型参数差异较大，需分别进行标定。

**五、未来各特征年各种运输方式 OD 矩阵分析**

如前所述，在城市交通管理规划中进行交通需求分析与预测的目的是为了获得各特征年份各种运输方式的 OD 矩阵，以便于对交通管理方案进行定量评价。因此，交通预测完成后需要对预测结果进行归类、合并。

在交通管理规划中，需要的 OD 矩阵一般分高峰小时 OD 矩阵及全日 OD 矩阵二类，个别城市用于交通控制与交通诱导的 OD 矩阵需要细分到小时（甚至分钟）。交通管理措施一般是按交通方式（交通工具）来实施的，因此，用于交通管理方案分析的 OD 矩阵应区分规划特征年份按以下形式归类（高峰小时及全日）：

① 自行车 OD 矩阵（辆/高峰小时，辆/全日）；

② 出租车 OD 矩阵（辆/高峰小时，辆/全日）；

③ 摩托车 OD 矩阵(辆/高峰小时，辆/全日)；

④ 公共交通车辆 OD 矩阵(辆/高峰小时，辆/全日)；

⑤ 公共交通乘客量 OD 矩阵(人次/高峰小时，人次/全日)；

⑥ 货车 OD 矩阵(辆/高峰小时，辆/全日)；

⑦ 客车(除公交、出租车)OD 矩阵(辆/高峰小时，辆/全日)。

# 第五章　城市道路交通规划

# 第一节　城市道路的功能与分类

## 一、城市道路的功能

城市路网是由若干条道路(路段和交叉口)组成的网络休系，承载着多种功能。对这些功能的了解有助于正确把握城市路网设计目标和规划原则。城市路网的功能基本可以划分为四类：第一类是城市路网的本体功能，即交通运输功能，是为各类交通主体的交通活动和行为提供空间载体；第二类属于派生功能，如地下管线埋设、通风、日照等空间条件的提供，视觉观赏路径、场所的提供等；第三类是依托与引导功能，如道路作为城市发展与建设的骨架、建筑与各类活动空间的依托，对城市发展起到的引导作用，而其他功能未必是城市某条或某段道路的必备功能，如高架路一般不具有埋设管线的功能，交通性道路不具有商贸场所功能，地下道路不具有提供城市通风、采光空间功能等；第四类是美学功能，城市道路是反映城市风貌、历史文化、精神文明的场所。下面对这四类道路功能展开详细的分析。

### 1. 交通运输功能

交通行为包括两大部分，即行和停。行包括迅速通过(通的功能)、进入与离开城市地块(达的功能)、慢速行进中寻找目的地(寻的功能)。这三类行的功能对速度要求不同，处理不当就会造成运输效率下降。停止的功能基本包括两类，即止和泊。如出租车、公交车停站供乘客上下的交通行为就属于止，车辆进入停车场地停放，就属于泊。在不同道路上对于车辆止和泊的要求也有所不同。

道路交通运输功能的服务对象，即服务的交通主体包括车和人两类。车包括机动车、非机动车。机动车又可以分为公共交通车辆和个体交通车辆，非机动车包括自行车、三轮车、人力车等。人则分为男、女、老、幼或者健全、残疾。这些人、这些车辆对城市交通的要求不同，有些还存在相互矛盾。因此，使之各得其所，尽量减少彼此冲突是搞好路网规划、道路设计的基本要求。

道路是为人和物的有效空间转移服务的，对于一定占地、一定投资基础上建设而成的路网，如果在一定安全条件下完成更多的货运周转量，在安全、舒适、愉悦的条件下完成更多的客运周转量，那么其运输效率越高。在这个体系中应当满足人们必要的、符合基本条件的出行需求，这是市民生活在城市里的基本条件之一，是对社会公平的一种体现；在这个体系中，车辆是完成任务的工具，但人与物的有效运输才是根本目的。

城市道路承担的交通需求是多变的，如每日的交通需求变化（早高峰、晚高峰）、年度的需求变化（节日、旅游旺季）、应急性临时变化（如重大比赛）等；道路的功能也可能发生变化，比如交通性道路转变为生活性道路或商业街。这就要求规划设计人员必须考虑交通问题的动态性。

综上所述，道路的交通运输功能是多样的、具体的、复杂的、动态的、具有内部联系的，认识到这一点是搞好路网规划、道路设计的前提。

**2. 道路提供地下工程管线埋设的空间的功能**

城市道路下面一般需要埋设各类工程管线，以满足城市的排水、供水、供电、通信、供暖、燃气等的供应要求。这些基本需求是城市用地开发的必要条件。大多数城市道路具有提供地下管线埋设空间的功能，因此道路的宽度、断面要满足管线敷设的要求，道路的性质要与这些管线维修、维护频率相协调，减少管线维护、维修期间给城市交通带来的影响，尽量减少或避免道路、管线改造之间的冲突问题。

**3. 道路作为城市骨架、 建筑与活动场所依托的功能**

人的活动依赖交通运输，活动的目的地是各类建筑或活动场所。离开道路，这些场所可能会完全失去可达性，离开这些活动场所，路网也就失去了服务对象。这种相互依赖的关系使城市道路成为城市发展的骨架，成为建筑与城市活动场所的依托。有些道路还成为商贸活动场所，如某些集市、商业街，交通功能演变为次属功能。在路网规划中，人们通常认为道路的主要功能是交通功能。但在早期，城市的街道主要作为城市的公共活动空间，人们在那里聊天、买卖，是车辆的发明与运用改变了这种局面。但人们并非不希望这种以人为本的空间的出现，不少城市步行化空间的出现即是一种表达。在提供交通空间的同时，合理考虑活动空间是路网规划需要兼顾的问题。

道路与用地的依托关系使城市路网具有引导城市发展的作用，合理超前的路网规划、合理的路网建设势必会对城市宏观层面的布局结构、微观层面的用地布置起到积极的引导作用。合理引导而不是仅仅依赖城市用地，是实现城市交通和城市用地开发相互协调的有效手段，是路网规划深层次的考虑内容。

### 4. 反映城市风貌、历史文化、精神文明的场所

城市道路是展现城市风貌、历史文化、精神文明的场所。无论是在快速行进的车辆中，还是在慢速的步行中，街道成为人们欣赏、感受、品味城市的必要和重要场所。街道是城市展示的重要场所。一个合理的路网规划、道路设计需要满足人们的观瞻要求。满足这种要求需要规划人员掌握必要的美学原理和设计方法。

### 5. 防灾、避难的场所

城市可能遭受的灾害很多，如地震、水灾、火灾、风灾、瓦斯泄漏和其他突发事故造成的灾害。城市的防灾能力除考虑加强建筑本身防灾能力外，还需要考虑救灾和减少次生灾害问题。城市道路是防灾与救援的必要通道，对防灾、救灾起到了巨大的作用，也可以成为避难的场所，如果将城市主干管线埋在城市快速路和主干路下面，若在灾害过后需要抢修，则会阻断交通，会对求援工作造成不利影响。如果高架桥在灾害中坠落，一时难以清除，也会不利于及时救援。对于地震设防城市，需要结合具体情况考虑道路的宽度与两侧建筑高度的关系，防止建筑坍塌后将其全部阻塞。某些道路，特别是属于城市道路用地的广场，在灾害中还可以起到避难场所的所用。

### 6. 新鲜空气流通、城市通风、日照的需求

城市道路上空的空间可以提供城市空气流通通道，可以实现导风或防风的作用；还可以为日照提供充裕的间距要求。城市道路的这些功能有利于城市提供良好的环境和空气质量，在设计中需要给予足够的重视。

### 二、城市道路的分类

#### 1. 城市道路分类与城市规模

社会分工是人类提高生产效率的重要方法。道路系统也不例外，城市道路应有所分工，密切协作，这样有利于提高路网效率。从 20 世纪 30 年代，发达国家就开始注意道路的交通功能设计，注重道路等级划分。

（1）国外城市道路分类

1942—1944 年，阿伯克龙比（Abercrombie）在主持制定大伦敦规划中首次系统地贯彻道路功能分类思想。1963 年，柯林·布卡南在专著《城市汽车交通》中明确提出道路网分级组成的方法，并被英国、美国的《道路规划手册》采用。

美国的汽车十分发达，城市道路分类的方法极具代表性。表 5-1 为美国的城市道路详细分类及功能要求表。从表中可以看出，美国城市道路依据道路特征（交通流特性、道路两侧用地、道路间距、路网等级结构、交叉口间距、交通流分担比例、车速限制及停车限制等）分为高速路（Freeway and Express way）、主干路（Primary Arterial）、次干路（Secondary Arterial）、集散道路（Collector）、地方道路（Local）5 个级别。美国城市道路的可达性最具参考意义。从快速路到地方道路，可达性要求越来越高，通过性越来越低，即道路两侧的开口限制越来越低。

美国的城市道路详细分类及功能要求　　　　　表 5-1

| 等级 | 功能 | 占全部道路的百分比（%） | 连续性 | 间距（mile） | 交通承担百分比（%） | 两侧用地直接进出 | 最小交叉口间距（mile） | 车速限制（mile/h） | 停车 | 备注 |
|---|---|---|---|---|---|---|---|---|---|---|
| 高速路和快速路 | 通过性 | 5～10 | 连续 | 4 | | | 1 | 45～55 | 禁止 | 提供高速服务，对干道系统通行能力的补充 |
| 主干路 | 城市内社区间，以通过性交通为主，进出交通为辅 | 5～10 | 连续 | 1～2 | 40～65 | 绝对禁止 | 0.5 | 35～45（两侧用地安全开发） | 禁止 | |

续表

| 等级 | 功能 | 占全部道路的百分比(%) | 连续性 | 间距(mile) | 交通承担百分比(%) | 两侧用地直接进出 | 最小交叉口间距(mile) | 车速限制(mile/h) | 停车 | 备注 |
|---|---|---|---|---|---|---|---|---|---|---|
| 次干路 | 城市内社区间,以通过性交通为辅,进出交通为主 | 10~20 | 连续 | 0.5~1 | 25~40 | 禁止(只允许交通产生点) | 0.25 | 30~35 | 一般禁止 | 道路系统的骨架 |
| 集散道路 | 聚集、分散交通、用地进出、社区联系 | 5~10 | 不必连续,可不必与干路相交 | <0.5 | 5~10 | 安全的有规律的控制出入口 | 300 | 25~30 | 限制 | 不鼓励通过性交通 |
| 地区道路 | 进出性交通 | 60~80 | 不限制 | | 10~30 | 安全出入 | 300 | 25 | 允许 | 不鼓励通过性交通 |

注：1mile=1609.344m。

前苏联的分类方法对我国的影响较大,我国城市道路的第一代分类方法就借鉴了前苏联的经验。日本注重城市道路交通、防灾、空间、构造四大功能的统一,并依据道路的交通功能将城市道路分为高速路、基干道路(包括主干路和干道线路)、辅助路(次干路)、支路、特殊道路五大类。另外,为实现道路的预期功能,日本还对道路设计(如设计车速、规划宽度、机动车道条数、机动车道宽度、道路间距)、道路围合区名称、地区内主要设施 、地区的面积等提出了更具体的技术标准。

(2) 国内城市道路分类

20世纪40年代,金经昌教授从德国带来了城市道路分级思想,但我国的城市道路第一代分类方法至20世纪60年代才形成。1960年,建筑工程部城市建设局编制的《城市道路设计准则》试行草案将城市道路分为三级七类：第一级为全市干道、入城干道和环城干道、高速道路,第二级为区域干道、工业区道路、游览大路,第三级为住宅区道路。该方法最大的弊端是缺乏鲜明的交通功能概念,强调路网平面艺术布局。如,对全市性干道提出如下要求：路线经城市中心,沿线有重要的公共机关和高大建筑物，人行道可宽达 12m 等。这些全市干道可理解为贯穿全市的交通性干道，又可理解为城市的代表性商业大街。

在 20 世纪 80 年代，我国城市道路按主干道(全市性干道)、次干道(区干道)、支路三个等级进行划分。1991 年 8 月，我国颁布了《城市道路设计规范》(CJJ 37—90)，将城市道路划分为快速路、主干路、次干路、支路四个等级。1995 年 9 月颁布并实施了《城市道路交通规划设计规范》(GB 50220—95)。该规范对城市道路的等级与功能、路网密度做出了详细的规定。

《城市道路交通规划设计规范》(GB 50220—95)将城市道路分为快速路、主干路、次干路、支路四大类。该规范指出道路分类的依据包括道路在路网中的地位、交通功能以及对沿线建筑物的服务功能等诸多因素。此外，规范还对各类道路的设计标准、道路两侧用地、交通管理等提出具体要求。

① 快速路

快速路应为城市中大量、长距离、快速交通服务，并与其他干路构成系统，且应与城市高速公路有便捷的联系。快速路应当设中央分隔带；在无信号管制的交叉口，中央分隔带不应断开；并且机动车道两侧不应设置非机动车道。与快速路交会的道路数量应严格控制，快速路与快速路或主干路相交应设置立交；快速路两侧不设置公共建筑出入口，并严格控制路侧带缘石断口；快速路机动车道不应占道停车，两侧应考虑港湾式公交停靠站。

一般情况下，规划人口超过 200 万以上的大城市和长度超过 30km 的带形城市应设置快速路。为避免快速路对城市用地的穿越，快速路经常呈"井"字形或"廿"字形切入城市，将市区各主要组团与郊区的卫星城镇、机场、工业仓储区和物流中心等快速联系起来，缩短城市的时空距离。对人口在 50～200 万的大城市，可根据城市的用地形状和交通需求确定是否建设快速路。快速路可呈"十"字形从城市中心区的外围切过。

② 主干路

主干路是城市道路系统的骨干网络，主要用于城市分区之间的联系，承担中远距离的交通出行任务。主干路上的机动车与非机动车应当分道行驶，交叉口的机动车与非机动车分隔带应连续；主干路两侧不应设置公共建筑出入口，并严格控制路侧带缘石断口；主干路横断面形式应贯彻机、非分离思想，将非机动车逐步引出主干路，实现主干路主要为机动车交通服务的功能；主干路机动车道不应占道停车，机动车道两侧应考虑港湾式公交停靠站。

③ 次干路

次干路兼有"通"和"达"的功能，以承担城市分区内的集散交通为主。次干路两侧可设置大量的公共服务设施，并可设置机动车和非机动车停车场；次干路上有较多的公交线路，机动车道两侧应考虑港湾式公交停靠站和出租车服务站。

④ 支路

支路与次干路和居住区、工业区、市中心区、市政公用设施用地、交通设施用地等内部道路连接，支路不能与快速路机动车道直接连接。在快速路两侧的支路需要连接时，应采用分离式立体交叉跨过或下穿快速路；支路应当满足公交线路行驶要求。

城市支路主要承担近距离出行、非机动车出行的交通任务，还承担着联系集散道路、作为城市用地临街活动面的作用；部分支路还承担着设置公交线路的作用，应满足公共交通线路行驶的要求。

（3）城市道路分类与城市规模的关系

城市居民和货运平均出行距离与城市规模的关系较大，一般城市规模越大，平均出行距离越大。大、中、小城市规模差别很大，小城市用地规模介于 $5\sim20km^2$，相当于大城市的一个区，甚至是一个居住区。小城市套用大城市的规划指标与道路分类明显不合适，因此考虑小城市的发展需要和现有规模，《城市道路交通规划设计规范》把小城市的城市道路分为干路和支路两级。此外，《城市道路交通规划设计规范》把中等城市的城市道路分为主干路、次干路、支路三级。

**2. 分类技术指标的定义与建议值**

（1）路网主要技术指标定义

城市道路网规划一般采用道路面积、人均道路面积（或车均道路面积）、路网密度等表示路网的总体量值和平均量值的多少。

道路面积率指道路用地面积占城市用地面积的比例，是路网道间距与道路红线宽度的综合指标，无量纲，用％表示。城市道路红线是城市道路用地与其他城市用地的分界线。但应注意，道路红线宽度与城市道路用地的断面宽度并不完全一致，如有些道路红线宽度包括两侧的预留道路用地或道路绿化。

路网密度是指单位城市建设用地内面积的道路总长度，单位为 km/km²，路网密度与路网间距有直接的关系，路网间距是指相邻道路的距离，在某些情况下与交叉口间距是一致的。

人均道路面积为城市人口的人均城市道路面积，单位为 m²/人。车均道路用地面积是指道路用地面积与服务车辆的比值，单位为 m²/车。

（2）路网主要技术的建议值

就道路用地的适度规模而言，按照《城市用地分类与规划建设用地标准》（GBJ 137—90），城市道路广场用地占城市建设总用地的比例为 8％～15％，人均道路广场用地面积为 7～15m²/人，人均公共停车面积为 0.5～1.0m²/人。

《城市道路交通规划设计规范》（GB 50220—95）总结了国内外道路规划和建设的经验，提出了不同规模的大城市以及中、小城市对于路网密度、机动车道数、道路宽度等技术指标的建议值，详见表 5-2 和表 5-3。不同等级道路的路网密度比例关系，即城市路网的级配结构呈类似于图 5-1 所表示的金字塔结构，要求低等级的路网密度应大于高等级的路网密度，以更好地对城市交通加以疏解。

我国《城市道路交通规划设计规范》（GB 50220—95）
建议的大中城市道路网规划指标 表 5-2

| 项　　目 | 城市规模与人口（万人） | | 快速路 | 主干路 | 次干路 | 支　路 |
|---|---|---|---|---|---|---|
| 机动车设计车速（km/h） | 大城市 | ＞200 | 80 | 60 | 40 | 30 |
| | | ≤200 | 60～80 | 40～60 | 40 | 30 |
| | 中等城市 | | — | 40 | 40 | 30 |
| 道路网密度（km/km²） | 大城市 | ＞200 | 0.4～0.5 | 0.8～1.2 | 1.2～1.4 | 3～4 |
| | | ≤200 | 0.3～0.4 | 0.8～1.2 | 1.2～1.4 | 3～4 |
| | 中等城市 | | — | 1.0～1.2 | 1.2～1.4 | 3～4 |

续表

| 项　　　目 | 城市规模与人口(万人) | | 快速路 | 主干路 | 次干路 | 支　路 |
|---|---|---|---|---|---|---|
| 道路中机动车道条数(条) | 大城市 | ＞200 | 6~8 | 6~8 | 4~6 | 3~4 |
| | | ≤200 | 4~6 | 4~6 | 4~6 | 2 |
| | 中等城市 | | — | 4 | ?~4 | 2 |
| 道路宽度 (m) | 大城市 | ＞200 | 40~45 | 45~55 | 40~50 | 15~30 |
| | | ≤200 | 35~40 | 40~50 | 30~45 | 15~20 |
| | 中等城市 | | — | 35~45 | 30~40 | 15~20 |

我国规范建议的小城市道路网规划指标　　　　表 5-3

| 项　　　目 | 城市规模与人口(万人) | 干　　　路 | 支　　　路 |
|---|---|---|---|
| 机动车设计车速 (km/h) | ＞5 | 40 | 30 |
| | 1~5 | 40 | 30 |
| | ＜1 | 40 | 30 |
| 道路网密度 (km/km²) | ＞5 | 3~4 | 3~4 |
| | 1~5 | 4~5 | 3~4 |
| | ＜1 | 5~6 | 3~4 |
| 道路中机动车道条数(条) | ＞5 | 2~4 | 3~4 |
| | 1~5 | 2~4 | 2 |
| | ＜1 | 2~3 | 2 |
| 道路宽度 (m) | ＞5 | 25~35 | 12~15 |
| | 1~5 | 25~35 | 12~15 |
| | ＜1 | 25~30 | 12~15 |

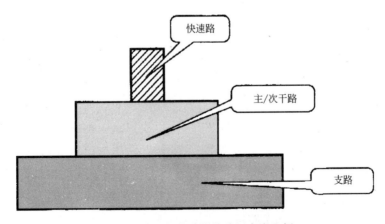

图 5-1　我国规范建议的路网密度比例

（3）路网等级结构规划的指导原则

为了使各级道路更好地发挥各自的功能，道路等级结构规划应遵循远近分离、通达分离、快慢分离、容易调控、道路功能划分 5 项基本原则。

① 远近分离原则——不同距离出行者的需求

远距离出行者比近距离出行者更在乎出行时间增加，即便伴随出行距离增加，出行时间的边际成本上升。因此规范提出了最大出行时耗要求，城市必须为长距离出行提供高等级道路体系（主干路、快速路），出行者进出各等级道路体系一般会发生一定距离绕行，这也就决定了远距离出行者更喜欢利用高等级道路体系。如果低等级道路系统自身不便捷，那么无论什么距离的出行都会优先选择高等级路网体系，这也就意味着整条道路的转向车辆比例增加，车速与通行能力降低。另外，居民出行距离分布一般表现为近多远少的特征，大多数出行又必须经过支路体系，所以《城市道路交通规划设计规范》（GB 50220—95）建议的路网密度随道路等级的下降而提高，其级配应当为正金字塔形。

② 通达分离原则——穿越与到达交通的需求

以某地为目的地或出发地的出行者与经过该地的出行者在该地的交通目的不同，所以"通"、"达"应当适度分离。如图 5-2 所示，快速路以通过性为主，支路更大程度上起到"达"的作用，干路的通达性介乎其间。因此在路网规划中对支路重视实际上也是通达分离原则的体现。

③ 快慢分离原则——不同交通方式的需求

不同交通方式的特性不同，速度也有很大差异。合理分离不同交通方式有利于提高交通效率，道路系统应当为不同交通方式的分离提供硬件支持。虽然《城市道路交通规划设计规范》（GB 50220—95）提出的道路分级主要针对机动车而言，但规范也对自行车道路分级规划提出了建议。自行车系统也可以分为主、次道路，那么机非路网组合可以出现顺序（机动车道路与相同级别的非机动车道路安排在一起）、逆序（机动车的高等级道路与自行车的低等级道路安排在一起）、降序（自行车道路与比自己高一个级别的机动车道路安排在一起）、分离（机动车路网与非机动车路网不安排在一起）四类方式。从分流角度来

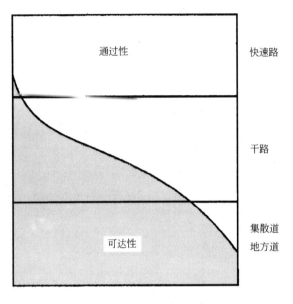

图 5-2　通达分离原则

看，降序、逆序与分离模式比较有利。《城市道路交通规划设计规范》(GB 50220—95)强调支路的作用，其目的之一在于构建分流的道路体系，使支路体系起到承担自行车交通的作用。另外，《城市道路交通规划设计规范》(GB 50220—95)建议的最大干路网密度为 2.6km/km²，干路难以满足公交线路布置要求(3.0～3.5km/km²)，伴随公交出行比例的增加和城市规模的扩大，这一数值还会扩大，所以支路还应当承担布置公交线网的作用，甚至提供公交专用道、专用路。

④ 容量调控原则——减少低效运行的需求

道路分级的目的还在于使低等级道路尽量发挥其应当承担的交通功能，由此可以调控低等级路网的进出车辆。低等级道路进入高等级道路的交通需求应小于或等于高等级道路的最大容量，低等级道路的进口通行能力应大于或等于高等级道路的流出量。上海高架路在高峰时段封闭某些匝道或在早高峰时段内不准外地车辆进入的做法就体现了这一点。那么这就需要高等级道路的出口联系更多的较低等级道路，而进口只能与少量较低等级道路联系。根据这一原则，路网密度级配应当为正金字塔形。

⑤ 道路功能划分原则——减少公共空间功能与交通功能冲突

城市各类用地均需要"沿街面",否则无法解决交通进出问题。对于具有经营性质的用地,比如商业需要依托较大的客流、具有较高的交通可达性,所以支路网络密度应当与城市所需要的有效"沿街面"长度相匹配,由此成为城市公共活动空间的主要载体。如果支路不能提供有效的"沿街面",那么城市的各类公共活动就会集中在干路上,道路功能划分的目的就难以实现。

我国《城市道路交通规划设计规范》(GB 50220—95)针对不同等级道路的金字塔式路网密度建议指标,充分体现了城市道路网等级规划的基本原则。

### 3. 城市道路交叉口形式选择

城市道路交叉口是城市道路网的重要节点,对于路网的整体运行效率具有十分重要的作用,除了由于跨河桥梁限制净空高或山城地形所形成的立体交叉口外,城市道路交叉口应根据相交道路的等级、分向流量、公交站点设置、交叉口周围用地的性质,确定交叉口的形式及其他范围。大、中城市和小城市的各级道路交叉口的形式分别见表5-4和表5-5。

大、中城市道路交叉口的形式　　　　　　　　表5-4

| 相交道路 | 快 速 路 | 主 干 路 | 次 干 路 | 支 路 |
|---|---|---|---|---|
| 快 速 路 | A | A | A，B | — |
| 主 干 路 | | A，B | B，C | B，D |
| 次 干 路 | — | — | C，D | C，D |
| 支 路 | — | — | — | E |

注:A为立体交叉口,B为展宽式信号灯管理平面交叉口,C为平面环形交叉口,D为信号灯管平面交叉口,E为不设信号灯的平面交叉口,表5-5中的符号意义同此表。

小城市道路交叉口的形式　　　　　　　　表5-5

| 规划人口 | 相交道路 | 干 路 | 支 路 |
|---|---|---|---|
| 大于5万人 | 干 路 | C，D，E | D，E |
| | 支 路 | — | E |
| 1~5万人 | 干 路 | C，D，E | E |
| | 支 路 | — | E |
| 小于1万人 | 干 路 | D，E | E |
| | 支 路 | | E |

对于道路交叉口形式的选择这一问题，要明确认识城市道路上的立体交叉口不是现代化交通的标志，更不是城市中的点缀品，不能按照城市的规模来确定立体交叉口的数量。立体交叉口是一座耗资多、体量大的工程结构物，建成后不大容易改造或拆除，要慎重研究。城市中造成交叉口交通堵塞的原因很多，不一定非建立体交叉口不可，一定要做认真地分析，从全局观点调整和完善道路网来缓解交叉口交通，所取得的效果比建一个大立体交叉口好得多。

立体交叉口形式力求简单，既可降低造价，也易于辨认行驶方向。过于复杂的形式，容易使陌路驾车者产生迷惑和滞留，违反交通规则。立体交叉口还应考虑公交设站、方便乘客换乘。国内建造的立体交叉口往往将公交站放在交叉口起坡点以外，乘客换乘需步行 1km 左右，很不方便，这与"公交优先"的政策相悖。国外在建立体交叉口时都专门考虑公交设站的位置，在立交桥上、下直接换乘。我国立体交叉口的规划设计在这方面应该学习和改进。

### 三、路网的基本模式及其优缺点分析

#### 1. 路网基本模式划分

路网给人的视觉印象是由线组成的网状图案，将路网分类有助于归纳、总结不同路网形式的交通特性。通常采用的路网分类方法包括图形分类(图案)法、交通组织(范式)分类法。

（1）路网图形模式分类

M·C·费舍里松对路网进行了最为全面的图形分类，基本分为：棋盘式、放射式＋环式、方格网＋放射式、三角式、六角形式、自由式、综合式。J·麦克卢斯基对城市路网形式也进行了分析，该分析主要针对城市内部道路，分为串联式、放射式、蛛网式、树枝式、棋盘式。

从城市干路体系和交通可达性的角度来看，不同类型的路网形式具有各自的特点：

① 放射式＋环式

放射式道路网能够保证城市边缘各区与市中心的联系方便，但是靠近市中心各区之间联系困难，不可避免地造成市中心交通超载，适

于客流量不大的城市。大城市往往采用放射式＋环式，这既有利于市中心与边缘各区的联系，也有利于边缘各区之间的相互联系。但其处理不当容易将外围交通引入中心区，并形成许多不规则的街坊。因此，环线道路应该和放射线道路相互配合，必须确保环线道路的功能，起到保护中心区不被过境交通穿越的作用，如图5-3所示。

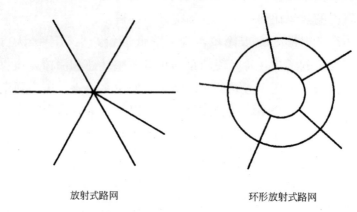

放射式路网　　　　　　　　　　　　环形放射式路网

图 5-3　放射与环形放射路网

② 棋盘式

该模式没有明显的市中心交通枢纽，在纵、横两个方向上均有多条平行道路，大多数交通出行者都有较多可选路径，有助于将交通分布在各条道路上，整个系统的通行能力较大。缺点是对角线方向没有便利的联系，而且完全方格式路网的大城市，如果不配合交通管制，也容易形成不必要的穿越中心区的交通。

纽约市中心就是这样的路网形式，我国平原城市也多采用这种路网，如图 5-4 所示。

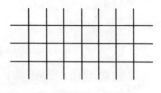

图 5-4　方格路网示意图

③ 方格网＋放射式

这类方式又可称为棋盘式＋角线式。它兼具棋盘式和放射式的优点，但也有可能带来交叉口交通组织的复杂性。该路网模式也可以将中心区的道路处理为方格网，外围为环状放射，成为综合式道路网。

④ 三角式

三角式路网在欧洲一些国家比较常见，干道的交角往往为锐角，建筑布局和交通组织均不便。

⑤ 六角形式

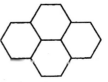

图 5-5 六角形路网示意图

六角形路网的交叉口为三岔口，线形曲折迂回，可以降低车速，主要用于居住区、疗养区道路，如图 5-5 所示。

⑥ 自由式

自由式路网通常结合地形布置，比如青岛老城区。自由式路网的特点是没有一定的格式，变化较多，但受地形条件的制约，可能会出现较多的不规则街坊。

如果充分利用地形、精心规划，不仅同样可以建成高效的道路系统，而且可以形成丰富的城市景观。

⑦ 综合式

综合式路网是由多种路网形式组合而成的，即在同一城市同时存在几种类型的道路网。目前采用比较普遍，其特点是扬长避短，充分发挥各种形式路网的优点。北京、上海等城市的路网基本为这种模式。但这种路网的基本特点并不表明这种路网模式在任何条件下都适用。

M·C·费舍里松对不同路网模式进行了可达性计算，并分析了平均非直线系数，见表 5-6。一般来说，非直线系数小于 1.15 的路网为优良形式，在 1.15～1.25 之间为中等，大于 1.25 为不佳。

**M·C·费舍里松计算得出的不同路网模式的非直线系数** 表 5-6

| 路网图式 | 交通联系总距离(km) | 交通联系平均距离(km) | 按空中线路的总距离(km) | 平均非直线系数 | 周边各区之间的联系 | | |
|---|---|---|---|---|---|---|---|
| | | | | | 交通联系总次数 | 其中经过市中心的次数 | 经过市中心的次数占总次数的百分比(%) |
| 放射式 | 1877 | 13 | 1250 | 1.49 | 132 | 132 | 100 |
| 放射式+环式 | 1355 | 9.4 | 1260 | 1.08 | 132 | 60 | 46 |
| 棋盘式 | 1548 | 10.7 | 1347 | 1.15 | 132 | 4 | 3 |
| 方格网+放射式 | 1450 | 10.1 | 1347 | 1.08 | 132 | 60 | 16 |
| 六角形式 | 1570 | 10.9 | 1270 | 1.24 | 132 | 22 | 17 |

值得重视的是，城市道路网的格局是在一定自然条件、社会条件、现状和当地建设条件下，为满足城市交通及其他各种要求而形成的。因此，没有什么统一的格局，实际工作中更不能机械地套用某一种形式，而必须根据各地的具体条件，按道路网规划的基本要求进行合理组织。

（2）路网交通组织模式分类

① 按交通分流与交通混合进行划分

前面对城市路网所进行的分类，其分类依据为图形模式。但是在路网的运行使用过程中，包含着对多种交通方式的组织，可以将这些交通方式组织在同一条道路上的不同断面上，也可以组织在不同的道路上。因此，可以根据交通分流的程度，划分不同的交通组织模式。总体而言，城市路网可以分为局部分流、全部分流两类。

分流对应的概念就是交通混合。交通混合是指：A. 一条路上行驶着不同类型的机动车，机动车的大小、快慢、性能差异较大；B. 一条路上行驶着机动车和非机动车；C. 机动车、非机动车与行人的混合，或者机动车、非机动车和行人三者混合。如果一条道路上分布的交通方式各行其道，将其称为断面分流；如果一条道路上只行驶一种交通方式，则称为路网分流。

不同出行距离的人们对出行速度要求不同，如果给同一种交通方式提供较高等级的道路，将远距离与近距离出行进行分离，也可以称为交通分流。由于这种分流模式已经归结到道路网等级结构中，因此一般所提到的交通分流不再包括同种交通方式的快慢分流。

② 按道路行驶方向进行划分

从人流或车流行进方向的角度划分，道路可以分为单向行驶和双向行驶两类。根据这种分类，城市道路路网又可以划分为局部单行、全部单行两类。由于单向交通可以减少交叉口的冲突点，提高道路运行效率，因此路网密度较高的市中心地区可以利用平行道路组织单向交通。

**2. 城市环路和放射路**

（1）环路

目前，环形＋放射式的城市骨架道路系统基本成为我国大城市最常用的道路网络布局形式。其中，城市环路主要用以减少直冲交通的汇集，放射路用以联系外围的远距离交通。但在具体城市的路网规划中，不应片面追求路网的形式，特别是环路设置应根据交通流量、流向特征和地形，可以采用全环，也可以采用半环或者切线形式，不一定成环。环路可以根据城市发展时序进行分段建设，比如伦敦的 M25 直到 30 年以后才正确成环。

环路的基本作用表现为：

穿越截流——将起点和终点均不在环形以内的交通吸引到环线上；

进出截流——将进出市中心的交通起到分流的作用，一方面减少这些交通对环内道路的使用，另一方面将这些交通分散到多条放射路上；

内部疏解——将环内长距离的交通吸引到环线上。

当环路车速高于环内 1.2 倍之后，环路才能明显起到进出截流的作用，而且环路车速越高，进出截流作用越大；当环路车速达到环内 1.5 倍以上时，环路完全可以起到穿越截流的作用，并可以承担环路范围 40% 区域的进出截流。

城市环路有内环、中环和外环。它们的功能各不相同，内环保护城市内核，中环联系城市交通，外环分流过境交通。对于大城市来说，在老城区或中心区的外围，应设置保护环线；在外围建设外环路，组织过境交通绕城，并对周围县城和乡镇之间起交通联系作用；内、外环之间设多少环路，要看城市用地大小、交通流量及自然地形条件的可能。通常，城市外环路宜设置在城市用地的边界内 1~2km 处，城市两条环路之间的距离应大于 4km。由于城市内部环路截流作用会伴随城市用地拓展逐步下降，多层环路由内而外的服务水平应逐步提高。

（2）放射路

城市放射路的作用表现在：有助于满足车辆的直达要求，减少绕行距离。加强城市与外界、中心区与小郊区（或新城）之间的联系，促进城市副中心的形成；加强城市内、外环线之间的联系。对于大城市，城市放射路可以将高速公路、国道、省道在入城后与城市的快速路和主干路很好地衔接，使外来交通很快地切入城市中心区的外围（例如用井字形道路切入），方便地进入城市各功能区内。

为了合理组织城市交通，城市放射路也应当分层次：对于干路级的放射路，直达性与城市中心区的距离无关，完全取决于道路的连接方式和可达区域。

（3）环路与放射路的关系

城市环路和放射路对城市用地拓展模式具有很强的适应和引导作用。为了有效地发挥城市环形＋放射式路网的交通功能，环路与放射路应互相补充，互为匹配，合理衔接。一般要求环路的速度应高于放射路。因此，城市环路的等级不宜低于主干路。其中，大城市的外环路应为汽车专用道路，其他车辆应在环路外的道路上行驶。当城市放射干路与外环路相交时，应规划好交叉口上的左转交通。

**3. 城市道路网的结构**

（1）城市路网规划的目标特征

在进行城市道路网规划之前，必须明确什么是好的城市路网。路网的服务对象、服务内容、服务量度(质、量)、服务时间(远期、近期、周期)等方面的特点决定了好的城市路网必须具有成长性、高效性、层次性、适应性、引导性 5 个基本特征。

① 成长性

一个合理的、用地布局配套的城市道路网络体系并不是一蹴而就的，而是经历若干年，甚至几十年生长过程而形成的。因此路网服务时间的长期性决定了路网必须与城市用地开发相匹配，具有良好的成长性，应当在满足城市规模扩大、机动化水平提高带来的合理交通下来寻求增长。

② 高效性

城市路网建设需要花费大量的费用，占用大量的用地。因此，路网提供的服务，也就是路网的产出(完成的客、货运周转量)应当尽可能大，即应使用较少的道路设施(用地投入、资金投入)更大程度地满足人与物流动需求。

③ 适应性

城市路网提供的服务是满足城市的各种客、货运需求。城市的客、货运需求具有易变性。此外，城市路网还必须满足特殊情况下的交通需求，比如局部路段因故(游行集会、城市灾害等)发生阻塞时的交通需求。在城市路网与城市的成长期间，城市的居民出行方式、流量、流向也会发生较大的变化，因此路网应当具有成长过程中的适应性。

④ 层次性

城市道路网规划所涉及的路网是作为公共物品提供的空间，具有公共资源配置的特性。路网是为全体市民服务的，他们的交通需求层次不同，其中包括对不同出行距离、舒适度和可达性的需求，路网应当满足不同需求层次的不同群体的基本交通需求，这是对社会公平的基本体现。

⑤ 引导性

城市路网与城市活动体系的基本关系决定了路网与城市布局的基本关系。路网具有培育城市交通走廊的作用，而这些交通走廊有可能发展为道路内外高效运输系统，合理的路网应当具有这种引导与促进作用。从微观层面来看，路面承载的客流与两侧用地开发密切相关，两侧用地的微观布局又与路网交通组织模式、交通方式密不可分。因此，合理的路网还应当有利于引导城市向合理的微观布局结构发展。

(2) 城市路网的结构

城市道路网的等级结构体系一般是按道路的车速、流量、功能划分的，是以机动车为主体的分级方式。我国《城市道路交通规划设计规范》(GB 50220—95)将道路等级划分为快速路、主干路、次干路、支路，但城市路网的总体布局和运行组织特征无法用等级结构全面涵盖。因此，需要从路网的功能结构、等级结构、布局结构、组织结构对城市路网进行综合分析。

把路网看作一个完整的系统，路网中各条道路所承担的不同功能就是路网的功能结构，主要可以分为交通空间、公共活动空间两种功能。这两种功能又可以按交通方式进行划分。根据不同道路的交通功能重要程度又可对城市道路体系进行分级，这就是道路的等级结构。不同功能、等级的道路在城市空间上的布局就形成了路网的布局结构。而这些不同等级、不同区位、不同功能的道路在不同的时间，其功能又不一定保持不变，而且它们之间具有彼此联系和转换的基本特点。对这种联系和转换过程的安排就是道路的组织结构，包括时空利用(局部节点或路段)、建设发展过程控制两个方面。

因此，在城市道路网规划中应当妥善处理道路的功能、布局、等级、组织结构。在总体规划、综合交通规划中的道路系统规划侧重于对路网功能、布局、等级、组织结构的宏观安排；而详细规划中则具体涉及到部分节点地方的路网与交通组织。城市路网的功能、布局、等级、组织结构密不可分，在城市道路网规划中应该对它们进行统筹考虑。

## 第二节　影响城市道路网规划布局的因素

城市道路网的形式和布局，应根据土地使用、客货交通源和集散点的分布、交通流量方向，并结合地形、地物、河流走向、铁路布局和原油道路系统，因地制宜地确定，使土地开发的容积率与交通网的运输能力和道路网的通行能力相协调。城市道路网的布局包括道路网基本形式、道路密度分布、不同等级道路的分布、主要联系点的分布。对于城市道路网布局影响因素的分析，有利于发展不同要素影响下的道路网可能存在的问题，以及在该类要素影响下进行路网规划的相应方法。

### 一、自然条件

地形、河流、岸线、地质、矿藏是影响城市布局的重要因素。比如矿业城市和山地城市多呈分散布局，滨河、滨海城市多呈带状布局，从而影响城市道路交通流的分布和城市道路网的格局。不仅如此，河流、地形等自然条件也会直接影响道路的走向和建设标准、建设形式，成为影响城市道路网布局的重要因素。

### 1. 水网城市道路网

水网城市在向外扩展时，城市道路网的规划和改造需要妥善处理道路与河流的关系。其中，首先要考虑的是航道的等级和净空、桥梁的标高、桥梁与旧城道路的接坡及桥头的用地控制等问题；其次要考虑填河筑路的问题，特别要注意干路两侧的街坊排水系统和道路标高。应采用图 5-6 所示的路网形式。

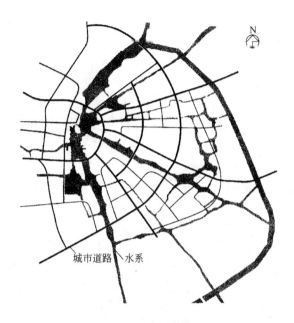

图 5-6　水网城市

河网地区城市道路网应符合下列规定：道路易平行或垂直于河道布置；对跨越通航河道的桥梁，应满足桥下通航净空要求，并应与滨河路的交叉口相协调；城市桥梁的车行道和人行道宽度应与道路的车行道和人行道等宽。在有条件的地方，城市桥梁可建双层桥，将非机动车道、人行道和管线设置在桥的下层通过；客、货流集散码头和渡口应与城市道路统一规划。码头附近的民船停泊、岸上农贸市场的人流集散和公共停车场车辆出入均不得干扰城市主干路的交通。

**2. 山区城市道路网**

山区城市由于地形复杂，地形高差较大，用地往往被江河、冲沟、丘谷分割形成若干组团。道路的线形走向受地形影响较大，道路坡度较陡，桥梁架设较多。因此，必须保证城市主干路的技术标准，使城区对外交通、内部交通顺畅便捷；而组团内的道路可以自成系统。

山区城市道路网规划应符合下列规定：道路网应平行于等高线设

置，并应考虑防洪要求。主干路宜设在谷地或坡面上。双向交通的道路宜分别设置在不同的标高上。地形高度特别大的地区，宜设置人、车分开的两套道路系统。当地形特别陡时，干路之间的联系也可以通过开辟隧道来解决。

山区城市道路网密度宜大于平原城市，图 5-7 为重庆市的城市地形图。

图 5-7　山地城市(重庆)

## 二、城市规模

不同规模的城市对城市道路交通系统的需求不同，所表现出的路网布局形式也往往不同。首先是城市空间布局差异的影响，如平原地区的中小城市较少出现分散组团的布局，而是在逐步发展一定规模的城市中心；相反，规模较大的城市往往具有较高开发强度的中心区，尤其对于特大城市来讲，多组团、多中心的布局有利于缓解城市问题，特别是交通问题。其次，从居民与货物运输调查来看，城市规模越大，居民出行强度、货物运输强度也越大，运距越大，那么城市规模越大，道路用地比例应越大，同时还要求提供较多的高等级道路，以满足最小出行时耗要求。此外，从交通方式上，小城市可能会以步行和自行车、摩托车、小汽车等个体交通为主；大中城市对公共交通的需求较大。从对外交通联系上，大城市的对外通道和枢纽数量多，分布广，与城市道路的关系十分紧密和复杂；而小城市则相对简单。因此，特大城市、大城市与中小城市在路网布局、路网密度、道路面积率等方面存在较大的差异。中小城市不要盲目照搬大城市的路网模式。

### 三、城市用地布局和形状

城市路网与用地布局的相互依托关系，使城市布局与形状成为影响路网布局结构的关键要素。城市用地的形状是受自然条件（山川湖海）和人工影响因素（铁路分隔、城墙包围、矿区塌陷）等的制约而形成的。平原城市的用地布局往往呈现为团块状，城市路网也多表现为方格网，如石家庄；或方格网＋环形＋放射，如北京。有些城市由于地形、水文原因，其路网布局也表现为带状布局，如洛阳。这种现象的出现并不是偶然的，因为在确定城市发展方向时，往往优选平坦、地质好的用地，而这些用地也比较适合修建道路交通设施。这样，城市用地开发与道路网的规划建设就形成一种耦合。一般而言，用地布局、形状应与路网的布局、形状相吻合。但两者之间并不能仅仅是表象上的吻合，比如城市环路的修建与"摊大饼"发展，而是需要路网与用地产生的流量、流向相协调，如果不问客货源的分布、流量、流向而盲目套用某些典型用地布局和路网布局的做法是不科学的。同时，路网也并不简单地表现为对城市布局形态的一味迎合，否则难以使城市道路起到合理引导城市发展的作用。

不同类型的城市用地布局对城市路网布局的影响可以分为以下几种情况：

（1）对于平原地区，城市向四面扩展均较为容易，城市用地的形状常成为团状，进而放射状道路将其变为星状，在其间需要用环路联系。当城市用地不断扩大时，环路的数量也会增多。内环路的位置视老城的大小，一般可在老城废弃的城垣护城河上，事先埋好地下管线或建好停车库。在西欧，大多用此模式。我国不少老城占地很大，因此，在其内核（中心商务区）的外面还需另辟内环，目的是使车辆能很方便地抵达内核外围，又不使车辆进入和穿行内核，以减少内核地区的交通量和停车量，使核心区内有限的可用地给从事各种活动的人们提供足够的步行空间。需要指出的是，内核外的道路不一定是环路，尤其在方格道路网中可以是几条道路切过内核附近，满足交通集散的要求。城市的外环是随着城市用地的扩展而演变的，一般它将城市对外的货运站场、港口、工厂、仓库、批发市场联系在一起。

（2）某些受河流分割或受地形影响的城市，在用地向外扩展时，往往沿着道路的延伸轴向外呈风扇状发展，风扇叶片间楔入绿地，以改善城市环境。如果不加处理，这些叶片间的交通联系往往要穿越中心地区。因此，在规划道路网时要设置切线，否则会增加中心区的交通压力，如合肥。

（3）对于规模不大或功能相对独立的组团城市，交通问题相对简单，组团之间的客运交通不多，但经由组团间道路的过境交通较多。在大城市，组团布局的交通问题就比较复杂，组团间的交通和市际的交通日益增多，产生相关干扰。因此，在道路网规划时，要重视联系各组团的"藤"，使之合理承担和组织各类交通。组团城市的中心组团往往承担市级综合服务职能，是城市交通的重心。尤其在节假日时，客运交通更为集中。因此，对于中心组团的道路、停车场、广场和步行商业街的规划要留有余地。

（4）对于带形城市的道路网，往往过境公路就是城市中的主干路。沿路经常开设大量批发市场和零售商业网点，吸引着大量人流和车辆在此停车装卸货物和购物，使干路可通行的车道宽度明显减少，车速下降。因此，为了保障道路的安全畅通，在规划道路网时，应规划并保护好干路的交通功能，并加强道路管理，维护路产、路权及搬迁妨碍交通的路边市场。

### 四、对外交通设施

城市发展和城市在区域一体化中地位的提升，都离不开城市对外交通体系的支撑，同时城市的用地布局、空间拓展和道路系统也很大程度上依托港口、河道、公路、铁路、机场等大交通的格局。因此，在城市规划建设中，必须建立和加强城市与对外交通枢纽的道路交通联系，改善城市的交通区位条件。但从另一方面来看，对外交通会造成城市发展的门槛。如铁路设施，若处理不好，就会割裂城市内部道路交通的联系，一定程度上制约城市的发展。

（1）在对外交通系统中，公路与城市道路的关系最为密切。公路不仅可以承担城市与邻近城镇的联系，而且对城市发展方向具有引导作用。很多城市早期常常沿出、入城公路两侧发展，甚至有些城市因过度依赖公路而呈现为狭长的带状，如 20 世纪 80 年代的无锡、常州。公路穿越城区将导致公路性质的改变和公路交通的复杂化。因此，必须协调过境公路和出、入城公路与城市内部道路的关系，既要联系方便、合理衔接，又不允许混淆不分，造成公路穿越城区。

（2）铁路线路和场站进入城市后，往往会对城市用地的发展形成障碍。因此，城市用地的划分和城市道路选线必须与铁路设施密切配合。沿铁路线平行布局成为常见的路网规划模式。但平行道路不宜过于靠近铁路，否则与跨铁路的道路需要修建立体交叉时，会造成工程技术上的困难和不经济。由于铁路旅客与货物均需要通过城市道路集散和转运，城市干路必须与铁路客、货场站有直接的联系。

（3）客、货流集散码头和渡口也应与城市道路统一规划。码头附近的民船停泊、岸上的农贸市场的人流集散和公共停车场车辆出入，均不得干扰城市主干路的交通。

（4）机场是实现市际交通快速联系的枢纽，为了充分发挥航空运输快速、省事的优势，城区与机场之间应该建设城市快速路。

### 五、社会与人为因素

城市道路网规划在很大程度上也受到历史条件、思想观念、土地开发模式等社会因素的制约。通常，除新建城市外，城市原有道路网对城市道路系统的规划和形成有很大的影响。原有道路网是新建道路的基础，在道路网规划中必须对城市交通现状与存在的问题进行分析，考虑对原有道路网的改造问题，要防止简单地将旧城道路向外延伸。

有些城市的规划、设计人员和决策人员对道路功能和路网模式缺乏科学的认识，对道路网规划片面追求形式和景观效果，或盲目效仿其他城市，出现了套用环形＋放射式路网模式、热衷宽马路的现象，这需要进一步提高人们对路网规划的理念、要求和方法的科学认识。

## 第三节　城市道路交通规划与居民出行关系

### 一、城市人口规模

城市人口规模是决定城市居民出行总量的最主要因素。人口规模大，城市的居民出行总量也大。

城市人口规模影响了城市居民的出行数。总体来说，在同一时期，人口规模小的城市出行成本低，出行次数比较多；人口规模大的城市出行成本高，出行次数比较少。

城市人口规模影响了城市居民的出行时耗。如上海 1986 年常住人口为 710 万人，平均出行时耗为 25.1 分钟；2004 年常住人口增长到 1710 万人，平均出行时耗增长到 29.8 分钟。

城市人口规模影响了城市居民的出行距离。居民的平均出行距离随着城市规模的增加而增加，如北美城市的平均出行距离与城市人口之间的关系为：

$$D=0.74P^{0.10} \tag{5-1}$$

式中　$D$——平均出行距离(英里，1 英里＝1609.344m)；

　　　$P$——城市人口(人)。

通过对我国部分城市的平均出行时耗及出行距离进行回归分析，可得我国城市的出行距离与城市人口之间的关系为：

$$D=KS \tag{5-2}$$

式中　$D$——平均出行距离；

　　　$K$——不同类型城市出行距离修正系数，$K$ 按表 5-7 取值。

不同类型城市出行距离修正系数 *K*

表 5-7

| 城市类型 | 团 状 | 稍不紧凑 | 不 紧 凑 | 明显不紧凑 | 典型带状 |
|---|---|---|---|---|---|
| *K* | 0.68 | 0.75 | 0.81 | 0.87 | 0.93 |

注：资料源自王炜、徐吉谦等《城市交通规划》。

城市人口规模影响城市居民的出行时间分布。人口规模越大的城市，早高峰、晚高峰的比例越集中，午高峰的比例越小，午前、午后高峰越不明显。

城市人口规模也影响着城市居民的出入境交通。根据调查资料的分析研究，过境交通所占的百分率普遍具有随城市人口增加而减小、入城交通的百分率随着城市人口规模的增大而增加的特性。

### 二、城市用地布局

城市空间结构的拓展是土地使用和交通系统相互作用的结果。城市的各种出行方式有着各自的特点，影响着城市土地的布局。例如，步行交通适于紧凑的布局；自行车适于高密度的城市；私人机动车适应各种距离的低密度分散活动，使城市布局有分散、低密度发展的倾向；公共交通适合于中长距离的交通运输，能引起城市以较高密度向外指状扩展。因此高人口密度的集聚城市往往与单纯依赖自行车和公共汽车的交通方式具有密切的联系，放射形卫星城市结构往往与公共汽车和轨道交通构成的交通系统密不可分，大范围城市化的较低密度郊区住宅区和高人口密度中心区构成的城市形态，与私人小汽车、公共交通和轨道交通构成的综合交通系统紧密相关。由于城市居民的需求多种多样，所以城市布局最好能够满足多方面的交通需求。

一般而言，城市的规模越大，土地功能布局越分散，平均出行距离就越长；反之，城市功能适度的集中将会使平均出行距离趋于下降。由于通勤出行通常占出行总量的 80% 以上，对通勤出行的控制效果将极大地影响到城市交通的负荷状况。如果能够遵循就近上班的原则，在各个产业组团布置一定数量的居住用地，吸引组团内部的就业人口居住，将能够有效地减少跨组团的远距离出行；否则就会出现类似"卧城"的现象，导致居住组团与其他组团之间强大的潮汐式交通流，极大地降低了城市交通的可持续性。

### 三、客运量与客运周转量

在城市交通中，客运量指的是一定时期内，各运输部门实际运送的乘客人数，计算单位为人。通过该指标，可以知道在一定时期内使用交通运输工具的乘客量，但无法反映交通工具的使用强度，为此还需要客运周转量这个指标。客运周转量指在一定时期内，实际运送的人数与其相对应的运输距离乘积之和。对整个城市来讲，全市一年的客运周转量可以用式(5-3)来表示：

$$M_年 = AL_乘 \quad （人 \cdot km/年）\tag{5-3}$$

式中　$A$——全市一年内要求乘车的总人次（人次/年）；

　　　$L_乘$——全市居民的平均乘距(km)，大城市为 5～10km，中、小城市为 3～5km。

城市人口越多，城市用地面积越大，出行距离就越长，要求乘车的人也越多。城市越大，客运周转量就越多。市内交通在小城市问题不是太严重，在大城市问题就多，特大城市问题就更大。如果城市布局合理，长距离出行比例少，城市的客运周转量就能减少。

年客运周转量越大，要求配备的车辆也越多，客运企业的规模也越大。但是，客运企业在国民经济中是非物质生产型的企业，因此，在保证城市居民正常生产和生活活动的客运交通条件下，要减少城市客运周转量。

## 第四节　城市道路规划

进入 21 世纪，随着我国城市经济高速发展、城市化进程加快、城市(镇)人口的集聚、城市用地(建设)规模的扩大，以及小汽车进入家庭的客观事实，我国现有各类城市都面临着现状道路的容量不足，道路功能不分明，路网布局不合理，各类车辆与人流混行，城市公共停车场缺乏，高峰时段车辆拥堵等问题，已经严重影响到城市经济社会发展，引起社会各界人士的强烈反响，因此编制好城市道路系统规划已成为各城市(镇)的当务之急。

### 一、城市道路规划原则

（1）应以城市用地规划为基础，组织主次分明又完整的道路网系统，使城市各要素之间以城市道路为骨架，构成一个相互协调并具有生机的整体。

（2）城市道路系统规划，应体现以人为本，最大限度地满足居民出行、职工上下班的人流，以及为生产、生活服务的货流需求，确保城市道路上每天的人流及货运的安全、便捷和畅通。

（3）城市道路是城市面貌、景观的载体。路网规划中对新开辟的道路既要考虑线形走向又要考虑道路沿线的景观，并应尽量避开已建的永久性（或半永久性）建筑，切实保护文化古迹和宗教建筑。要充分考虑旧城现状道路的利用和合理改造，既要有科学发展观的远见，又不可盲目地大拆大建。应使规划新建区、扩建区的道路网与旧城区的道路有很好的衔接。要设法消除旧城区部分道路的瓶颈。

在改建旧区路网的过程中应反映城市历史、城市文化传统，并兼顾民族风貌的展现，对有保存价值的建筑和街道应切实予以保护。

（4）城市道路是城市地上、地下工程管线的走廊，道路规划必须确保为城市各类管线提供可容空间，使市政基础设施在城市经济发展中发挥应有的作用。

（5）城市道路系统规划，应考虑城市抗灾、救灾的应急要求和城市日照、通风的卫生要求。还应按照当地气象部门提供的风向资料，科学合理地确定城市骨干道路的走向，以便引进夏季凉爽的东南风和阻挡冬季严寒的西北风。

（6）城市道路系统规划应把道路按性质、功能，以及交通量进行分级，并各自形成系统，充分发挥各级道路的使用效力，并使得规划后的路网结构完整、功能分明、合理布局、畅行无阻。

（7）城市道路横断面宽度，应根据近、远交通量的科学预测加以确定。切忌为了气派，搞"世纪工程"，一味追求"宽、大、平、直"。

（8）城市道路系统规划要有大区域经济共同圈的发展理念，跳出过去就城市论城市的旧概念，要建立区域交通网络系统，对城市今后的交通发展要有一个科学的定位。

### 二、城市道路规划和功能分级

我们在进行城市道路规划设计时，要在全面分析城市交通现状和未来城市交通发展的基础上，先对每一条道路的性质进行界定，再来确定道路的功能和等级。

#### 1. 按道路性质分

（1）交通性道路

交通性道路是主要用来解决城市各类用地分区之间的交通联系，以及解决通向对外交通口岸和交通枢纽之间联系的道路。其特点是，机动车辆往返频繁，行车速度高，以机动交通为主，车道宽、人流少、沿线大型公共建筑不多，道路线形要求能确保行车速度。

（2）生活性道路

生活性道路是用来解决城市内各区之间为居民生活活动服务的道路。其特点是，以客运和人行交通为主，一般行车速度较低，道路两侧布置有为居民生活服务的各类设施、公共建筑和停车场。

（3）特殊性道路

特殊性道路是用来通向城市特殊区域的专用道路。一般要求避免过往交通车辆随意通达。特殊性道路又可分为三类。

① 生活类：指通往疗养区、度假村、游览胜地等的道路；

② 生产类：指通往城市经济开发区或高新技术工业园区、矿区等的道路；

③ 特殊类：指通向军事重地、使馆区、城市监狱、垃圾焚烧厂、火葬场、公墓等的道路。

#### 2. 按道路等级分

（1）快速路

一般大城市、特大城市，以及城市用地窄长（长度超过 30km）的带状城市，可设置快速路。快速路应与其他干路形成系统，与城市对外公路便捷地联系。快速路的断面原则上不设非机动车道，即不允许非机动车通行。对交通量大的路段，为确保行车安全，可在双向车道之间，设置中央隔离带。应尽量控制和减少快速路与其他道路交会的数量。对必须相交的道路交叉口，形式应符合表 5-4 和表 5-5 的规定。另外，快速路两侧不应设置大型公共建筑，如必须设置时，其出入口应设在次干路上，快速路穿过人流交通集中的地段，应设置人行天桥或地道。

（2）主干路

主干路一般作为城市主要的交通干路，其道路断面应设机动车道和非机动车道，让它们分道行驶，其分隔带在两个交叉口之间宜连续，以防止人行经非机动车道横跨机动车道。主干路两侧不宜或尽可能减少设置公共建筑的出入口，必须设置时，要经过交通管理部门的审批。

（3）次干路

次干路相当于城市地区级或居住区级的道路，其道路两侧可以设置公共建筑，并可设置机动车和非机动车的停车场，以及公共交通站点和出租汽车服务站。

（4）支路

支路可以与平行快速路的次、主干路相接，但不可以与快速路直接相接，对于不得已必须与快速路相接时，应采用分离式立体交叉或下沉式立体交叉穿过快速路。支路允许与次干路和居住区、工业区、市中心区，以及市政公用设施用地、交通设施内部的道路相接。支路应满足公共交通线路的正常通行的要求。

### 三、城市道路系统规划设计步骤

城市道路系统是城市整体布局的重要组成部分，它不是一项单独的工程技术设计，而受到很多因素的影响和制约。它是在城市总体规划的过程中进行的。通常，道路系统规划设计方法如下所述。

#### 1. 资料的收集和准备

在进行道路系统规划前应具备下列资料：

（1）城市（镇）地形图

城市（镇）地形图的范围应大一点（包括市界以内地区），地形图的比例宜用 1：20000～1：50000。

（2）城市区域地形图

从城市区域地形图中应能看出区域范围内与本市邻近的其他城镇，及其相互之间的关系；河、湖水系，及公路、桥梁、铁路与城市的关系。图纸的比例可用 1：5000～1：10000。

（3）城市经济发展资料

城市经济发展资料的内容应包括城市规模、城市性质、发展期限、城市工业发展规划和主导产业，以及对外交通的发展规划等。

（4）城市交通现状调查资料

城市交通现状调查资料包括城市机动车与非机动车历年统计数，道路交通量增长情况和存在问题，城市机动车和非机动车交通流量分布图。

（5）市区道路现状资料

① 1：500～1：1000 城市地形图，并能准确反映道路平面线形、交叉口的形式；

② 城市道路横断面图，比例宜为 1：100～1：200。

**2. 城市道路交通规划**

（1）道路交通规划一般可分为三个阶段：道路系统初步方案设计，根据交通规划修改初步方案，绘制道路规划系统图。

（2）道路交通规划应根据城市性质、城市人口发展和用地规模来考虑城市平面和空间结构构想而得出的道路系统。不仅要结合城市的土地利用，同时要充分研究城市客、货运的产生、流动、组织。在规划方案阶段重点解决交通问题。由于解决城市交通是个复杂的动态问题，因此在方案阶段应做方案比较，通过方案分析找出最佳方案。随即将选定的道路结构方案放到地形图上去，在地形图上按坐标定线绘制平面线形。对于地形复杂的地段应亲赴现场，实地踏勘后确定道路走向。

（3）要根据城市用地布局，使工业、仓库、居住、对外交通站点（口岸），以及市、区中心等相互关联。分析交通流量，预测 15～20 年后交通量的发展，为进一步修正道路交通规划提供依据。另外，还要分析和研究道路系统是否经济合理，是否有利于城市远期发展的可能性。

（4）城市道路规划还必须要对重要的交通节点进行详细研究，以便道路方案设计中确定交通节点的最佳形式是平面交叉还是立体交叉，以及用地范围。

（5）城市道路系统规划图应包括道路平面图和道路横断面图。平面图要绘出道路中心线和控制线，一般还要表明平面线形和竖向线形的主要控制点位置和高程。要绘出交通节点和交叉口平面形状。图纸比例为：道路系统规划图，大、中城市采用 1：10000～1：20000，小城市可采用 1：5000～1：10000；道路横断面图可采用 1：200。

### 四、城市道路规划设计要求

(1) 城市道路系统规划应适应城市用地扩展的要求，并有利于向机动化和快速交通的方面发展。城市道路网的形式应根据土地使用的实际情况，客观分析客、货运交通的起讫点、集散点的分布，以及交通流量、流向，并充分考虑城市地形、地物、河流走向、铁路站线的布局，以及道路现状，因地制宜地确定，切忌追求表面形式。

(2) 城市道路规划要与城市土地开发强度相适应，与路网的运输能力和车辆通行能力相协调，并应按规范规定的要求达到一定的道路网密度。大城市市中心或中心区、高级商务区建筑容量(容积率)大于 8 时，则允许支路密度达到 $12～16km/km^2$。一般商业集中的地区支路网密度可达 $10～12km/km^2$。

(3) 对分区、分片独立开发的地域，特别对山岭、河网地区城市不可能成片连在一起的地域，各相邻片区之间至少要有两条道路相贯通。

(4) 对一些大城市为了解决市区交通问题，可以设置环路，其内环路应设置在旧城区或市中心区的外围，外环路应设置在城市用地的边界内 1～2km 处。对外环路与城市放射干路相交点应处理好左转弯的交通。环路的宽度不宜低于主干道，环路设置应根据地形、交通流量、流向确定，不宜形成环路的亦可采用半环。大城市外环路原则上应设汽车专用道。

(5) 河网地区的城市，道路网宜平行或垂直于主河道布置，对跨越通航河道的桥梁，应满足桥下通航的净空要求，并与滨河路的交叉口相协调。城市桥梁的车行道与人行道宽度，均应与河道两岸相衔接的道路等宽。

(6) 山城或地形起伏较大的城市，其道路网规划应尽可能使主要交通道路与地形等高线平行，并应考虑必要的防洪措施和护坡。主干道宜设在谷地或坡面上，双向车行道可以分别采用不同标高。地形高差特别大的地区，宜将人、车分流，设置成各自独立的道路系统(即分别设置

183

车行系统和步行系统）。城市道路网密度一般可以大于平原城市。

（7）城市道路网可以将次干路和支路划成 1：2～1：4 的长方格，与城市主要交通干道相交的次干路应加大距离，使交叉口间距不小于 500m。道路网节点处，相交的道路条数宜为 4 条，并且垂直相交，不能垂直时其夹角最小不得小于 45°。对于相交道路大于 4 条的交叉口应做交通广场设计。

### 五、城市道路用地面积的控制

城市道路用地在城市建设用地中占有一定的比例，道路用地面积多则浪费，反之，则不能满足城市道路通行能力发展的要求。

#### 1. 按道路占城市建设用地比例计

根据经验，城市道路用地面积占城市建设用地面积控制在 8%～15% 内；部分大城市可超过 15%，如表 5-8 所示。

城市道路占城市建设用地的比例　　　　　　　表 5-8

| 城　　市 | 人口数（万人） | 通路用地占建设用地百分比（%） |
|---|---|---|
| 小城市（镇） | 5～25 | 8～10 |
| 中等城市 | 25～50 | 10～12 |
| 大城市 | 50～100 | 12～15 |
| 特大城市 | 100 万人以上 | 15～20 |

#### 2. 按城市人均面积计

一般可控制在 9～20m² 为宜。其中，道路用地为 7～16m²，广场用地为 0.4～1m²，公共停车场为 1.6～3m²。

#### 3. 按城市道路密度计

一般用密度来表示，道路网密度是指在单位城市用地面积内所拥有的道路长度。道路网密度在实际应用中分干道网密度和支路网密度（也就是交通性道路与生活性道路分别计算）。干道网密度一般城市控制在 1.7～2km/km² 之间。道路的密度与道路的间距有关。一般城市干道间距在 600～800m 之间，主要交通干道最好能控制在 800～1000m 之间，如表 5-9 和表 5-10 所示。

大、中城市道路网密度　　　　　　　　　　表 5-9

| | 人口规模(万人) | | 快速路 | 主干路 | 次干路 | 支　路 |
|---|---|---|---|---|---|---|
| 机动车行车速度(km/h) | 大城市 | >200 | 80 | 60 | 40 | 25~30 |
| | | ≤200 | 60~80 | 40~60 | 40 | 25~30 |
| | 中等城市 | | — | 10 | 40 | 30 |
| 道路网密度(km/km$^2$) | 大城市 | >200 | 0.4~0.5 | 0.8~1.2 | 1.2~1.4 | 3~4 |
| | | ≤200 | 0.3~0.4 | 0.8~1.2 | 1.2~1.4 | 3~4 |
| | 中等城市 | | — | 1.0~1.2 | 1.2~1.4 | 3~4 |

小城镇道路网密度　　　　　　　　　　表 5-10

| | 人口规模(万人) | 干　　路 | 支　　路 |
|---|---|---|---|
| 机动车行车速度(km/h) | >5 | 40 | 20 |
| | 1~5 | 40 | 20 |
| | <1 | 40 | 20 |
| 道路网密度(km/km$^2$) | >5 | 3~4 | 3~5 |
| | 1~5 | 4~5 | 4~6 |
| | <1 | 5~6 | 6~8 |

注意：对人口规模在 5~25 万人的城市的道路网密度可以参考表 5-9 和表 5-10 选用。

道路网密度可以用式(5-4)表示：

$$\delta = \sum L / \sum F \qquad (5-4)$$

式中　$\delta$——交通干道(或支路)网密度；

　　　$\sum L$——交通干道(或支路)总长度；

　　　$\sum F$——城市建设总用地面积(或地区总面积)。

## 六、城市道路横断面的选型

确定城市道路横断面类型的因素有：满足道路交通量的要求；符合新世纪城市环境的要求，城市景观的要求，城市各类管线架(埋)设的要求等。

城市道路的宽度有路幅宽度和道路宽度之分。

路幅宽度：是指道路红线之间的宽度，是道路横断面中各种用地的总和，一般为规划控制的规划道路宽度。

道路宽度：是指近期兴建的道路宽度，包括车行道宽度、人行道宽度和绿化带(分隔带)宽度等，但不包括人行道外侧路幅宽度内的预留用地。

城市道路横断面的形式可按以下方法分类。

**1. 按通行机动车和非机动车道的断面形式分**

有一块板断面、二块板断面、三块板断面、四块板断面，以及五块板断面之分。

(1) 一块板断面

一般用于区干路和支路，断面宽度不大于 24m，车行道宽度在 9～15m 之间，机动车与非机动车混行，如上海浦东福山路。

(2) 二块板断面

主要用于交通干道，机动车与非机动车混行，或只允许机动车通行，而道路断面为保证车速在双向车行道之间采取隔离的一种道路断面。一般断面宽度在 25～35m 之间，中间的隔离带宽度一般为 3～8m，单向车道为 9～12m。

(3) 三块板断面

适用于城市主要交通干道，机动车与非机动车分道行驶。道路断面宽度一般为 35～50m。

(4) 四块板断面

适用于快速干道，既要求使双向的快速交通有隔离，又要使同向机动车与非机动车分道行驶的道路。道路断面宽度一般为 40～60m。

(5) 五块板断面

一般很少采用。只有当城市主要交通干道交通量很大，同时客运公共交通线路很多，或不可避免兼有过境交通功能的路段，可以采用。如杭州市的天目山路就是五块板断面的形式。道路断面宽度一般为 50～70m。

**2. 按城市交通功能与行车速度分**

(1) 高速交通干道

一般大城市和特大城市才设置，通常是设置在城市外围，位于母城与卫星城之间、与远郊城市工业经济开发区之间，市中心与国际机场之间，风景疗养、修养区之间远距离高速交通服务。这类高速干道路程一般为 20～60km，行车速度为 100～120km/h，其与城市快速交通干道、主要交通干道都采用立交相接，同时亦可与远郊的高速公路相接，但不允许任何其他道路与它平交。

（2）快速交通干道

一般为城市用地各分区之间较远距离的交通服务，联系路程一般在 10～30km 之间，行车速度为 60～80km/h，在与其他快速交通相交时，采用立体连接，与城市其他主要交通干道相交时，可以采用立体交叉，但也允许采用平面交叉连接。这类道路两侧一般有绿化带，另外不宜在快速交通干道两侧布置大型人流集散的建筑物，如电影院、展览馆、科技馆等，更不允许布置中小学校，可以布置大学、办公楼、阅览楼等，但出入口不宜太多。

（3）主要交通干道

它是大中城市道路路网中的骨架道路，其主要是与城市中各分区的交通干道相连接，行车速度为 40～60km/h。对于中小城市的干道可以不再分主要干道和交通干道。它与其他区干道可以直接平行交叉，但城市主要交通干道上的相交交叉口不宜太多，其间距一般要求控制在 600～1000m 之间。

（4）各区之间的交通干线

交通干道是城市各分区之间的交通干线，其行车速度为 35～50km/h。

（5）区干道

区干道是城市用地分区内的服务性和生活性道路，其行车速度为 20～35km/h。区干道在全市占的道路面积比例比较大，而且均匀分布，它是城市居住小区及街坊的分隔连接路，其道路横断面的形式及宽度根据所在地区的用地性质可以有许多类型。

（6）支路

支路是指居住区街坊、工业区内部道路。行车速度为 15～20km/h。

（7）专用路

是指通向特殊地区或单位的道路。

我们在进行城市道路交通系统规划的时候，经常选用的道路横断面一般有以下 10 种类型，如图 5-8 所示。

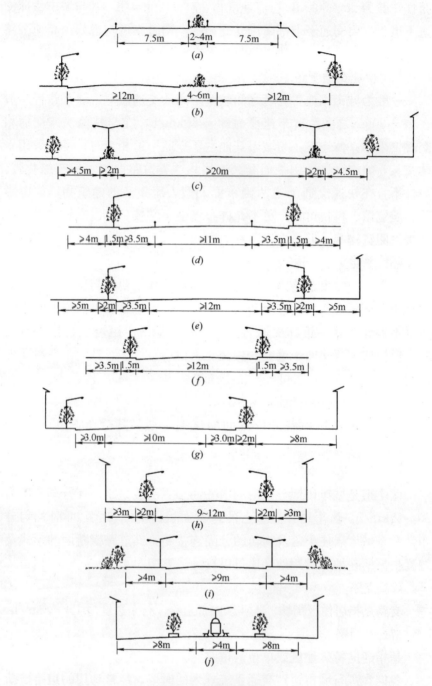

图 5-8　横断面类型

# 第五节 城市道路交通规划方案综合评价

## 一、城市道路交通规划评价原则

### 1. 科学性原则

建立的评价指标必须科学地、合理地、客观地反映城市交通系统性能及其影响。

### 2. 可比性原则

评价必须在平等、可比性价值体系下才能进行，否则就无法判断不同城市交通网络的相对优劣。同时，可比性必然要求具有可测性。没有可测性的指标是难以进行比较的。因此，评价指标要尽量建立在定量分析基础之上。

### 3. 综合性原则

城市交通规划评价指标体系应全面地、客观地、综合地反映城市交通规划方案的性能和效果。

### 4. 可行性原则

评价指标必须定义确切，意义明确，并且力求简明实用。现有的一些城市交通规划评价指标中有些意义含糊，难以确定，缺乏实用性、可行性。

## 二、城市道路交通规划技术性能评价

根据交通规划层次和要求不同，对规划方案的技术性能评价可以从两个层次上来分析：第一层次是城市交通网络总体性能评价，是从城市交通网络整体出发，从城市总体规划、城市交通远景战略规划的角度来分析评价交通网的总体建设水平、交通网络布局质量、交通网总体容量等；第二个层次是城市交通线路节点性能的评价，是从单条线路或单个交叉口出发，分析交通线路(道路、地铁、公交线路等)或交叉口的容量、服务水平、延误、事故等，适用于中长期综合交通和近期治理规划。

### 三、城市道路交通规划经济效益评价

对交通规划方案的经济效益评价要通过两方面的核算才能完成，即成本和效益。无论是成本还是效益都有直接和间接之分。

从成本（或投资费用）来看，直接费用包括初次投资费用，以及有关的交通设施、交通服务的运营和维修费用等；间接费用则包括其他政府机构所需的经费开支（如公安机关为加强限制车速及停车规定，或公共交通终点站的保护、防护所增加的费用），增加大气和噪声污染、拥挤加剧等的社会费用，交通事故费用，能源、轮胎消耗费用等。

从效益来看，直接经济效益如出行时间节省、降低运输成本、减少交通事故等，间接效益如改善大气质量、减少噪声污染以及改善投资环境、生活质量、增加地区旅游吸引力等。

### 四、城市道路交通规划社会环境影响评价

今天人们越来越深切地体会到，交通问题不仅是一个技术经济问题，而且是一个影响广泛的社会问题。评价一个规划方案的好坏不仅要用技术性能和可见的货币价值来衡量，而且要看其能否带来良好的社会环境效益。

交通系统对社会环境的影响体现在正、负两方面。负面效应包括噪声、废气、振动、安全、恐惧、视线阻挡、拥挤疲劳、社区阻隔等。正面效应包括可达性提高、促进生产、扩大市场、地价升高、改善景观等。

目前国内已经在交通噪声检测评价、汽车尾气扩散模式、城市交通综合效益分析评价模式等方面取得了一些理论成果，今后应致力于在城市交通规划实践中推广应用，并对理论模式作进一步的深化完善。

# 第六章　土地利用与城市交通

# 第一节　土地利用与城市交通

## 一、城市土地利用与城市交通的关系

土地利用是城市区域的各种联系、交通建设、经济活动和人口在空间上集聚的表现。城市土地利用结构指城市内部各种功能用地的比例和空间结构及其相互影响、作用的关系。不失一般性，在本研究中，参照新城区的土地利用规划与《城市用地分类与规划建设用地标准》（GBJ 137—90），将土地类型分为居住用地、工业仓储、大专科研、行政办公、商服金融、混合用地、市政设施、医疗卫生、体育用地、绿地 11 种类型，其面积变量分别表示为 $L_1$，$L_2$，$\cdots$，$L_{11}$。

根据土地使用决定交通系统理论，土地利用结构及其功能布局直接决定了城市交通系统，城市土地利用是城市交通需求的源泉。英国学者 J·M·汤姆逊在《城市布局与交通规划》一书中，通过对世界上 30 个大城市的用地布局和交通需求进行比较研究，提出对应于五种城市布局形态的解决交通问题的不同思路，深刻地揭示了城市用地布局形态与交通发展模式之间相互影响、相互制约、协调发展的内在联系和客观要求。在由居民完成的所有交通当中(谭传凤，2004)，上下班交通最重要。因为这种交通十分必要，要按时上下班，在集中时间内，有重复性。所以，城市交通网的结构形式在很多方面取决于居住区、办公区、工业区的布置。从交通规划的角度来说，不同的土地利用形态，决定了交通发生量和交通吸引量。我们前面在新城区交通预测时指出，新城区的交通出行吸引量由新城区的规划土地类型与土地吸引系数得到；交通出行产生量由规划人口乘以人均出行次数得到。而一般新城区的人口规划数量也是根据居住面积与建设面积得到的，因此新城区的交通出行产生量最终也是由土地利用结构决定的。所以，城市内部居民的出行方式、交通量和交通方式分布，基本上都是土地利用结构与利用空间分布的函数。土地的开发，其结果或是发生以该区为起点的新出行，或是吸引另一个区的新出行，或者两者兼有。对新城区来说，新城区每一阶段的新的土地开发会造成和刺激新的出行需求，产生对交通设施的需求。合理的土地利用将最大限度地减少一个城市交通出行的总需求量，同时使交通出行的分布更加均匀合理，这将在第一层次上缓解交通拥挤；避免城市人口、城市功能过度集中，造成交通需求超过城市交通容量极限；避免城市中心区利用强度过大，使城市交通问题无法解决。土地利用结构不合理或者土地开发强度过高，会造成交通需求过大，导致交通容量无法满足交通需求。同样，城市交通系统也会影响土地利用与空间布局。当交通需求超过现有的交通设施供给时，就需要采取交通管制、优先发展公共交通、增设环路，或者拓宽外侧原有道路等措施。对于新城区来说，这种让交通系统被动地接受土地利用结构改良的事后补救做法显然是得不偿失的。既然是新城区的规划，应该在土地规划的初步计划中就考虑未来可能的交通需求，使交通供需相协调。通过合理的土地利用结构及其空间布局，实现新城区的土地利用与交通系统协调发展。

然而，这并不意味着土地利用结构完全服从于交通规划。比如，在规划过程中，新城区各组团的许多地块可能已经处于在建或已批待建状态。显然也不能一味地为了追求良好的交通系统而改变现有的城市土地规划方案。针对新城区路网供需矛盾问题，一个更加实际的寻求方案是：如何以最小的土地利用结构调整方案，解决新城区的路网供需矛盾问题。这就是本章这一部分要解决的问题。此外，对于某些分配到的路网流量远远大于道路容量的路段，需要对土地规划做很大程度的调整，如果调整程度过高我们也应该放弃针对该路段交通条件的调整。最后，当多个路段的流量约束条件松弛量为零时，也可能会产生某个交通小区出行量很小甚至接近零的情况，这显然也不太适合新城区土地规划实际情况。于是分两种调整策略讨论，即局部最优调整策略与全局最优调整策略。根据"小区土地类型—小区出行—路段流量"的决定顺序进行倒推，采用两阶段规划模型求解小区土地类型的调整方案：第一阶段由路段流量目标调整小区出行量，研究解决路段供需矛盾需要减少多少小区出行的问题；第二阶段再由小区出行量调整土地利用结构，研究如何调整土地利用结构以达到小区的目标出行减少量。

## 二、城市土地利用形态对城市交通的影响

城市土地利用形态与城市交通之间存在着循环反馈的关系。城市

的土地利用形态通过四个方面——规模(人口、职工和住房的规模)、密度、设计(街道空地分布、商业服务设施的可达性)、布局(土地利用结构、职员/动力平衡、城市结构、市中心布局及特性、沿交通走廊区域的居民和就业分布等)影响居民的交通行为,包括出行生成、分布、出行距离、出行方式选择等。而另一方面,城市交通的发展会改变城市土地的区位分布和可达性大小,反过来又影响社会空间的选址,刺激新的土地开发。

**1. 城市土地利用形态对交通发生、 吸引强度和分布的影响**

土地利用形态对交通发生、吸引强度和分布的影响可以认为是单向的,因为以城市不同区域为端点的交通出行目的,基本上取决于土地利用的功能,如居住区的出行主要是以家为端点的上班、上学、回程等,而商业区的出行主要是上班、购物、公务等;同时出行的发生吸引强度、交通需求弹性也都与土地功能有关。所以,一旦不同功能的土地在空间上的相互关系确定后,基于这些土地功能的交通出行总量和空间分布特征就基本确定了。如果城市土地利用形态不合理,就有可能产生大量不必要的交通需求,增加出行距离,不利于城市交通系统的改善和交通效率的提高。

城市土地利用形态对交通需求模式的影响,体现在两个方面,即城市规模和城市土地功能的均衡状态。在城市土地功能均衡方面,最典型的例子就是 20 世纪 60~70 年代发达国家的卫星城建设中,由于忽视了卫星城与母城之间产业职能的协调,大多数卫星城都是以居住功能为主的"卧城",导致卫星城与母城之间庞大的潮汐交通流和母城空洞化现象,在给城市交通系统带来巨大负荷的同时,对环境与生态的破坏也非常严重。认识到这一问题后,发达国家开始致力于把卫星城建设成为职住均衡、交通便捷、生活服务齐备、综合的、独立性较强的现代化新城。这一举措在均衡了城市交通需求分布模式的同时,还促进了"母城—卫星城"的城市形态向多中心分散组团式城市形态的转变,进一步提高了城市土地利用形态的空间容量。

**2. 城市土地利用形态对出行距离的影响**

不同的城市土地利用形态下,城市居民出行的平均距离也不同,这种影响同样体现在两个方面,即城市规模和城市土地功能布局模式。一般而言，城市的规模越大、土地功能布局越分散，平均出行距离就越长；反之，城市功能适度的集中将会使平均出行距离趋于下降。

### 3. 城市土地利用形态与交通方式的双向作用

城市土地利用形态的演变与交通工具的发展交织在一起，经历了"马车时代—电车时代—轨道和小汽车时代"的发展轨迹。土地利用形态在随着交通工具的进步而不断改变的同时，也影响着交通系统的特征。因此，城市土地利用形态与交通结构之间的影响是双向的，如图 6-1 和表 6-1 所示。

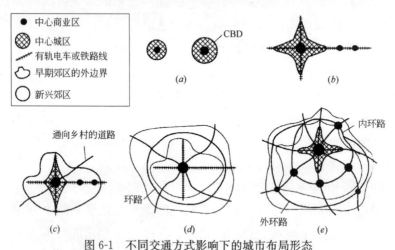

图 6-1　不同交通方式影响下的城市布局形态

(*a*)步行时期和马车时期；(*b*)有轨电车时期；(*c*)小汽车作为休闲工具时期；
(*d*)高速公路时期；(*e*)外环路和郊区中心时期

城市土地利用形态对应的城市交通结构特征　　　　　　表 6-1

| 城市发展阶段 | 土地利用特征 | 主要交通工具 | 交通系统运行状况 |
| --- | --- | --- | --- |
| 前期工业社会 | 集聚型发展，城市规模较小 | 步行、马车 | 基本不存在交通拥挤 |
| 工业社会 | 城市规模开始扩张 | 自行车、马车、有轨电车 | 交通拥挤不显著 |
| 后期工业社会 | 城市出现功能分区，圈层式自内向外发展 | 大容量快速轨道交通、小汽车 | 拥挤现象严重且普遍 |
| 信息社会 | 出现郊区化、逆城市化，向网络化结构转型 | 电子通勤与轨道、小汽车等方式并存 | 交通拥挤的压力有望减轻 |

在马车、自行车和有轨电车时代，由于交通方式的限制，城市向四周扩散的阻力较大，因而城市土地利用形态基本上是向心集聚的，且覆盖范围较小。在汽车和现代轨道交通工具出现后，由公共汽车和轨道交通组成的城市公共交通工具使得城市的集聚变得更加容易，中心区覆盖面积越来越大；同时，以小汽车为代表的私人交通工具进一步降低了城市扩散的阻力，城市开始进入向心集聚和离心分散并存的阶段。

### 三、国外城市土地利用的经验

城市土地利用形态与交通系统之间的这种循环反馈关系客观存在。如果在城市的规划、建设过程中缺乏对这种客观规律作用下的城市发展趋势的认识，将可能使得城市土地利用与交通系统之间的这种循环反馈关系演化为恶性。美国和日本东京的城市化过程以两种极端的方式体现了这一点。

#### 1. 美国：充分发挥小汽车导致极度分散的低密度开发

美国是极度分散的低密度土地利用形态的代表。在工业化的早期，同世界上大部分发达国家一样，美国的城市处于由经济繁荣导致的集聚阶段。19 世纪末至 20 世纪初，有轨电车的发展，使得人们可以在保持较低通勤费用的基础上，居住在离市中心更远的郊外，此时美国城市开始进入绝对集中的向外扩张阶段。从 20 世纪中叶开始，美国开始进行大规模的道路和公路建设，大大降低了城市间和城市内的运输费用，导致住宅的开发不再受公共交通线路所在位置的影响，开始往地价便宜而环境优美的郊区转移。与此同时，私人小汽车开始进入城市居民的交通方式选择范围。完善的公路、道路系统与小汽车之间互相促进，鼓励人们迁往离市中心越来越远的地方居住，同时，一些与居民生活密切相关的零售商和制造商也追随着迁往郊区，在原来的市中心之外开始形成新的中心，城市开始向多中心的模式演变。随着这种向郊区迁移趋势的不断扩大，人们对小汽车和公路的依赖也不断增加，原来那些促使这种迁移的道路、公路系统开始变得拥挤不堪；为改变这种局面，美国政府不得不进行新一轮的道路和公路系统建设。这种螺旋式上升的模式一直持续到 20 世纪 80 年代，造就了美国城市的极度蔓延和对土地的低密度开发。

在这种分散的低密度土地利用形态下，人们的居住和地区活动中心日益分散，导致出行发生、吸引源呈低强度的均匀分布模式，交通流向由传统的以向市中心为主导，转向以郊区至郊区的出行为主导，加上出行目的的多样性，难以形成大量客流量的交通走廊。这使得常规公共交通系统在加大站间距以提高车速和增加站点以缩短居民乘坐公交车时的步行距离之间，面临两难选择。随着城市的不断扩散，居民出行距离的增加使得低速常规公交的缺点更加突出，因而在与小汽车的竞争中处于不利位置。另一方面，均匀分散的交通发生、吸引源也不利于人们使用线网密度低、站间距大的轨道交通系统，反过来也不利于这种大容量公共交通系统收集客流，从而直接影响其运营效益。这导致了人们对私人小汽车的过分依赖和公共交通分担率的持续下降。据统计，1980—1990 年的 10 年间，美国的汽车登记总数增加了 3440 万辆（22.15%），但人口仅增加了 2210 万（9.8%）。根据 1995 年美国个人出行调查，全部的出行中，私人交通工具的分担率高达 86.4%，而公共交通系统仅占 1.8%；而在以工作为目的的出行中，私人交通方式的分担比例更高达 90.8%。这导致了城市公共交通系统在美国城市的衰落。1993—1995 年间，美国有 33 个州的公共交通系统的人均乘坐次数呈负增长，全国平均降低 19.8%；而有 43 个州的公共交通系统人均成本增加，全国平均增加了 47.3%。

土地利用形态的离心扩散带来的另一个结果是人均出行距离和出行时耗的增加，表 6-2 是美国 1983 年、1990 年、1995 年三次全国居民出行调查中关于人均出行次数、出行距离等的比较。

美国城市居民出行次数、出行时间等比较 表 6-2

| 年份（年） | 1983 | 1990 | 1995 | 年均增长率（%） |
|---|---|---|---|---|
| 平均每次出行的距离（英里） | 8.68 | 9.45 | 9.13 | 0.42 |
| 人均日出行次数 | 2.89 | 3.76 | 4.3 | 3.37 |
| 人均日出行的"人·英里"数 | 25.05 | 34.91 | 38.67 | 3.68 |
| 平均每次出行的时间（分钟） | N/A | 49.4 | 56.2 | 2.63 |

注：1 英里=1609.344m。

从表 6-2 中可以看出，1983—1995 年的 12 年间，美国城市的平均每次出行距离从 8.68 英里增加到了 9.13 英里，年均增长率 0.42％。这一增长趋势与人均日出行次数增长趋势的叠加，导致人均日出行的"人·英里"数从 25.05 增加到 38.67，年均增长率高达 3.68％。平均出行距离增加的直接后果就是平均每次出行时间增加，从 1990 年的 49.4 分钟增加到 1995 年的 56.2 分钟，年均增长 2.63％。

美国这种在小汽车支持下的低密度分散式发展模式，导致了极大的土地资源浪费、生态环境破坏和能源消耗，既不利于城市交通效率的提高，也不利于美国乃至全球的可持续发展。由于大量使用小汽车产生的尾气排放，美国已经成为世界第一大温室气体排放源和第一大石化能源消耗国。在美国国内，机动车（主要由私人小汽车组成）对空气污染的"贡献"分别是：$CO_2$，45％；$NO_x$，70％；$SO_2$，80％；HC，35％。

**2. 日本东京：保持强大市中心导致极度集聚的高密度开发**

日本东京是城市土地利用高密度聚集的典型模式，这与东京地少人多的国情有密切的因果关系。二次世界大战以来，虽然东京制定了一系列的城市发展规划，旨在分散东京过密的土地利用形态，但最终由于经济的、政府的、规划的原因，使得这一分散过程进展缓慢。特别是进入 20 世纪 70 年代后，东京的城市功能从工业功能集中向商务管理功能转变，更加剧了这种聚集的趋势，使东京成为集中式土地利用形态的典型。

在东京的城市功能中，以总公司职能和金融职能的经济中枢管理职能的集中最为明显。全日本 21％的企业把总公司设在东京，其中，大企业在东京的集中度更高，拥有 50 亿日元以上资产的公司中，有 56％集中在东京。从与城市功能相应的土地利用分布看，从 1960 年到 1979 年 20 年间，公司用地增长了 4.5 倍，极大地侵蚀了居住空间，造成了城市土地利用形态与支持其运转的城市交通系统的不平衡。

图 6-2 显示了东京 23 区部和都心 3 区的用地性质的特点。都心用地以商业和道路用地为主，1996 年其商业和道路用地占总用地面积超过 70％，商业用地本身占总用地面积超过 30％，而仅有不足 1％的用

地属于住宅；区部则与之相反，超过30%的用地为住宅，而商业用地不到10%。这反映了城市向外扩张走向郊区化的一个一般事实，即人口的大量外迁，同时伴随着都心业务功能的强化和集聚。它的一个直接后果就是给城市通勤带来巨大的压力，早高峰将有大量人员进入都心工作，而晚高峰同样有大量人员下班回到区部，这种情形从1965年开始，到1995年有愈演愈烈的趋势。

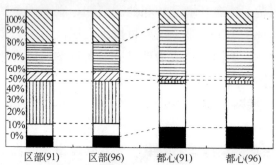

■公共 □商业 Ⅲ住宅 ▨工业 ▤道路 ▨其他

区部(91)　　区部(96)　　都心(91)　　都心(96)

图6-2　东京23区部及都心3区土地利用比例(%)

东京城市中心(区部)这种城市功能大规模集中、土地利用高密度开发的模式，鼓励了公共交通尤其是轨道交通系统在城市中心区的大量运用，东京大都市圈的公共交通分担率高达64%，而通勤出行中更有74%是通过轨道交通来实现的。表6-3是东京大都市部的交通方式分担构成与伦敦、巴黎、纽约和北京的比较。

五大都市的全日交通方式构成　　　　　　　　　　表6-3

| 交 通 方 式 | 东 京 | 伦 敦 | 巴 黎 | 纽 约 | 北 京 |
|---|---|---|---|---|---|
| 小汽车 | 27% | 64% | 65% | 51% | 12.4% |
| 地铁及地域铁道 | 58% | 19% | 26% | 29% | 6.9% |
| 公共汽车 | 6% | 13% | 9% | 15% | 40.5% |
| 其他 | 9% | 4% | 0% | 5% | 40.2% |

注：1. 对北京而言，其他——栏主要是指自行车；其他都市中，其他——栏主要是指摩托车；
　　2. 大都市部的范围：东京——23区，伦敦——大伦敦区域，巴黎——环状道路内侧的市区，纽约——纽约州4区及新泽西州的1郡，北京——规划市区。

但是，如此发达的城市公共交通系统，仍然无法避免东京日益严重的交通拥挤。东京区部道路拥挤度（路段市际交通量与路段通行能力之比）在 1.0 以上的占总道路长度的 58％，在 1.5 以上的占 16％；大量的交通量涌入城市功能高度集中的市中心，对城市交通系统造成了毁灭性的压力，1988—1998 年的 10 年间，东京区部与其他区域之间的出行交通量有很大的增加（图 6-3）。

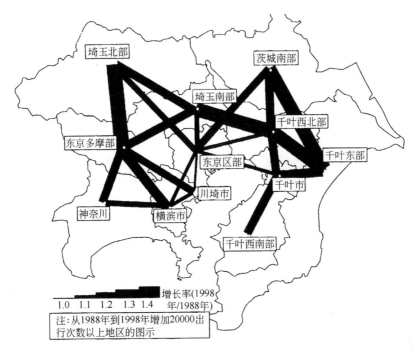

图 6-3　东京地域间交通量增长情况

庞大的交通需求竟然使东京发达的轨道交通系统拥有"通勤地狱"之称。1955 年铁路拥挤率（各铁道线最拥挤时间的输送量与输送能力之比）平均达 260％。从 20 世纪 50 年代至 70 年代，东京当局通过积极建设新线路、已有线路多线化、增加运行次数和车辆等措施，大幅度增加了运力，到 1975 年把拥挤率降低到 217％。但是 1975年以后运力的增加已达到饱和状态，拥挤率几乎没有什么改善。例如1998 年从神奈川方向往东京区部的拥挤率达 200％，从千叶、茨城县南部方向往东京区部的拥挤率更是高达 211％。在早、晚高峰期间，因为地铁通勤者无法靠自己的力量上车，地铁车站为此雇佣了大量临时工推乘客上车，其拥挤程度可见一斑。

交通拥挤对城市交通效率的最直接影响就是通勤时间的延长，图 6-4 是东京区部和东京圈的通勤时间分布情况。东京区部的平均通勤时间为 56 分钟，其中 50％的通勤时间在 60 分钟以上。都心 3 区的情况更为严重，其平均通勤时间为 70 分钟，其中在 60 分钟以上的占 66％以上。

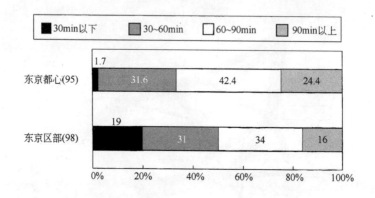

图 6-4　东京区部和都心的通勤时间构成

根据东京圈交通调查的结果，平均每人每天的移动时间（全部移动所需时间的总和）从 1988 年的 86 分钟增加到 1998 年的 90 分钟，虽然 10 年时间内只增加了 4 分钟，但由于东京圈庞大的人口基数，总的时间损失仍然很大，约有 518 万小时。

东京这种过分集中的城市功能和高密度、高强度的土地利用形态，极不利于东京城市交通效率的提高。因此，如何解决地价上涨、通勤距离过长、交通拥挤严重、城市环境恶化等一系列问题，将东京的城市土地利用形态，从明治时期以来历次规划所形成的一点中心型转换成多心型的城市结构，以合理有效地发挥东京大都市功能，就成为东京大城市问题政策的最大议题。1958 年，东京制定的《第一次首都圈整备计划》中就采纳了分散集中于都心的商务中心区的城市活动及促进城市副都心形成的方针，并实施了把新宿、涩谷、池袋等地区作为副都心的若干准备计划。1963 年，面临东京奥运会的召开，在东京大都市再开发问题座谈会上明确提出了东京多心型城市结构的概念，并规划了由都心、副都心及新城市化区构成的新的东京城市结构及在铁路与城市高速公路网系统的交叉点发育成"心"的计划。1990 年的第三次东京都长期规划座谈会上以住宅、交通堵塞、大气污染、垃圾处理等东京集中问题的恶化为背景，提出"4 个紧急计划"，展开了新的政策：在以前主要从都心分散至副都心和多个地区的基础上提出以东京圈为考虑范围的广域分散，展开综合政策；以恢复职住均衡为目标，重点强化区部中心部的居住功能，同时防止邻接都心和副都心的区域无秩序的业务扩大；从加强住宅和基础设施的供给、有效利用已有设施、减少机动车交通量等多种方面综合解决供给和需求的均衡问题。

# 第二节 城市交通结构

## 一、不同交通方式的特点与合理构成

交通方式的特性包括其运输成本、可到达范围、载重能力、运行速度、占用土地面积等可直接量测的因素，也包括舒适度、安全度等不可直接量化的因素。从交通方式分担理论可以知道，衡量一种交通方式好坏的准则同时包括该方式的匀速质量和效率。决定交通系统效率的两个关键变量是时间和运输成本。在给定的距离之间，运输时间越短、成本越低，其效率就越高。不同性质的出行适应不同的交通方式，这里我们简单地将城市交通体系划分为公共交通和私人汽车交通两种。具体的分类如图 6-5 所示。

从图 6-5 可以看出，城市客、货运系统的交通工具，都可以总括地划分为公共交通和私人汽车交通两种。城市客运公共交通系统包括：城市常规公交工具，如公共电、汽车及小公共车；城市快速公交工具，如地铁、轻轨；城市准公交工具，主要是出租车。而私人客运交通工具主要包括私人小汽车和自行车、摩托车这三种纯私人的交通工具，但是由于我国企事业单位特有的大量公车私用现象，我们也把这部分车辆算做私人交通工具。

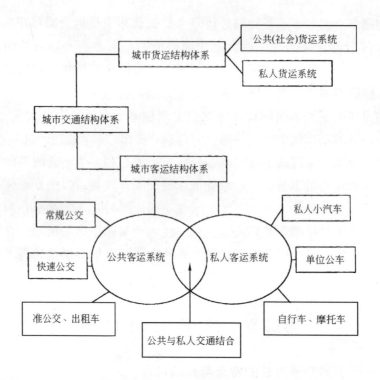

图 6-5　城市交通体系与交通方式构成

## 二、公共交通与私人交通方式的比较

公共交通属于固定线路运输，而私人汽车交通为门到门运输。固定线路运输方式的特点是对交通工具和道路设施的利用效率非常高，但由于大量乘客共用交通工具，其时间效率并不高，舒适性也差，常规的公交系统仅属中速、中运量，不能完全满足快速运转的城市经济系统对交通快速高效的要求。而公交系统中的轨道运输方式虽然速度快，但仍然具有固定线路运输的各种特点，如果把换乘和沿途停靠的时间计算在内，加上路径选择的局限性，乘坐轨道车辆的速度优势并不明显。而门到门运输的特点是灵活、快速、高效、舒适，单从时间效率上看，门到门运输就比固定线路运输要高。

直接运输成本主要由车辆运行过程中的燃油费、人工费、车辆购置成本以及对交通固定设施的建设成本分担等部分构成。其中对交通固定设施的建设成本分担在运输总成本中的比重最大。从表象看来，似乎公共交通的运输成本比私人交通低，实际上是因为政府在制定票价政策时没有把对交通固定设施建设成本的分担费用包括在内，相反为公共交通提供了大量的补贴。如1995年，北京市财政补贴公共交通17亿元，全市人均超过160元。但是这部分公共投资和补贴最终要以其他税金的形式转嫁给公共交通设施的消费者。同时，不同交通工具的直接运输成本组成不同，也导致人们对不同的交通工具有不同的成本观念。例如，光从票价看，公共交通工具是要收取一定费用的，但是人们普遍忽略了出行者本人在驾驶私人交通工具时，实际是消耗了人工成本的，同时人们也容易忽略私人交通工具在保有过程中引起的成本，如车辆维修、燃油税等。

不论从时间效率，还是从运输的社会成本看，公共交通工具和私人交通工具的适用范围是不同的，它们对城市交通运输效率的贡献也不一样。通常公共交通满足的是居民大量的、常规的出行需要，实现运输总量的最大化；而在目前人们没有把小汽车使用的诸如土地使用、环境污染和能源消耗等社会负效应考虑进去的情况下，私人汽车是保证满足出行者个人的高质量和高效率出行要求的重要方式。公共交通运输与私人汽车运输之间不是相互替代关系，而是互为补充，协调发展。但是，由于不同交通工具在运输性能和运输成本上有不同的特点，在研究城市交通结构体系优化时，就必须对各种交通方式的特性进行一定的探讨。

### 三、各种交通方式运输特性比较

城市客运交通方式的直接运输特性见表6-4。

城市各种客运交通方式的运输特性比较 表6-4

| | 运量(人/h) | 运输速度(km/h) | 道路面积占用(m²/人) | 特 点 |
|---|---|---|---|---|
| 自行车 | 2000 | 10～15 | 6～10 | 成本低，无污染，灵活 |
| 小汽车 | 3000 | 20～50 | 10～20 | 成本高，投入大，能耗多，污染严重 |
| 常规公交方式 | 6000～9000 | 20～50 | 1～2 | 成本低，投入少，人均资源消耗和环境污染较小 |

续表

| | | 运量(人/h) | 运输速度(km/h) | 道路面积占用(m²/人) | 特　点 |
|---|---|---|---|---|---|
| 轨道交通方式 | 轻轨 | 10000~30000 | 40~60 | 高架轨道：0.25 专用道：0.5 | 建设、运营成本较高，运输成本较低，能耗和环境污染小，运输效率高 |
| | 地铁 | 30000 以上 | 40~60 | 不占用地面面积 | 建设、运营成本高，运输成本较低，能耗和环境污染小，运输效率高 |

　　城市客运交通方式直接运输特性除了运量、运输速度、道路占用等指标外，还存在一个适用的出行距离指标，在这个范围内决定了各种交通方式的经济运距和最优运距，如图 6-6 所示。

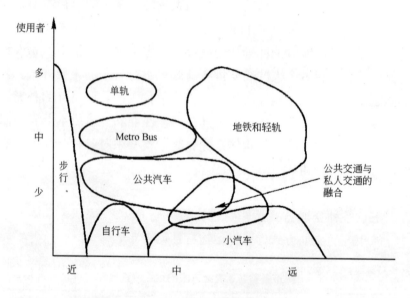

图 6-6　城市交通运输方式的适用服务范围

　　从图 6-6 中可以看出，小汽车使用范围较广，但平均使用人少，地铁和轻轨适用于较长距离的大运量运输，步行的出行距离很小，公共汽车则适用于中距离、中等运量的出行。与之相对应，出行距离范围和普通公共汽车相近，但是运量比公共汽车大的方式有 Metro Bus

和单轨车辆。在公交需求比较旺盛的城市，适当的利用这两种方式将会很大地改善公共交通距离、运量和覆盖面，从而增加公共交通的竞争力和可达性。

与公共汽车和小汽车的适用范围相交叉，是伴随着信息化社会和 ITS 的引入而形成的一种崭新的交通出行行为，我们称之为公共交通和私人交通的融合。

（1）动态资源消耗

各种交通方式对资源的消耗主要表现为对城市土地空间的占用以及对能源的消耗。具体的比较如表 6-5 和表 6-6 所示。

<table>
<tr><td colspan="3" align="center">各种车辆的空间利用率和能源消耗比较　　　　　　表 6-5</td></tr>
<tr><td>交通工具</td><td>以公共交通乘客每人所占空间为1，各种车辆中每人所占道路空间的相对值</td><td>以公共交通每个乘客运行 1km 所耗能源为1，各种车辆每人每公里的相对能耗强度</td></tr>
<tr><td>公共汽车</td><td>1.0</td><td>1.0</td></tr>
<tr><td>小汽车</td><td>4.7</td><td>4.0</td></tr>
<tr><td>两轮摩托车</td><td>5.0</td><td>1.6</td></tr>
<tr><td>机动三轮车</td><td>8.5</td><td>1.7</td></tr>
<tr><td>人力三轮车</td><td>12.9</td><td>—</td></tr>
<tr><td>自行车</td><td>7.5</td><td>—</td></tr>
</table>

注：此表主要根据印度的道路交通数据分析结果。

<table>
<tr><td colspan="3" align="center">各种交通运输方式的能源强度　　　　　　表 6-6</td></tr>
<tr><td align="center">方　　式</td><td>假设乘客（人）</td><td>能源强度（kJ/人·km）</td></tr>
<tr><td>1973 年，一般新型汽车每升油运行 5km</td><td>2</td><td>2927</td></tr>
<tr><td>1990 年，Chrysler Le Baron 一般汽车</td><td>2</td><td>1461</td></tr>
<tr><td>1991 年，GeoMetro，最佳型</td><td>2</td><td>741</td></tr>
<tr><td>1992 年，城市用 Honda</td><td>2</td><td>649</td></tr>
<tr><td>Volvo，LCP2000 试型车</td><td>2</td><td>578</td></tr>
<tr><td>ToyotaAXV 试型车</td><td>2</td><td>419</td></tr>
<tr><td>目前的轻轨车</td><td>55</td><td>674</td></tr>
<tr><td>目前的市际公共汽车</td><td>40</td><td>502</td></tr>
<tr><td>目前的市际有轨车</td><td>80</td><td>465</td></tr>
<tr><td>行人</td><td>1</td><td>419</td></tr>
<tr><td>自行车</td><td>1</td><td>146</td></tr>
</table>

注：本表来源于莱斯特·R·布朗著《拯救地球》。

（2）环境外部成本

城市各种交通方式的环境外部影响主要包括交通事故、空气污染、温室效应、噪声等几个方面。对于环境外部成本的衡量方面，欧洲走在了世界的前列。根据对欧洲 17 个国家的研究，在 1991 年运输的总外部成本是 2720 亿 ECU，占 GDP 的 4.6%，下面以 IWW/INFRAS的研究为例来说明，见表 6-7。

1991 年西欧国家不同运输方式产生的外部成本比较

[ECU/千人（t）・km] 表 6-7

| 外部影响类型 | 公路和城市道路 | | | | 铁路 | | 航空 | | 水运 | 总计 | |
|---|---|---|---|---|---|---|---|---|---|---|---|
| | 小汽车 | 公共汽车 | 摩托车 | 货运 | 客运 | 货运 | 客运 | 货运 | 货运 | 客运 | 货运 |
| 事　故 | 106 | 4.2 | 16.0 | 21 | 0.5 | 0.2 | — | — | — | 126 | 22 |
| 噪　声 | 15 | 1.9 | 4.4 | 12 | 0.9 | 1.2 | 2.1 | 0.7 | — | 24 | 14 |
| 空气污染 | 22 | 1.8 | 0.6 | 13 | 0.6 | 0.2 | 3.5 | 1.1 | 0.5 | 28 | 14 |
| 气　候 | 22 | 1.2 | 0.3 | 10 | 0.8 | 0.3 | 6.8 | 2.2 | 0.2 | 31 | 13 |
| 总　计 | 165 | 9.1 | 21.3 | 56 | 2.8 | 1.9 | 12.4 | 3.9 | 0.7 | 209 | 63 |

注：本表来源于 Gunter Ellwanger(1995)。

## 四、优先发展公共交通，形成合理交通结构

上面的比较结果使我们得出这样的结论：城市公共交通系统，尤其是城市轨道交通系统在运营成本、运载能力、人均道路占用、人均能源消耗和环境污染等方面，都比其他交通方式具有更高的效率。有限发展公共交通已成为世界各国解决城市交通问题的共识。在我国，大城市建立以公共交通为主、多种交通方式互相补充的城市综合交通运输系统，将在以下方面发挥重要作用：

① 有效地利用有限的道路资源；

② 改善拥挤状况；

③ 降低能量消耗和环境污染；

④ 为广大中低收入阶层提供方便的交通出行。

在有限发展公共交通政策的实施过程中，以下几点值得探讨：

① 论证郊区铁道、地铁一体化运营模式的可行性，制定长远规划和实施规划；

② 加快轨道交通建设；

③ 建立公共汽车专用路网；

④ 公共交通管理的现代化；

⑤ 调整现有的公交政策和管理体制。

# 第三节　交通出行与土地利用结构的调整模型

## 一、交通出行对土地类型面积敏感度分析

所谓敏感度是指小区交通出行量对各交通小区土地利用变动的反应程度。前面提到，本质上交通小区出行量由土地利用结构决定，我们在做交通需求预测时也是根据土地类型及其面积通过计量回归预测小区交通出行量。所以，求解土地类型面积对小区出行敏感度的最简单办法就是直接参照交通需求预测时得到的各类型土地面积与小区出行量的回归系数估计值。然而，对于一个由 11 个变量（11 种土地类型）组成的多元线性回归模型来说，几乎不可能保证所有的系数都通过 $t$ 统计检验，所以我们有理由怀疑它们之间的关系可能是非线性的，因此用该系数作为土地类型面积对小区出行的敏感度并不科学。在这里，我们用 BP 神经网络的黑箱操作办法来分析土地类型面积对小区出行的敏感度。

### 1. BP 神经网络的基本结构及算法原理

为了模拟和复制人脑的智能活动，人们在生物神经网络的基础上，通过简化，先后建立了不少人工神经网络及数学模型，如 MP 网络模型、反向型网络模型、反馈型网络模型、自适应网络模型。目前应用最多的是反向传播（Back Propagation）模型，简称 BP 模型。BP 神经网络是误差反向传播的多层前馈式网络，是人工神经网络中的最具代表性和应用最为广泛的一种网络。其结构包括网络层数（隐层数）、输入、输出节点和隐层节点的个数，以及连接方式。我们这里采用一个典型的三层 BP 网络，如图 6-7 所示，它由输入层、中间层（隐含层）、输出层三部分组成。

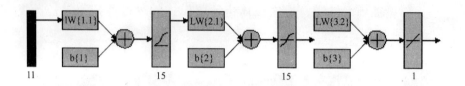

图 6-7　三层 BP 网络

BP 模型通常用来做预测分析，我们则在前面的预测基础上，利用 BP 模型的训练网络做土地类型面积对小区出行的敏感度分析。用 BP 模型做敏感度分析的基本思路是利用人工神经网络模型的智能学习与函数逼近能力，通过对训练样本的学习，使网络反映土地类型面积与小区交通出行之间的复杂非线性关系，然后运用扰动法将改变一定数量的样本输入变量（土地类型面积），观察网络输出结果（小区交通出行）的变动情况。

**2. BP 神经网络对土地类型面积与小区出行量的仿真**

我们在 Matlab 平台上生成如图 6-7 所示的 BP 人工神经网络模型，11 个输入矢量为 11 种土地类型的面积（单位为 10 万 $m^2$），1 个输出值为小区出行量（万 PCU）。输入层与隐含层分别为 logsig 函数与 tansig 函数，做非线性变化，每层设计 15 个神经元，最后一层输出层为 pureline 函数。我们的训练样本为 71 个小区的土地类型面积及预测得到的最后一阶段小区交通出行量（$P_i + A_i$）。这里采用带有动量项的梯度下降法来训练 BP 网络，该算法的思路如下所述。

步骤 1：初始化，将选定的网络结构中所有的可调参数设为随机均匀分布的较小数值；

步骤 2：代入输入样本，得到仿真输出。根据仿真输出和预期之间的差异，以及网络中的各个参数计算出输入值对应于各个参数的偏导；

步骤 3：根据步骤 2 中得到的偏导值、输入值，以及上一循环中的修正值，得到这一循环中的修正值，修正网络中的各个可调参数；

步骤 4：输入新样本或者重复输入老样本，重复步骤 2 和步骤 3 的过程，直到网络的修正值或者误差小于某个预先设定的限值。

通过这个算法训练，如果仿真值与预测值成功逼近，我们的 BP 网络就能够反映土地类型面积与小区出行之间的关系。

### 3. BP 土地类型面积的敏感度计算

BP 网络能模拟输入量和输出量之间的复杂函数关系，但它不能直接给出各个输入量对输出的影响大小。通过仿真使网络反映土地类型面积与小区出行量之间的关系以后，就可以采用扰动法来分析不同输入参量的影响：对于含 $N$ 组数据的原始输入矢量，神经网络输出为 $y(n)$；给第 $i$ 个输入元（$i=1:11$）分别加 0.1（即增加 1 万 m² 的某类型土地面积）的扰动后，相应的输出变为 $y_i(n)$。显然，如果某种类型土地面积对小区交通出行的影响较大，相应的扰动后仿真结果就会更多地偏离无扰动的输出结果，我们可以计算 $y_i(n)$ 的偏离程度以分析土地类型面积对小区交通出行的影响能力，即网络输出偏离量为

$$y_i(n) - y_i(n), \ n \in 1 : (N_1 + N_2)。最后，我们以 \mathrm{Delta}(i) \sum_{n=1}^{N_1+N_2} y_i(n) - y(n)/(N_1 + N_2)$$

评价小区出行对各种土地类型面积变动的敏感度。

对 11 种类型的土地，在 $\mathrm{Delta}(i) > 0$ 的土地类型中，我们取 5 个 $\mathrm{Delta}(i)$ 最大的土地类型 $\mathrm{bad}L_1$，$\mathrm{bad}L_2$，$\mathrm{bad}L_3$，$\mathrm{bad}L_4$，$\mathrm{bad}L_5$〔注意，如果 $\mathrm{Delta}(i) > 0$ 的土地类型小于 5，则只好减少选取数量〕。$\mathrm{bad}L_1$，$\mathrm{bad}L_2$，$\mathrm{bad}L_3$，$\mathrm{bad}L_4$，$\mathrm{bad}L_5$ 说明这 5 个土地类型面积的增加会明显地促进交通小区的出行需求。同样，在 $\mathrm{Delta}(i) < 0$ 的土地类型中，我们取 3 个 $\mathrm{Delta}(i)$ 最小的土地类型 $\mathrm{good}L_1$，$\mathrm{good}L_2$，$\mathrm{good}L_3$〔注意，如果 $\mathrm{Delta}(i) > 0$ 的土地类型小于 3，则也只好减少选取数量〕。$\mathrm{good}L_1$，$\mathrm{good}L_2$，$\mathrm{good}L_3$ 说明这几个土地类型面积的减少会明显地抑制交通小区的出行需求。

## 二、土地利用结构对交通出行敏感度分析

尽管前面得到了土地类型面积扰动对小区交通出行的敏感度。然而，在实际的城市土地规划中，各个小区的总面积是固定的，既然是新城区的开发，我们既不可能凭空增加某个交通小区的总规划面积，也不能无故地以荒地的形式让某个交通小区的总面积减少。因此，一个更加符合实际的对策是调整土地利用结构，研究土地利用结构的扰动对交通小区出行的影响情况。扰动方法为：让抑制交通小区出行的某类型土地面积增加 0.1，同时让促进交通小区出行的某类型土地面

积减少 0.1，观察两种类型土地对换后的网络输出偏离量。根据前面的土地类型面积选取方法，我们分别计算 $goodL_1$，$goodL_2$，$goodL_3$ 土地类型对 $badL_1$，$badL_2$，$badL_3$，$badL_4$，$badL_5$ 类型的 15 种交换方案，并定义每个交换方案的扰动输出量为 $y_i(n)$，同时计算各种调整方案的平均扰动水平 $exchange(i) \sum_{n=1}^{N_1+N_2} y_i(n) - y(n)/(N_1 + N_2)$。

### 三、土地利用结构的最优调整

通过前面的内容可以得到 15 种土地利用结构调整方案对小区交通出行的平均扰动水平。为实现全局最优调整模型和局部最优调整模型计算得到的小区出行量调整水平，我们可以根据这 15 种方案对新城区的 $N_1$ 个小区土地类型进行调整。以实际需要的小区出行调整量 $(\Delta P_i + \Delta A_i)$ 除以 15 种调整方案的平均扰动水平，就得到了土地利用结构调整量。然而并不是所有的方案都适用于各个交通小区，比如，某个小区如果本来就没有规划仓储用地，我们显然不能选择减少仓储用地的调整方案。然后，由于我们的 15 种方案是相互独立的，因此，如果某个方案不能采用，可以结合实际情况采取合适的调整方案，甚至可以采取多种调整方案相互补充的办法而达到减少小区交通出行的目的，多方案选择更加符合城市土地规划与交通规划的实际情况。本书后面将以郑州市郑东新区为例，说明土地利用—交通一体化规划模型的应用全过程。

# 第七章　城市道路基础设施

# 第一节　城市道路基础设施的优化

由于城市道路既是城市交通流的直接载体，又往往是城市发展的轴线。道路网一旦形成，将随着历史的发展一直延续卜去，即使遇到灾害或战争的破坏，在恢复和重建城市时，也不会有大的变化。因而，规划和建设一个合理的城市道路网，对城市交通系统质量和城市用地布局质量具有极其重要的意义。

城市道路网的优化可分四个层次考虑：网络规模、网络结构、等级结构、道路及交叉口的设计。

## 一、合理的城市道路网规模

城市人口密度的提高和私家车出行比重的上升，给城市道路交通提出了日益增长的需求。但是，城市的土地面积是有限的，城市道路在城市土地中所占的比例也不可能无条件地增加，这就提出了城市道路合理规模的问题。与城市道路网规模相关的主要指标包括道路面积率、人均道路面积、路网密度等。

道路面积占城市用地面积的比率是道路面积率，它是道路间距和道路宽度的综合指标。这里所指的道路面积包括道路、广场和公共停车场的面积，不包括居住用地中的道路面积。根据对世界各大城市道路面积率资料的分析，为了保证满足城市的交通需求，城市的道路面积率以 20％ 左右较为合适。例如，华盛顿的 43％ 和纽约曼哈顿的 35％ 太高，这两个城市除了道路就是房屋，没有或少有家院，不可取；又如，东京为 13％，上海浦西旧区为 12％，道路很不够用，只有修建高架桥；再如，伦敦为 23％，巴黎为 25％，柏林为 26％，北京为 25％，上海浦东规划为 20％，都比较适宜。

城市人口所占的人均道路面积宜为 7～15m²，其中道路用地面积宜为 6～13m²/人，广场面积宜为 0.2～0.5m²/人，公共停车场面积宜为 0.8～1.0m²/人。

道路网密度是指达到城市用地面积内平均所具有的道路长度。密度太小，交通可达性差；密度过大，则浪费建设投资，也影响道路的通行能力。同时，还要兼顾生活、居住等各方面的要求。从公共交通客运网的规划要求及考虑街坊规划的经济性等着眼，一般认为干道的适当距离为700～1100m，即干道网密度为1.8～2.8km/km²。但实际上，道路的分布要受现状、地形、桥梁位置和建筑布局等条件的限制，各城市的道路网差异很大，同一城市不同地区的道路网密度也不尽相同。从现实情况来看，除快速路的进出口道路间距一般不应小于1.5km以外，主干路与其他道路相交的交叉口间距一般都大于300m，并且道路间距300m以上，就可满足布置居住小区或街坊的要求。另外，为了有利于行人及车辆行走和行驶，道路间距以300～800m为宜。一般情况下，城市中心区交通量大，市区中部次之，边缘区最小。即中心区道路间距为300～400m，密度为5～6km/km²；市区中部道路间距为500m左右，密度为4km/km²左右；边缘区道路间距为600～800m，密度为3km/km²。根据城市建设的经验，大城市的道路网密度以4～6km/km²为宜，如北京中心区规划道路网密度为4km/km²，上海浦东新开发区道路网密度为6km/km²。

### 二、合理的城市道路网络结构

城市道路的交通网络有以下几种基本结构：放射式、放射＋环式、棋盘式、棋盘＋对角线式、三角式、六角形式、自由式、综合式。

从交通可达性的角度出发，上述路网结构有以下特点：

放射性路网能保证城市边缘部分与市中心有方便的联系，但是靠近城市边缘的各区之间交通困难，不可避免地造成市中心交通枢纽的超载，适合于客流量不大的小城市。

放射＋环式路网通常在大城市使用，在城市发展的历史过程中，汇集到中心枢纽的城外大道，形成放射干道，而城市边缘各区之间的交通量则部分地分流到环形道路上，但由于放射干道上承担的交通量通常比环形道路上大很多，因此市中心交通枢纽通常仍然超载。莫斯科市的干道网是典型的这种路网结构。

棋盘式路网没有明显的市中心交通枢纽，在横、纵两个方向上都有多条平行道路，大多数交通出行者都有较多的可选路径，这有助于交通量均匀分布到各条道路上，整个系统的通行能力大；缺点是沿对角线方向没有最便捷的联系。纽约中心区路网是典型的这种路网结构。

棋盘＋对角线式路网保留了棋盘式的所有优点，而没有它的缺点。底特律市是这种结构的例子。

三角式路网是应用最广泛的一种结构，由于在干道交义点形成锐角，对建筑布置和组织交通都不方便。在伦敦、巴黎和其他一些城市的旧区会遇到这种结构。

六角形式路网旨在避免复杂的交通枢纽和高速运行干道的长直线段，适合居住区、疗养区等的地方街道。

自由式路网的街道通常狭窄而弯曲，有很多交叉点，完全不适应现代交通的要求，但是由于建筑方便，可能适合小城镇和疗养城市的需要。

综合式路网在大城市里最常见到，北京、上海、合肥等城市的干道网都属于这种形式。这种形式如果规划合理，既可表现出前述几种形式的优点，又能避免它们的缺点，被公认为是一种比较合理的形式。一般来说，如果非直线系数小于 1.15，则属于优良的形式；在 1.15～1.25 之间的为中等；大于 1.25 的便属不佳。目前大多数国家的多数大城市和部分中等城市都乐于采用此种形式的道路网络系统。

### 三、合理的城市道路等级结构

城市道路是多功能的，除了承担大量的客运、货运交通以外，还担负着布设基础设施、美化城市、通风、采光、防火等其他功能。在交通功能方面，还可细分为室内交通与过境交通、客运交通与货运交通、车辆交通与行人交通等。各种功能相互之间有时是矛盾的，为了实现各种功能的协调，需要对不同道路按照功能进行分类。比如，分为交通性道路和生活性道路，全市性、区域性和街坊性道路等等。

我国《城市道路设计规范》(CJJ 37—90)以道路在城市道路网中的地位和交通功能为基础，同时也考虑对沿线的服务功能，将城市道路分为四类，即快速路、主干路、次干路及支路。中等城市可只采用其中的三类，即主干路、次干路和支路。小城市中由于人们的出行活动主要是步行和骑自行车，对道路交通和道路网的要求也不同于大城市，因此只将道路分为干路、支路两类。在各类道路中，快速路和主干路构成城市道路网的骨架，是客、货运汽车的重要交通走廊。

根据《城市道路交通规划设计规范》(GB 50220—95)，各类道路应参考表 7-1 及表 7-2 中的合理规定。

大、中城市道路网规划指标　　　　　　　　　　表 7-1

| 项　　目 | 城市规模与人口(万人) | | 快速路 | 主干路 | 次干路 | 支　路 |
|---|---|---|---|---|---|---|
| 机动车设计速度 (km/h) | 大城市 | >200 | 80 | 60 | 40 | 30 |
| | | ≤200 | 60~80 | 40~60 | 40 | 30 |
| | 中等城市 | | — | 40 | 40 | 30 |
| 道路网密度 (km/km²) | 大城市 | >200 | 0.4~0.5 | 0.8~1.2 | 1.1~1.4 | 3~4 |
| | | ≤200 | 0.3~0.4 | 0.8~1.2 | 1.2~1.4 | 3~4 |
| | 中等城市 | | — | 1.0~1.2 | 1.2~1.4 | 3~4 |
| 道路中机动车 车道条数(条) | 大城市 | >200 | 6~8 | 6~8 | 4~6 | 3~4 |
| | | ≤200 | 4~6 | 4~6 | 4~6 | 2 |
| | 中等城市 | | — | 4 | 2~4 | 2 |
| 道路宽度(m) | 大城市 | >200 | 40~45 | 45~55 | 40~50 | 15~30 |
| | | ≤200 | 35~40 | 40~50 | 30~45 | 15~20 |
| | 中等城市 | | — | 35~45 | 30~40 | 15~20 |

小城市道路网规划指标　　　　　　　　　　表 7-2

| 项　　目 | 城市人口(万人) | 干　　路 | 支　　路 |
|---|---|---|---|
| 机动车设计速度(km/h) | >5 | 40 | 20 |
| | 1~5 | 40 | 20 |
| | <1 | 40 | 20 |
| 道路网密度(km/km²) | >5 | 3~4 | 3~5 |
| | 1~5 | 4~5 | 4~6 |
| | <1 | 5~6 | 6~8 |
| 道路中机动车车道条数(条) | >5 | 2~4 | 2 |
| | 1~5 | 2~4 | 2 |
| | <1 | 2~3 | 2 |
| 道路宽度(m) | >5 | 25~35 | 12~15 |
| | 1~5 | 25~35 | 12~15 |
| | <1 | 25~30 | 12~15 |

### 四、合理的城市道路及交叉口设计

对具体道路的设计应从以下方面考虑。

#### 1. 横断面设置

按照道路车行道上分隔带的设置情况，可以把城市道路分为双幅路、三幅路、四幅路和单幅路。四幅路是一种适合我国城市交通现状的横断面形式，但建设投资高，且对道路宽度要求高。三幅路在交通安全、行车速度、绿化遮荫、减少噪声和照明等方面强于单幅路和双幅路。建设投资上，在相同的通行能力下，单幅路占用土地最少，投资也最省。一般来说，三幅路适用于路幅宽度较宽、非机动车多、交通量大的道路；单幅路适用于路幅宽度较窄、交通量不大、混合行驶时车道已能满足、非机动车不多的情况，主要适用于次干路和支路。四幅路适用于快速路与近郊区的过境道路。

车行道和非机动车道的宽度需要根据交通量的估算情况确定。

#### 2. 平面线形和纵断面线形

道路平面线形的设计，影响到机动车在道路上行驶的稳定性、乘客舒适程度、车辆燃料消耗和轮胎磨损情况、行车视距。设计内容包括：选定合适的圆曲线半径，计算缓和曲线形状，解决曲线与曲线以及曲线与直线之间的衔接，设置超高、加宽和缓和路段，计算行车视距并排除可能存在的障碍物。

道路纵断面线形的设计，影响到行车安全、舒适、设计车速，因此要求设计坡度平缓，坡段较长，起伏不宜频繁，在转坡处以较大半径的竖曲线衔接；为了提高路基稳定性，减小工程量，要力求设计线与地面线相接近。此外，要保证与相交道路、广场、街坊和沿路建筑物的出入口有平顺衔接，保证道路两侧的街坊以及道路上地面水的顺利排泄。

#### 3. 道路路面

道路路面要满足强度、稳定性、平整度、抗滑性、少尘性和不透水性的要求，为此，需要合理拟定路面结构，设计路面厚度和材料组成。

#### 4. 排水设施

城市道路排水需要防止道路和相邻街坊积存雨水或地下水，维护沿道路两侧建筑物的基础和地下室的正常使用，保持车辆和行人的正常通行，改善城市卫生条件，减轻城市道路养护管理工作，保证路基稳定。城市道路排水一般采用灌渠形式。城市道路排水设计包括结构、雨水口和连接管的布设。

**5. 道路公用设施**

包括交通管理设施、公共交通停靠站、停车场地、加油站、道路照明及城市管线等。

**6. 合理的交叉口设计**

对交叉口的优化应从以下方面考虑：

① 选择合适的交叉口形式，避免畸形交叉口；

② 确定交叉口各组成部分的几何尺寸，包括交叉口转弯半径、车道数和宽度；

③ 为了保证行车视距，确定视距三角形的范围；

④ 做好竖向设计，妥善布置排水设备；

⑤ 设置必要的交通设施；

⑥ 做好交叉口的渠化设计和标志、标线设计；

⑦ 做好交叉口的相应相序设计。

# 第二节　城市道路基础设施指标体系

## 一、道路网密度

**1. 定义**

建成区内道路长度与建成区面积的比值（道路指有铺装的宽度为3.5m以上的路，不包括人行道）。

单位：$km/km^2$。

**2. 指标含义**

路网密度是一个衡量城市道路网合理性的基本指标，利用它也可确定交通网的使用效率。一般来说，路网密度应当满足这样的要求：①路网的密度应当足够大，以保证有方便的（没有多余的长度）通到运输路线的步行通道；②为了保证必需的交通运输速度，路网的密度不应超过一定限度。因为过密的路网有频繁的交叉路口，会使交通速度大大降低；③路网密度这个名词，在广义上理解应当是经济的，不仅考虑干线街道结构物的直接费用，而且考虑道路运输的营运费用。综合考虑上述三方面，认为大城市道路网密度以 4～6km/km² 为宜，且应从中心向边缘逐渐减小。

在计算路网密度时，应扣除居住区内部、独立于道路交通系统之外的道路，将快速路、主干路、次干路和符合要求的支路包括进来。

### 二、主干道密度

#### 1. 定义

建成区内主干道长度(含城市快速路)与建成区面积的比值。

单位：km/km²。

#### 2. 指标含义

主干道密度是衡量路网构成特征的指标，反映道路交通管理的基础条件，是制定道路交通管理对策的重要参考指标。有关道路等级分类依据参照《城市道路设计规范》(GJJ 37—90)和《城市道路交通规划设计规范》(GB 50220—95)。

快速路和主干路在城市交通中起"通"的作用，要求通过车辆快而多，它们分别应采用的合适规模在表 7-1 中已经列出。由于我国近半个世纪以来的城市规划在理论上追随了居住小区(一般在 20～40hm²)的模式，导致干道网密度较低，使交通流量过分集中，并由于机动车与非机动车同路行驶，使干道和交叉口压力过大。例如，1998 年上海、重庆、天津 3 个城市的主干道长度分别为 490km，191.3km，297.8km，主干道密度分别为 0.89km/km²，0.80km/km²，0.80km/km²，2001 年这 3 个城市的主干道密度分别为 0.95km/km²，1.6km/km²，0.99km/km²，都属于较低水平，严重影响了城市交通的畅通性。为此，引入"主干道密度"指标，促进城市为将主干道密度提高到合理的水平而努力。

### 三、人均道路面积

#### 1. 定义

建成区内平均每个非农业人口拥有的道路面积(道路指有铺装的宽度为 3.5m 以上的路，不包括人行道)。

单位：m²/人。

## 2. 指标含义

与路网密度一样，人均道路面积也是一个同时具有上限与下限的指标。一方面，为了满足人们出行的方便和舒适需求，要求人均道路面积足够大；另一方面，也有经济性和土地资源的限制。如前所述，理想的人均道路面积宜在 7~15m² 之间。

从我国现状来看，尽管人均道路用地呈增长趋势，1984—1998 年，全国人均城市道路面积从 3.04m² 提高到 8.26m²，同期 10 大城市从 3.04m² 提高到 6.06m²。表 7-3 显示的是 2001 年 10 个大城市的人均道路面积，但与同期自行车和机动车保有量的增长相比，交通基础设施的增长速度是远远滞后的。并且，人均拥有的道路用地和道路面积仍然处在很低的水平。基于我国人多地少的状况，人均道路面积进一步增加的潜力是有限的。为了保证城市交通的畅通，一方面，要保证人均道路面积达到一个合理的水平；另一方面，要积极从交通需求管理这方面想办法，从城市土地利用规划、交通结构优化的角度，尽量消减不必要的交通量。

**2001 年 10 大城市人均道路面积**（单位：m²）　　　　表 7-3

| 北京 | 天津 | 沈阳 | 哈尔滨 | 上海 | 南京 | 武汉 | 广州 | 重庆 | 西安 |
|------|------|------|--------|------|------|------|------|------|------|
| 6.4 | 5.87 | 7.98 | 6.16 | 3.36 | 9.6 | 5.3 | 8.86 | 6.03 | 5.12 |

## 四、道路面积率

### 1. 定义

建成区内道路（道路指有铺装的宽度为 3.5m 以上的路，不包括人行道）面积与建成区面积之比。

单位：%。

### 2. 指标含义

同前述几个指标一样，道路面积率是衡量道路建设总体水平的指标，反映道路交通管理的基础条件。

### 五、主干道亮灯率

#### 1. 定义

建成区主干道(含城市快速路)能够有效使用的路灯占主干道路灯总数的比例。

单位：%。

#### 2. 指标含义

主干道上应按规范设置照明设施，且照度和照明均匀度满足规范要求，已设置的照明设施能够有效使用。主干道亮灯率是衡量市政设施建设和维护水平的指标，是道路交通管理的基础条件，该指标与道路交通事故关系密切。

为了保证来往车辆和行人在夜间的通行安全，需要确保路面具有符合标准要求的照明数量和质量。为了达到经济高效的照明效果，需要选择合理的照明光源(主干路宜采用高压钠灯)和合理的照明布局方式。应保证已设置的照明设施能够有效使用。

### 六、百辆汽车停车位数分析

#### 1. 定义

全市平均每百辆注册汽车(折算成当量小汽车)占有的建成区内公共建筑配建停车场、社会停车场和占路停车场的车辆标准泊位数。

单位：个/百辆。

#### 2. 指标含义

百辆汽车停车位数是衡量市政设施建设水平和静态交通管理水平的指标，反映停车需求与供给的关系，是进行城市中心区停车场规划建设以及确定停车收费费率的重要参考指标。

目前，我国城市因停车用地太少，停车泊位不能满足实际需要，违章占用车行道、人行道停车的现象非常普遍，严重削弱了道路的通行能力，降低了车辆的行驶速度。而另一方面，城市车辆数和道路交通流量的发展趋势在不断增长，停车难问题会变得更加严重。道路运转效益低下的状况是不能长久维持下去的，应趁旧城区的改造和城市规划布局调整的时机，使停车需求问题得到实际解决。

停车设施包括配建停车场、社会公共停车场和路内停车泊位三类。配建停车场是指大型公用设施或建筑配套建设的停车场所，主要为与该设施业务活动相关的出行者提供停车服务，服务对象包括主体建筑停车和主体建筑吸引的外来车辆；社会公共停车场是指为从事各种活动的出行者提供公共停车服务的停车场；路内停车泊位指占用人行道或车行道的停车泊位。地面停车场中每个停车泊位宜为 25～30m²，停车楼和地下停车库中每个停车泊位宜为 30～35m²。

除了要满足整个建成区范围内的停车泊位规模之外，停车泊位的分布也要与停车需求的分布相适应。外来机动车公共停车场应设置在城市的外环路和城市出入口道路附近，主要停放货运车辆。市内公共停车场应靠近主要服务对象设置，一般在市中心和分区中心地区的公共停车场停车位数应为全部停车位数的 50%～70%，在城市对外道路的出入口地区应为全部停车位数的 5%～10%，在城市的其他地区应为全部停车位数的 25%～40%。

## 第三节　城市公共停车设施

### 一、城市公共停车系统设施含义

城市公共停车设施是城市道路系统的组成部分之一，属静态交通设施，其用地计入城市道路用地总面积之中。但城市公共交通、出租汽车和货运交通场站设施的用地面积不含在内（其面积属于交通设施用地）；各类公共建筑的配套停车场用地也不含在内（其面积属于公共建筑用地）。我国的《城市道路交通规划设计规范》（GB 50220—95）要求公共停车设施用地面积宜按规划城市人口每人 0.8～1.0m² 计算，其中：机动车停车设施的用地宜为 80%～90%，自行车停车设施的用地宜为 10%～20%。常见的停车设施有停车场、停车楼或地下停车库等。长期以来，我国城市建设中对公共停车设施的重视不够，其设施和规模远远达不到规范要求和实际需要，因而路边停车现象严重，占用机动车道或非机动车道，影响道路系统的正常使用。做好停车设施的规划和设计，不仅是解决静态交通的问题，而且对提高道路交通的效益是有帮助的，是一条"以静治动"的重要措施。

根据城市交通和城市用地性质，城市公共停车设施一般可分为外来机动车公共停车设施、市内机动车公共停车设施和自行车停车设施三类。

外来机动车停车设施应设置在城市的外围(如城市外环路)和城市主要出入干道口附近,可起到截流外来或过境机动车辆作用,有利于城市安全、环境卫生和减少对市内交通的影响。

市内公共停车设施应靠近主要服务对象,如交通枢纽(如火车站、长途汽车站)、大型集散场所(如体育场馆、影剧院、大型广场和公园)和大型服务性公共设施(如大型商场、饭店)等。

城市公共停车设施的布局和规模要与城市交通的组织与管理相配合,并且要做好与城市道路的连接设计,既满足静态交通(停车)要求,又不妨碍动态交通的畅通。

### 二、机动车停车设施设计

(1) 停车场(库、楼)的停车位数

停车场的停车车位数($N$)可按下式计算:

$$N = \text{AADT} \cdot \alpha \cdot \gamma \cdot \frac{1}{\beta} \quad (车位数) \tag{7-1}$$

式中　AADT——道路设计年限的年平均日交通量(辆/d);

$\alpha$——停车率,即停放车辆占设计交通量百分数,$\alpha$ 与停车场性质、车辆种类等有关;

$\gamma$——高峰率,即高峰小时停放车辆数占全日停放车辆数的百分数,

$\gamma = \dfrac{高峰小时停放车辆数(辆/h)}{全日停放车辆数(辆/d)}$,一般 $\gamma$ 可取 0.1;

$\beta$——周转率,即每小时一个车位可以周转使用停放多少个车次,

$\beta = \dfrac{1(h)}{平均停放时间(h)}$。

另若计算市中心公共停车场的停车位数时,按式(7-1)计算之值还应再乘以 1.1~1.3 的高峰系数。

(2) 停车场面积计算

机动车公共停车场用地面积宜按当量小汽车停车位数计算。地面

停车场用地面积，每个停车位宜为 20～30m²；停车楼和地下停车库的建筑面积，每个停车位宜为 30～35m²。

（3）停车车位的布置

汽车进出停车车位的停发方式（图 7-1）有以下三种：

① 前进停车、前进出车；

② 前进停车、后退出车；

③ 后退停车、前进出车。

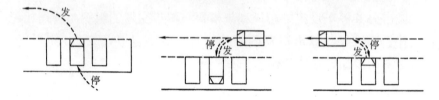

图 7-1  车辆停发方式

其中以第一种方式为最佳（因停车、出车均勿需倒车）。

停车车位的布置方式按汽车纵轴线与通道的夹角关系有以下三种基本类型（图 7-2）：

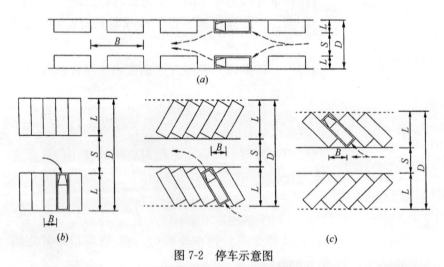

图 7-2  停车示意图

L—垂直通道方向停车位宽；S—通道宽；B—平行通道方向停车位宽；D—停车场宽

① 平行停放：车辆停放时车身方向与通道平行，相邻车辆头尾

相接，顺序停放，是路边停车带或狭长场地停车的常用形式，如图 7-2(a)所示。

② 垂直停放：车辆停放时车身方向与通道垂直，驶入驶出车位一般需倒车一次，用地较紧凑，通道所需宽度最大，如图 7-2(b)所示。

③ 斜向停车：如图 7-2(c)所示，车辆停放时车身方向与通道成 30°、45°或 60°的斜放方式。此方式车辆停放较灵活，驶入驶出较方便，但单位停车面积较大。

(4) 停车楼(库)设计

随着我国城市机动车特别是小轿车保有量的迅猛增长，使得城市公共停车设施的需求越来越大，而在城市用地规划特别是城市中心区的用地规划中却难以提供足够的用地来设置地面露天停车场，因此，建设多层停车楼或地下停车库就成为解决这一矛盾的重要措施。

停车库可分为坡道式停车库和机械化停车库两大类，本书仅介绍常用的坡道式停车库。

① 直坡道式停车库(图 7-3)。

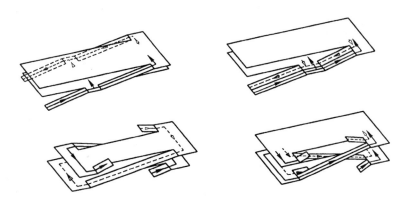

图 7-3 直坡道式停车库

停车楼面水平布置，每层楼面间以直坡道相连，坡道可设在库内，也可设在库外，可单行布置，也可双行布置。直坡道式停车库布局简单整齐、交通路线清晰，但单位停车位占用面积较多，用地不够经济。

② 螺旋坡道式停车库(图 7-4)

停车楼面采用水平布置，基本行车部分的布置方式与直坡道式相

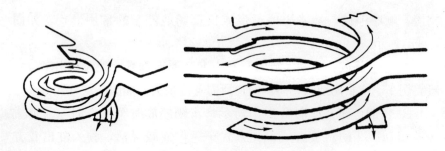

图 7-4　螺旋坡道式停车库

同，只是每层楼面之间用圆形螺旋式坡道相连。坡道可分单向行驶（上下分设）或双向行驶（上下合一，上行在外，下行在内）的方式。螺旋坡道式停车库布局简单整齐，交通路线清晰明了，行驶速度较快，用地稍比直坡道式节省，但造价较高。

③ 错层式（半坡道式）停车库（图 7-5）

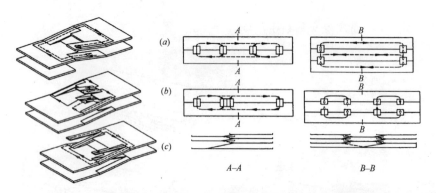

图 7-5　错层式停车库
(a)为双坡道错层；(b)为单坡道错层；(c)为同心坡道

错层式是由直坡道式发展而来的，停车楼面分为错开半层的两层或三层楼面，楼面之间用短坡道相连，因而大大缩短了坡道长度，坡道适当加大。该形式停车库的用地较节省，单位停车位占用面积较小，但交通路线对部分停车车位的进出有干扰。

④ 斜坡楼板式停车库（图 7-6）

停车楼板呈缓坡倾斜状布置，利用通道的倾斜作为楼层转换的坡道，因而无须再设置专用的坡道，所以用地最为节省，单位停车位占

双行斜楼板　　　中间有单行水平通道的斜楼板　　　中间有双行水平通道的斜楼板

图 7-6　斜坡楼板式停车库

用面积最小。但由于坡道和通道的合一，交通路线较长，对停车位车辆的进出普遍存在干扰。斜坡楼板式停车楼是常用的停车库类型之一，建筑外立面呈倾斜状，具有停车库的建筑个性。

　　大中型停车场（库）车辆出入口不应少于两个，特大型停车场（库）车辆出入口不应少于三个；出入口应右转出入车道，应距交叉口、桥隧坡道起止线 50m 以上远；车辆出入口的宽度当为双向行驶时不应小于 7m，单向行驶时不应小于 5m；各出入口之间的净距应不大于20m，出入口距离道路红线不应小于 7.5m，并在距出入口边线内 2m处为视点保持到红线 120°视距范围，同时设立交通标志，如图 7-7 所示。停车库还应设置人行专用出入口。

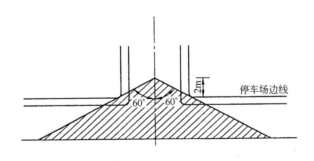

图 7-7　停车场出入口的视距

　　停车库一般需安装自动控制进出设备、电视监控设备、消防设备、通风设备、采暖和变电设备，同时需配备一定数量的管理、修理、服务、休息用房，以及人行楼梯、电梯等，通常在底层还有小规模的加油设施和内部使用的停车位。

　　停车库对室内温度、有害气体浓度、照明以及消防等都有一定要求，设计时可参照有关规范和标准执行。

### 三、自行车停车设施设计

自行车是我国城市居民广泛拥有的交通工具，目前城市居民的自行车拥有量已接近饱和。根据我国的国情和条件，自行车交通在今后相当长的一段时期内仍将在城市交通中占有重要位置，因此，在城市停车规划中应予以重视。

（1）自行车停车场地规划原则

① 就近布置在大型公共建筑附近，尽可能利用人流较少的旁街支路、附近空地或建筑物内空间（地面或地下）；

② 应避免停放出入口对着交通干道；

③ 停车场内交通组织应明确，尽可能单向行驶；

④ 每个自行车停车场应设置1～2个出入口，出口和入口可分开设置，也可合并设置，出入口宽度应满足两辆自行车并排推行；

⑤ 固定停车场应有车棚、车架、地面铺砌，半永久或临时停车场也应树立标志或画线。

（2）停放方式

常采用垂直式和斜列式停放，如图7-8所示。

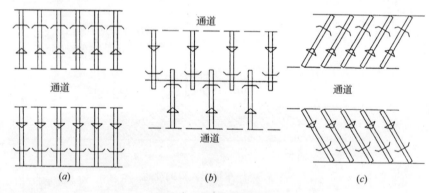

图7-8　自行车停放方式
（a）垂直并排停放；（b）垂直错位停位；（c）60°斜向停放

## 第四节　公共交通站点的布置

城市公共交通站点分为首末站、枢纽站和中间停靠站三种类型。

合理规划布置站点应在对客流的流向、流量的调查分析基础上作出。

首末站的布置要考虑车辆调头回车的场地、部分车辆停歇及加水、清洁、保养和小修工作的用地。

枢纽站一般设有若干条公交线路，上、下车及换乘的乘客较多，在布置上应注意保护乘客、行人和车辆的安全，尽量避免使换乘乘客穿越车行道，同时使换乘步行距离最短。

中间停靠站是提供给沿线公交乘客定点上、下车的道路交通设施，在具体安排时应考虑的主要问题：一是停靠站的间距，二是停靠站台的布置形式。

### 一、停靠站的间距

根据对公交乘客的乘车心理分析可知，在公交车上的乘客总是希望车辆尽快到达目的地，中途最好不停或少停车；而对于路线中途要上、下车的乘客则希望车站离出发点或目的地很近，以使步行时间最短，即要求站距短一点（多设站）好。可见车上和车下的出行者对站点布设的距离要求是不一样的，但他们的目的都一样，即希望出行的途中所用时间最少，也就是：

$$2t_步 + t_车 = 最小 \tag{7-2}$$

式中　$t_步$——乘客从出发点步行到车站或从车站步行到目的地的平均用时，且

$$t_步 = \left(\frac{1}{3\delta} + \frac{s}{4}\right) \cdot \frac{60}{V_步} \quad (min) \tag{7-3}$$

$V_步$——乘客平均步行速度（km/h）；

$t_车$——乘客在车上平均乘距为 $L_乘$ 时所用的时间，且

$$t_车 = \frac{60L_乘}{v_运} = \frac{60L_乘}{v_行} + \left(\frac{L_乘}{s} - 1\right)t_{上下} \quad (min) \tag{7-4}$$

$v_运$——公交车（包括停车上下乘客在内）的平均运送速度（km/h）；

$v_行$——公交车（不包括停车上下乘客在内）的平均行驶速度（km/h）；

$L_乘$——乘客平均乘距（km）；

$s$——公交线路平均站距（km）；

$t_{上下}$——公交车在停靠站上下乘客平均用时(min)。

若要得到公交出行用时最短的最佳站距，则可根据式(7-2)，应用高等数学中求极值方法，由下式计算：

$$\varphi'(2t_{步}+t_{车})=0$$

将前面给出的 $t_{步}$ 和 $t_{车}$ 表达式代入上式，对 $s$ 求导，经计算得到最佳站距表达式如下：

$$s_{佳}=\sqrt{\frac{V_{步}\cdot L_{乘}\cdot t_{上下}}{30}}\quad(km)\qquad(7-5)$$

**例**：若已知 $V_{步}=4km/h$、$L_{乘}=3km$、$t_{上下}=2min$，将数据代入上式，可算得 $s_{佳}=0.89km$。

实际上，在市区道路上布设公交车站时，其站距还要受到道路系统结构、交叉口间距、沿线用地性质等的影响，因此在整条线路上，站距是不相等的。市中心区客流密集，线路两侧客流集散点较多，乘客上、下车频繁，站距宜小些；城市边远地区，站距可大些；而郊区可更大些。通常市区以 500～800m 为宜，郊区为 1000m 左右。在交叉口附近设站时，为了不影响交叉口的交通组织和通行能力，一般应离开交叉口 50m 左右。交通量较少的道路，站位距交叉口不得小于 30m。

### 二、停靠站台的布置形式

停靠站台在道路平面上的布置形式主要有沿路侧带边设置和沿两侧分隔带边设置两种。

(1) 沿路侧带边设置

这种方式布置简单，一般只需在路侧带上辟出一段用地作为站台，以供乘客上、下车即可，如图7-9所示。站台宜高出路面 30cm，并避免有杆柱障碍，以方便乘客上、下车。此方式对乘客上、下车最安全，但停靠的车辆对非机动车交通影响较大。这种布置方式适用于单幅路和双幅路。

(2) 沿两侧分隔带边设置

对于这种布置方式，停靠的公交车与非机动车道上的车辆无相互影响，但上、下车的乘客需横穿非机动车道，给二者带来不便。此形

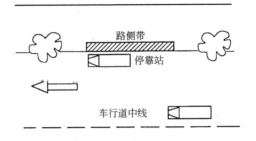

图 7-9 沿路侧带边设置停靠站

式适用于三幅路和四幅路,如图 7-10($a$)所示。采用这种方式布置站台的分隔带宽度应不小于 2m。

当分隔带较宽(4m)时,可压缩分隔带宽度辟做路面,设置港湾式停靠站,以减小停靠车辆所占的机动车道宽度,保证正线上的交通畅通,如图 7-10($b$)所示。港湾式停靠站的长度应至少有两个停车位。

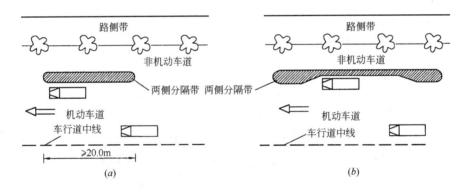

图 7-10 沿分隔带边设置停靠站

# 第五节 道路交通安全防护设施

## 一、行人安全设施

(1) 人行过街地道

地道净空小,建筑高度低,行人过街时比较方便。此设施对地面景观影响较小,若注意对地道内的地面、墙面及灯光的装饰,可给行人新奇的感受。但在城市建成区或旧城区,往往因密集的地下管线使采用此方式困难。地下通道的宽度应能满足人流高峰时的过街需求。

（2）人行天桥

人行天桥又称高架人行道，多修建在过街繁忙路段和行人较多的交叉口。其平面布置主要有两种方式：一种为分散布置，即在交叉口各路口人行过街横道处分别布置过街天桥；另一种为集中布置，即在交叉口处用多桥互通的三角形、矩形、X形、环形等形式连通，这种方式桥梁构造相对集中，便于行人流动，较适于小型的平交口。

（3）交叉口护栏与人行道护栏

交叉口护栏与人行道护栏是为了保护行人，防止行人任意横穿马路，排除对机动车、非机动车的横向干扰而设置的。这种护栏的设置应与过街设施（如人行横道、过街天桥和地道等）结合起来，做到既保障人、车安全又方便行人过街。

有些城市道路从交通安全角度出发，在车行道设置中央隔离栅栏，既对双向机动车交通起到一定的安全作用，又可防止行人及非机动车随意横穿马路。在道路横断面布置较紧张或不宜设置中央分隔带时，可考虑采用此方式。

（4）人行横道

在交叉口各路口处，利用地面标线明确行人过街的位置与范围，同时设置行人过街的信号控制系统，使过街行人与欲驶过人行横道路面进入交叉口的车辆在不同的时段内通行。在有些人流量不太大的路段，人行横道处没有设置交通信号控制，行人过街须注意车辆，车辆在通过没有信号控制的人行横道时，须注意避让过往行人。

## 二、车辆安全设施

车辆安全设施包括交通岛、视线诱导设施、分隔设施以及防眩装置等。

交通岛是设置在平交路口或路段上，用以引导车流沿规定方向或路线通行的岛状物体，对保证交通安全、提高通过能力有一定作用。按其作用不同可分为导向岛、分隔岛、中心岛和安全岛。也有的通过在路面上画斑马线作为交通岛的标记。

视线诱导设施如反光道牙、猫眼等，夜间在灯光照射下可以指示分车线、分隔带等以诱导视线。

分隔设施包括分隔带和隔离栅栏(或隔离墩)，用以分隔不同方向的机动车及非机动车，消除相互之间的干扰和影响。分隔带是具有规定宽度(1.2~1.5m)的带状构造物，它除起到分隔车流的作用外，还可用作绿化及为交通设施或市政工程管线提供布置空间。当道路宽度不足时，可用隔离栅栏或隔离墩予以分隔。弯道或平交口处的隔离墩除起分隔作用外，其视线诱导与导流作用也十分明显。

防眩装置即是在道路的中央分隔带上设置防眩网或种植灌木丛以消除或减弱夜间行车时对向车辆灯光对驾驶人造成的眩光影响。防眩网或灌木丛一般以略高于驾驶人的视线高度布置，多用于保证快速交通的高等级道路上。

其他保证人、车安全的交通设施还有如交通标志(警告、禁令、指示等)、标线、信号等。同时，加强日常的交通组织与管理，宣传交通法规，提高交通行为者的交通安全意识，创造一个良好的交通环境，对于保障人、车交通安全也是必不可少的。

# 第八章　城市道路景观与绿化

# 第一节　城市道路景观概述

## 一、城市道路景观含义

道路不单纯具有交通功能，而且在自然坏境和社会环境中有其文化价值，这种价值很大程度上是依赖于良好的道路景观设计来实现的。

城市道路既是组成城市景观的骨架，又是城市景观的重要组成部分；道路景观设计既有对道路自身的美学要求，又要使道路与周围环境景观协调配合；对道路景观的评价既要从用路者的视觉出发，又要从路外的印象考虑；既有静态视觉，又有动态感受。道路空间是一种带状线形环境，这种环境是由道路及道路两侧的建筑物和其他各种环境元素所组成，因此，城市道路应在满足交通功能的前提下，与城市自然环境(地形、山体、水面、绿地等)、历史文物(古建筑、传统街巷等)以及现代建筑有机地结合在一起，组成和谐的、富有韵律的、生动活泼和赏心悦目的城市景观。总之，城市道路景观设计是以城市道路美学的观点以及城市设计的概念和方法研究解决城市道路的规划与设计问题。道路景观的概要内容见表8-1。

道路景观的概要内容　　　　　　　　　　　　表8-1

| 项目 | 名　　称 | 内　　容 |
|------|----------|----------|
| 道路线形的协调 | 视觉上的协调 | 平面线形和纵断线形各自在视觉上的和谐性与连续性 |
| | 立体上的协调 | 平面线形和纵断线形互相配合，形成立体线形 |
| 道路沿线的协调 | 沿线与自然环境、社会环境的协调 | 路线与沿线的地形、地质、古迹、名胜、绿化、地区风景间的协调；路线与城市风光、格调等的协调 |
| | 行车道旁侧的整顿与和谐 | 中央分隔带的绿化；路肩、边坡的整洁；标志完整；广告招牌有管制；商贩集中，不占道路两侧 |
| | 构造物的艺术加工 | 对跨线桥、立体交叉、电线柱、护栏、隧道进出口、隔音墙等精心设计，且有一定的艺术风格 |
| | 美化环境 | 使旅客与驾驶人在路上感受到环境优美，如同游览园林 |

## 二、城市道路景观的设计原则

（1）城市道路系统规划应与城市景观规划相结合，把城市道路空间纳入城市景观系统之中；

（2）城市道路系统规划与详细规划应与城市历史文化环境保护规划相结合，成为继承和表现城市历史文化环境的重要公共空间；

（3）城市道路景观规划应与城市道路的功能性规划相结合，与城市道路的性质和功能相协调；

（4）城市道路景观规划应做到静态规划设计与动态规划设计相结合，创造既优美宜人又生动活泼、富有变化的城市街道景观环境；

（5）城市道路景观规划要充分考虑道路绿化在城市绿化中的作用，把道路绿化作为景观设计的一个重要组成部分。

# 第二节　城市道路网美学

城市景观是各种景观元素构成的视觉艺术，各种景观元素都与路网有必然的联系，它们与路网的关系决定了它们的相对位置。在道路网中沿不同的交通路线运动，则构成一定的景观系统和序列，科学合理的道路网是形成城市美好景观的基础。

## 一、重视道路网结构对城市布局的影响

好的道路网结构应该使人们对城市布局有清晰、明了的认识，通过特征鲜明的道路网结构，人们很容易了解掌握城市的交通系统、功能分区、用地布局及相互之间的关系，方便居民的出行，因而有利于活跃城市社会生活，促进城市社会发展。

## 二、注重道路网规划设计的美学要求

人们对一个城市的总体印象，往往都是与该城市的结构、布局等联系在一起。而城市的结构、布局又与其路网结构密切相关。进入城市首先映入人们眼帘的便是由路网（主要是干路网）组成的城市道路景观。建设一个美的城市就应有一个好的路网，再结合良好的景观元素配合，以形成一个美好的视觉环境。

### 1. 道路的特征

道路网中的主要道路要有特点，有特点的道路有助于彼此区分，各具特点(特色)的主要交通道路就可能形成一个城市的现象特征。例如，北京的东、西长安街，它将象征国家和首都形象的若干建筑联结起来，形成很鲜明的形象特征，而北京王府井大街也成了商业的代名词。不同的横断面形式、路面结构形式、平纵面线形特点、交通组织形式等形成道路自身特征，同时沿街建筑的特点赋予道路各自不同的形象和个性。

### 2. 道路的方向性

路网中的主要道路要有明确的方向性，特别是明确的、引人注目的起终点。一般如将公园、大型广场、纪念性建筑、火车站、体育场馆等特有的城市景观作为道路起、终点，可以增加用路者对道路的识别，有助于将道路位置与城市格局联系起来，使用路者有明确的方位。

道路的方向性应是可以度量的。借助于道路的特征、建筑的变化等，人们可以判定自己所处的位置，确认方向和距离。

有方向性的道路不一定要是直线，有规律的曲线使线形产生可以预见的变化，不致迷失方向。但若线形变化过于频繁，则易使用路者失去道路的方向感。

### 3. 道路的连续性

道路的连续性是道路功能上重要的要求之一，这种连续性有助于用路者对道路的识别和使用。例如对前面所述的交通特征，应要求其具有良好的连续性，即注意交通形式不宜频繁变化。平、纵、横面线形的频繁变化不仅使用路者难以适应，且也失去个性特征。除此之外，道路两旁的空间特征(用地特征)、建筑形式以及道路绿化形式等的连续性也是保持道路特色的重要方面。

道路的连续性还可表现在一条道路的运动感上。道路空间是动态环境，车辆在高速行驶时对道路及道路两侧空间环境产生动态的视觉效果，形成时空连续感。

道路的连续性会加强其整体感，一个好的道路网中所有交通干道各自都应具有良好的连续性，使其相互之间呈现清楚的位置关系。

此外，城市道路网中的交叉口与路线的关系、形式等应清晰、明确，不致使道路的连续性中断；路网中道路(街道)的名称、编排顺序等也影响着道路的连续性、空间定位以及相互关系。

# 第三节　城市道路路线美学

## 一、道路路线对街道景观构成的作用

城市生活离不开在城市道路上的活动，人们往往沿着道路去观赏城市。各具特色的城市建筑及环境中的景观元素，沿着道路两侧布置并与之相联系，从而构成千姿百态的街道景观。

影响道路景观构成的主要因素是道路性质与用路者的视觉特征。不同性质的道路其设计车速不一样，用路者的运动速度及对环境景观的观察方式不同，因而产生不同的视觉特点。因此，对路线自身的设计以及沿街建筑、街头小品、绿化等的规划设计都应根据道路的不同特性而有不同的要求。用路者在道路上有方向地、连续地活动形成对城市的印象，道路环境空间中的景观要素都依附于道路，只有正确处理这些景观要素与道路的关系，才能形成一个良好的道路视觉环境。

## 二、城市道路线形设计的美学

城市道路线形设计不仅要考虑道路的性质、作用和服务于不同功能的交通需要，而且还应满足城市美学要求，使用路者可能产生美好的城市景观感受，这样的设计才是一个良好的设计。一般说来，从美学角度考虑，线形设计应注意如下几点。

### 1. 一般原则

(1) 注意以设计行车速度来区分设计对象(即线路)，根据道路性质、交通特点等因素决定路线设计的要求。如对于城市快速路或主干路等设计车速较高的道路，强调快速、安全、舒适，则应将道路线形作为主要设计对象；而对于次干路、支路等较低设计车速的道路，主要强调与地形、地区相结合，满足大容量出行需求，则不以路线作为主要设计对象。根据这些不同性质道路上用路者的视觉特点，来考虑路线设计的美学问题。

（2）注意在线形设计中体现路线特征、方向性、连续性并注意其韵律和节奏的变化等设计手法的应用。

道路的特征表现在地形、平纵面线形、周围用地性质、道路横断面形式等方面，这些都反映了不同道路在路线形式上的特殊性。道路线形的方向性通过环境特征得到反映。道路的节奏和韵律是通过运动中心视觉变化来感受的，特别对于快速交通的路线设计更应予以考虑。

**2. 路线要与地形相协调**

这是确定路线的重要原则。城市地形直接影响着城市道路网的格局以及道路的平、纵、横面线形。道路在布设时应与地形有机结合，道路网结构形式、道路平、纵、横面线形等都应因地制宜，灵活处理，直曲有致，与地形充分协调，以形成生动活泼的城市道路空间。富有变化、与地形有机结合的道路，为用路者提供了多角度广视野的视觉因素，既可增加观赏城市的机会，也可丰富城市的景色，使人能对城市总体轮廓从多方位、多层次获得全景印象。

**3. 道路线形要与区域特点相适应**

城市中不同性质的用地、不同特点的建筑等对道路线形有着不尽相同的要求，道路线形设计时应充分考虑与城市区域特点相适应。例如在市中心区及商业区，往往建筑高大密集、行人流量大，因此，道路线形呈直线且与相交道路构成直角交叉，横断面上应充分考虑行人交通要求。而在城市中心区以外区域，由于地形变化或土地使用没有像中心区那样的许多限制，道路线形变化则可以比较丰富。

**4. 线形要有良好的配合**

从行车与视觉方向的要求出发，道路平、纵、横面线形应有良好的配合，这种配合不仅体现在某一投影面内（如平面或纵面），而且应体现在道路线形的空间组合上。如在平面线形设计中，应考虑合理使用直线与曲线以及二者的协调配合；在纵面线形设计时，应考虑凹凸竖曲线的连接配合、竖曲线的半径大小及相邻曲线的合理衔接等；而从行车安全、舒适等方面考虑，在平、纵线形配合方面同样不容忽视，例如平曲线和竖曲线之间的组合问题就往往是检验路线设计合理与否的一个重要内容。

## 第四节　城市道路横断面设计的美学问题

根据道路横断面的设计宽度和形式可能对视觉环境产生影响，从美学角度考虑，应注意以下几个方面。

(1) 道路横断面宽度与沿街建筑物高度的关系(图 8-1)

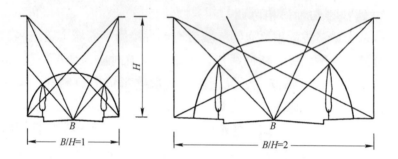

图 8-1　道路横断面空间尺度分析示意图

当 $B/H \leqslant 1$ 时，沿街建筑与街道有一种亲切感，街道空间具有较强的方向性和流动感，容易构造繁华热闹的气氛。但当 $B/H < 0.7$ 时，则会形成空间压抑感。

当 $B/H$ 在 $1 \sim 2$ 之间时，空间较为开敞，绿化对空间的影响作用开始明显，由于绿化形成界面的衬托作用，在步行空间仍可保持一定的建筑亲切感和较为热闹的气氛。道路越宽，绿化带的宽度和高度也应随之增大，以弥补较为开敞的空间造成的离散感觉。绿化带对于丰富街景、增加城市自然气氛的作用更为显著。

当 $B/H > 2$ 时，空间更为开敞，此时往往布置多条较宽的绿化带，城市气氛逐渐被冲淡，大自然气氛逐渐加强。

$B/H$ 不是一个简单的概念，应根据不同区域、不同要求的道路用路者对街道景观的视觉及心理感受考虑确定空间尺寸的比例关系。一般地，城市快速路或主干路等交通干道的 $B/H > 2$；城内一般干路(如次干路) $B/H = 1 \sim 2$；而在中心商业区则往往 $B/H \leqslant 1$，但一般应尽可能使 $B/H > 0.5 \sim 0.7$。

（2）注意道路景观空间的完整性

由于交通组织的需求，横断面上常采用不同的分隔方式，这种分隔使用路者处于道路上不同的位置。分隔带过宽使空间涣散；分隔带中的高大绿化将遮断视线，从而隔断了街景元素的相互联系，难以形成优美的街景；而分隔带中的低矮绿化对道路空间的整体性有较好的效果。因此，应注意断面上所有景观元素要具有配合良好的整体关系。

（3）注意横断面要素对加强道路线形特征的作用

横断面的各要素以及绿化等均沿道路中心线平行延伸，应利用这些要素来加强道路线形特征，使用路者对环境能有强烈印象。这种特征对视线诱导以及形成良好的街道景观都是必不可少的。

# 第五节　城市道路景观设计方法

## 一、城市道路景观要素

城市道路景观要素可分为主景要素和配景要素两类。

### 1. 主景要素

主景要素是在城市道路景观中起中心作用、主体作用的视觉对象，包括：

① 山景：指可以构成"景"的山峰及山峰上的建筑物、构筑物（如塔、亭、楼阁等）；

② 水景：具有特色的水面及水中岛屿、绿化或岸边的建筑物、构筑物等；

③ 古树名木：在街道上可以构成视觉中心、有观赏价值的高大乔木；

④ 主体建筑：从建筑高度、形式、造型及建筑位置等方面在城市形体上或街道局部建筑环境中具有突出主导作用的建筑物。

### 2. 配景要素

在城市道路景观中对主景要素起烘托、背景作用，用以创造环境气氛和突出主景视觉印象，通常采用借景、呼应的手法表现，主要包括：

① 山峦地形：作为景观构图环境的空间背景轮廓线；

② 水面：作为景观环境的借景对象；

③ 绿地花卉：成片的绿地、花卉可以用作主景环境的背景，烘托环境气氛；

④ 雕塑：可作为街道景观环境起呼应、点缀作用的因素，特殊情况下可以作为主景要素，成为一定视觉景观环境的中心视觉对象；

⑤ 建筑群：作为景观环境中的建筑背景。

实际上，道路沿线空间环境中的所有物体皆为"景"，在不同环境条件下，主景和配景并非绝对，各景观要素也并非孤立存在，它们之间的和谐组合也是很重要的。如城市广场中各种雕塑、绿地、喷泉（水面）等恰到好处的组合，形成良好的景观，可获得最佳视觉效果。

## 二、城市道路景观系统规划思路

### 1. 确定道路景观要素

在进行城市道路景观系统规划时，首先应确定哪些景点（包括自然景点和人文景点）可以或应该成为城市道路的景观要素。比如，哪些山景、水景可以作为对景和借景；哪些山体和水面经过一些建筑处理可以作为对景和借景；哪些在城市形体结构中有重要作用的历史性建筑可作为借景；哪些与自然景观环境协调或具有时代感的标志性建筑可以作为道路景观的主景要素；哪些重要的古树名木可用于景观设计等等。同时还应对这些景观要素的价值、环境、相互之间以及与道路之间的关系作进一步分析。

### 2. 确定景观环境气氛

在进行景观系统规划设计之前，应根据景观系统规划和历史文化环境保护规划的要求，对城市道路的环境气氛进行分析：哪些道路应考虑作为城市整体景观的观赏空间，哪些道路可作为观赏自然景观的空间，哪些道路可作为体现城市历史文化环境的空间，哪些道路又应体现城市的现代化气息。一般地，城市入城干路应符合城市整体景观的观赏要求，城市生活性和客运道路可考虑作为城市主要景点、城市特色和历史文化景观的观赏性空间；城市交通干道应成为现代城市景观的观赏空间。

### 3. 景观系统的组合

在分析确定了道路景观要素和道路景观环境气氛的基础上，作出道路景观系统的组合规划设计，达到使人们从不同的角度、不同的空间环境去体会从宏观到微观、从历史到现代、从自然到人文的丰富的多层次的城市景观，表现城市优美的自然环境、深厚的历史内涵以及富有现代感和蓬勃生命力的整体现象。

图 8-2 是北京市北海前道路空间环境示意图。

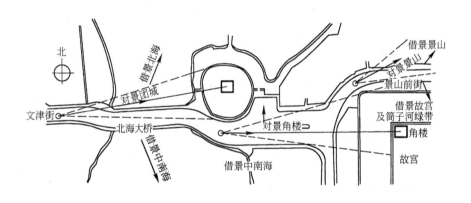

图 8-2　道路空间环境示意图

从文津街到景山前街一段充分运用了道路选线配合对景、借景的手法，由西向东道路曲折变化，在动态中创造了对景团城，借景北海、中南海，对景故宫角楼，对景景山，借景故宫景山等道路景观环境，各景观环境有机联系，有远有近，有高有低，有建筑有水面，过渡自然，富于乐趣，即创造了动态变化且又连续的视觉环境，是道路选线与景观环境组合的较好范例。而图 8-3 则是一幅单调的城市景观。

一条笔直的无尽头的道路，缺少层次和变化的绿化与两侧近似封闭的建筑立面，建筑轮廓透视线都集中于地平线的灭点，极易形成单调呆板的景观现象。

图 8-3　单调的街景

# 第六节　城市道路绿化

## 一、城市道路绿化含义

道路绿化是城市道路的重要组成部分，对保护和美化道路沿线环境有着重要的意义和作用，同时道路绿化也是整个城市点、线、面整体绿化和城市景观的重要组成部分。此外，在道路绿化带下布置市政工程管线，可减少管线维修对路面破坏造成的损失。

道路绿化是指路侧带、中间及两侧分隔带、立体交叉、广场、停车场以及道路用地范围内的边角空地等处的绿化。绿化是道路空间的景观元素之一。在道路空间环境中，建筑物均为建筑材料构成的硬质景观，而道路绿化植物是一种软材料，可以人为进行修整，这种景观是任何其他材料都无法替代的。

## 二、道路绿化的一般美学原则

好的道路绿化可以形成优美的道路空间环境。为充分发挥道路绿化的美学及绿化功能作用（如遮荫、消声、地面覆盖等），在进行道路绿化规划设计时，应注意以下几个方面。

### 1. 利用绿化加强道路特性

采用不同的绿化方式有助于突出道路特征，避免雷同。在现代交通条件下，要求道路具有良好的连续性，而绿化则有利于这种连续性，同时还有利于加强道路方向性，并从纵向分割之间使行进者产生距离感(图 8-4)。

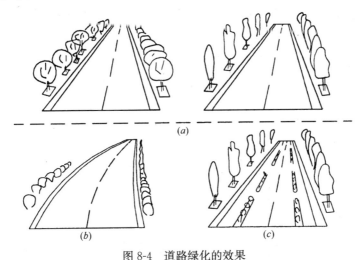

图 8-4　道路绿化的效果

(a)不同的绿化方式使道路环境具有不同的特征；(b)绿化加强了道路的连续性；

(c)分隔带的绿化使用路者产生距离感

### 2. 绿化要注意地方特色

不同的城市可以有不同的花草树种和道路绿化方式。如各城市的市树、市花均是代表地方的象征。这种特色使本地人感到亲切，外地人也会产生较深刻印象并由此产生好感。

### 3. 绿化应注意多品种的协调和多种栽植方式的配合

各种绿化植物因树形、色彩、气味、季相等的不同，在景观上和功能上也有不同的效果。街道绿化直接影响到街景的四季变化，要使一年四季均有相宜的景色，就需要多品种树木花卉草皮的配合与多种种植方式的协调同时应注意日照、通风等因素，根据不同用路者的视觉特性及观赏要求，处理好绿化的间距、树木的品种、树冠的形状以及树木成年后的高度及修剪等问题。绿化布置应乔木与灌木、落叶与常绿、树木与花卉、林木与草皮相结合。

### 4. 绿化要与其他街景元素相协调

街景是由多种景观元素所组成的。各种景观元素的作用、地位都应当恰如其分。一般地，道路绿化应与道路环境中的景观诸元素相协调，使用路者从各方面来看都能获得良好的感受。孤立地仅为绿化而种植树木往往并不能得到良好效果，如若道路两侧（或中央分隔带）绿化形成乔木灌木带将遮蔽一切，使用路者的视线有限，无法观赏两侧街景，从心理感受上看并不能使人愉悦。道路绿化，除有特殊功能方面的要求以外，应根据道路性质、街道建筑以及气候与地方特点等作为道路环境空间整体的一部分来考虑，这样才能收到好的效果(图 8-5)。

图 8-5　郑州市郑东新区道路景观

### 5. 重视绿化对道路空间的分隔作用

高大密集的栽植对道路空间有分隔作用，可将一元化的空间变为二元化空间。例如在较宽的中央分隔带(大于或等于 1.5m)上种植乔木往往可将道路空间分隔开来。同样,道路边界视线涣散,也可用种植树木的方式让用路者视线集中起来;但同时应注意与道路功能要求及景观要求协调一致。例如对于城市快速路上行驶的车辆而言,乔木会产生晃眼的树影,也可能遮挡视线,影响安全,因此,宜种植低矮灌木;中央分隔带上若种植修剪很齐的较矮灌木丛,既美观又可观赏整个道路环境空间的景观,且在夜间行车时可遮挡对向车辆的车头灯光;从城市防火角度考虑,快速路两侧也不宜种植乔木,使道路自然形成一道防火隔离带。对于人流、车流较多或两侧有大型建筑物时,应采用既隔离又通透的开敞式种植。

6. 应用绿地作为街道与建筑连接的缓冲带

在可能的情况下,道路与建筑之间可用绿化做缓冲带(过渡带)使之有机连接,如种植草皮、花卉以覆盖人行道和沿街建筑之间的裸露地面。这种绿地既是街道绿化,又是住宅或其他公共建筑前的绿地,这样处理的空间无论从街道美学角度考虑还是从实际需要出发,都是必要和有益的。

7. 重视绿化对行车视线的诱导作用

对于设计车速较高的城市快速路和主干路,从行车安全和驾驶人的心理状态出发,均需要视线诱导。在道路弯道外侧及凸形竖曲线道路两侧种植高大乔木可以预示路线的变化,起到很好的视线诱导作用。这种视线诱导可以使用路者在视觉上产生线形的连续性,从而提高了行车安全性,如图 8-6(a)、(b)所示。

8. 绿化要保证道路有足够的净空

道路的绿化树木要保证行车道侧向有足够的安全净空,以保障行车安全,如图 8-7 所示。

9. 注意功能与美观的结合

不同性质的道路,应根据用路者的观赏特点,采用不同的绿化方式。道路绿化有遮荫、消声、防尘、装饰、遮蔽、视线诱导、地面覆盖等功能,是城市道路重要的组成部分,应根据城市性质、道路功能与等级、自然条件和城市环境等,并与街道景观有机地结合起来,进行全面合理的规划设计,才能充分发挥它在功能与景观方面的特殊作用。

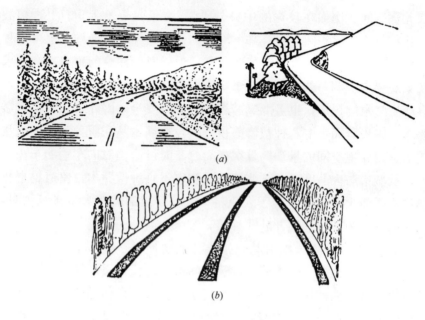

图 8-6　绿化的视线诱导

(a)在弯道外侧种植高大乔木；(b)在凸形竖曲线两侧种植高大乔木

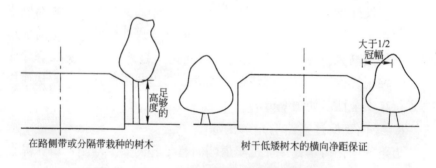

在路侧带或分隔带栽种的树木　　　　　树干低矮树木的横向净距保证

图 8-7　行车道侧向净空示意图

# 第七节　道路照明

　　城市道路、交叉口及广场上的人工照明是确保交通效率以及美化城市景观的重要措施。照明设施沿路线布设，是道路带状环境的组成部分，昼间照明设施成为街头装饰的小品，而夜间则使道路产生灯火辉煌的夜景，是道路空间环境中重要的景观。

## 一、道路照明的作用与要求

（1）夜间照明可为道路（车行道和人行道）提供必要的照度，使用路者在夜间交通中能迅速准确地识别判断道路交通状况并及时采取相应措施以保证交通安全，同时可使夜间行人增加安全感。

（2）道路照明对行车视线诱导有一定作用：一是与道路线形变化一致的灯光的诱导作用；二是照明为道路提供了必要的照度以看清道路轮廓与边缘，使驾驶人从容驾驶，并预知前方路线线形。

（3）道路照明也为道路附近环境提供一定的照度，使照明设施本身与周围一定空间共处于特定的夜间道路景观环境之中，是道路景观设计应考虑的夜间景观表现内容之一。

（4）考虑道路照明满足交通功能和景观功能的要求，照明设施的规划设计应做到美观、合理、安全可靠、技术先进。

## 二、城市道路照明标准

为保证道路照明质量，达到辨认可靠和视觉舒适的基本要求，道路照明以满足平均路面亮度（照度）、路面亮度（照度）均匀度和眩光限制三项技术指标为标准。

### 1. 平均路面亮度（照度）

我国现行规范中所用的亮度单位是"坎德拉/平方米"（cd/m²），即为每平方米表面上沿法线方面产生 1 坎德拉（国际新烛光）的光强度，或用"勒克斯"（lx）表示照度，即每平方米照射面上分布 1"流明"（lm）的光通量。照度可按式（8-1）计算：

$$E=\frac{F}{S} \quad (\text{lx}) \tag{8-1}$$

式中　$E$——照度（lx）；

　　　$F$——光通量（lm），它表示能引起视觉作用的光能强度（发光功率）；

　　　$S$——照射面积（m²）。

## 2. 路面亮度(照度)均匀度

路面亮度(照度)均匀度是路面最低局部亮度与路面平均亮度之比。表 8-2 是我国规范中确定的道路照明标准。

道路照明标准    表 8-2

| 道路类别 | 照 明 水 平 | | 均 匀 度 | | 眩 光 限 制 |
|---|---|---|---|---|---|
| | 平均亮度 $L_a$ (cd/m²) | 平均照度 $E_a$ (lx) | 亮度均匀度 $L_{min}/L_a$ | 照度均匀度 $E_{min}/E_a$ | |
| 快速路 | 1.5 | 20 | 0.40 | 0.40 | 严禁采用非截光型灯具 |
| 主干路 | 1.0 | 15 | 0.35 | 0.35 | 严禁采用非截光型灯具 |
| 次干路 | 0.5 | 8 | 0.35 | 0.35 | 不得采用非截光型灯具 |
| 支 路 | 0.3 | 5 | 0.30 | 0.30 | 不宜采用非截光型灯具 |

从照度的实际测定情况来看,当道路上的照度不太大的时候,人的视觉感受能力很低,例如会将远处摇曳的行道树误认作走路的行人。当照度增大到 2~3lx 时,视觉感受能力开始显著增加,辨别的速度也加快。而当照度继续增大到 8~10lx,视觉感受速度却几乎没有变化。因此,照度过小或过大均不适宜,应以驾驶人感到路面有舒适的照度为主要依据,并根据城市性质、道路等级和交通量大小等因素综合考虑车行道和人行道的适当亮度(照度)。

## 3. 眩光限制

眩光是因照明设施产生的强烈光线造成妨碍驾驶人视觉或产生不舒适感觉的现象,通常通过合理选择照明装置和安装方式,以及控制灯具高度等措施来限制眩光的产生。照明设施的布置以及道路防眩措施对高等级道路来说是必须予以考虑的。

## 三、照明系统的布置与选择

### 1. 道路照明器的平面布置方式

道路照明器的平面布置方式取决于道路的等级、横断面形式、交通量大小、路面宽度等因素,一般常用的布置形式有以下几种:

（1）单排一侧布置（图 8-8a）

其特点是简单经济，适用于路面宽度在 15m 以下的道路；缺点是照度不均匀。

（2）单排路中排列（图 8-8b）

利用道路两侧的竖杆将照明灯具悬挂在道路中央上方，其特点是简单经济、照度均匀，适用于道路两侧行道树分叉点较低造成遮光较严重的较低等级道路（路面宽度宜在 15m 以下）；缺点是对驾驶人形成反光眩目，且悬挂灯具影响超高车辆通行以及于道路景观和市容不利。

（3）双排对称布置（图 8-9a）

适用于路面宽度大于 15m 的城市主干道上，在宽度不超过 30m 的情况下，一般均可获得良好的路面亮度。

（4）双排交错布置（图 8-9b）

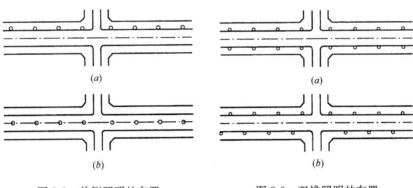

| (a) | (a) |
| (b) | (b) |

图 8-8 单侧照明的布置          图 8-9 双排照明的布置

（a）布置在车行道一侧；（b）布置在车行道中线    （a）对称布置；（b）错开布置

适用条件同（3），且路面亮度和均匀度都较理想。

交叉口、弯道、广场以及隧道的照明，应根据各自的特点和要求进行布置。

如图 8-10(a)、(b)所示，对于 T 形交叉口的灯具布置应有利于驾驶人判断道路尽头，并根据相交道路等级关系考虑灯具的布置数量和密度。

十字交叉路口的照明灯具应布置在入口右侧（图 8-11），使驾驶人

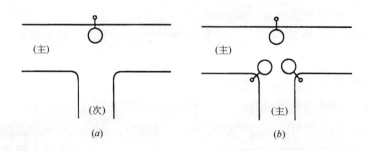

图 8-10　T 形交叉口照明器的布置

(a)主要道路与次要道路相交；(b)主要道路与次要道路相交

从远处就能看清横穿交叉口的行人。

弯道上的照明灯具应布置在弯道外侧(图 8-12)，使驾驶人能辨清弯道形状。不同平曲线半径的弯道上照明器的布置间距见表 8-3，当半径大于 1000m 时，弯道照明可按直线段处理。

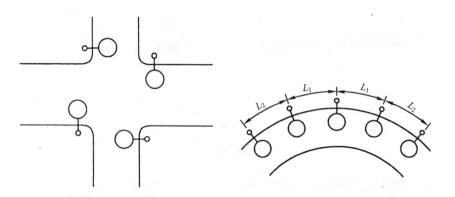

图 8-11　十字形交叉口照明器的布置　　　　图 8-12　弯道上照明器的布置

不同弯道半径的路灯间距 　　　　　　　　　表 8-3

| 弯道半径 $R$(m) | <200 | 200~250 | 250~300 | >300 |
|---|---|---|---|---|
| 路灯间距 $L$(m) | <20 | <25 | <30 | <35 |

交通广场宜采用高杆照明，不仅经济合理，且照明效果良好。

隧道照明的布置应考虑到驾驶人视觉能力的过渡，隧道入口区的亮度应比洞外区域的亮度略大(若在白天，入口处则采用缓和照明方式），在入口区一定距离内保持恒定亮度，在入口区末端后则可将亮度逐渐降低至额定照度标准。

### 2. 照明灯具的悬挂高度及间距

路灯的光源功率、悬挂高度和间距与道路所要求的亮度有关。为保证路面亮度、均匀度和将眩光限制在容许范围内，照明灯具的安装高度、间距等应满足表 8-4 要求，示意图见图 8-13。

安装高度、路面有效宽度、灯具间距之间的关系 表 8-4

| 布灯方式 | 截光型 | | 半截光型 | | 非截光型 | |
|---|---|---|---|---|---|---|
| | 安装高度 $h_i$ | 灯具间距 $s_1$ | 安装高度 $h_i$ | 灯具间距 $s_1$ | 安装高度 $h_i$ | 灯具间距 $s_1$ |
| 单侧布置 | $h_i \geqslant W_e$ | $s_1 \leqslant 3h_i$ | $h_i \geqslant 1.2W_e$ | $s_1 \leqslant 3.5h_i$ | $h_i \geqslant 1.4W_e$ | $s_1 \leqslant 4h_i$ |
| 交错布置 | $h_i \geqslant 0.7W_e$ | $s_1 \leqslant 3h_i$ | $h_i \geqslant 0.8W_e$ | $s_1 \leqslant 3.5h_i$ | $h_i \geqslant 0.9W_e$ | $s_1 \leqslant 4h_i$ |
| 对称布置 | $h_i \geqslant 0.5W_e$ | $s_1 \leqslant 3h_i$ | $h_i \geqslant 0.6W_e$ | $s_1 \leqslant 3.5h_i$ | $h_i \geqslant 0.7W_e$ | $s_1 \leqslant 4h_i$ |

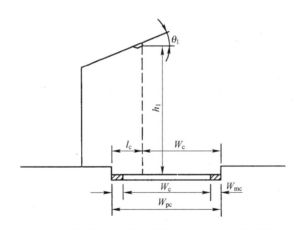

图 8-13 路面有效宽度 $W_e$、路面宽度 $W_{pc}$ 和灯具悬挑高度 $L_e$ 的关系

### 3. 城市道路照明灯具的选择

用于城市道路照明的光源应满足发光效率高、使用寿命长以及具有适当的显色指数的要求。灯具要求具有重量轻、美观、防水、防尘、耐高温、耐腐蚀等性质。光源可选用寿命长、光效高、可靠性和一致性好的高压钠灯、荧光高压钠灯和低压钠灯等。

同时，城市道路照明是城市景观和照明艺术的一个组成部分。在夜间，城市道路空间环境的面貌在很大程度上是由道路照明来反映的，因此，既要从照明需要的角度来决定照明器的布置，也要从美学角度来选择灯具、杆柱、底座等的式样，做到道路照明设施的实用性与观赏性的统一。

# 第九章　城市道路交通服务、管理设施

# 第一节　城市道路交通服务设施

随着城市化的进程，城市人口不断增长，城市用地的扩大，城市道路客、货运量增加的需求，私人小汽车的增多，城市道路交通上的问题越来越突出，除了在城市规划的指导下，城市建设部门兴修道路，扩大到路网密度之外，还要相应扩大和修建城市道路上的交通服务设施。

城市道路交通服务设施指：城市停车场地、城市加油站等。

**一、城市停车场**

城市停车场是城市道路上重要的交通服务设施之一。随着城市的发展，汽车数量的增加，在增加道路用地的同时，还需要有足够的供车辆停放的场地，如果车辆没有固定的停车地点，势必造成沿路随意停放，既影响交通又有碍城市市容，甚至侵占人行道影响行人交通。城市停车场应按照规划要求，合理布局，均匀配置。

**1. 城市停车场的类型**

（1）按车辆类型分

① 机动车停车场：包括大、中型公交车和货物车、出租汽车及小汽车等停放的场地。

② 非机动车停车场：是指自行车、三轮车停放的场地，如图9-1所示。

（2）按服务对象分

① 专用停车场：包括公共汽车、电车停车场、公交保养场以及专为机关、单位、宾馆等使用的停车场等，如图9-2和图9-3所示。

② 公共停车场：包括城市道路路段上的停车场、公交停靠站，各大型建筑物附近的停车场，城市市中心、区中心广场内的停车场，城市入境或过境车辆停车场等，如图9-3所示。

**2. 各类公交停车场的选择**

（1）城市公交车停车场（图9-4和图9-5）

城市公共交通是城市道路交通规划的重要内容之一。城市公共交

图 9-1　非机动车停车场

图 9-2　专用停车场

图 9-3　公共停车场

图 9-4　公交停车场

图 9-5　中、长途客运停车场

通停车场的用地选择应结合城市总体规划合理布局，做到保障城市公共交通的畅通、安全、方便、经济。

①　城市公共交通（以下简称为公交）停车场的功能是为城市公交线路运营车辆下班后提供合理的停放空间、必要的作业场地，并具有简单保养和维修作业能力。

②　城市公交停车场的位置：是根据城市总体规划要求均匀布置在各个区域线路网的重心处，可设置在旧城区，人流交通繁忙的商业街、市中心附近；城市主要客流交通枢纽（车站、码头）附近的适当位置安排公交停车场用地。对新建的开发区、住宅小区，以及卫星城，应在规划建设的同时，必须预留城市公交停车场及始末站用地。

③　城市公交停车场的规模：城市公交停车场的用地面积达标应确保公交车辆停放后，每辆车仍可自由出入，而且不受前后左右停放车辆的影响。

停车场用地面积及规模，一般大城市按 100~200 辆标准运营车停放的数量为宜，中小城市可按 50~60 辆标准车为宜。

每辆标准车用地面积按 150m² 计算，对于大城市及城市用地十分紧张的地区，公交车停车场、公交始末站，以及保养场综合用地可合计按 180~200m² 计算。

如果是无轨电车或有轨电车，停车场地面积尚需增加 10% 左右。

④　城市公交停车场的总平面布置：城市公交停车场一般由前场区、停车坪、生产区、生活区、出入口五部分组成。

A. 前场区。一般包括调度室、车辆进出口、门卫室。

B. 停车坪。公交车停放的区域，面积为总用地面积的 50%~60%，每辆车按 80~100m² 计算。

C. 生产区。一般包括初级保养、保修车间，辅助工具车间，动力与能源供给车间等。

D. 生活区。一般包括办公室、文化娱乐、会议室、食堂、保健室、浴室、厕所及少量集体宿舍。

E. 出入口。一般应单设进、出口。进、出口的宽度不应小于 7m；如果场地条件不允许，只能设一个出入口时，其宽度不宜小于 10m。并应与工作人员进出口严格分开。进出口开设方向应与场外交通路线相衔接。

（2）公交始末站

城市公交始末站是指公共交通（即公共汽车）的起始站和终点站。城市公交始末站的位置，应选择在紧靠客流集散点和乘客客流方向同侧。它可选择在城市对外交通集散广场、居住区、商业区，以及文化娱乐、体育活动中心附近。公交始末站最好能到达较大的服务半径。一般能吸纳 350m 半径范围内的乘客，最远可延伸到 700～800m 范围内。对于在火车站、码头、大型商场、分区中心、公园、体育场、剧院等处的始末站，不宜设置单一线路，应该有多条线路，并形成城市公交枢纽站。

公交始末站的出入口不宜离道路平面交叉口太近，一般应离交叉口路中心线不小于 80m（或离交叉口机动车停车线 50m）。对无轨电车的始末站位置选择，还应考虑车辆转弯的偏线距离和架设触线网的可能性，同时，应尽量靠近整流站，以确保电力供应的可能性和合理化。

无轨电车停车场的架空线网应按车辆运行方向顺时针（或者逆时针）布置。架空线网触线高度为 5～5.5m。

公交始末站如果在不考虑夜间停放车辆的情况下，用地面积可适当缩小，但应不小于线路全部运营车辆车位面积的 60%。

公交始末站的用地规模：以每辆标准车的占地面积乘以在线运营车辆的 80%。其长度一般可按平行停放 4～5 辆车的长度，再加上进出口车道宽度（8～10m）计算；宽度可按 20～30m 计。当该路段配置车辆少于 10 辆时，或者用地不规整的情况下宜适当增加用地面积，用地增加系数为 1.2～1.5。

上述用地规模不包括候车廊等。候车廊的宽度一般不小于 1.5m，长度不少于 40m（即至少可同排停放 3 辆车）。总用地规模控制在 3000m² 为宜。

（3）城市公交保养场

其主要是专为公交集团承担营运车辆的高级保养和维修任务，场内配置有各类汽配件，承担加工、负责保养、小修业务及修理材料、燃料的储存和发放等。其位置的选择，大城市一般在各分区线路网的重心处，中小城市可以设在城市边缘地段。由于保养场在保养和维修中有噪声和废气，故其位置不宜选择在闹市区、居住生活区，以及城市主干道边，宜设在交通比较偏僻、人流比较少的地段。同时保养场还必须设在城市居住区的下风向。

保养场的用地规模一般按保养车辆的数目计算，并以每辆车200m² 乘以用地系数 $K$，当保养车辆数小于或等于 100 辆时，$K=1.2$；150 辆左右时，$K=1.1$；200 辆以上时，$K=1$。见表 9-1。

保养场用地面积指标 表 9-1

| 保养场规模（辆） | 每一辆车的保养场用地面积（m²/辆） | | |
|---|---|---|---|
| | 单节公共汽车或电车 | 铰接公共汽车或电车 | 出租小汽车 |
| 50 | 220 | 280 | 44 |
| 100 | 210 | 270 | 42 |
| 200 | 200 | 260 | 40 |

（4）城市公交车辆修理厂

一般大城市可建一个城市公交车辆修理厂，修理厂的用地规模应按城市公交企业拥有的营运车辆数而定。修理厂的位置可选择在城市中心区的边缘地区。

凡运营车辆在 500 辆以上可设 200 辆/年次大中修能力的修理厂一座。

（5）城市公交车停靠站

城市公共汽车停靠站的设置方式一般有以下三种，如图 9-6 所示。

① 沿人行道布置；

② 在非机动车与机动车道之间的分隔带上布置；

③ 港湾式布置。可在人行道边挖入，宽度不小于 2m，长度不小于 30m；也可在隔离带上挖入，但隔离带的宽度不宜小于 2m。

（6）长途公交客运站

长途公交客运站是指市际或省际间的长途客运站。一般可设置在近郊交通方便的城市干道附近的独立地段，亦可设在轮船码头、火车站附近的独立地段，以便联运和转运。一般大城市可在城市的东、西、南、北各设一处。每个站点运营线路不宜太多，一般控制在 4～6 条线路为宜。每条线路占地面积可按 500～800m² 计。总用地面积控

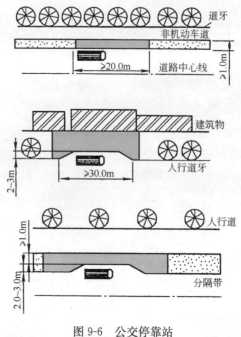

图 9-6　公交停靠站

制在 2500~5000m² 之间。

(7) 远郊汽车客运站

远郊汽车客运站是指在城市规划用地范围内的(城市辖区内)专线公交车站。它是便于离市中心 30~50km 范围内的直辖区、县、镇之间的市民来往市中心区的一种公交客运车站，其位置一般可设置在市中心区附近的次要道路或支路上。有条件的地方可辟出一块港湾式专用场地，没有条件的可直接在交通量不大的支路上靠人行道一侧设置。原则上车辆不积压，定时两头对开。晚间亦不设专用停车场。在路边只设一辆末班车的停靠位为早班始发做准备。

## 二、城市公用汽车停车场规划设计

### 1. 城市公用汽车停车场的规划设计原则

(1) 城市公用停车场是指除公交停车场外，满足不同类型车辆的停车要求的场地。应根据城市总体规划及道路交通组织的要求，进行合理布局。

（2）停车场一般应在全市范围内均匀分布。但对人流、车流密集的市中心、区中心、大型公共建筑附近可提高停车场泊位的比例，一般为全市停车泊位总数的 50％～70％；在城市对外道路的出入口，停车泊位数为全市总数的 5％～10％；城市其他地区应为 25％～40％。在计算停车泊位时还应乘以 1.1～1.3 的高峰日系数。

（3）停车场的服务半径：在市中心区一般不宜大于 200m，一般地区不宜大于 300m。

（4）停车场地用地面积，通常按设计的停车泊位计算。一般每个小汽车停车位按 30～35m² 计，一辆大轿车按 60～70m² 计。

（5）停车场设计应考虑进出口的视距，并均应是有转弯出入。一般应设两个进出口，且其距离不小于 20m。进出口尽量设置在次要干路上，如不可避免地设置在干道上时，则进出口应远离交叉口斑马线 50m 以上。个别停车场因受地块条件影响，不宜设置两个出入口或停车泊位少于 50m 时，可以允许合用同一个出入口。但合用的出入口宽度不宜小于 9m，如图 9-7 所示。

图 9-7　一个出入口的停车场

（6）大城市在禁止卡车（载重车）通行的路段和地区，城市公用停车场只按小汽车计算泊位。部分地段需要停放大客车时，其泊位可按小轿车数量的 1/5 考虑。

（7）城市公用停车场应在出入口的人行道牙边设置醒目的标志牌。停车场地内，地面应有泊位画线标志。汽车停放必须按地面上画好的停车位进行停放。

（8）城市汽车停车场在计算存放周转量/日时可按每个停车泊位 3～7 次计。

（9）大城市的市中心区或区中心地区在建筑密度高、土地资源不足的情况下，可以建造立体停车库，许多城市已有成功的经验。

如图 9-8 所示。

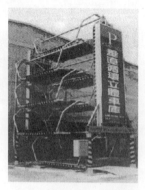

图 9-8　立体停车库

## 2. 车辆停车方式

车辆停车方式一般分三种，即地面露天停车场、地下停车场、建筑楼内停车场。

（1）地面露天停车场

优点是近期投资少，施工期很短。缺点是占地面积大，需要征地或拆迁房屋，土地使用效率低。

① 地面露天停车的汽车停放方式

A. 平行式：适用于形状比较长的地块，也是城市部分道路路边停车的一种方式，如图 9-9 所示。

B. 垂直式：一般适用于形状比较方正的地块，而且要求停泊车位较多。优点是用地紧凑，缺点是车辆进出需要倒车，如图 9-10 所示。

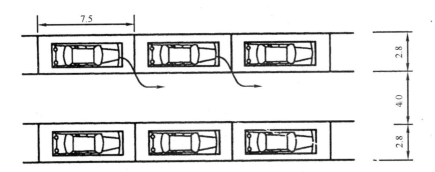

图 9-9　平行式停车

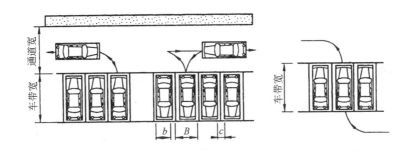

图 9-10　垂直式停车

b—单车宽；B—单位宽；c—车间距

C. 斜列式：一般适用于狭长的地块或是形状不规整的地块。优点是车辆停放进出方便，可随地形面积大小选择停放角度，可为 60°，45°，30°，缺点是占地面积大，如图 9-11 所示。

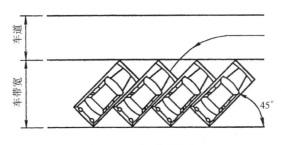

图 9-11　斜列式停车

269

② 车辆停放用地面积

A. 一辆小客车停放泊位的尺寸设计，见表 9-2。

机动车停放场地设计指标（单位：m）　　　表 9-2

| 车型 \ 宽度 | 车带宽 | | | 单位停车宽 | | | 通道宽 | | |
|---|---|---|---|---|---|---|---|---|---|
| | 垂直式 | 平行式 | 斜列式 | 垂直式 | 平行式 | 斜列式 | 垂直式 | 平行式 | 斜列式 |
| 小客车 | ≥5.5 | ≥2.8 | ≥6.2 | 2.8 | 2.8 | 2.8 | ≥6 | ≥4 | ≥5 |
| 大型客车 | ≥11 | 3.6 | 10.6～11.7 | 3.6 | 3.6 | 3.6 | ≥12 | ≥4.5 | 6～9 |
| 卡车 | ≥11 | 3.5 | 12 | 3.5 | 3.5 | 3.5 | ≥12 | ≥4.5 | 6～9 |

平行式：车带宽为 2.8～3m，因停车和倒车的需要，车位宽为 7.5m，通道宽为 5～5.5m。

垂直式：车带宽为 5.5～6m，车位宽为 2.8～3m，通道宽为 6～6.5m。

斜列式：车带宽为 3～6.5m，车位宽为 2.8～3m，通道宽为 5.5～6m。

B. 单位停车面积的确定，即停放一辆车的停放面积计算。

垂直于通道停放：

$$A=(L+0.5)(b+C_1)+(b+C_1)S_1/2 \qquad (9\text{-}1)$$

平行于通道停放：

$$A=(L+C_2)(b+1)+(L+C_2)S_2/2 \qquad (9\text{-}2)$$

式中　$A$——停放一辆车的面积($m^2$)；

　　　$L$——车身长(m)；

　　　$b$——车身宽(m)；

　　　$C_1$——垂直停放的两车厢净距(m)；

　　　$C_2$——平行停放的两车厢净距(m)；

　　　$S_1$——垂直停放的通道宽度(m)；

　　　$S_2$——平行停放的通道宽度(m)。

这样可以分别计算出一辆车所需要的停车用地面积。

C. 停车场用地面积的确定及总平面图布置，如图 9-12 所示。

一个地面露天停车场地面积包括设计停车泊位的数量，加上绿地

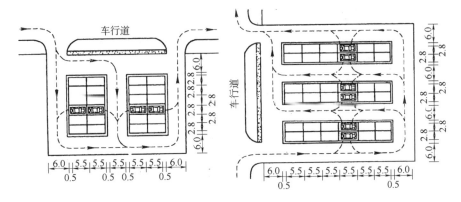

图 9-12 停车场总平面布置图

面积(为总用地的 $10\%\sim15\%$),再加上环道面积和背面停车间的分隔带,以及进出口的放宽等。

停车场地面积 $\qquad F=F_1\cdot n+G+E$ (9-3)

式中 $F$——停车场总用地面积($m^2$);

$\quad$ $F_1$——一辆汽车停放所需面积($m^2$);

$\quad$ $n$——计划设计的停车数量(辆);

$\quad$ $G$——绿地面积($m^2$);

$\quad$ $E$——隔离或分隔带的面积($m^2$)。

(2)地下停车场及建筑楼内停车场

与地面停车泊位面积计算基本是一致的,应以小型车车库为主,小型车单层车库净高应大于 2.2m。

室内车库的关键是要解决车辆进出的坡道和柱距。

① 坡道

坡道分两种,即通道直线坡度和通道曲线坡度。地下车库最大纵坡,见表9-3。坡道一般尽可能将车辆进出口分开,右侧单项进口和出口。

地下车库最大纵坡 表 9-3

| 车 型 | 直线坡度(%) | 曲线坡度(%) |
|---|---|---|
| 小型汽车 | 15 | 12 |
| 中型汽车 | 12 | 10 |
| 大型汽车 | 10 | 8 |

② 柱距

室内车库的柱距控制是设计时十分重要的因素，合理的柱距可以让停车数量增加，如图 9-13 所示。

如果柱距内设计停 3 辆车：

$L \geqslant a + 2d + 2c + 3b$，则柱距为 $(8.4 + a)$m。

如果柱距内设计停 2 辆车：

$L \geqslant a + 2d + c + 2b$，则柱距为 $(5.8 + a)$m。

其中：$b$ 为车宽，取 1.8m；$c$ 为两车间距，取 1m；$d$ 为车、柱之间的距离，取 0.5m；$a$ 为地下车库柱子断面宽度。

（3）路内咪表停车场

咪表是一种车辆停车计费装置，也是路标允许停车的标志，如图 9-14 所示。

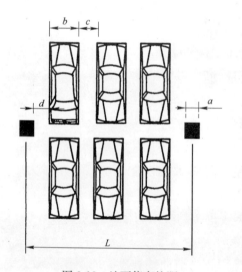

图 9-13　地下停车柱距

图 9-14　咪表

① 咪表停车场指利用道路两侧人行道边专门划出的路内停车场地，使用先进的自动化咪表装置，进行停车收费与停车管理的停车场地。

这种咪表停车场的建设是城市静态交通现代化管理的重要标志之一。其优点是：

A. 减少资源浪费，方便交通管理。可以较小的代价，降低该地区停车压力，减少土地资源的浪费。

B. 有效地缓解目前路内停车存在乱收费及管理不力的状况。

C. 方便车主。停车咪表指明了路内停车的具体车位，没有咪表的地方不允许停车。克服了路内停车范围不明确的弊病，减少了违章停车的行为。

D. 提高停车场的使用效率。根据国外统计，路内停车场使用效率远远高于普通其他类型的停车场。

路内咪表停车场采用计时收费的管理方式。迫使车主要有时间意识，可以缩短停车时间，从而提高停车场周转率，这种方式对大城市、小城市繁华地段提高停车场使用效率是十分有效的。

② 路内咪表停车场设置

A. 设置区域。限于土地使用强度较大的地域，如购物中心、商务中心、娱乐场所，以及步行街边等地段。

B. 停车位置的限制。交叉口、街坊车辆进出口、人行横道线、消防栓、停车路标、信号灯附近不宜设置。咪表停车场地要设醒目的标志及指示牌。让驾驶人能较快地找到。

C. 应根据动态交通来设置。静态咪表停车场位置选择应分析动态交通的因素，要接近干道又不影响干道的通行能力，而可以设置在交通量不大的次干道或支路上。

对于道路未能达到设计通行能力时，即未达到饱和状态时，可以在两侧设路内咪表停车场，对于道路断面不宽区域亦可采用单向咪表停车场或双向错位停车场。

D. 时间限制。对于城市静、动态交通需求均很大的地段，可以采用限制咪表停车泊位的停车时间，超过者要交罚金。这样就可提高停车场的周转率。

### 三、城市自行车停车场设计

自行车体积小，重量轻，灵活方便，对场地的形状和大小都要求比较低，设计也比较简单。21 世纪来临，在大城市及其周边地区，随着小汽车进入家庭，自行车会适当减少；而中、西部地区，随着农村生活水平的提高，自行车销售量有增无减，总体上说，我国仍然是自行车大国。

目前许多城市都存在自行车公共停车场非常缺乏的问题，虽然近年来在大型公共建筑、影剧院、体育场等附近修建了自行车停车场，但容量不足。造成自行车到处停放，既妨碍街道交通又威胁行人安全，同时导致市容不雅观。今后需要加快自行车停车场的建设步伐。

**1. 自行车停车场的种类**

（1）固定式专用停车场：通常有固定的自行车支架，可设顶棚，设有专人管理，如图 9-15 所示。

（2）临时性停车场：根据机会或群众活动的临时需要而设置。一般没有顶棚，是露天的，且没有自行车支架。

（3）街道路边停车场：在繁华街道附近、影剧院门口，利用人行道较宽的部分设置停车场，以及在居住区小街巷内设自行车寄存处，此类停车场为数最多，如图 9-16 所示。

图 9-15　自行车公共停车场　　　　图 9-16　自行车路边停车场

**2. 自行车停放位置和规模**

（1）自行车停车场应尽可能靠近公共建筑布置，以便于停放。对于大型人流集散地，如体育馆、科技馆、展览馆、歌剧院等，自行车停放场地应在其四周设置，以便各方向骑过来的自行车都能及时找到停车场，避免穿越相互干扰。

（2）充分利用城市内的闲地、空地、边角地，来开辟自行车停车场。

（3）停车场地的出入口要宽一些，一般不小于 3m，以保证存取车进出的需要。

（4）对街道广场内的专用自行车停车场应设车棚，外形和色彩要美观、大方。同时，场地内均要有铺装，不至于将泥土带入道路，以免影响城市街道环境卫生。

（5）停放规模一般是根据用地大小和以往停车数量的调查实际进行确定。对于规模在 500 辆车位以上的自行车停车场，应设置两个出入口；对规模在 1000 辆车位以上的停车场，应将停车场进行分组，每组按 500 个车位设置，并分别有自己的出入口。

**3. 自行车停车方式**

① 垂直停放，如图 9-17 所示；

② 斜向停放，如图 9-17 所示。

**4. 自行车停车场地面积计算**

① 双向垂直停放，$L_{最小}=6m$；

② 单向垂直停放，$L_{最小}=4m$；

③ 斜向停放，$L_{最小}=2+2\sin\alpha=3.6m$。

自行车停放场地单位车辆用地面积只要条件许可，一般不要抠得过紧，如图 9-18 所示。

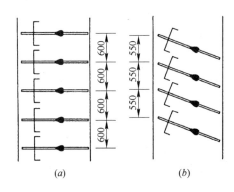

图 9-17　自行车停车方式

(a)垂直停放；(b)斜向停放

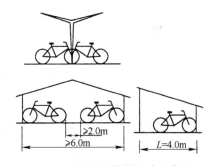

图 9-18　自行车停放尺寸示意图

① 垂直停放：一般单排停放不小于 $2.2m^2$，双向停放不小于 $1.7m^2$；

② 斜向停放：一般单排停放不小于 $1.2\sim1.7m^2$，双向停放不小于 $1\sim1.5m^2$。

### 四、城市汽车加油站

城市汽车加油站是城市不可缺少的公共交通服务设施，如图 9-19 所示。

图 9-19　加油站

#### 1. 汽车加油站的规模

加油站的规模一般以每日服务 300～500 辆为限，最大规模控制在 1000 辆为宜。加油站要求做到 24 小时不停业，服务半径为 0.9～1.2km，城市内加油站的位置要在城市控制性详细规划阶段就应定下来，并予以预留。其用地规模可分大、中、小三类，用地面积大致控制在 1200～3000m² ，如表 9-4 所示。

加油站用地面积　　　　　　　　　　表 9-4

| 一昼夜加油车次(辆) | 300 | 500 | 800 | 1000 |
| --- | --- | --- | --- | --- |
| 用地面积(km²) | 0.12 | 0.18 | 0.25 | 0.30 |

加油站的规模应根据城市内的具体位置，宜大、中、小结合，交通量大的地区可选大型，一般以小型为主。

#### 2. 加油站的设备

(1) 主要设备：加油柱、油罐、泵房、办公室、围墙等。油罐一般不允许外露，应埋入地下。

(2) 辅助设备：在用地许可的情况下，通常设置公共厕所、小卖部、书报亭，其面积可增加 100～150m² ，但不能妨碍加油作业，并应离开加油作业区一定距离。如果附有洗车设施，则用地面积还可另增加 150～200m² 。

### 3. 城市汽车加油站的分级（表9-5）

加油站的等级划分　　　　　　　　　　　表 9-5

| 级　　别 | 油罐容量（m³） | |
|---|---|---|
| | 总容量 | 单罐容量 |
| 一　级 | 61～150 | ≤50 |
| 二　级 | 16～60 | ≤20 |
| 三　级 | ≤15 | ≤15 |

（1）表9-5中其有关的总容量指汽油储量。当加油站兼营柴油时，则汽油、柴油储量可按2：1折算。

（2）市区内不宜修建一级加油站，而且所建的加油站均应将卧式油罐直埋地下。

### 4. 城市公共加油站的位置选择

城市公共加油站的位置应符合城市总体规划、用地布局规划以及环境保护规划的要求，同时，应符合防火安全的要求。

其站址应选在交通方便的地方。城市市区可靠近交通干道或设在出入方便的次干道上，郊区可靠近公路或市区出入口附近。在市区内的加油站与其他建筑之间的距离应符合表9-6中的数值规定。

加油站离建筑物的距离（单位：m）　　　　　　　　　表 9-6

| 等级<br>项目 | 一级 | | 二级 | | 三级 |
|---|---|---|---|---|---|
| | 甲 | 乙 | 甲 | 乙 | 甲 |
| 重要公共建筑 | 50 | 50 | 50 | 50 | 50 |
| 民用建筑一级 | 12 | 15 | 6 | 12 | 5 |
| 民用建筑二级 | 12 | 14 | 6 | 12 | 5 |
| 民用建筑三级 | 15 | 20 | 12 | 15 | 10 |
| 民用建筑四级 | 20 | 25 | 14 | 20 | 14 |
| 明火及火花点 | 30 | 30 | 25 | 25 | 17.5 |
| 距离主要道路 | 10 | 15 | 5 | 10 | 不限 |
| 架空通信一级 | 杆高的1.5倍 | | | | |

续表

| 等级<br>项目 | 一级 | | 二级 | | 三级 |
|---|---|---|---|---|---|
| | 甲 | 乙 | 甲 | 乙 | 甲 |
| 架空通信二级 | 杆高的 1.5 倍 | | | | |
| 架空通信一般 | 不得跨越加油站上空 | | | | |
| 架空电力线路 | 杆高的 1.5 倍 | | | | |

注：甲为地下直埋式罐，乙为地上卧式罐。

### 5. 加油站总平面布置

一般情况下，加油站总平面应为长方形，长面朝街。进、出口应分开设置，进出口道路的坡度不宜大于 6％。

汽车加油站内的各种建筑、构筑物之间应有一定的安全距离，并符合表 9-7 中的数值规定。城市加油站平面示意图如图 9-20 所示。

加油站内各种建筑物、构筑物的安全距离　　　　　　　表 9-7

| 项目 | A | B | C | D | E | F |
|---|---|---|---|---|---|---|
| A | 0.5 | — | 不限 | 4 | 17.5 | 3 |
| B | — | 0.8 | 8 | 10 | 17.5 | 5 |
| C | 不限 | 8 | | 5 | 15 | 不限 |
| G | 5 | 10 | 5 | 5 | 5 | 不限 |
| H | 不限 | 不限 | 不限 | 5 | 15 | 不限 |

注：A—直埋地下卧式油罐；B—地上卧式油罐；C—加油机或油泵房；D—站内办公房；E—独立高炉房；F—围墙；G—其他建筑物和构筑物；H—汽油油罐车的密闭卸油点

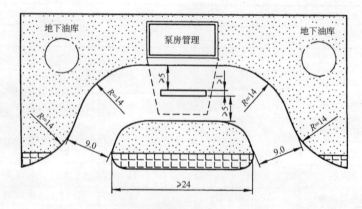

图 9-20　城市加油站平面示意图(尺寸单位：m)

加油站站房室内地面标高应高于室外地坪至少 0.2m，加油机应设在加油岛上，加油岛标高应高出地坪 0.2m，岛的宽度不应小于1m。汽车加油场地宜设罩棚，罩棚净高不应小于 4.5m。

加油站加油场地道路单车道不宜小于 3.5m，双车道应大于6.5m。加油站道路路面不宜采用沥青路面。

## 第二节　城市道路交通管理设施

### 一、城市道路交通管理设施的概念

城市道路交通管理设施是指为提高城市道路车辆的行车速度和通行能力、减少交通事故，由交通管理部门按照立法程序制定统一的交通规则，并设置必要的交通标志、交通指挥信号灯和路面标志，由驾驶人和行人共同遵守。

城市道路上的交通标志是一种用图形符号和文字传递的特定信息，是用来管理交通安全的指示设施。道路交通标志给汽车驾驶人及行人以确切的交通情报。正确地设置交通标志可以提高道路的通行能力，调整车辆运行秩序，引导驾驶人和行人的行径导向，使道路发挥最大的使用效率，达到安全、通畅、低公害、节能的目的。

### 二、城市道路交通标志

根据我国《道路交通标志和标线》(GB 5768—1999)的规定，城市道路交通标志分为主标志和辅标志两大类。

1. 主标志

主标志可分为警告标志、禁令标志、指示标志、指路标志四类。

(1) 警告标志

警告标志包括交叉口标志、陡坡标志、窄路标志、急转弯标志等，除特殊标志外，颜色为黄底、黑边、黑图案，标志牌的形状基本为三角形，如图 9-21 所示。

(2) 禁令标志

禁令标志包括禁止通行标志、禁止驶入标志、禁止某种车辆通行标志等，其颜色为白底、红边、黑图案，标志牌形状为圆形，个别情

| | | | |
|---|---|---|---|
| 十字交叉路口 | T形交叉路口 | T形交叉路口 | T形交叉路口 |
| Y形交叉路口 | 环形交叉路口 | 向左急转弯 | 向右急转弯 |
| 反向弯路 | 连续弯路 | 右侧变窄 | 左侧变窄 |
| 两侧变窄 | 双向交通 | 注意危险 | 上坡路 |
| 下坡路 | 注意行人 | 注意儿童 | 注意横风 |
| 易滑路面 | 傍山险路 | 堤坝路 | 隧道 |
| 渡口 | 驼峰桥 | 过水路面 | 注意落石 |
| 村庄 | 铁路道口 | 施工 | 叉形符号 |

图 9-21　警告标志

况除外，如图 9-22 所示。

（3）指示标志

指示标志包括车辆行驶方向标志、机动车道标志和非机动车道标志等，其颜色为蓝底、白图案，其形状分别为圆形、长方形、正方形等，如图 9-23 所示。

（4）指路标志

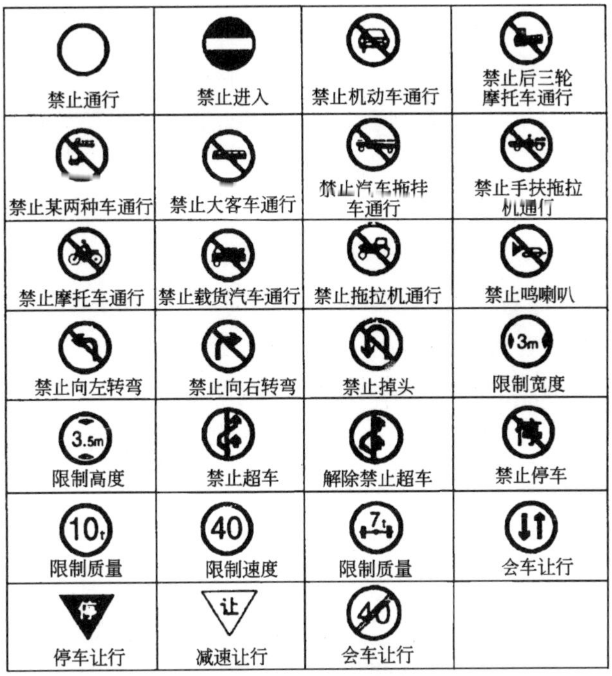
禁止通行
禁止进入
禁止机动车通行
禁止后三轮摩托车通行
禁止某两种车通行
禁止大客车通行
禁止汽车拖挂车通行
禁止手扶拖拉机通行
禁止摩托车通行
禁止载货汽车通行
禁止拖拉机通行
禁止鸣喇叭
禁止向左转弯
禁止向右转弯
禁止掉头
3m
限制宽度
3.5m
限制高度
禁止超车
解除禁止超车
停
禁止停车
10t
限制质量
40
限制速度
7t
限制质量
会车让行
停
停车让行
让
减速让行
40
会车让行

图 9-22 禁令标志

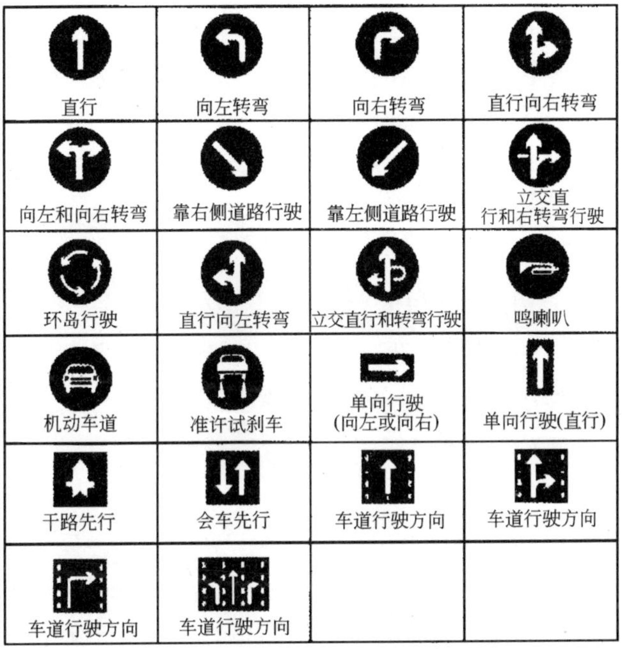
直行
向左转弯
向右转弯
直行向右转弯
向左和向右转弯
靠右侧道路行驶
靠左侧道路行驶
立交直行和右转弯行驶
环岛行驶
直行向左转弯
立交直行和转弯行驶
鸣喇叭
机动车道
准许试刹车
单向行驶(向左或向右)
单向行驶(直行)
干路先行
会车先行
车道行驶方向
车道行驶方向
车道行驶方向
车道行驶方向

图 9-23 指示标志

指路标志包括一般道路指路标志和交通指路标志两类，共 19 种。

## 2. 辅标志

辅标志为辅设在主标志牌下面，起到辅助说明作用的标志，其颜色为白底黑字、黑边框。

上述各类交通标志的形状、大小、颜色和图样可参见国家标准《道路交通标志和标线》（GB 5768—1999）。

## 3. 道路交通标志设置原则

（1）根据客观实际设置

各类交通标志都有自身含义，有一定的设置条件，使用中应根据实际需要，结合具体情况合理设置。目的是为达到交通畅通和行车安全。

（2）应贯彻统一性和连续性相结合

统一性是指在一定距离内，交通标志之间以及与其他交通设施之间应是相适应和协调的。避免出现标志内容相互矛盾和重复现象，尽量用最少的标志把信息展现出来。避免提供过多信息，尤其在交叉口附近。同一地点的标志不宜超过 3 块；同一地点不允许指路牌与禁令牌标志同时出现。

（3）交通标志应设置在驾驶人和行人易见的位置

一般应设置在行驶车辆的正方向，既可以设置在中央分隔带内及行车方向的右侧人行道边，也可设置在车行道上方。

同一地点需要集中标志时，可以安装在同一根立柱上，但最多不宜超过四种。同时，一柱多牌设置应按顺序，即按警告、禁令、指示的顺序，由上而下，由左往右排列。

（4）交通标志的照明与反光性

城市道路上的交通标志除少数是仅属于白天起作用的之外，多数标志昼夜都起作用。交通标志均应设置在照明条件较好的位置。对交通量较大或高速公路路段上，应采用反光标志。

## 三、城市道路交通标线

道路交通标线是在道路行车车道的路面上用瓷砖、金属片或油漆等方法，标出车道线、中心分隔线、前进、左转、右转箭头等，从而达到管理和引导交通流向的作用，如图 9-24 所示。

| 一、车道中心线　用来分隔对向行驶的交通流中心虚线　白色或黄色虚线。表示准许车辆越线超车或向左转弯 | 三、车道边缘线　白色实线或虚线。表示车道的边线 |
| --- | --- |
| 中心单实线　白色或黄色实线。表示不准车辆越线超车或向左转弯 | 四、停止线　线为白色。表示车辆等候放行信号的停车位置 |
| 中心虚实线　白色或黄色虚线。表示实线一侧禁止车辆越线超车或向左转弯，虚线一侧准许车辆越线超车或向左转弯 | 五、停止让行线　线为白色。表示车辆停止让行的停车位置 |
| 中心双实线　白色或黄色双实线。表示严格禁止越线或左转弯 | 六、减速让行线　白色双虚线。表示车辆让干路先行的让行位置 |
| 二、车道分界线　用来同向行驶的交通流车道分界线　白色虚线。表示车辆跨越超车或变更车道行驶 | 七、人行横道线　线为白色(俗称斑马线)。表示准许行人横穿车行道的标线 |
| 导向车道线　白色或黄色单实线。表示不准车辆变更车道行驶线 | 八、导流线　线为白色。表示车辆按规定的线路行驶，不得压线或越线行驶中心圈，区分车辆大小、小转弯 |

图 9-24　交通标线(一)

283

| | 十、停车位标线<br>线为白色。表示车辆停放位置 |
|---|---|
| <br>适用于 T 形交叉路口<br><br><br><br>适用于 Y 形交叉路口 | <br>平行式<br><br><br>倾斜式<br><br><br>垂直式 |
| <br><br>适用于 T 形交叉路口 | 十一、港湾式停靠站标线<br>线为白色。表示公共电、汽车(长途客车)的分离引道和停靠位置<br><br> |
| <br><br>适用于 Y 形交叉路口 | 十二、导向箭头<br>白色箭头。表示车辆的行驶方向<br><br> |
| <br><br>九、接近路面障碍物标线<br>警告机动车驾驶人注意路面障碍物。与中心线或车道分界线一致<br><br> 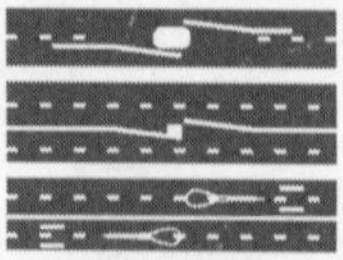 | 十三、左转弯导向线<br>白色虚线。表示左转弯车辆须按标线指引的路线行驶<br><br><br><br>十四、最高速度限制标记<br>黄色。表示机动车最高速度不准超过标记所示数值<br><br>  |

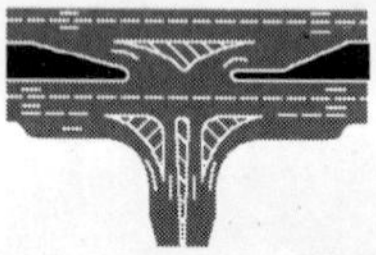

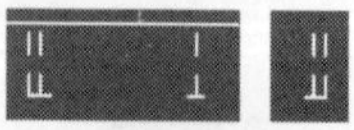

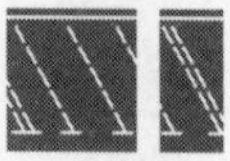

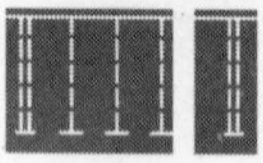

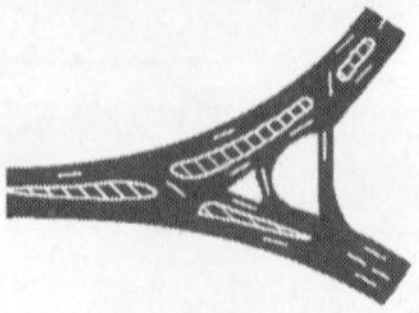

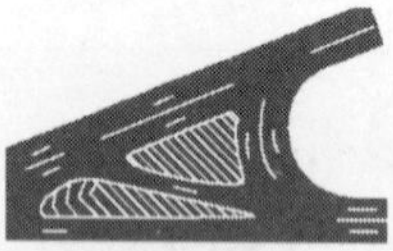

图 9-24　交通标线(二)

## 1. 交通标线的种类

道路交通标线分为车行道中心线、车道分界线、车行道边缘线、停车线、减速让行线、人行横道线、导流线、车行道宽度渐变段标线、障碍物标线、停车位标线、港湾式停靠站标线、出入口标线、导向箭头、左转弯导向线、路面文字标记等。

## 2. 道路交通标线设置原则

交通标线的设置应根据交叉口的形式、交通量、行车道宽度、转弯车辆的比例、非机动车流量与比例等因素，综合考虑后进行设置。其需遵循以下原则：

（1）单向交叉口机动车道的数量，不应小于与其相连路段上的车道数。而驶入段的路口车道宽度可以略小于驶出段路口的车道宽度，但不宜小于 3m。

（2）在交叉口驶入段的车道内，应设置导向箭头、标明各车道的行驶方向。

（3）导向车道线与停止线衔接，其最小长度为 30m。

（4）铁路与道路平面相交的道口标线应画实线——包括中心线、车行道边线及停止线。

## 四、城市交通指挥信号灯

对城市交通流量较大的路段，实行交叉口信号灯控制。这是一个从交通管理角度对路段上的交通流量进行分配通行的一种交通指挥措施。交通信号灯有红、黄、绿三种色灯，轮流变换进行指挥，即红灯停滞、绿灯通行、黄灯刹车或启动，如图 9-25 和图 9-26 所示。

图 9-25　机动车信号灯

图 9-26　人行信号灯

城市道路交通信号灯控制系统，按照其管理范围可分为三种：单点交叉口交通信号灯控制、干道交通信号协调控制、区域交通信号系统控制。

# 第三节  城市道路交通其他服务设施

城市道路交通上的其他服务设施是指除了车辆加油及停车服务设施之外的其他各种服务设施。包括路灯、厕所、电话亭、邮筒、报亭，还有自动取款机、公交站点的候车棚，以及关爱残疾人的盲人无障碍通道、残疾人轮椅坡道和盲人触摸式指示牌等。

上述服务设施都是设在人行道边或步行街内，过去常不被人重视，在道路设计规划中应考虑此类服务设施的布设。

## 一、城市道路照明系统

路灯是城市公用设施之一。它是夜间汽车驾驶人和行人能得到较好可见度的保证，又是城市道路的小品，在白天也能起到美化市容和增添街景的作用，如图9-27所示。夜间照明要求做到既要有比较均匀的亮度，又要使照明灯不刺人眼，确保车辆和行人的通行安全。

图 9-27  路灯

### 1. 道路照明的照度标准

通常是用路面的水平照度和不均匀度来表示。照度标准是勒克斯(lx)，一个勒克斯(1lx)指 $1m^2$ 的照射面上，均匀分布一个流明(lm)的光能量。而光能量是指能引起视觉作用的光能强度，流明是其计算单位，如 25W 的普通灯能产生 30 个流明的光能量。

通常采用路面平均亮度值作为道路照明设计标准，见表 9-8。

建议城市道路路面照明值　　　　表 9-8

| 干道类型 | 平均亮度(nit)(尼特) | 平均照度(lx)(勒克斯) | | 不均匀系数 | 对城市景观的要求 |
| --- | --- | --- | --- | --- | --- |
| | | 沥青路面 | 混凝土路面 | | |
| 交通量大，重要交通及人流量多的地方 | 4～5 | 6 | 8 | 2～3 | 适当提高 |
| 中等交通量街道 | 2.5～3.5 | 4 | 5 | 4～5 | 适量提高 |
| 少量交通量街道 | 1～2 | 2.5 | 3.5 | 4～5 | 适量提高 |
| 住宅区及步行街 | 0.5～1 | 1 | 1.5 | 1 以下 | 适量提高 |

注：尼特指 $1m^2$ 面积上沿着垂线方向产生一个烛光的发光强度。

### 2. 照明灯的布置与选择

城市道路照明系统简单讲就是由外露的灯杆和照明灯组成，形成一条街的路灯式样和风格。照明系统的布置不但对于道路照明质量有较大影响，而且还影响城市的面貌。由于科技含量的提高，高效、节能光源灯泡的问世，使城市道路路灯的悬挂高度提高了；同时，纵向间距拉大了，照明灯的花式品种也不断更新。不管如何发展，城市道路上照明系统的布置形式，归纳起来有以下几种。

（1）道路直线段

① 沿道路两侧对称布置，如图 9-28(a)所示。这种布置方式照明效果好，驾驶人受路面反光影响小。

其适用于道路红线宽度在 25～35m 以下的交通量大的路段，同时适用于城市迎宾大道。路灯杆两侧设计成对称形式，并可以利用灯杆悬挂标语、彩旗，有助于烘托庄严热烈的气氛。

② 沿道路两侧错位布置，如图 9-28(b)所示。这种布置方式不论在照度还是均匀度方面，均比较理想。其一般适用于宽度在 30～40m 之间的主要交通干道上。

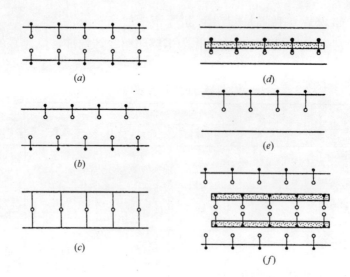

图 9-28　道路直线段路灯布置形式

(a)沿道路两侧对称布置；(b)沿道路两侧错位布置；(c)沿道路中心线布置；
(d)沿两侧机动车与非机动车分隔带上对称设置；(e)沿道路单侧布置；(f)在
机动车与非机动车分隔带设置照明灯且在人行道有专供行人用的照明系统

③ 沿道路中心线布置，如图 9-28(c)所示。这种布置方式一般都是在路面两侧对称灯杆上拉钢绳索将灯具悬挂在路中心。一般适用于城市街道绿化较好、树冠较大(两侧设置均被树遮挡)的街道。道路断面一般在 12~20m 之间。

④ 沿两侧机动车与非机动车分隔带上对称设置，如图 9-28(d)所示。这种布置方式一般适用于机动车和非机动车的交通量均很大，而人行道人流量并不大的路段。

⑤ 沿道路单侧布置，如图 9-28(e)所示。一般适用于道路红线宽度不大于 24m 的城市支路上。

⑥ 在通行路段范围较大，又是城市景观需求时，在机动车与非机动车分隔带设置照明灯，且在人行道有专供行人用的照明系统。如图 9-28(f)所示。

(2) 道路弯道及陡坡段

① 弯道时，道路路灯的布设应便于驾驶人从远处就能辨别出弯道形状而提早做好准备。对半径小、曲线长度短的弯道，不能采用交

错方式布置照明灯，因为这样使用
会造成错落面，辨别不清曲线的形
状而造成事故；而要求照明的单向
设置在曲线的外侧，同时采取缩短
路灯间距的方法来增加照明和足以
引起驾驶人的注意力，如图 9-29
(a)所示。

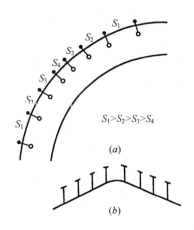

图 9-29　道路转弯与陡坡段路
灯布置形式
(a)弯道时；(b)坡道时

②在坡道上布置照明灯，采用
水平等距安装时则在坡道上光束投
向地面时，上坡方向其间距会近一
些，而向下坡投射会远一些，造成
上、下坡照度不均匀，故照明灯应
采用平行坡道设置，并适当缩短路
灯纵向间距，使上、下坡道两侧有充足的照度，如图 9-29(b)所示。

(3) 道路交叉口

① 丁字交叉口，如图 9-30(a)所示。路灯可设置在丁字路的尽
端，这样既可取得良好的照明，又能令驾驶人容易识别道路。

② 十字路口，如图 9-30(b)所示。路灯一般设置在交叉口的四角，
具体位置应设在交叉口转弯半径直线连接处车辆停车线的内侧。

(4) 在城市道路与铁路平交口(图 9-31)

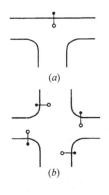

图9-30　交叉口路灯布置形式
(a)丁字路口；(b)十字路口

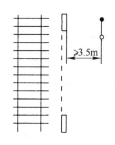

图 9-31　道口路灯布置

照明灯必须让驾驶人与行人清晰地辨别铁路栅栏的位置。照明灯应安装在车流方向的右侧，距栅栏 3.5～4m，高度一般采用离地面 7～8m。铁路上另一侧同样设置。要求栅栏照度大于 5 个勒克斯（5lx），铁路道口不小于 10 个勒克斯（10lx）。

**3. 道路照明的灯杆位置与灯具横向布置**

一般城市道路照明灯杆均放在人行道牙石靠人行道一侧，距道路侧石为 0.5～1m（指灯杆中心距）。灯杆采用水泥或金属的锤形柱(下大上小的变截面)。路灯的横向悬挑长度一般在 2～4m，这样既可有效地提高照明的质量，又可避开行道树遮挡的矛盾，同时也避免了因刮风引起树枝打击灯具，从而可延长灯具的寿命，如图9-32所示。

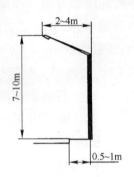

图 9-32　照明灯安装尺寸

**4. 道路照明灯的安装高度及纵向间距**

照明灯安装高度、纵向间距，以及路面照度要求，和照明灯自身的发光强度有关。设计中应全面衡量配合，才能取得最佳的照明效果和经济效果。

如果从照明灯光通量与道路路面要求的不同亮度来考虑，建议按表 9-9 采用。

路灯最低安装高度(单位：m)　　　　　　　　　　　表 9-9

| 灯泡光通量 (lm)(流明) | 照明灯分类 | | |
|---|---|---|---|
| | 低亮度(<3sb) | 中亮度(3～10sb) | 高亮度(>10sb) |
| 5000 | 5 | 6 | 7～8 |
| 10000 | 6 | 7 | 8～9 |
| 20000 | 7 | 8 | 9～10 |

注：sb(斯蒂伯)指 $1cm^2$ 面积上发出一烛光的亮度单位，1sb(斯蒂伯)＝10000nit(尼特)。

一般小街巷悬挂高度可用 5～6m；一般道路采用 125～250W 高压水银灯，可采用 6～8m；城市主要交通干道可用 300～400W 高压水银灯，安装高度可用 7～10m。

### 二、城市道路旁的公共厕所

过去人们谈论城市道路交通服务设施仅指停车场、加油站、路灯等，不包括公共厕所。自从"21世纪议程"提出城市要以人为本后，国际环境卫生组织成立了国际城市公共厕所研究委员会，专门研究城市人行交通中的"方便"难的问题，引起广泛关注。

据上海市黄浦区卫生局报道，为了迎接在上海召开的世界公共厕所论坛国际会议，特推出一座"新概念"厕所，于2005年5月1日向公众开放，地点在人民广场南侧武深路上，是在原有公共厕所的基础上改建而成，并作为"样板厕所"在世界厕所论坛上展示。它代表着上海未来公共厕所的发展新方向，其特点是外表朴素，而内部的服务体贴。其设备包括常规的便池、尿斗、自动冲洗、洗手盆等。

#### 1. 城市公厕的功能

（1）设计有太阳能装置，为上厕所的群众提供热水。

（2）除有残疾人专用厕所外，为照顾老人、小孩等特殊人群的需要，设计有特殊的升降装置，以便厕位调节到最舒适的高度。

（3）当入厕时遇到意外，可按应急求助系统的按钮，即可得到管理人员的及时帮助。

（4）每间厕所的门上有一个显示屏，显示这间厕所内是否有人，同时显示此间入厕的时间。

另外，从2005年5月10日在上海召开的世界公厕论坛会上获悉，今后城市公共厕所要建立应急服务预警系统以应对突发性、灾害性事件。由于传统的公共厕所服务是等候式的，服务地点和范围是固定的，一旦发生突发性、灾害性事件（如地震、大范围疫情等），所在的公共厕所可能无法提供服务。

公共厕所应急服务预警系统主要包括应对程序、应急队伍调动、指挥系统的建立等，而以前的流动式公共厕所，将成为应急系统中的一项硬件配套设施。上海市从2005年6月起推出用打电话询问的方式即可找到离自己所在位置最近的厕所。

城市道路边的公共厕所，应该说人人都需要，不可缺少，但是要建厕所难度却很大，问题的关键是厕所的位置，因为谁也不愿意将厕所修在自己的家门口。每当各级政府决定要修建时，就有人出来反对，往往需要由市、区领导亲自开协调会，甚至还需要给予补偿。这种被动局面应该扭转。

城市道路边的公共厕所是城市重要的服务设施，应当在城市控制性详细规划阶段，对城市公共厕所进行布点规划，并把用地预留出来，可以设置在公共绿地、公交始末站附近，也可以结合消防站、加油站等布点统一规划考虑。可以设在道路断面外侧的绿地旁或空地内，也可以在不影响人行交通的前提下，设在宽敞的人行道上。旧城区由于建筑密度很高，见缝插针都困难，因此城市规划管理部门应当在建筑管理中抓住旧区改造以及项目审批工程，对新建或扩建工程提出要求，要求建设部门为公众无偿提供对外开放的公共厕所。特别是商业、办公建筑以及社会公益事业等，在这方面不少地方有成功的先例。如图 9-33 所示。

图 9-33 公共厕所

## 2. 城市公共厕所的技术指标

(1) 城市公共厕所的服务半径

市中心、区中心控制在 500～600m，居住生活区控制在 600～800m，城市近郊区可控制在 800～1000m。

(2) 城市公共厕所的规模

在大型公共建筑附近，如火车站、码头以及人流集散点处的公共厕所可以面积建大一点，男厕可有 6～10 个坑位和 10～16 个尿斗，女厕可有 8～10 个坑位，大城市根据人流量可适当增加。步行街内，男厕 5～7 个坑位和 6～8 个尿斗，女厕 5～7 个坑位；市、区中心，以及广场附近，男厕 6～8 个坑位和 8～10 个尿斗，女厕 6～8 个坑位；公共交通始末站及街头绿地附近，男厕 3～5 个坑位和 5～7 个尿斗，女厕 3～6 个坑位；居住生活区、支路，男厕 2～4 个坑位和 2～3 个尿斗，女厕 2～3 个坑位；城市人行道上，男厕 1～2 个坑位和 1～2 个尿斗，女厕 1～2 个坑位。

(3) 公共厕所的用地面积

大型公厕为 100～130m²，中型公厕为 80～100m²，小型公厕为 50～70m²，微型公厕为 15～30m²。

### 三、城市道路上的无障碍设施

全社会都要关爱残疾人，城市道路的人行道上都应该设有盲人通道、轮椅坡道，并应符合规范要求，如图 9-34 所示。

 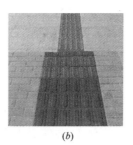

(a)　　　　　　　　　　　　(b)

图 9-34　无障碍设施

(a)缘石坡道；(b)引路通道

### 1. 缘石坡道

城市人行道应设置缘石坡道，专为坐轮椅和借助拐棍的人群服务，如图 9-35 所示。

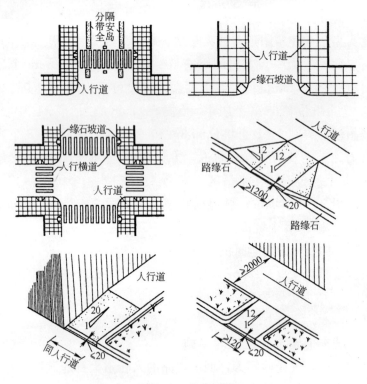

图 9-35　缘石坡道

（1）坡道类型

① 三面坡式缘石坡道。适宜于无绿化带或无设施带处的人行道。正面坡缘石外露高度不大于 0.02m，坡度不大于 1/12。坡道宽度不小于 1.2m。

② 单面坡式缘石坡道。适用于人行道与缘石间有绿化带或设施带的地段。其缘石半径不小于 0.5m，缘石高度不大于 0.02m，宽度不小于 2m。

③ 全宽式坡道。一般用于街坊出入口处。

（2）坡道设置要求

在城市道路交叉口、人行横道线处、街坊路口，以及被缘石隔断的人行道均应设置缘石坡道。没有栏杆的商业街，同侧人行道缘石坡道间距不应超过 100m。

### 2. 引路通道

专为视力障碍者服务的步行通道，是通过脚下的感觉，引导视力障碍者指示前进的方向。一般是在人行道上用触感块材铺砌而成，这种触感块材又分带有凸条形的地砖（又称导向块材）和带有圆形的凸点的地砖（又称停步块材）两种，如图 9-36 所示。

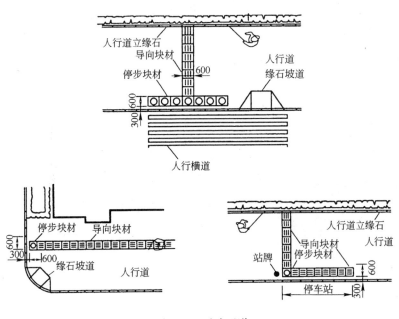

图 9-36　引路通道

（1）触感地砖设置要求

① 在人行道上，触感式地砖的宽度不宜小于 0.6m。

② 在人行横道线处，触感式地砖应在距缘石 0.3m 处设置停步地砖，而导向地砖与停步地砖呈垂直铺砌，铺砌宽度不应小于 0.6m。

③ 在公共汽车停靠站，应在缘石 0.3m 处或隔一块人行道方砖铺砌导向地砖。

④ 在人行道里侧，绿化带的缘石应高出人行道地面至少 0.1m。另外，在绿化带的断口处用导向地砖连接。

（2）无障碍设施的保障

① 在无障碍设施范围内，必须确保使用者的安全，对设施路径内有管道井盖的均应做到与地面齐平。

② 在坡道和引道的上空如有悬挂物，其高度应不小于2.2m。

③ 在人行横道线和缘石坡道处，不得设置雨水井口。

**四、城市公交汽车停靠站**

城市公交停靠站的平面布置，详见本章第一节。这里讲停靠站的站棚，一般有条件的都应设置站棚，作为乘客遮阳避雨之用。要求结构轻巧、外形美观，与周围环境相协调。但站棚不宜做得太长，当停靠站所停靠的公交线路较多时，可以安装几个站棚。如图9-37所示。

图9-37　公交停靠站

**五、城市道路和公共场所的服务设施**

**1. 书报亭**

书报亭享有市民每日"文化餐厅"之美称。上海市政府作为实事工程，一次共修建了1500多个书报亭。它既方便居民买报刊杂志，又解决了下岗职工的再就业问题，也是提高城市居民文化素质和传达政府信息的重要窗口。它一般设在道路交叉口附近的人行道绿化带（或设施带）内，面积在3～4m²，还可以设在广场、步行街内。它又是城市居民110报警网络系统的一部分。外观要求简洁、美观、大方。如图9-38所示。

**2. 电话亭**

近年来，尽管无绳电话发展迅速，但街头电话亭仍然需要，就像

图 9-38　书报亭

家庭里人人都有手机，可每家还是有电话一样。服务长度（指沿人行道间隔距离）一般为 300～400m。外观要求轻巧、美观。如图 9-39 所示。

图 9-39　电话亭

### 3. 废物箱（又称垃圾箱）

废物箱是城市道路环境卫生的重要设施之一。让市民养成爱卫生、不随便乱扔垃圾的良好习惯，让城市更加美好。如图 9-40 所示。

### 4. 地铁出入口

地铁出入口是城市地下轨道交通的重要设施之一，一般都设置在城市道路人行道或绿化地边。它应该与周围的环境以及建筑物相协调，独特新颖的设计可使它成为城市街道的一个亮点。如图 9-41 所示。

图 9-40　废物箱

图 9-41　地铁出入口

### 5. 人行地道、人行天桥

人行地道、人行天桥是城市道路步行系统中不可缺少的重要服务设施。有了它们，步行交通才有保证。一般都设置在交叉口附近的人行道上。如图 9-42 所示。

### 6. 饮水器

饮水器是城市文明的一种标志。首先，城市应向市民提供饮用水而且是免费的；其次，它是城市市民素质的综合反映，西方不少发达

图 9-42　人行地道、人行天桥

国家的城市里都有，我国一些大城市也已在人流量大的街道、景区内设置了饮水器。相信随着我国两个文明建设的不断深入，饮水器在我国城市的街道上一定会不断出现。如图 9-43 所示。

图 9-43　饮水器

### 7. 邮筒

邮筒是城市市民不可缺少的通信服务设施，今天虽然通信设备已经十分普及，但有时仍无法替代传统的书信，邮筒仍是不可缺少的服务设施之一。如图 9-44 所示。

### 8. 路牌

路牌是城市道路交通的重要服务标志。一个城市如果没有路名是不可想像的，寄信、送报、探亲、访友就无法进行。地名工作由城市

图 9-44 邮筒

规划管理部门地名办负责。地名命名是个既重要又复杂的工作，它要体现爱国爱民、体现时代、体现民族。命名要明了、简短、易记、不拗口、不产生歧义。还有部分路名是旧社会留下来的，应进行筛选，可以沿用健康的路名，对带有封建迷信色彩的地名要进行更名。如图9-45 所示。

### 9. 坐凳

坐凳设置在人流较多的地方，但首先以确保人流交通的畅通为前提，一般可在步行街或人行道较宽的路段设置。如图 9-46 所示。

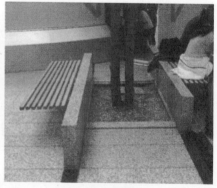

图 9-45 路牌　　　　　　　　　图 9-46 坐凳

**10.小品、 绿地**

城市小品和街头绿地可以把城市道路打扮得更靓丽，更体现人性化。如图 9-47 和图 9-48 所示。

图 9-47　小品

图 9-48　绿地

# 第四节　公安交通指挥系统的发展规划

公安交通指挥系统是实现城市交通管理现代化的基础，人口在 50 万以上的城市应进行公安交通指挥系统发展规划，本节结合公安部《公安交通指挥中心建设与发展的若干意见》研究了指挥系统的规划原则、主要任务、系统功能结构设计和建设计划等四个方面的内容，供相关部门参考。

## 一、指挥系统的总体目标和建设原则

### 1. 指挥系统建设的总体目标

依据不同城市的特点，应用计算机、电子、自动化、信息等高技术，按照系统工程原理，将交通信号控制系统、电视监视系统、交通信息管理系统、通信系统、交通诱导系统等有机地结合为一个整体，充分发挥系统的整体效益，建立具有数据采集、处理能力、决策能力和组织协调、指挥能力的科学、高效的交通指挥运行机制。

### 2. 指挥系统建设的原则

（1）坚持科技为交通管理工作服务的宗旨，向科技要警力和战斗力。同时，注重指挥系统建设的实用性和实战性，防止片面追求投入而忽视实际应用效果的倾向。

（2）加强交通工程基础理论和软科学的研究，做好道路功能与渠化设计，完善道路交通标志、标线和其他各种交通基础设施，加强路面秩序管理和交通安全宣传教育，提高全体交通参与者现代交通意识，为系统正常运行创造良好条件。

（3）以增强快速反应能力、处置突发事件能力为出发点，重点加强和提高指挥系统运用先进科学技术的能力和管理水平，优先发展交通管理信息的采集和快速综合处理技术，逐步实现交通管理指挥决策的科学化。

（4）指挥系统的建设要从实际出发，因地制宜，选择适用技术，制定阶段性目标，合理配置资源，不盲目攀比。

（5）坚持自主研究开发与引进，吸收国内外先进技术相结合，加强技术交流与合作，积极推进科技成果向公安战斗力转化。

（6）坚持近期目标与长远发展相结合，指挥系统建设要留有充分的发展余地，保持系统的先进性、安全性、开放性和可扩展性，使系统在一定时期内能满足交通管理业务发展对信息技术的需求。

## 二、指挥系统的主要任务与基础要求

### 1. 指挥系统的主要任务

交通指挥系统的主要任务应集指挥调度、交通控制、信息管理、检查监督和岗位管理职能为一体，更好地服务于城市交通管理。

（1）指挥调度

根据公安部提出的"集中、统一、高效"的指挥调度工作职能和要求，使指挥中心成为交通指挥和决策的工具，提高交通管理指挥的快速反应能力和整体指挥能力。

（2）交通控制

利用指挥中心的交通信号控制系统、电视监控系统和交通违章、流量自动检测系统等先进技术设备，承担起交通控制的职能。

（3）信息管理

提供交通管理和动态交通信息，以信息的综合分析、输出和反馈为基础手段提供信息保障，辅助指挥中心进行工作决策和调度指挥。

（4）检查监督

对交通管理工作的部署、工作进展以及各项指令的落实情况进行检查监督，辅助指挥中心有效地进行指挥、协调和控制，促进初始决策的进一步完善。

（5）岗位管理

科学调整值勤岗位，合理安排岗位时间，适时组织岗位检查，使岗位管理工作科学化、规范化，提高岗位值勤民警快速处理各种突发事件的能力。

**2. 指挥系统规划的基本要求**

（1）整体结构合理，具有高可靠性和实用性。

（2）各分系统之间技术应充分合成。做到信息的采集、传输、处理的有机结合。

（3）接警、处警和对各种交通信息的处理及时、准确，具有较强的辅助决策和指挥调度能力。

（4）与市、县公安局指挥中心、急救中心、消防指挥中心等相关机构保持信息渠道畅通，使信息快速交换、高度共享，便于协调指挥。

**三、系统结构设计**

指挥系统的结构设计应以能够实现建设总体目标为基本原则，根据各城市的政治、经济、文化和人口、城市规模等状况，确定各子系统的选型和容量，优化系统配置。

典型的交通指挥系统的结构包括交通指挥信息分系统、决策支持分系统、交通执行分系统和交通通信系统等四部分，如图 9-49 所示。

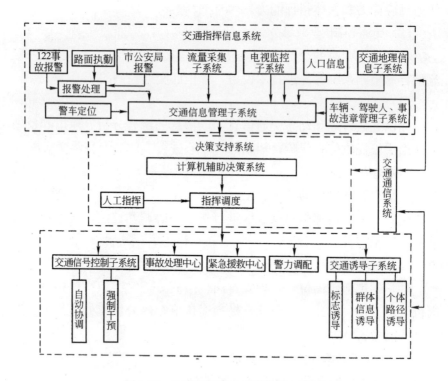

图 9-49　交通指挥中心系统结构示意图

不同规模的城市对交通指挥系统的要求会有所差异，具体体现为系统结构功能的完整性和对指挥系统专业人员的配置，这里分别给出建议设置的四种指挥中心系统的配置模式，如表 9-10～表 9-12 所示。

不同规模城市指挥中心参考结构　　　　　　　　　　　　表 9-10

| 城　市　规　模 | | | | 指挥中心推荐类型 |
|---|---|---|---|---|
| 汽车保有辆(万辆) | 人口(万人) | 面积(km²) | 灯控路口数(个) | |
| >50 | >100 | >100 | >100 | Ⅰ |
| 30～50 | 50～100 | 50～100 | 20～100 | Ⅱ |
| 10～30 | 20～50 | 20～50 | 10～20 | Ⅲ |
| <10 | <20 | <20 | <10 | Ⅳ |

人　员　配　备　　　　　　　　　表 9-11

| 指挥中心类型<br>专业(人) | Ⅰ | Ⅱ | Ⅲ | Ⅳ |
|---|---|---|---|---|
| 交通工程 | | 3 | 2 | 1 |
| 无线电 | | 4 | 2 | 1 |
| 计算机 | | 3 | 2 | 1 |
| 电子中专 | | 2 | 1 | 1 |
| 电子技校 | | 2 | 1 | 1 |

注：Ⅰ类系统可根据各城市实际情况在Ⅱ类系统基础上适当增加专业人员配置。

不同类型交通指挥系统功能结构配置　　　　表 9-12

| 子系统分类 | 指挥系统类型 | Ⅰ | Ⅱ | Ⅲ | Ⅳ |
|---|---|---|---|---|---|
| 交通管理<br>信息子系统 | 接、处警子系统 | √ | √ | √ | √ |
| | 流量采集子系统 | √ | √ | √ | |
| | 电视监控子系统 | √ | √ | √ | √ |
| | 交通地理信息子系统 | √ | √ | | |
| | 市局人口信息 | √ | √ | | √ |
| | 警车定位子系统 | √ | √ | | |
| | 车管信息子系统 | √ | | | √ |
| 决策支持系统 | 人工决策 | √ | √ | √ | √ |
| | 计算机辅助决策子系统 | √ | √ | √ | |
| | 指挥调度 | √ | √ | | |
| 执行系统 | 交通信号控制子系统 | √ | √ | | √ |
| | 事故处理中心 | √ | √ | | |
| | 紧急救援中心 | √ | | | |
| | 警力调配 | √ | √ | √ | √ |
| | 交通诱导子系统 | √ | | | |
| 交通通信系统 | | √ | √ | √ | √ |

## 四、指挥分系统功能设计

交通信息分系统、决策指挥调度分系统、执行分系统和交通通信分系统是构成公安交通指挥系统的四个主要方面。

## 1. 交通信息分系统

要保持系统正常可靠运行，完整的交通信息分系统应具备以下八个方面的功能结构。

（1）接警与处警字系统（110/122）

接警与处警子系统的功能是负责提供管辖区内突发性交通事故和其他紧急事件信息。现代化接、处警系统应引入计算机辅助系统，为接警员提供辅助工具。它是交通信息系统中最基本的结构之一，主要包括以下几个功能。

① 通信调度子系统

功能包括报警电话汇接、错号拦截、110/122 自动分组、来电呼入排队、电话调度及其他辅助功能。

② 数字录音子系统

对每个报警电话和接、处警台调度电话录音，并提供多种查询方式。

③ 110/122 接、处警子系统

自动查询来电人员和地址，对报警信息、处警人员、通知时间的登记，通过调度界面进行电话调度。

④ 信息管理子系统

对接、处警所需的各种信息资料以数据库方式进行管理，并提供接、处警统计信息功能，包括接警情况统计、公安实力管理、接处警记录的分类、分辖区统计等内容。

⑤ 首长终端子系统（备选）

在中心指挥室或领导办设置终端，由中心的值班主任或有关首长直接操作，应具备的功能包括：重大警情处理、对接警平台和接警员的监控、信息查询与统计等。

⑥ 电子地图子系统（备选）

同时显示电子地图和接、处警界面，其中电子地图能够快速显示城市地理信息并兼具相关统计功能，接、处警界面可提供多种查询方式。

（2）交通流量自动采集子系统

交通流量自动采集子系统负责提供管辖区内交通流的时间和空间

分布信息。可以直接反映所检测的道路交通拥挤与堵塞状况，分析处理城市路网的负荷度。该子系统的设置应与交通控制子系统相结合，形成信息的动态反馈。

常用的交通流量采集装置有超声波式、环形线圈式、多普勒式、微波式、视频检测式等多种检测仪器，建议针对不同城市的需求加以选用。

（3）交通地理信息子系统

提供管辖区内路网结构、交通管理设施、重要党政部门、警力配备、事故处理、紧急救援、路障清理、消防等相关部门分布、大型交通流集散场地分布等信息。

（4）特殊车辆位置信息子系统

特殊车辆位置子系统负责提供特殊车辆的疏导任务，主要靠卫星定位（GPS）系统进行监测。

（5）交通业务管理信息

提供管辖区内车辆、驾驶人、事故、违章等业务管理信息。

（6）电视监控子系统

负责提供管辖区内交通状况直观图像信息，是交通信息系统的一个主要组成部分，它能为指挥人员提供道路治安、交通的直观信息与实时交通状况，对交通违章、交通堵塞和交通事故能正确判断，便于及时调整各项控制参数，并可作为交通诱导子系统的主要信息来源，及时掌握重点位置的动态。

系统构成通常分两部分：一是视频部分，负责将路上交通状况输送至主控系统；二是控制部分，操作人员通过操作下达监视指令，并送往前端执行。

（7）车辆交通违章自动抓拍子系统

除电子监视系统外，车辆闯红灯抓拍系统（电子警察）也是指挥系统中必不可少的，可以与电视监控系统配合使用。

① 基本原理

利用设置在交通路口停车线外的车辆虚拟传感器进行视频检测（数码相机方式时为环形线圈），在路口红灯亮期间自动检测车辆，当确认其有闯红灯时，摄像机（数码相机）自动拍下违章车辆的图像，存放在现场控制主机的硬盘中，并由图像传输系统自动传输至指挥中心。中心对图像进行处理，识别车牌号码，并打印违章车辆照片和处罚通知单。

② 子系统组成

电子警察的系统通常由车辆传感器、红灯检测器、抓拍摄像机（数码相机）、现场控制主机、光端机、照片图像传输线路和指挥中心管理系统组成。图 9-50 为电子警察的系统结构示意图。

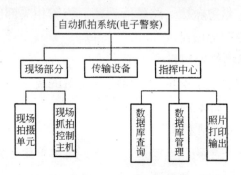

图 9-50　为电子警察的系统结构示意图

（8）交通信息管理子系统

交通信息管理子系统是交通信息分系统中各子系统的集成和转换枢纽，各种公安、交通信息均汇集于此，经过决策分析形成指挥调度指令，再发往各路口和有关部门执行，从而实现对全市交通的有效管理和控制。在结构上它利用计算机网络技术、图像处理技术和多媒体技术将来自各种信息源的各类动、静态交通信息有机地集合为一体，形成具有统一标准、覆盖范围广泛、指挥调度方案优化、决策便捷、快速的交通指挥信息系统。系统应具备的功能主要有以下几点：

① 城市电子地图及系统平台

显示交通基础设施信息和管理控制信息，电子地图及系统平台的选择应具备良好的兼容性和可开发性。

② 电视监视图像的显示与控制

在电子地图上开窗显示选定监控点的实时视频图像，并可控制前端云台。即集成电视监视系统的多媒体控制软件功能。

③ 违章信息的查询与显示

在电子地图上查看选定点的闯红灯自动抓拍照片及相关违章信息。即集成电子警察系统查询管理功能。

④ 车辆检测器状态及交通流量等信息的显示

实时显示车辆检测器的工作状态，各路口、路段的交通饱和度信息。

⑤ 交通控制设备及信号等的显示与控制

实时显示各路口交通信号灯的工作状态，各路口的交通控制方案，必要时可对控制方案进行修改。

⑥ 交通信息的发布

可通过路口可变信息板发布各种实时的交通诱导信息。

⑦ 警力信息管理

不同单位的人员信息和单位的信息等可以在电子地图上直接标注，可以直观查询和调度。

⑧ GPS 车辆跟踪与显示

用车辆符号实时跟踪显示 GPS 车辆，可以回放任一选定车辆的运行轨迹。

⑨ 机动车、驾驶人信息显示查询

提供机动车和驾驶人信息查询功能，可以根据多种条件及组合进行查询。

交通信息管理系统的结构示于图 9-51。

**2. 决策指挥调度分系统**

决策指挥调度分系统的主要任务是：根据交通信息分系统提供的交通信息，实时对交通指挥疏导方案进行优化决策，与人工决策相结合，合理指挥调度执行系统的各种交通疏导手段，迅速进行交通疏导，恢复正常交通秩序。

交通堵塞的主要属性有时间、地点、性质、成因。交通堵塞按性质不同可划分为周期性交通堵塞和突发性交通堵塞。周期性交通堵塞多因超饱和交通流所致。突发性交通堵塞多因突发性社会事件或交通事故、车辆抛锚等交通事件所致。

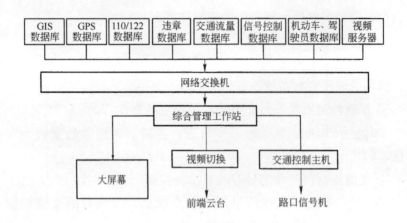

图 9-51　交通信息管理系统结构示意图

要实现交通指挥调度的自动化，首先要做到交通堵塞属性识别和判断的自动化，其次是实现指挥调度方案优化决策的自动化，这两点是计算机辅助决策系统的基本任务，也是决策指挥调度分系统的技术关键。

**3. 执行分系统**

执行分系统主要由交通信号控制子系统、事故处理和紧急救援子系统、警力调配子系统和交通诱导子系统等组成，通过指挥调度加以执行。

（1）交通信号控制子系统

交通信号控制子系统是指挥系统的核心，其主要功能是自动调节交通信号灯的配时方案，使路段及交叉口停车次数和排队延误降至最小，充分发挥道路系统的交通效益。必要时可通过指挥中心人工干预，直接控制路口信号机执行指定的相位操作，强制疏导交通。

① 控制系统具备的条件

针对国内交通控制系统起步较晚和混合交通的特点，控制系统的选择应具备以下条件：

A. 控制系统应具备实用性、可靠性、先进性和积极性。

B. 系统对控制范围、控制功能的扩展性。

C. 系统能分层独立工作，又能相互协调成网。

D. 充分考虑对自行车、摩托车、公交车辆的处理能力。

② 交通控制协调的功能设计

不同城市在不同的发展阶段对交通控制系统设计的要求和侧重点均有所差异，这里给出相对完整的控制系统应具备的功能。

A. 交通信号参数的优化功能

包括对点控、线控和实时自适应系统的参数优化。其中：

实时自适应优化：控制区内交通信号机与中央区域计算机联网运行，信号配时方案由优化算法软件实时生成，下载给交通信号实施。

线控：实施线控的路口交通信号机都在区域计算机的控制之下，信号配时方案由线控算法软件实时生成。

单点感应控制：交叉口交通信号机根据检测器提供的车辆信息自动实时调节信号配时。

B. 特殊控制功能

在特殊情况下，如消防、警卫、救护、抢险等，由指挥调度室发出指令，进行特殊的控制。如绿波控制、指定相位控制、黄灯闪光控制、全红控制、模拟手动控制等。

C. 交通信息、采集功能

系统具有采集、处理、存储、提供控制区域内的车流量、停车率、排队长度等交通信息的功能，以供交通信号配时优化的计算使用，同时该信息也可以为交通的疏导和城市交通组织与规划提供必要数据。

D. 系统监测功能

对系统设备和软件的工作状态与故障情况进行全面监视和检测。

（2）事故处理和紧急救援子系统

通过交通信息分系统中的 110/122 接、处警子系统进行警力和设备的调度，实时进行紧急事故的处理和紧急救援工作。

（3）警力调配子系统

通过交通信息管理系统中的警力信息管理和接、处警子系统进行实时警力调配。

（4）交通诱导子系统

交通诱导子系统是一种主动式的控制系统，通过对行人和机动车交通的引导以实现交通缓堵的目的，即按各线路的实际通行能力进行交通负荷和合理分配，期望避免出现超饱和交通流。常用的交通诱导方法有交通信息的广播和在路段上设置可变信息板等两种方式。

① 交通信息广播

通过各城市的交通频道实时发布交通信息，主动引导居民和驾驶人选择出行路径，提高交通效率和广大市民的交通安全意识。

② 交通诱导显示牌

交通诱导显示牌子系统是由交通指挥中心控制，根据其他交通子系统采集的数据动态地发布交通信息，从而提高交通设施的利用率。交通诱导显示牌按其服务功能又可分为路段可变显示牌、静态交通诱导系统和公共交通诱导系统等三个。其中，路段可变显示牌用于均衡路上的交通流，在一定程度上对车辆的通行线路进行主动引导；公共交通诱导系统通常设置在公交起、讫和中途站点，为乘客提供线路走向和到达时间等服务；静态交通诱导系统则更多地用于实时显示城市停车设施的位置、泊位容量以及剩余泊位数，减少驾驶人对停车泊位的搜索时间。

从系统结构看，交通诱导显示牌子系统主要由路口显示牌、通信网络和主控计算机等组成（图 9-52）。在规划时应注意信息发布的多样性、显示屏的自动感光性、自动状态检测性和不同环境下的可视性等要求。

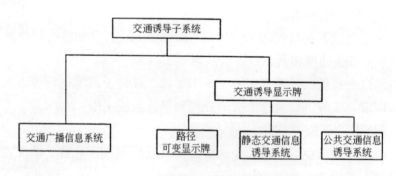

图 9-52　交通诱导子系统结构示意图

### 4. 通信分系统

通信分系统是连接交通信息分系统、决策指挥调度分系统，执行分系统，使之有机协调运行的枢纽。由有线通信、无线通信、数据通信和视频通信网组成。系统应具备的主要功能如下所述。

（1）对各分系统的有效连接

通过通信分系统使其他各分系统有效运转，实时操作。对分系统连搂的效果应从通信分系统的标准化程度、可靠性、先进性、灵活性、可扩充性和经济性来衡量。

（2）数据库共享和等级开放

使公安局、交警支队、交警大队和其他相关部门之间数据库、图文信息方便地交流，各级部门可通过路由器访问不同的网络平台，实现信息传递。

（3）系统数据的完整备份

采用大容量的可读写光驱和存储器进行数据备份，并且配有备份管理系统。

（4）网络系统安全性

从不同角度保证通信系统和网络信息不受侵犯，可通过加密技术和防火墙等方式进行防范。除此之外，系统还应配套于设置用户权限、密码、防病毒卡等措施，提高网络安全性。系统采用数据镜像存储、多级权限控制、日志记录等技术，使系统始终处于安全、可靠的运行环境中。

（5）合理预留接口

由于指挥系统始终处于开发、扩充的状态，因此作为协调各分系统的中枢，通信系统应充分考虑存在的未定因素，合理预留接口，保证一些其他因将来发展诞生的新生业务能顺利地接入整体网络结构。

合理的交通指挥系统能有效地利用城市资源，缓解交通压力，均衡交通流量，使车辆和居民出行更为方便、安全、快捷。交通指挥系统功能示于图 9-53。

**五、交通指挥系统的建设计划**

不同的城市布局、建设规模、交通供需矛盾、城市发展战略均会影响交通指挥系统的建设规模和结构功能。因此在规划时应参照当前技术水平和应用需要，同时考虑未来智能交通系统技术（ITS）的发展趋势加以定位。定位太低则系统难以满足交通的迅猛发展；定位太高

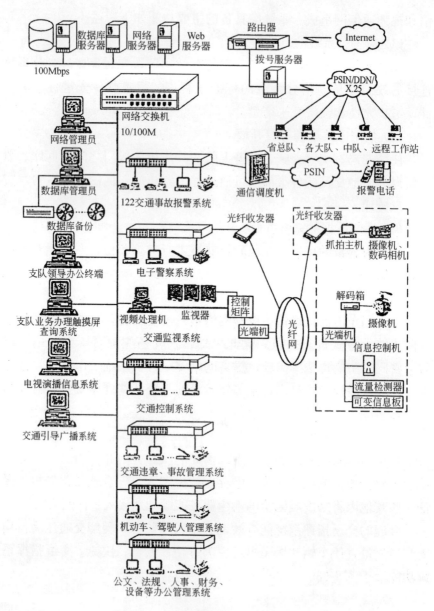

图 9-53  交通指挥系统功能结构示意图

则可能因技术、资金、人力的不足，而导致系统建设的失败。建议各城市在制定建设交通指挥系统的建设计划时考虑近期的建设目标和远期的发展规划。

### 1. 近期目标

完善交通指挥系统的基本要求，其中：①交通管理分系统，接处警子系统、电视监控子系统(电子警察)和流量采集子系统的规划和建设应作为指挥系统的基本要求，其他功能可依据各城市实际情况加以完善；②决策支持分系统，应在人工调度的基础上装备计算机辅助决策设施，减少失误的同时提高决策效率；③执行分系统，对交通控制分系统进行完善，在单点控制的基础上逐步引入自适应控制和线控、区域控制的方式。在此基础上进行对其他功能的扩展。

### 2. 远期规划

提高对城市交通控制区域的范围，引入先进的计算机辅助设施，对指挥系统中各分系统的功能和结构进行全面完善，补充专业人员的配备，充分发挥指挥系统的综合效益和管理控制的能力。

### 3. 指挥系统的建设方式和资金筹措

公安交通指挥系统的建设应依据各城市具体情况，进行设备和资金的投入。可采用政府招标的形式，提出建设项目的工程范围，明确指挥系统基本功能要求、基本工作条件与要求，并核实建设贷款的支付方式。在有能力承担项目的竞标单位中加以选择。资金的筹措以政府拨款为主，适当考虑与可能购买建设设备一方的企事业单位的合作。

# 第十章　城市道路交通管理

## 第一节  城市道路交通管理概述

### 一、城市道路交通管理的目的

道路交通是社会活动、经济活动的纽带和动脉，对城市及区域经济发展和人民生活水平的提高起着极其重要的作用。近几年来，随着人口的增长、国民经济的高速发展以及城市化进程的推进，道路交通需求量急剧增长，全国范围内的大中城市及沿海地区公路网都基本上出现了严重的交通阻塞现象。在我国，出现道路交通全面紧张的主要原因有两个方面：

(1) 道路交通基础设施建设速度远远跟不上交通需求增长速度，道路交通设施的运输能力不能满足交通需求而造成交通阻塞。

改革开放 20 年来，我国国民经济高速发展，交通需求量的增长基本上与国民经济的增长同步，机动车的年平均增长率达 15％左右，而道路交通量的年平均增长率超过了 15％。另一方面，20 年来，尽管国家在道路交通基础设施建设方面投入了大量的财力、物力，但由于交通设施的建设周期较长，投入资金巨大，其建设速度十分缓慢，全国道路里程的年平均增长率小于 5％。交通设施建设速度远远落后于交通需求增长速度，是造成我国道路交通全面紧张的主要原因。

(2) 道路交通管理设施落后，管理水平不高，道路交通结构不合理，现有道路交通设施的运输能力得不到充分利用而加重了交通阻塞。

我国国民经济发展很不平衡，沿海城市较内地城市发展要快，许多城市已初步建成了较完善的道路网络系统。但由于我国大多数城市交通管理设施落后，管理水平不高，加上人们的现代交通意识淡薄，法制观念不强，交通秩序较混乱，严重影响了已有道路通行能力的充分利用。同时，我国城市交通方式结构极不合理，居民出行中，占用路面面积较大(人均占用路面 3.75m²)的自行车出行占主题，而占用路面面积最小(人均占用路面 1m²)的公交车出行所占比例很小，如南京、郑州、合肥等大城市，自行车出行占 50％～60％，公交出行量只占 5％～10％。这种极不合理的交通结构，致使我国道路交通运输效率很低。因此，交通管理不善是造成我国城市交通全面紧张的另一主要原因。

一般来说，解决道路交通拥挤的办法是降低道路交通负荷度，使道路通行能力能适应交通流的要求。降低交通负荷通过三条途径去实现：

一是道路交通建设。提高交通网络交通容量，以达到降低交通负荷的目的。通过道路建设解决交通问题往往是人们首选的措施，但是，道路交通建设投资巨大（如新建城市干道需花费 0.5~1.0 亿元/km，修建地铁需花费 4.0~8.0 亿元/km），建设周期很长。并且，当城市道路网络基本完善后，再建路产生的网络运输效益已经很低，相反会刺激原来被压抑的交通需求的产生，著名的当斯定律(Downs Law)就非常形象地说明了这个问题。

二是交通需求管理。通过控制、限制、禁止某些交通方式的出行，减少出行量，以达到降低道路交通负荷的目的。

三是交通系统管理。通过一系列的交通规则、交通设施控制交通流量，使交通流在时间上分布趋于均匀，在空间上分布趋于均匀，有效地避开交通阻塞时刻及堵塞地段，提高网络运输效率。

与建设道路相比，通过科学的交通管理手段，提高道路交通网络的运输效率，缓解道路交通紧张局面，投入少、见效快，更具有现实意义。

## 二、城市道路交通管理的分类

道路交通管理分为行政管理及技术管理两大类，当然它们的目标都是一致的，均是维护道路交通运行秩序，优化道路空间利用，提高网络运输效率，缓解交通紧张局面。

道路交通系统的行政管理是从行业、行政体系角度实施的一种管理办法，主要包括：交通法规制定与执行、驾驶人的管理（含培训、发执照、考核、审验等）、车辆管理（含车辆牌证、车辆转户、报废、年检等）、道路管理（含道路通行秩序、路边施工管理、违章占道清除等）、交通事故处理（现场勘测、保护，以及事故认定、处罚等）。

道路交通系统的技术管理是从技术角度实施的一种管理办法，它又分交通需求管理(Traffc Demand Management，TDM)和交通系统管理(Traffic System Management，TSM)两种模式。

交通需求管理是一种政策性管理，它的管理对象主要是交通源。通过对交通源的政策性管理，影响交通结构，削减交通需求总量，达到减少道路交通流量的目的，缓解交通紧张状态。

交通系统管理是一种技术性管理，它的管理对象主要是交通流。通过对交通流的管制及合理引导，引导交通流在时间上、空间上的重分布，均匀交通负荷，提高道路网络系统的运输效率，缓解交通压力。

### 三、城市交通需求管理策略

交通需求管理是通过一系列的政策措施来降低出行需求量、优化交通结构的管理模式。根据我国国情及发达国家的经验，可采用以下几类交通需求管理策略。

#### 1. 优化发展策略

在城市道路交通的各种出行方式中，不同交通方式的道路空间占用要求、环境污染程度、能源消耗量有较大的差异，优化发展策略就是对某些道路空间占用要求少、环境污染低、能源消耗小的交通方式实行优化发展，并根据城市道路交通网络、能源储备及环境控制的实际情况，制订优先发展的实施措施。

在我国最需优化发展的交通方式是公共交通，因为公共交通的人均占用道路面积最少、人均污染指标最低、人均消耗能源最小。目前，国内正在开展城市公共交通优先发展保障体系的研究，从政策措施、技术措施等方面保障公交的优先发展。

发达国家除了采用公交优先发展的措施外，还采用多占位车辆(HOV)优先，即乘载多名乘客(2人以上)的小汽车在交叉口、收费口、通道享有优先通行权，有的城市设置了HOV专用车道，以此鼓励驾车人员多带乘客，以便减少道路上的小汽车数量。

#### 2. 限制发展策略

当道路交通网络总体交通负荷达到一定水平时，交通拥挤现象就会加重，这时必须对某些交通工具实施限制发展(或控制发展)，以防止交通状况的进一步恶化。通常，被限制发展的是那些交通运输效率低、污染大、能耗高的交通工具。

哪种交通工具应该被限制发展以及限制程度，应根据道路交通网络的发展水平、负荷水平、已有的交通结构及各类交通工具的拥有量与出行特征确定。如某一城市在某一交通负荷水平时应该限量发展私人小汽车、某一水平时需限量发展摩托车、某一水平时需限量发展出租车、中巴车，某一水平时也可以考虑控制自行车总量水平。通过优先发展策略及限制发展策略的综合应用，来调整整个城市的交通结构，并使之优化，以提高交通网络的运输效率。

与优先发展策略不同的是，采用限制发展策略会有一定的负面影响，因此，在限制发展策略实施前，必须对此策略可能造成的正面效益及负面效益做细致的分析及定量化评价。

### 3. 禁止出行策略

当某些大城市、特大城市的道路网络总体负荷水平接近饱和或局部区域内超饱和时，就应该采用暂时或较长一段时间内禁止某些交通工具在某些区域内出行的管理策略。

禁止出行策略一般为临时性的管理策略。在我国常用的禁止出行策略有：某些重要通道或某些区域（甚至是全市）的车辆单双号通行（单号日禁止车牌尾数为双号的车辆通行、双号日禁止尾数为单号的车辆通行）、某些路段或交叉口转向在某些时段（通常为高峰小时，有的甚至是全天）对某种交通工具实施禁止通行等。

与限制发展策略一样，禁止出行策略有一定的副作用，这类策略实施以前，必须进行"事前事后"效果的定量化评价。

### 4. 经济杠杆策略

经济杠杆策略是一种介于无管理与禁止出行策略之间的柔性较大的管理策略，是一种通过经济杠杆来调整出行分布或减少出行需求量的管理措施。如，通过收取市中心高额停车费来减少市中心区的车辆交通量，收取某些交通工具的附加费来减少这些交通工具的出行量，某些重要通道过分拥挤时可通过收取通行费（也称拥挤费）来调节交通量，对鼓励发展的交通方式收低价、对限制发展的交通方式收高价等来调整交通结构。

经济杠杆策略实施前，应对"收费额度"对调节交通量的影响做定量分析，以便确定最佳"费额"。

### 四、城市交通系统管理策略

交通系统管理是通过一系列的交通规则或硬件管制来调整、均衡交通流时空分布，提高交通网络运输效率的管理模式。根据我国国情及发达国家的经验，可采用以下几类交通系统管理策略。

#### 1. 节点交通管理策略

节点交通管理是指以交通节点(往往是交叉口)为管理范围，通过采取一系列的管理规则及硬件设备控制，来优化利用交通节点时空资源，提高交通节点通过能力的交通管理措施。节点交通管理是城市交通系统管理中的最基本形式，也是干线交通管理、区域交通管理的基础。在我国，目前常采用的节点管理方式有以下几种。

(1) 交叉口控制方式

目前，我国城市道路网络中，常采用的交叉口控制方式有信号控制交叉口、无控制交叉口、环形交叉口、立体交叉口等形式。由于立体交叉口占地较大，较多情况下设置在城市边缘地区(城市出入口道路与环城公路交叉处)或城市快速道路与其他干道交叉处，城市内部的交通节点绝大部分为前三类平面交叉口。

(2) 交叉口管理方式

在城市交通网络中，由于交叉口的某行车方向车流平均通行时间不足50%(路段为100%)，交叉口是交通网络的"瓶颈口"。因此，提高交叉口的通行能力，使之与路段通行能力相协调，以此提高全网络运输效率。通常采用的交叉口管理方式有：①进口拓宽、增加交叉口进口车道数，提高交叉口在单位时间的通行能力，以此来弥补通行时间的不足；②进口渠化，根据交通量及专项流量大小设置不同专项的专用进口道，优化利用交叉口空间及通行时间；③信号配时优化，根据交叉口交通量、转向流通大小优化信号灯配时，使有限的绿灯时间放行尽可能多的车辆数。

(3) 交叉口转向限制

由于在交叉口存在转向交通行为，交叉口的交通状况比路段复杂得多，交通流冲突点的存在使交叉口通行能力大大降低。在各转向车流中，左转车流引起的车流冲突点最多，在四路交叉口，禁止左转后车流冲突点数能从原来的 16 个减少到 4 个，交通状况能大大改善。因此，在交通流量较大的交叉口，可采用定时段（高峰小时）或全天（全交叉口或某一些进口）禁止左转的管理措施，以提高交叉口的通行能力。

**2. 干线交通管理策略**

干线交通管理是指以某条交通干线为管理范围而采取一系列管理措施，来优化利用交通干线时空资源，提高交通干线运行效率的交通管理方法。

干线交通管理不同于节点交通管理，它以干线交通运输效率最大为管理目标。干线交通管理应以道路网络布局为基础，并根据道路功能确定干线交通管理的方式。在我国，常用的干线交通管理方式有：单行线、公共交通专用线、货运禁止线、自行车专用线（或禁止线）、"绿波"交通线等。

**3. 区域交通管理策略**

区域交通管理是城市交通系统管理的最高形式，它以全区域所有车辆的运输效率最大（总延误最小、停车次数最少、总体出行时间最短等）为管理目标。区域交通管理是一种现代化的交通管理模式，它需要以城市交通信息系统作为基础，以通信技术、控制技术、计算机技术作为技术支撑。目前，区域交通管理有两类形式。

（1）区域信号控制系统

这种系统 20 世纪 80 年代开始在英、美等国应用，后来得到了不断发展，有定时脱机式区域信号控制系统（如 TRANSYT）、响应式联机信号控制系统（如 SCOOT，SCATS）两种控制模式。我国有些大城市已开始引进这两种区域控制系统。

（2）智能化区域管理系统

智能化区域管理系统是智能化交通系统（ITS）的主体部分，20 世纪 90 年代初欧美发达国家开始进行研究，目前尚处于开发阶段，离推广应用还有一段距离。其中，车辆线路诱导系统已在部分发达国家试运行；而智能化卫星导航技术，一些发达国家正在研制中。

## 第二节　城市道路交通法规、标志和标线管理

### 一、城市交通法规

#### 1. 交通法规的意义

道路交通法规是国家在道路交通管理方面制定的文件、章程、条例、法律、规则、规定和技术标准等的总称，是国家行政法规的一部分，其目的在于维护交通秩序，保障交通畅通和车辆、行人安全，协调人、车、路与环境相互之间关系，也是实行交通管理控制，进行交通宣传和安全教育的依据，一切参与道路交通活动的部门、单位、车辆、机器和个人都必须切实遵守。违反交通法规、造成交通事故者应视情节轻重、损失大小依法给予处分，甚至追究刑事责任。在一定意义上具有法律性、强制性、社会性和适应性。

#### 2. 交通法规的内容

我国的道路交通法规，主要有以下四个方面内容：

① 各种车辆与驾乘人员的管理；

② 道路交通秩序的管理；

③ 对交通违章和肇事人员的处理；

④ 重要交通设施的维护与管理。

### 二、城市道路交通标志

#### 1. 道路交通标志的定义和要求

道路交通标志是用图案、符号或文字对交通进行指示、导向、警告、控制和限定的一种道路交通管理的设施，一般设在路旁或悬挂在道路的上方，使交通参与者获得确切的道路交通情报，从而达到交通的安全、迅速、低公害与节约能源的目的。交通标志还要使交通参与者在很短的时间内就能看到、认识并完全明白它的含义，从而采取正确的措施。因此，交通标志必须具有较高的显示性，清晰易见与良好的易读性（能很快地视认并完全理解）和广泛的公认性（各方面人士均能看懂）。为了要获得这样的效果，很多国家进行了大量研究和实践，认为应作三方面选择，或称标志的三要素。

（1）颜色

从光学角度讲，不同的颜色有不同的光学特性（对比、前进、后退、视认）；从心理学角度讲，会产生不同的心理感受和不同的联想，因此不同的颜色会产生不同的心理反应，如：

红色，为前进色，视认性好，使人有产生血与火的联想，有兴奋、刺激和危险之感，在交通标志上常用以表示约束、禁令、停止和紧急之意。

黄色，亦为前进色，较红色的明度更高，能引起人们注意，有警告警戒之意，标志上多用以表达警告、禁令、注意之意。

绿色，是后退色，视认性不高，有恬静、和平、安全之感，交通标志上常用于表示安全、静适，可以通行之意。

蓝色，为后退色，注目性与视认性均不高，但有沉静、安宁之意，适于用作指示、导向标志。

白色，明度与反射率较高，对比性强，适宜用作交通标志的底色。

（2）形状

对交通标志的形状，国外已有深入的研究，视认性与显示性是否良好与标志的形状有重要关系。面积相同时，不同形状标志的易识别程度大小的顺序为：三角形、菱形、正方形、正五边形、圆形等。

（3）符号

用于表示标志的具体含义，应简单明了、一看就懂，并易为公众理解，避免文字叙述、意思繁杂，而力求明白、肯定、扼要、易认、直观、确切。

**2. 道路交通标志的意义和种类**

（1）交通标志的意义

道路交通标志是用图形、符号、文字、特定的颜色和几何形状，向交通参与者预示前方道路的情况，表示交通管理的指令与交通设施的状况，是道路交通法规的组成部分与交通管理的重要手段。在公路与城市道路交通管理工作中占有重要的地位，被人们称之为不下岗的"交警"。

（2）道路交通标志种类

我国从 1999 年 6 月 1 日起实施新的《道路交通管理条例》，规定道路交通标志分为主标志和辅助标志两大类，主标志就其含义不同分为下列四类。

① 警告标志：是警告车辆、行人注意道路前方危险的标志，计有30 种，42 个图式；其形状为顶角朝上的等边三角形，颜色为黄底、黑边、黑色图案。图 10-1 为警告标志示例。

十字交叉　　　　向左急转弯　　　　注意信号灯　　　　路面不平

图 10-1　警告标志示例

② 禁令标志：是禁止或限制车辆、行人某种交通行为的标志，计有 36 种，42 个图式；其形状分为圆形或顶角朝下的等边三角形，其颜色多为白底、红圈、红杠、黑图案。图 10-2 为禁令标志示例。

禁止机动车通行　　禁止非机动车通行　　禁止向左转弯　　减速让行

图 10-2　禁令标志示例

③ 指示标志：是指示车辆、行人前进方向或停止禁鸣以及转向的标志，计有 17 种，29 个图式；其形状分为圆形、长方形和正方形，其颜色为蓝底、白色图案。图 10-3 为指示标志示例。

④ 指路标志：是传递道路前进方向、地点、距离信息的标志，按用途的不同又分为地名标志、著名地名标志、分解标志，以及方向、地点、距离标志等，计 83 个图式；其形状多为正方形、长方形，一般多为蓝色底、白色图案，高速公路则为绿色底、白色图案。图 10-4 为指路标志示例。

向右转弯　　　　人行横道　　　　允许掉头　　　　单行路

图 10-3　指令标志示例

图 10-4　指路标志示例

⑤ 辅助标志：是附设在主标志下起辅助作用的标志。它不能单纯设置与使用，按用途不同分为表示时间、车辆种类、区域与距离、警告与禁令及组合辅助标志等五种；其形状为长方形，颜色为白底黑字、黑边框。

此外还有可变信息标志，将道路状况，如水毁、塌方、堆雪、交通状况、事故、气候变化等多种信息通过科技手段储存在某一情报或标志牌上，亦可根据道路检测情况及时把信息显示出来，传达给车辆驾乘人员和行人，使其能及时采取正确有力的交通行为。

**3. 道路交通标志的尺寸和视认距离**

标志牌的大小尺寸，应能保证驾驶人在一定视距内能方便、清晰地识别标志上的图案、符号与文字，故符号、文字的大小必须满足视认距离的要求。认读一般有五个阶段，即：发现，在视野内觉察有交通标志，但看不清楚标志的形状；识别，只能认识标志外形轮廓，看不清牌上的内容；认读，除看清标志外形，还能看清牌上内容；理解，在认读的基础上，理解标志含义并作出判断；行动，根据判断采取行动，如加速、减速、转弯或停车等。在这五个阶段的全过程中，汽车行驶的距离称之为视认距离或视距。

视认距离同行车速度与标志大小有关，根据实际试验，车速越高则视认距离越短，不同行车速度或不同等级的道路所要求的视认距离不同。为了能在较远的距离视认清标志的内容，就必须相应地加大标志尺寸。同时因字体的不同以及笔画的多少或粗细也会影响视认的距离。

在我国，指示、警告、禁令三种标志的外廓尺寸按计算行车速度分两种情况计算。计算行车速度大于或等于 80km/h 的道路上（高速公路、一级公路及平原微丘的二级公路），外形尺寸取：圆形直径 100cm，正方形边长 100cm，矩形尺寸 120cm×100cm。计算行车速度小于 80km/h 的道路（一般性公路、城市道路）上，外形尺寸取：圆形直径 70cm，正方形边长 70cm，矩形高度 70cm、宽度 100cm。

### 三、城市道路交通标线

道路交通标线是用不同颜色、线条、符号、箭头、文字、立面标记、突起路标和路边轮廓标线等所组成，常敷设或漆画于路面及构造物上，作为一种交通管理设施，起引导交通与保障交通安全的作用，可同标志配合使用，亦可单独使用，是道路交通法规的组成部分之一，具有强制性、服务性和诱导性。在道路交通管理中占有重要地位，对高速、快速、城市干道及一、二级公路均须按国家规定设置交通标线。

道路交通标线的标画区分如下所述。

（1）白色虚线：画于路段时，用以分隔同向行驶的交通流或作为行车安全距离识别线；画于路口时，用以引导车辆行进。

（2）白色实线：画于路段时，用以分隔同向行驶的机动车和非机动车，或指示车行道的边缘；画于路口时，可用以导向车道线或停车线。

(3) 黄色虚线：画于路段时，用以分隔对向行驶的交通流；画于路侧或缘石上时，用于禁止车辆长时间在路边停放。

(4) 黄色实线：画于路段时，用以分隔对向行驶的交通流；画于路侧或缘石上时，用以禁止车辆长时间或临时在路边停放。

(5) 双白虚线：画于路口时，作为减速让行线；画于路段时，作为行车方向随时间改变的可变车道线。

(6) 双黄实线：画于路段时，用以分隔对向行驶的交通流。

(7) 黄色虚实线：画于路段时，用以分隔对向行驶的交通流，黄色实线一侧禁止车辆超车、跨越或回转，黄色虚线一侧在保证安全的情况下准许车辆超车、跨越或回转。

(8) 双白实线：画于路口时，作为停车让行线。

## 第三节　城市道路交通行车管理

城市道路交通行车管理是城市交通系统管理(TSM)中线路交通管理的最基本、最简单形式，道路交通行车管理往往有以下几种形式。

### 一、单向交通管理

单向交通又称单向线，是指道路上的车辆只能按一个方向行驶的交通。

当城市道路上的交通量超出其自身的通行能力时，将造成城市交通拥塞、延误及交通事故增多等问题。此时，在道路交通系统中，若对某条道路或几条道路，甚至对某些路面较宽的巷、弄，考虑组织单向交通，则将会使上述交通问题明显地得到缓解和改善。故单向交通是在城市道路交通系统中，解决城市交通拥挤，充分利用现有城市道路网容量的一种经济、有效的交通管制措施。

应该强调指出，在旧城区街道狭窄、路网密度很大的地方，需要且有可能在一些街道上组织单向交通。说它需要，是因为这些街道车行道狭窄；说它可能，是由于道路网密度大，便于划出一组对向通行的平行道路。

### 1. 单向交通的种类

（1）固定式单向交通

对道路上的车辆在全部时间内都实行单向交通称为固定式单向交通。常用于一般辅助性的道路上，如立体交叉桥上的匝道交通多是固定式单向交通。

（2）定时式单向交通

对道路上的车辆在部分时间内实行单向交通称为定时式单向交通。如城市道路交通在高峰时间内，规定道路上的车辆只能按重交通流方向单向行驶；而在非高峰时间内，则恢复双向运行。所谓重交通流方向是指方向分布系数 $K_D > 2/3$ 的车辆方向。必须注意，实行定时式单向交通，应给非重交通流方向的车流安排出路，否则会带来交通混乱。

（3）可逆性单向交通

可逆性单向交通是指道路上的车辆在一部分时间内按一个方向行驶，而在另一部分时间内按相反方向行驶的交通。这种可逆性单向交通常用于车流流向具有明显不均匀性的道路上。其实施时间应依据全天的车流量及方向分布系数确定，一般当 $K_D > 3/4$ 时，即可实行可逆性单向交通。同样，应注意给非重交通流方向的车流以出路。

（4）车种性单向交通

车种性单向交通是指仅对某一类型的车辆实行单向交通的交通组织。这种单向交通常应用于具有明显的方向性及对社会秩序、人民生活影响不大的车种，如火车。实行这类单向交通的同时，对公共汽车和自行车仍可维持双向通行，目的是充分利用现有道路的通行能力。

### 2. 单向交通的优缺点

单向交通在路段上减少了与对向行车的可能冲突，在交叉口上大量减少了冲突点，故单向交通在改善交通方面具有以下较为突出的优点：

① 提高了道路通行能力；

② 减少了道路交通事故；

③ 提高了道路行车速度。

同时，单向交通也存在着以下缺点：

① 增加了车辆绕道行驶的距离，给驾驶人增加了工作量；

② 给公共车辆乘客带来不便，增加步行距离；

③ 容易导致迷路，特别是对不熟悉情况的外地驾驶人；

④ 增加了为单向管制所需的道路公用设施。

## 二、变向交通管理

变向车道是指在不同的时间内变换某些车道的行车方向或行车种类的交通。变向交通又称"潮汐交通"。

变向交通按其作用可分为两类：方向性变向交通和非方向性变向交通。在不同时间内变换某些车道上方向的交通称为方向性变向交通。这类变向交通可使车流量方向分布不均匀现象得到缓和，从而提高道路的利用率。在不同时间内变换某些车道上行车种类的交通称为非方向性变向交通。它可分为车辆与行人、机动车与非机动车之间相互交换使用的变向车道。这类变向交通对缓和各种类型的交通在时间分布上不均匀性的矛盾有较好的效果。例如，在早晨自行车高峰时间，变换机动车外侧车道为自行车道；到了机动车高峰时间，则变换非机动车道为机动车道。另外，在中心商业区变换车行道为人行道及设置定时步行街等，这些都是非方向性的变向交通。

## 三、专用车道管理

规划专用车道(或专用道路系统)是缓解城市交通问题的途径之一。专用车道包括公共交通车辆专用车道和自行车专用车道。

### 1. 公共交通车辆专用车道

公共交通车辆是指公共汽车、电车、轻型有轨车辆、地铁列车及城市铁路列车等。此外，出租小汽车也属于公交车辆。

公交车辆载客量大，人均占用道路面积小，且可有效地利用道路，故可采用公交车辆专用车道的办法来提高公交车辆的运行效率和服务质量，达到减少城市交通量的目的，使整个城市的交通服务质量得到改善，带来较大的社会效益。例如开辟公共汽车专用线、公共汽车专用街及公共汽车专用道路，发展轻型有轨交通和地下铁道等。

公共汽车专用车道的开辟，可在多车道道路上划出一条车道，用路面标示或交通岛同其他车道分隔，专供公共汽车通行，这可避免公共汽车同其他车辆的相互干扰。再有，在单向交通的多车道街道上，若车道有余时，可划出一条靠边车道，专供对向公共汽车行驶，成为逆向公共汽车专用车道，即在单向交通街道上，只允许公共汽车双向通行。

公共汽车专用街是只允许公共汽车和行人通行的街道。对于较宽的街道上，可允许自行车通行。城市的中心商业区或只有两条车道而又必须行驶公共汽车的窄街道，特别适宜于划为公共汽车专用街。

### 2. 自行车专用道

根据自行车交通早高峰流量最大的特点，将自行车和公共车流量大的路线、路段开辟成自行车和公共汽车专用线路段，定时将自行车与公共汽车及其他车辆分开，还可以开辟某些街巷作为自行车专用道。

### 四、禁行交通管理

为了减轻道路上的交通负荷，或将一部分交通流量均分到其他负荷较低的道路上去，根据道路条件和交通条件，实行对机动车和非机动车的某种限制性管理，称为禁行管理。禁行管理大致有以下几种情形。

### 1. 时段禁行

根据机动车和非机动车的不同高峰时段，安排其不同的通行时间，如上午 9 点至下午 5 点禁止自行车进入被规定的主要道路。

### 2. 错日进行

如某些主要街道规定某些车辆单日通行，某些车辆双日通行；或规定牌照号为单数的货车单日通行，双数的双日通行。

### 3. 车种禁行

如禁止某几种车(如载货车和各类拖拉机)进入城市道路或城市中心区。

### 4. 转弯禁行

在某些交通拥挤的交叉口，禁止机动车和非机动车左(右)转弯，有些专门禁止自行车左转。应注意在禁止左转弯交叉口的邻近路口必须允许左转弯。自行车可在支路上完成左转或变左转为右转，自然，这些措施应依据交通流量及道路、交通条件而定。

### 5. 重量(高度、超速等)禁行

规定机动车和非机动车按规定的吨位(高度、速度)通行。

# 第四节 停 车 管 理

车辆有行必须有停，按相对于行驶中的车辆，把停车称为静止交通。

在车辆不太多的时代，车辆开到哪里就停在哪里，对路上行驶着的车辆，没有多大影响，停车不成为问题，所以不会受到重视。随着车辆的增加，原有的道路越来越不能满足交通量增长的需要，路上随便停车对行驶车辆的影响越来越严重，停车问题开始受到人们的重视，人们才逐步认识到必须研究停车问题。从规划及管理上采取解决停车问题的对策，就是要考虑对有限的道路交通设施的空间，在行驶车辆与静止车辆间如何做合理的安排与分配。

我国当前正处在交通大发展时期，面临着过去遗留下来的道路贫乏的局面，在综合治理"交通难"的问题中，"停车难"、"行车难"是一对连体兄弟，必须同时治理，才能双双见效。

停车包括车辆到达目的地后的存车(分路边停存和路外停存两种)，与上下乘客或装卸货物及其他原因所需的临时停车。不包括遵守信号灯及管理人员指挥的停车。按《道路交通管理条例》(以下简称《条例》)规定，可认为，以驾驶人是否离开车辆来区别该车是停存还是临时停车。凡禁止临时停车的地方，当然禁止车辆停存；禁止停存的地方，视交通条件不一定禁止临时停车。以下讨论的内容，基本上也适用于自行车的停车。

### 一、路边存车管理

路边存车是指在道路沿侧石车行道上的机动车停存，或人行道边的自行车停存。路边存车管理的目的是使道路在"行车"及"存车"

两手抓能够得到最佳的使用。

### 1. 禁止路边存车的管理

凡存车会影响交通安全与通畅的地点，均应禁止路边存车。《条例》规定：车辆停放，必须在停车场或准许停放车辆的地点，依次停放，不准在车行道、人行道和其他妨碍交通的地点任意停放。

有些国家的交通法规中，对于禁止停存车辆的地点规定得非常明确，例如美国的《统一车辆法规》中规定：除人行道、桥梁、隧道内不准车辆停存外，在距交叉口、车辆进出口、人行横道消防栓、停车标志、让路标志、信号灯等一定距离内的路边不准停车。

### 2. 允许路边存车的管理

（1）允许路边存车地点的确定

地点能否允许路边存车，决定于该地区的道路条件及行车与存车需求的相对重要性。

① 在交通性干道、需要整宽都用于通车的道路上，应该禁止路边存车。

② 在住宅区、事务办公中心、商业区等需要大量存车地区，应尽可能提供路边存车空间。

③ 在市中心区，路上既要通行大量车辆，又有众多存车需求，是存车问题最为严重的地区，路边可以允许存车的地点一般难以适应存车的需求。除尽可能在路边划出允许存车的地点外，尚必须在存车时间上加以严格限制，以提高这些存车地点的存车周转率。

④ 确定允许路边存车地点的方法，一般采取"排除法"，即首先把那些禁止存车的地点划出来，其余就划为允许存车的地点。

（2）路边存车车位的划定

为提高允许存车地点的存车数量，应在路面上用标线划定存车车位。存车车位的布置有垂直式存放、平行式存放与斜角式存放三种方式。

在沿侧石线长度间，可存放车数最多的是垂直线存放，平行式存放数量最少，斜角式存放数量居中。

采取什么存放方式应视当地道路宽度而定。

在具有较多大型车辆需要存放的地方，最好同小型车辆存放地点分开，以免大小车辆混存而浪费道路空间的有效利用。

路边自行车停存点可画线定位或设置停车架定位。

（3）路边存车的限时管理

在路边存车需求量超过可供存车车位的地区，为提高存车地点的存车周转率，可采取限时存车的管理措施。

存车时间的限制一般在市中心为最短，在市中心外围可逐渐延长限制时间。

在市中心区视存车供求关系，可限时1小时，甚至更短。但在此中心区的外围地区，存车限时可定得稍长些，例如2小时，以供需要存车时间较长而愿意步行较远的人们存车。

（4）路边存车的收费管理

存车收费管理是对存车车位不足地区限制存车的另一种措施，也是对交通拥塞地区限制车辆进入的一种"交通需求管理"的有效措施。

① 在交通拥塞地区收取高额存车费，而在外围地区收取较低费用，迫使部分车辆存放在外围地区，减少进入拥塞地区的车辆。

② 对短时间停车收取较低的费用，对长时间存车收取多倍的高额费用，鼓励短时存车，限制长时存车。

③ 对多人合乘车辆收取较低费用，对少人车辆收取增加几倍的高额费用，鼓励多人合乘车辆，可减少路上的交通量。

## 二、路外存车管理

路外存车是指在道路用地范围之外的停车场或停车库内的存车。在路边存车车位不足的地区，应该修建路外存车设施，特别是吸引大量车流的大型建筑设施或公共场所，都应修建专用的路外存车设施（包括自行车停车场或库）。

《条例》规定：新建、改建大型建筑物和公共场所，须设置相应规模的停车场（库）。停车场（库）由城市规划部门审核，并征得公安机关同意后，方准施工。

路外停车场（库）对道路交通影响最大的是出入口，为降低出入口对道路交通的影响，审查停车场（库）出入口的布置时应考虑以下几点：

① 出入口必须远离道路交叉口;

② 出入口不得面向交通性干道,最好设在背向干道的支路或次要道路上;

③ 出入口最好分开;

④ 进出车辆最好"右进右出",即不准左转进出停车场(库)。

### 三、临时停车管理

在交通不安全的地方以及停车会明显严重影响交通的地方,不允许临时停车。《条例》规定:交叉路口、铁路道口、弯路、窄路、桥梁、陡坡、隧道以及距离上述地点 20m 以内的路段上,不准停车;在设有人行道护栏(绿篱)的路段、人行横道、施工地段、障碍物对面,不准停车;公交车辆停靠站、急救站、加油站、消防栓或消防队(站)门前以及距离上述地点 30m 以内的路段,除使用上述设施的车辆外,其他车辆不准停车。

在交通繁忙的道路上,临时停车会形成道路上的临时"瓶颈",以致造成交通阻塞。除《条例》规定禁止停车的地点外,视道路交通条件,在道路系统内规定禁止或是允许临时停车的地点,也是停车管理的一项重要内容。一般应考虑以下几点:

① 在交通繁忙的干道上应禁止临时停车,但在有商店、库房、工厂等因装卸货物必须临时停车的地方,可规定时间允许临时停车(如早上 8:00 以前,晚上 18:00 以后等)。

② 在旅馆门口、百货公司、交通枢纽点、车辆换乘点等有较多车辆,乘客上、下车的地方,可允许临时停车,但只准上、下乘客,并可规定临时停车时间不超过 3~5 分钟。

③ 为方便出租汽车乘客上、下车,除《条例》规定的不准临时停车之外的路段上,可考虑允许上、下车乘客的短时停车。

在允许临时停车的地点,为保证临时停车的安全及不影响其他车辆行驶,《条例》还规定:按顺行方向靠道路右边停车,驾驶人不准离开车辆,妨碍交通时,必须迅速驶离;车辆没有停稳前,不准开车门和上、下乘客,开车门时不准妨碍其他车辆和行人通行。

另外,像规定新、改建大型建筑物必须设置停车场(库)一样,

《条例》规定：在新、改建需要装卸货物或上、下乘客的建筑物处，必须在路外设置专用停车点。

### 四、停车管理的实施

#### 1. 停车管理地点的标志

《条例》规定禁止停车的地点，必须设置禁止停车标志。对于大片路段，标明路边车道是否允许用于停、存车辆的最简明方法，是在侧石上加涂彩色油漆。例如白色表示只准短时停车；绿色表示允许限时存车；黄色表示只许上、下乘客或装卸货物的停车；红色表示不准任何停车，在有公共车辆停靠牌的地方，只准公共汽车停靠；蓝色表示只准残疾人停存车辆等等。在限时存车地点可以设限时辅助标志或侧石上写明限时规定。

#### 2. 停车管理的执行

停车管理是道路管理中的重要项目之一，应由负责道路管理的公安部门执行，或委托社会公众团体执行。停车管理的执行一般可采用下述两种方法：

① 对临时停车，应采用巡逻检查或分片、分路负责检查管理；

② 对路边存车，可由管理人员定点管理或用欧美国家普遍采用的存车计时计费表配以巡逻检查。

## 第五节 步 行 管 理

步行是人类最原始然而又是最基本的一种交通方式。人们采用任何交通工具和任何目的的正常出行，其起、终点总少不了步行。人们对步行也有"质量"的要求，当然也是最原始而又是最基本的要求，行人一般都希望能自由自在、毫无顾忌地到达目的地。行人大多数不熟悉交通法规，任何人不必通过法规考试才能当行人；行人对车辆遵守交通法规的要求与信赖却往往又过高，总想按自由自在的要求在街上行走。要行人自觉遵守交通法规，并非易事。然而，行人与车辆相比显然是弱者，行人与车辆相撞难免非死即伤。

我国城镇人口密集，步行交通量很大，这是我国城镇交通的又一特点。但过去普遍存在交通上重视车忽视人的思想，使得至今许多城市的不少街道上还没有合格的人行道，更不用说完善的步行系统。实际上，忽视步行交通，没有足够的人行道或人行道被占用，人们只得走上车行道，这是我国道路上造成交通混乱与交通事故的重要因素之一。

因此，在我国，步行管理在交通管理中占有特殊重要的地位。步行管理的基本观念是"以人为本"，基本目标应该是保障行人的安全。从交通工程的观点，在满足这个基本要求的前提下，还得考虑如何同其他的交通要求取得协调。

### 一、人行横道

#### 1. 人行横道的作用及其标线的含义

（1）人行横道的作用

在行人需要穿过街道时，若满足行人自由自在地过街要求，势必会同街上的行车发生冲突，损害行人安全的根本要求，同时也会影响车辆通畅行驶的要求。

人行横道就是防止行人乱穿道路而在车行道上标线指定为行人过街的地方。《条例》规定：行人横过车行道，须走人行横道。在伦敦，英国学者对行人在各种不同横道过街的相对危险程度所做的调查表明：在有人行横道线的地方通行，比没有人行横道线的地方更安全；人行过街管理设施越完善的地方越安全。重视人行横道设施的设置对于保障交通安全与整治交通秩序具有明显的作用。见表 10-1。

不同横道行人过街的相对危险程度 表 10-1

| 过街的横道 | 危险程度 | 过街的横道 | 危险程度 |
|---|---|---|---|
| 无人行横道标线，也无交通信号 | 1.00 | 有人行横道标线，有交通信号控制 | 0.53 |
| 有人行横道标线，无管理规则 | 0.89 | 有人行横道标线，有交通信号控制且有安全岛 | 0.36 |

（2）人行横道的标线方式和含义

人行横道的标线方式有两种：条纹式（或称斑马纹式）人行横道线和平行式人行横道线。

英、美等国的交通法规明确规定，在斑马纹人行横道上，行人有先行权。我国也有类似的规定。

按《条例》第 41 条：车辆行经人行横道，遇有交通信号放行行人通过时，必须停车或减速让行；通过没有信号控制的人行横道时，须注意避让来往行人。意即在有交通信号控制的人行横道线上，按信号显示判别车辆与行人的先行权；而在没有信号控制的人行横道线上，行人有先行权。所以，《道路交通标志和标线》(GB 5768—1999)规定：

① 信号灯控制的交叉口的人行横道线，采用两条平行粗实线划出人行横道的范围。

② 需在路段中间设置人行横道线时(采用斑马线)，应在到达人行横道线前的路面上设置预告标示，用来提示前方接近人行横道，须注意行人横过马路，避让行人过街。

### 2. 人行横道的设置

人行横道的设置以在整条道路上作通盘布置为宜，应根据行人横穿道路的实际需要确定，一般先布置交叉口上的人行横道，然后再考虑在交叉口中间加设路段上的人行横道。人行横道应设在车辆驾驶人容易看清楚的位置，尽可能靠近交叉口，与行人的自然流向一致，并尽量与车行道垂直。

(1) 交叉口人行横道的设置如图 10-5 所示。

① 交叉口人行横道的位置

交叉口人行横道若设在同向人行道的延长线上，比较顺应行人的走向，但这样会使交叉口的每个转角上都拥挤着两个方向的过街行人，侵占了右转车辆与自行车的行驶空间；而且过街行人踏上人行横道时，不易注意同向右转车辆从其背后驶来，很不安全。所以交叉口人行横道最好向交叉口外侧移一段距离，使之不占用街道转角，留出这段空间给右转车辆等候行人过街之用。这样，不但使行人可以注意到右转车，提高安全感，而且可为交叉转角处设置雨水口、信号灯杆、标志、照明灯杆、路名牌等设施提供位置。这段距离需视转角半径大小而定，且应考虑避开雨水口。交叉口转角处的雨水口应设在人行横道的上游。

② 交叉口人行横道的宽度

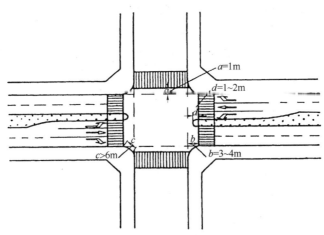

图 10-5 交叉口人行横道的设置

说明：

1. 人行横道位置应平行于路段人行道的延长线并适当后退（如图中 $a=1m$ 部分），在右转机动车容易与行人发生冲突的交叉口，该后退距离宜取 3～4m（如图中 $b=3～4m$ 部分）；

2. 有人行道的转角部分（如图中 $c$ 部分），长度不应小于车辆的车身长 6m，并应设置护栏隔离设施；

3. 有中央分隔带的道路，人行横道应设在分隔带端部向后为 1～2m 处（如图中 $d$ 部分）

交叉口人行横道的宽度应根据高峰小时的设计人流量确定，人行横道通行能力可取 2000 人/绿灯小时·米。通过交叉口的人行横道宽度应略宽于其两端人行道的宽度，建议取人行道宽度的 1.5 倍。人行横道的最小宽度，各国规定不一，上海的《城市道路平面交叉口规划与设计规程》（2001）规定，顺延干路的人行横道宽度不宜小于 5m，顺延支路的人行横道宽度不宜小于 3m。

③ 交叉口人行横道的长度

在上海的《城市道路平面交叉口规划与设计规程》（2001）中规定为：交叉口"进出口道机动车道达 6 条时，应在中间设置行人安全岛；新建交叉口岛宽应大于 2m，改建、治理交叉口应大于 1m"。为便于童车及残疾人轮椅车通过，安全岛不必高出路面。

在斜交或畸形交叉口，人行横道应尽可能与车行道垂直，以缩短人行横道的长度，参见表 10-2。

如果设置人行横道的地点，视距不能满足表 10-2 的规定，则不能设置斑马线式人行横道，必要时只能设置加信号控制的人行横道。

车辆驾驶人对人行横道的最小视距　　　　　　表 10-2

| 平均车速(km/h) | 48 | 65 | 80 |
|---|---|---|---|
| 视距(m) | 70 | 90 | 150 |

（2）在信号交叉口附近（英国规定 135m 范围内）不宜设置斑马线式人行横道，只能设置由信号灯控制的人行横道。信号灯必须由交叉口的信号控制机控制，与交叉口的车辆信号控制取得协调。

（3）瓶颈路段，不设人行横道。

（4）车辆进出口的附近，不设人行横道。

### 二、人行信号灯

#### 1. 人行信号灯的显示

我国不少城市，在交叉口人行横道处配置人行信号灯。人行信号一般为红绿两色，红色灯面上有行人站住不走的图像，绿色灯面上有行人行走过街的图像。目前，人行信号灯的显示一般与同向车行灯同步，绿灯结束前有 3～5 秒闪烁绿灯，表示尚未进入人行横道的行人应该停步，已在横道线的行人应赶快过路。

一般人行信号灯大多只能分离行人与侧向直行车辆的冲突，仍不能避免同左、右转弯车辆的冲突，除非对左、右转弯车辆采取补充管制措施或该交叉口信号相位中配有行人专用相位。

#### 2. 人行信号灯的设置

一般在信号控制交叉口及非支路路段中间和干道有限交叉口越过干道（相当于路段中间）人行横道处都应设置人行信号灯。

（1）信号灯配时

信号控制交叉口上人行信号灯的配时，按交叉口信号灯组的配时统一安排。行人过街所需的最短绿灯时间 $G_{min}$ 根据人行横道长度 $D$ 及行人过街步行速度 $v_r$ 确定。美国采用：

$$G_{min} = 7 + \frac{D}{v_r} - Y \tag{10-1}$$

式中　$G_{\min}$——行人过街所需的最短绿灯时间(s)；

$\qquad v_r$——采用第 15 百分位步行速度(m/s)；

$\qquad Y$——绿灯间隔时间(s)；

$\qquad D$——人行横道长度(m)。

澳大利亚采用：

$$G_{\min}=6+\frac{D}{v_r} \tag{10-2}$$

式中　$v_r$——采用 1.2(m/s)。

在主、次干道相交的交叉口上，当主街很宽，步行所需最短绿灯时间超过次街车辆通过交叉口所需绿灯时间，以致主街车辆绿灯时间不够用时，应考虑在主街中央设置安全岛，让行人分两段过街，以缩短步行最短绿灯时间。

(2) 信号灯形式

路段中间人行横道信号灯，国外多采用行人按钮式信号灯，实际上是一种半感应式信号灯。采用这种信号灯时，主街车辆难免要为行人过街而在信号灯前停车，影响主街车辆畅通行驶。另一种方法是在人行横道前一定距离内设置车辆检测器，由检测器测得主街车辆空档大于步行最短绿灯时间时，放一次行人绿灯。这种方法须在主街上设置车辆检测器。

另外，有些特殊的地方，譬如有大量小学生过街的地方，应考虑设置人行信号灯。


### 三、人行天桥及地道

人行天桥及地道虽是一种最彻底的人车分离措施，但也是一种昂贵的行人管理措施。

同时，行人过街必须上下天桥或进出地道，增加了人行的不便，特别是老弱病残行人，不是"以人为本"的人行设施。所以在确实需要设置的地方，才能使投资见到交通效益，不然，会引起行人在天桥或地道之前乱穿道路，诱发交通事故。从"以人为本"的观念出发，人行天桥与地道宜配合轨道交通站台设置，以方便行人、轨道交通乘客与过街的联系；或宜配合大型多层、地下商业建筑修建，以便行人购物与过街的联系。近年来，北京、上海、天津、广州等许多城市修建了不少天桥和地道，有些效果非常显著，如北京西单百货商场路段中间的天桥、西单等配合地铁站而设置的过街地道和上海南京路与西藏路交叉口配合多层商厦的人行天桥等。但也有一些设置不当的天桥和地道，因行人不愿使用而效果不佳，正在逐步拆除。

## 第六节　平面交叉口管理

平面交叉口（以下简称交叉口）按交通管制方式的不同，可分为全无控制交叉口、主路有限控制交叉口、信号（灯）控制交叉口、环岛交叉口等几种类型。主路有限控制交叉口，是在次路上设停车让行或减速让行标志，指令次路车辆必须停车或减速让主路车辆有限通行的一种交叉口管制方式。

交叉口是道路网中道路通行能力的"隘路"和交通事故的"多发源"。国内外城市中的交通阻塞主要发生在交叉口，造成车流中断，事故增多，延误严重。如日本大城市中的机动车在市中心的运行时间约1/3花在平面交叉口上。同时，交叉口也是交通事故的主要发生源。美国交通事故约有一半以上发生在交叉口；德国城市道路上的交通事故约有36%发生在交叉口，城市中的交通事故有60%～80%发生在交叉口及其附近。因此，交叉口这个交通事故的"多发源"问题不能不引起人们的高度关注。怎样对平面交叉口实施科学管理就是本节要讨论的问题。实施管制的方式取决于交叉口的几何特征和交通状况，目的是为了保障交叉口的交通安全和充分发挥交叉口的通行能力。全无控制交叉口和主路有限控制交叉口是本节要讨论的主要内容。讨论交叉口的类型以十字交叉口为主。

### 一、交叉口交通管理的原则

以下介绍对交叉口实施科学管理的五个主要原则。

#### 1. 减少冲突点

提高交叉口交通安全的根本是减少冲突点，可采用单行线、在交通拥挤的交叉口排除左右转弯、用多相位交通信号灯控制交叉口各向交通等方法。

### 2. 控制相对速度

可采用严格控制车辆进入交叉口的速度；对于右转弯或左转弯车流应严格控制其合流角，以小于 30° 为佳；必要时可设置一些隔离设施（如隔离墩或导向岛等）用以减小合流角等方法。

### 3. 重交通车流和公共交通优先

重交通车流是指较大交通流量的交通流（干道或主干道上的交通流）。重交通车流通过交叉口应给予优先权。其方法是在轻交通流方向（支路）上设置减速让行或停车让行标志，或是延长在重交通车流方向上的绿灯时间。对公共交通也可采取类似优先控制的方式。

### 4. 分离冲突点和减小冲突区

交叉口上的交通流是复杂的，各种车辆在合流与分流的过程中所产生的车辆交叉运动，有的路径太接近甚至重叠，有的偏离过大，导致交叉口上冲突点增多和冲突区扩大，安全性大大降低。此时，运用分离冲突点和减小冲突区的原则能收到较好效果。如按各向车辆行驶轨迹设置交通岛，规范车辆在交叉口内的行驶路线；左转弯时，规定机动车小迂回，而非机动车大迂回；画上自行车左转弯标示线（有条件时设置隔离墩），防止自行车因急转弯而加大冲突区；在路口某些部分画上禁止车辆进入的标示线，限定车辆通行区域；或在交叉口上设置左、右转弯导向线等，这些都是分离冲突点和减小冲突区的有效办法。

### 5. 选取最佳周期，提高绿灯利用率

在用固定周期自动交通信号控制交通的交叉口处，应对各方向的交通流量做调查，根据流量大小计算最佳周期和绿信比，以提高绿灯利用率，减少车辆在交叉口的延误。

其他一些交叉口交通管理原则，如对不同的交通流采取分离，对机动车和非机动车画出各行其道的车道线；人行横道较长的道路（超过 15m），在路中央设置安全岛等，都是常用且行之有效的管理原则。具体运用上述原则时，应注意到综合考虑，灵活应用。

### 二、全无控制交叉口

定义：全无控制交叉口是指具有相同或基本相同重要地位，从而

具有同等通行权的两条相交道路，因其流量较小，在交叉口上不采取任何管理手段的交叉口。

在国外，交叉口有无控制交叉口、主路优先控制交叉口及信号(灯)控制交叉口之分。主路优先控制交叉口是无控制交叉口和信号(灯)控制交叉口之间的一种过渡形式。在我国，无控制交叉口和信号(灯)控制交叉口居多，主路优先控制交叉口这一过渡形式很少见。通常当无控制交叉口流量增大至一定程度时，便将其改为信号(灯)控制交叉口。

视距三角形的简介如下所述。

无控制交叉口通常没有明确的停车线，在车辆到达交叉口时，驾驶人将在距冲突点一定距离处做出决策，或减速让路，或直接通过。驾驶人所做出的决策，很大程度上取决于在接近交叉口前，对横向道路两侧的通视范围。故无控制交叉口的交通安全是靠交叉口上良好的通视范围来保证的。

美国在居民区或工业区内部支道之间的交叉口，由于车辆不多、车速不高，驾驶人又较熟悉本地情况，一般不采取管制措施。在有障碍物的交叉口，是否需要采取控制措施，须对交叉口上的可通视范围进行分析后做出决定。

在交叉口前，驾驶人对横向道路两侧的可通视范围，可用绘制交叉口的视距三角形的方法确定。在水平路段上，不同车速的视距值列于表 10-3 中。表中 $S_s$ 是相交道路上同时到达交叉口的车辆在冲突点前能避让冲突及时制动所需的停车视距。

视距与车速对应值 表 10-3

| 设计车速 $v$(km/h) | 40 | 50 | 60 | 70 | 80 | 90 | 100 |
|---|---|---|---|---|---|---|---|
| 视距 $S_s$(m) | 40 | 60 | 75 | 90 | 110 | 125 | 160 |

在多车道的道路上，视距三角形的画法，必须注意"视距线"应画在最易发生冲突的车道上。在双向交通的道路交叉口，对从左侧进入交叉口车辆的视距线，应画在最靠近人行道的车道上；而对于从右侧进入交叉口的车辆，则应取最靠近路中线的车道。对单向交通进入

交叉口的车辆，则应取最靠近其左边的车道。

在视距三角形内不得有任何高于 1.2m 妨碍视线的物体。

无控制交叉口的冲突与通行规则如下所述。

### 1. 无控制交叉口的冲突

这里讨论的"冲突"是指当一辆车到达停车线时，如果在交叉口内有别的车辆正在行驶，致使该到达停车线的车辆减速等待，不能正常通过交叉口，这便是一个冲突。发生冲突的车流称为冲突车流。当两冲突车流的车辆到达停车线的时间差很小时，就有可能发生撞击。反之，当可能发生冲突时，虽有两车都减速和互相观望情况，但根据礼貌和习惯等，总是有一车先通过交叉口。一般习惯是先到达车辆先通过，后到达车辆减速等待，然后安全通过。此时，等待通过的车辆就产生一个冲突，自然也受到一定的延误。

### 2. 无控制交叉口的通行规定

由于交叉口存在许多冲突点，使得有些相冲突车流的车辆不能同时通过交叉口，因此，需要有一个通行规则，确定各入口车辆以怎样的次序进入交叉口。

若相交道路不分主次及不考虑优先，则先到达交叉口的车辆应先通过是理所当然的。但实际并非如此简单。根据《条例》第43条："车辆通过没有交通信号或交通标志控制的交叉路口，必须遵守下列规定依次让行：支、干路不分的，非机动车让机动车先行；非公共汽车、电车让公共汽车、电车先行；同类车让右边没有来车的车先行；相对方向同类车相遇，左转弯的车让直行或右转弯的车先行。"

若相交道路有主次之分，则支路车让干路车先行。

《条例》中还指出："让行车辆须停车或减速观察，确认安全后，方准通过。"

### 三、主路优先控制交叉口

无控制交叉口的延误是较小的，即使流量增加，延误增加也有限，理论和实测都表明了这点。但鉴于安全性考虑，使得无控制交叉口在低流量时就要求加以管制。由无控制立刻变为信号灯控制，交叉口延误将明显增加，这就应综合考虑种种因素，权衡利弊后做出决定。较好的措施是在这两种控制方式之间，考虑一种过渡形式的控制。因为无控制与信号灯控制之间控制程度差别较大，这使得在流量与控制程度之间存在着矛盾，当流量稍增加时，马上设置信号灯，会增加延误；若不设信号灯，由交警指挥又会造成指挥时间过长。如能采取某种交通标志的控制措施，并有效实施之，则既能解决安全性问题，且延误又不至于增加许多，将是比较理想的，主路优先控制就能满足这种要求。主路优先控制可分为停车让行标志控制和减速让行标志控制，下面分别予以介绍。

**1. 停车让行标志控制**

相交的两条道路中，常将交通量大的道路称主路或干路，小的称次路或支路(包括胡同和里弄)。规定主路车辆通过交叉口有优先通行权，次路车辆必须让主路车辆先行，这种控制方式称为主路优先控制。停车让行标志控制也称停车控制，指的是进入交叉口的次路车辆必须在停止线以外停车观察，确认安全后，才准许通行。停车让行标志控制按相交道路条件的不同分为单向停车控制和多向停车控制。

(1) 单向停车控制

单向停车控制简称单向停车或两路停车。这种控制在次路进口处画有明显的停车交通标志，相应地在次路进口右侧设有停车交通标志，同时次路进口处的路面上写有非常醒目的"停"字。停车标志在下列情况之一下设置：

① 与交通量较大的主路平交的次路路口；

② 次路路口视距不太充分，视野不太好；

③ 主路交通流复杂，或车道多，或转弯车辆多；

④ 无人看守的铁路道口。

我国一些铁路道口及次路路口常设有"一停二看三通过"的标志牌，这实际上是停车控制的方法。但在我国的交通规则中对此无明确规定，且在路面上也无与"一停二看三通过"相对应的交通标志，更无停止线画出，导致一些铁路道口常发生恶性交通事故。在美国，这种控制路口如发生车祸，事故责任多由次路车辆负责。

确定路口是否需要设置停车标志时，美国应用"次要道路50％车辆推迟行驶曲线"(图10-6)，对最繁忙的12小时(早上7：00至晚上

19：00)的车流量做检验，以每天至少有 8 小时的交通流量的坐标点落在曲线右侧时，作为适于采用单向停车控制的条件。如果大多数交通量的坐标点落在曲线左侧，可不必设置停车标志，假如设上则反而会造成延误。

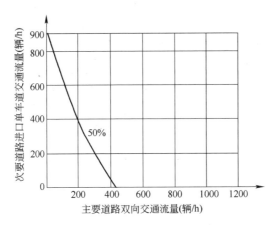

图 10-6　主要道路双向交通流量

适合采用单向停车的视距条件，是以车辆进入交叉口的安全速度为基础的。交叉口转角视野内有障碍物，为确保行车安全，在视线过短时，就要减速行驶。当视线很差时，进入交叉口进口道的车速需降到 16km/h，这样就不如采用停车标志来控制。一些丁字交叉口常常会遇到这种情况。

（2）多向停车控制

多向停车控制又可简称多路停车，各路车辆进入交叉口均需先停车后再通过，其中四路停车较多。其标志设在交叉口所有进口道右侧。在美国，多路停车设置依据为：

① 交叉口在 12 个月中，有 5 起或更多次直角碰撞或左转碰撞车祸事故的记录，则可采用多路停车控制。

② 当超过以下规定的最小流量时，可采用多路停车控制：

A. 进入交叉口的车辆总数，在一天 24 小时内取任意连续的 8 小时时间段，其进入交叉口的平均小时车流量必须至少为 500 辆/h；

B. 同时，由次要道路上来的车辆和行人综合交通量，在这相应的 8 小时内，必须至少为 200 个单位（车与人同样各按"单位"计值），并且在高峰小时期间，旁侧次要道路上车流的平均延误时间每辆为 30 秒；

　　C. 当主要道路上 85％的车流量在通过平面交叉口时，其速度超过 64km/h，则上述 A 和 B 两项的标准要求可降低 30％。

　　一般连续 8 个小时车流量的平均值，均小于第 8 个小时高峰流量，也小于最高 8 个小时车流量的平均值。因此，连续 8 个小时车流量的平均值如已达到规定的最小车流量时，则第 8 个小时高峰流量和最高 8 个小时车流量的平均值，也均已达到了规定的最小车流量。

　　当达到上述 A、B 和 C 项中的任意一项要求时，即可实施多路停车。

　　已适合用信号灯控制的交叉口，由于投资困难，也可采用多路停车作为临时性措施，直至改用信号灯控制为止。

### 2. 减速让行标志控制

　　减速让行控制又称让路控制，是指进入交叉口的次路车辆，不一定需要停车等候，但必须放慢车速瞭望观察，让主路车辆优先通行，寻找可穿越或汇入主路车流的安全"空档"机会通过交叉口。在美国，当接近路口安全速度为 16～24km/h 时，应考虑让路控制。让路控制与停车控制差别在于后者对停车有强制性。

　　让路控制一般用在与交通量不太大的主路交叉的次路路口，其标志和标示的设置位置与单向停车控制相同。

　　在我国城市中，交通量较小的支路与主路相交的交叉口数量不少，还应有让路控制的交叉口。我国的交通规则对这种路口的通行权问题虽有规则规定（支路车让主路车），但毫无控制措施。从城市交通的现代化管理来说，在这种路口应画有明显的交通标示，并设有让路交通标志。与此同时，还要改善这种交叉路口的视距条件，使支路上的车辆在进入交叉路口前能看清楚主路上的车辆，能估计可穿越间隔。这种让路控制方法对自行车甚至行人同样适用。

　　目前，美国较少使用让路标志，原因是让路的含义比较模糊，一旦发生车祸，责任不易裁决。"让"与"不让"，是对交叉口能否通过的一种估计，当驾驶人疏忽时就容易出事。为了分清事故责任，美国伊利诺伊州在法律上做出明确规定，当发生事故时，让路控制与停车控制的责任是相同的。实践表明，这个法律规定收到了较好的效果。

### 3. 交叉口控制方式的选择

上海《城市道路平面交叉口规划与设计规范》（2001），在平面交叉口规划阶段根据道路网规划的相交道路类别选择交叉口的"应用类型"（即控制类型）的规定见表 10-4。

规划平面交叉口应用类型      表 10-4

| 相关道路 | | 主干路 | 次干路 | 支　路 | |
|---|---|---|---|---|---|
| | | | | Ⅰ级 | Ⅱ（Ⅲ）级 |
| 主　干　路 | | A | A | A，E | E |
| 次　干　路 | | — | A | A | A，B，E |
| 支路 | Ⅰ级 | — | — | A，B，D | B，C，D，F |
| | Ⅱ（Ⅲ）级 | — | — | — | B，C，D，F |

美国根据道路条件和交通条件来选择交叉口的控制方式如下所述。

（1）按照道路分类选择

美国一般先将道路分成三类，即主干道、次干道和支道，然后根据相交道路的分类，按表 10-5 选择交叉口及其控制的方式。

按交叉道路类型选择交通控制方式      表 10-5

| 交叉口类型 | 建议的控制方式 | 交叉口类型 | 建议的控制方式 |
|---|---|---|---|
| 主干道与主干道 | 信号灯 | 次干道与次干道 | 信号灯、多向停车、单向停车或让路 |
| 主干道与次干道 | 信号灯、多向停车或单向停车 | 次干道与支道 | 单向停车或让路 |
| 主干道与支道 | 单向停车 | 支道与支道 | 单向停车、让路或不设管制 |

（2）按照交通量和交通事故选择

根据调查交叉口各相交道路交通量、发生交通事故次数、行人周密程度以及今后的发展趋势等资料，按表 10-6 选择。

按交通量和交通事故次数选择交通控制方式　　　表 10-6

| 项　目 | | | 控　制　方　式 | | | | |
|---|---|---|---|---|---|---|---|
| | | | 不设控制 | 让　路 | 单向停车 | 全向停车 | 信　号　灯 |
| 交通量 | 主要道路(辆/h) | | — | — | — | 300 | 600 |
| | 次要道路(辆/h) | | — | — | — | 200 | 200 |
| | 合计 | (辆/h) | 100 | 100~300 | 300 | 500 | 800 |
| | | (辆/h) | ≤1000 | <3000 | ≥3000 | 5000 | 8000 |
| 每年直角碰撞事故次数 | | | <3 | ≥3 | ≥3 | ≥5 | ≥5 |
| 其他因素 | | | — | — | — | — | 行人、间隙、信号灯联动等 |

# 第七节　道路交通信号控制管理

## 一、道路交通信号控制管理的目的与分类

### 1. 道路交叉口交通信号控制系统的目的

① 在时间上隔离不同方向的车流，控制车流运行秩序，并获得最大的交通安全；

② 使在平面交叉的道路网络上人和物的运输达到最高效率，其效率往往用通行能力、延误及停车次数三项指标来衡量；

③ 为道路使用者提供必要的情报，帮助他们有效地使用交通设施。

### 2. 城市道路交通信号控制系统类型

按其管理范围可分为以下三种类型：

① 单点交叉口交通信号控制；

② 干道交通信号协调控制；

③ 区域交通信号系统控制。

## 二、单点交叉口交通信号控制

单点交叉口交通信号控制简称"点控制"，它以单个交叉口为控制对象，它是交通信号灯控制的最基本形式。点控制又可分为两类，即固定周期信号控制和感应式信号控制。

### 1. 固定周期信号控制

固定周期信号控制是最基本的交叉口信号控制方式，这种控制方

式设备简单、投资最省、维护方便,同时,这种信号控制机还可以升级。与邻近信号灯联机后上升为干线控制或区域控制。

(1) 控制原理

按事先设计好的控制程序,在每个方向上通过红、绿、黄三色灯循环显示,指挥交通流,在时间上实施隔离。交通规则规定:红灯表示停止通行;绿灯表示放行;黄灯表示清尾,即允许已过停车线的车辆通过交叉口。

(2) 信号相位方案

信号相位方案即信号灯轮流给某些方向的车辆或行人分配通行权的一种顺序安排。把每一种控制(即对各进口道不同方向所显示的不同色灯的组合)称为一个信号相位。

一般情况下,信号控制灯多采用两个相位,即二相制,如东西向放行,显绿灯,则南北向禁行,显红灯,这为第一相。第二相时,南北向放行,显绿灯,东西向禁行,显红灯。信号配时方案一般用信号配时图表示,如图 10-7 所示。当左转交通量比较大时,可设置左转专用相位,此时,信号控制灯采用三相制,如图 10-8 所示。

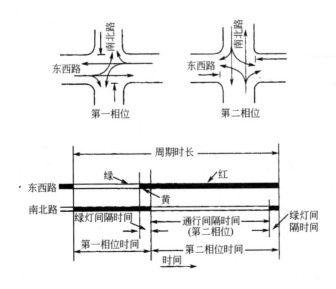

图 10-7 两相位信号及配时图

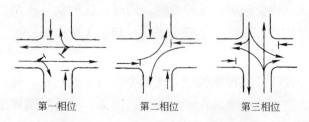

第一相位　　　　　第二相位　　　　　第三相位

图 10-8　具有左转专用相位的三相位方案

### 2. 感应式信号控制

（1）控制原理

感应式信号控制没有固定的周期长度，它的工作原理是：

在感应式信号控制的进口，均设有车辆到达检测器，一相位起始绿灯，感应信号控制器内设有一个"初始绿灯时间"，到初始绿灯时间结束时，如果在一个预先设置的时间间隔内没有后续车辆到达，则变换相位；如果有车辆到达，则绿灯延长一个预设的"单位绿灯延长时间"，只要不断有车到达，绿灯时间可继续延长，直到预设的"最长绿灯时间"时变换相位。

（2）感应式信号灯的基本控制参数

① 初始绿灯时间：给每个相位预先设置的最短绿灯时间，在此时间内，不管是否来车本相位必须显示绿灯。初始绿灯时间的长短，取决于检测器的位置及检测器到停车线可停放的车辆数。

② 单位绿灯延长时间：指初始绿灯时间结束后，在一定时间间隔内测得后续车辆时所延长的绿灯时间。

③ 最长绿灯时间：是为了保持交叉口信号灯具有较佳的绿信比而设置，一般为 30～60 秒，当某相位的初始绿灯时间加上后来增加的多个单位绿灯延长时间达到最长绿灯时间时，信号机会强行改变相位，让另一方向的车辆通行。

### 三、干道交通信号协调控制

干道交通信号协调控制系统也简称"线控制"，就是把一条主要干道上一批相邻的交通信号灯联动起来，进行协调控制，以便提高整个干道的通行能力。线控制往往是面控制系统的一种简化形式，控制参数基本相似。根据道路交叉口所采用的信号灯控制方式的不同，线控制也可分为干道交通信号定时式协调控制及干道交通信号感应式协调控制两种。其中，以定时式协调控制较为普遍，下面仅介绍此类系统。

### 1. 干道信号控制系统的基本参数

（1）周期长度

单个交叉口的信号周期长度是根据交叉口交通量来确定的。由于控制系统中有多个交叉口，为了达到系统协调，各交叉口必须采用相同的周期长度。为此，必须先按单个交叉口的信号配时方法，确定每个交叉口的周期长度，然后取最长的作为本系统的公共周期长度，其他交叉口也必须采用这个周期长度。

（2）绿信比

在干道控制系统中，各交叉口的绿信比可根据交叉口的各方向交通量来确定，不一定统一。

（3）相位差

相位差是干道交通信号控制的关键参数。通常相位差有以下两种：

① 绝对相位差：指各个交叉口信号的绿灯或红灯的起点相对于控制系统中参照交叉口的绿灯或红灯的起点时间差；

② 相对相位差：指相邻两交叉口信号的绿灯或红灯起点的时间差。

### 2. "绿波交通"——单向交通干道的信号协调控制

所谓"绿波交通"，就是指车流沿某条主干道行进过程中，连续得到一个接一个的绿灯信号，畅通无阻地通过沿途所有交叉口。这种连续绿灯信号"波"是经过沿线各交叉口信号配时的精心协调来实现的。完全意义的"绿波交通"只有在单向交通干线上才能实现，实现"绿波"的关键是精确设计相邻交叉口之间的相位差。如图 10-9 所示的干道交通控制系统中，如果取交叉口 A 为系统参照交叉口，周期长度为 120 秒，那么按图示方式各交叉口的绝对相位差，便可获得完全的"绿波交通"。

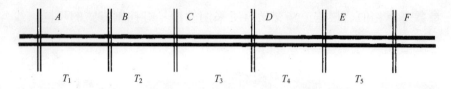

图 10-9　单向交通干线信号控制相位差计算示意图

### 3. 双向交通干道的信号协调控制

双向交通干道的交通情况远比单向交通干道复杂，一般较难得到理想的"绿波带"，在各交叉口间距相等时，比较容易实现"绿波"，且当交叉口间车辆行驶时间正好等于周期长度一半的倍数时，可获得理想的"绿波带"，各交叉口间距不等时，就较难实现"绿波"。图10-10为双向干线绿波时距图，从图中可以看出，双向干线的绿波宽度远远小于单向干线的绿波宽度。

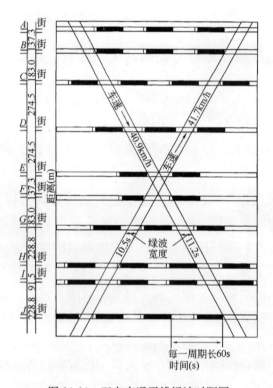

图 10-10　双向交通干线绿波时距图

尽管双向交通干道较难实现"绿波",但线控制仍能大大提高干线的通行能力。双向交通干道定时式信号控制系统一般有三种协调方式:

① 同步式协调控制;

② 交互式协调控制;

③ 连续通告式协调控制。

### 四、区域交通信号控制系统

区域交通信号控制系统也简称"面控制",它把整个区域中所有信号交叉口作为协调控制的对象。控制区域内各受控交通信号都受中心控制室的集中控制。对范围较小的区域,可以整区集中控制;范围较大的区域,可以分区分级控制。分区的结果往往成为一个由几条线控制组成的分级集中控制系统,这时,可以认为各线控制是面控制中的一个单元;有时分区成为一个点、线、面控制的综合性分级控制系统。

区域控制系统按控制策略可分为定时脱机式控制系统和感应式联机控制系统两种。

#### 1. 定时脱机式区域交通控制系统

定时脱机式操作控制系统,利用交通流历史及现状统计数据,进行脱机优化处理,得出多时段的最优信号配时方案,存入控制器或控制计算机内,对整区交通实施多时段定时控制。

定时控制简单、可靠、效益费用比高,但不能适应交通流的随机变化,特别是当交通流量数据过时后,控制效果明显下降,重新制订优化配时方案将消耗大量的人力做交通调查。

TRANSYT(Traffic Network Study Tool)——交通网络研究工具是定时脱机式区域控制系统的代表,是英国道路与交通研究所(TR-RL)于1976年提出的脱机优化网络信号配时的一套程序。TRANSYT问世以来,随着交通工程的实践,不断被改进完善,到1986年已修改了9次,英国的型号为TRANSYT-7。美国将英国TRANSYT-7改进为TRANSYT-7F型。法国也将英国TRANSYT改进为THESEE型及THEBES型。

TRANSYT 是一种脱机操作的定时控制系统，系统主要由两部分组成。

（1）仿真模型

建立交通仿真模型，其目的是用数学方法模拟车流在交通网上的运行状况，研究交通网配时参数的改变对车流运行的影响，以便客观地评价任意一组配时方案的优劣。为此，交通仿真模型应当能够对不同配时方案控制下的车流运行参数——延误时间、停车率、燃油消耗量等作出可靠的估算。

（2）优化

将仿真所得的性能指标送入优化程序部分，作为优化的目标函数。TRANSYT 以网络内的总行车油耗或总延误时间及停车次数的加权值做性能指标；用"爬山法"优化，产生较之初始配时更为优越的新的信号配时；把新信号配时再送入仿真部分，反复迭代，最后取得性能指标达到最佳的系统最佳配时。TRANSYT 优化过程中的主要环节包括：绿时差的优选、绿灯时间的优选、控制子区的划分及信号周期时间的选择四部分。

**2. 联机感应式区域交通控制系统**

由于定时脱机式操作系统具有不能适应交通流随机变化的不足，人们进一步研究能随交通流变化自动优选配时方案的控制系统。随着计算机自动控制技术的发展，交通信号网络的自适应控制系统就应运而生。英国、美国、澳大利亚、日本等国家作了大量的研究和实践，用不同方式各自建立了各有特色的自适应控制系统。归纳起来有方案选择式与方案形成式两类。方案选择式以 SCATS 为代表，方案形成式以 SCOOT 为代表。

（1）SCATS

SCATS(Sydney Co-ordinated Adaptive Traffic System)控制系统是一种实时自适应控制系统。在 20 世纪 70 年代开始研究，80 年代初投入使用。

SCATS 的控制结构用的是分层式三级控制，即分成：中央监控中心—地区控制中心—信号控制机。在地区控制中心对信号控制机实行控制时，通常将每 1～10 个信号控制机组合为一个"子系统"，若干子系统组合为一个相对独立的系统。系统之间基本上互不相干，而系统内部各子系统之间，存在一定的协调关系。随交通状况的实时变化，子系统既可以合并，也可以重新分开。三项基本配时参数的选择，都以子系统为核算单位。

中央监控中心，除了对整个控制系统运行状况及各项设备工作状态作集中监视以外，还有专门用于系统数据管理库的计算机，对各地区控制中心的各项数据以及每一台信号控制机的运行参数作动态贮存（不断更新的动态数据库形式）。

SCATS 在实行对若干子系统的整体协调控制的同时，也允许每个交叉口"各自为政"地实行车辆感应控制，前者称为"战略控制"，后者称为"战术控制"。战略控制与战术控制的有机结合，大大提高了系统本身的控制效率。SCATS 正是利用了设置在停车线附近的车辆检测装置，才能提供这样一种有效的灵活性。所以 SCATS 实际上是一种用感应控制对配时方案作局部调整的方案选择系统。

SCATS 优选配时方案的主要环节为：子系统的划分与合并、配时参数优先、信号周期长度选择、绿信比方案选择、绿时差方案选择五部分。

（2）SCOOT

SCOOT(Split-Cycle-Ofset Optimization Technique)，即绿信比—信号周期—绿时差优化技术，是一种对交通信号网实行实时协调控制的自适应控制系统。由英国 TRRL(英国运输与道路研究所)研制开发，1979 年正式投入应用。

SCOOT 是在 TRANSYT 的基础上发展起来的。其模型及优化原理均与 TRANSYT 相仿。不同的是，SCOOT 是方案形成方式的控制系统，通过安装在各交叉口的每条进口道最上游的车辆检测器所采集的车辆到达信息，联机处理，形成控制方案，连续地实时调整绿信比、周期长度及绿时差三参数，使之同变化的交通流相适应。

SCOOT 优选配时方案的主要环节包括：

① 交通检测。含交通量、车辆占用时间、道路占用率和拥挤程度等的参数检测。

② 小区划分。SCOOT 中的小区划分应事先判定，系统运行以小

区为依据，运行中小区不能合并、拆分。

③ 模型预测。包括车队预测、排队预测、拥挤预测和效能预测等。

④ 系统优化。包括控制策略优化、绿时差—绿信比优选、绿时差优选和周期长度优选等。

# 第十一章 新城区路网交通需求预测和交通规划方案评价

# 第一节　新城区交通需求预测

传统的阶段法是以大量的交通调查资料为前提进行预测的。这些资料包括交通小区的经济状况、家庭人口数量、就业岗位、就学岗位、出行方式等。但对于还处在图纸中的新城区来说，这些资料是不可能准确获得的，甚至无法大致估计。因此，研究新城区的交通需求预测，必须根据新城区的特点，以规划资料、老城区的交通特性为基础，制定针对性的预测方法。

## 一、理论基础

交通预测模型是交通模型的重要部分，是对未来交通网络（系统）进行规划的依据。交通预测模型是交通状况同诸有关因素之间的定量描述。合理、科学的交通规划，模型的作用不可替代。交通预测模型使规划的定量分析成为可能，有了定量分析，才能对定性分析所得到的概念进行量化界定，对由定性分析得出的结论进行测试检验。而最优化模型可以利用现代计算机技术在纷杂的数据中找出最优值或满意值，更有定性分析所不能比拟的作用。

模型的改进和完善是一项长期的工作，需要根据城市交通特征的变化做相应的调整。城市的一些交通特征具有相对的稳定性，因而从现状调查所得到的特征（规律）经过模型的描述可以用来指导未来的预测，但是模型所揭示的特征或规律并不能全部适用于将来，因此对于那些不断发展变化的部分规律，需要根据交通特征的变化对模型进行检验和修正。同样，模型的应用（预测）也随着城市社会经济、土地利用和交通网络的发展而变化，因此对于预测结果的分析也应注意各种预测基础的变化。交通预测模型是在一系列的基础资料上建立起来的，它包括人口、社会经济、土地利用资料和交通调查得到的一些基础数据等。在建立交通预测模型时，考虑到城市中不同地区、不同用地上居民出行的不同特性，常将研究区域划分成几类地区进行分类分析。同时，交通预测模型（预测方法）是以一定的交通规划方法作理论指导的，有什么样的规划理论，就有相应的预测方法。国内外的交通规划理论可以归结为以下四种。

**1. 土地使用决定交通系统的理论与方法**

该理论认为城市用地形态及其功能布局直接决定了人和物的出行需求。预测的自变量是城市的土地使用。传统的"四步骤法"即是该理论指导下的预测方法。

**2. 客运系统支持城市发展的理论与方法**

该理论强调客运系统的相对独立性，认为客运供应网络能够决定城市发展形态、方向及居民出行强度。该理论指导的客流预测方法，是以客运系统供应能力为自变量来计算未来出行量的。

**3. 生态环境决定交通系统的理论与方法**

这种理论从人类生存环境的角度来考察交通功能，模型试图建立起环境与交通的函数关系，预测中把环境质量放在重要甚至首要地位。

**4. 个人行为决定交通需求的理论与方法**

该理论重视个人社会和经济方面的行为，规划以个人而非交通小区为单位进行。

上述四种理论方法中，第一种理论是发展最为成熟的一门理论。由该理论指导的四步骤预测技术得到广泛应用，预测方法日臻完善。

## 二、新城区交通需求预测特点

对新城区的交通需求预测，我们面对的是只有农田和少量农村居民点的市郊土地，几乎无任何有利用价值的现状土地交通资料。但既然是一个处于待开发阶段的城市新区，规划部门肯定已经具备了关于新区各个交通小区的土地开发计划、建设阶段、用地类型、规划人口、交通布局等内容。这些内容一般存在于城市新区总规划中的土地专项规划与道路交通专项规划。与传统四阶段法的一手资料调查相比，新城区的交通需求预测应该以这些专项规划为基础，收集预测所需要的相关数据。

此外，在新城区的交通需求预测过程中，需要处理老城区与新城区的交通流问题。一般来说，这个问题有两种处理方式：一种方式是将老城区与新城区的交叉口作为新城区的出入口进行预测；另一种方式是将老城区与新城区的全部路网作为一个整体网络进行预测。第一种方式预测方法较简单，调查内容也较少，因此预测效率较高。但第一种预测方式将市内道路交叉口等同于城市出入口，将会产生交通量分布预测的误差。一般来说，市外道路交通分布预测较适合弗雷特模型（一种增长系数模型），而市内道路交通分布预测模型则较适合乌尔希斯重力模型，如果将两类的路口等同起来会产生较大的误差。因此，在本研究中，我们采取第二种方式进行处理。根据第二种处理方法，我们不仅需要预测新城区的交通出行生成量，同时也要预测老城区的交通出行生成量，另外还必须预测进出口车辆出行量。

### 三、新城区交通需求预测的三阶段模型

由于新城区的交通出行方式难以准确估计，因此本部分的出行预测模型直接以车辆出行模型为基础，比传统的四阶段法少了出行方式划分这一步，所以是三阶段模型，即：

车辆出行生成模型——车辆出行发生的频率；

交通量分布模型——出行在城市空间的分布；

交通量分配模型——流量在网络系统中的分布。

#### 1. 出行生成模型

车辆的出行生成包括市老城区车辆出行、新城区车辆出行、进出口车辆出行三个部分。老城区与进出口车辆出行预测可直接由各个城市的已有战略交通规划中的交通需求预测来确定。如果没有老城区的战略交通规划或者规划中没有准确的交通需求预测，则必须展开老城区的交通需求调查。在这种情况下，老城区的现阶段车辆出行生成量可由老城区的流量、车速调查反推得到；老城区的规划期车辆出行则以现阶段的车辆出行为基础，预测机动车保有量和老城区的人口数、客货运周转量、经济指标的变化水平得到。进出口车辆现阶段出行量则根据现状出入口流量调查数据，进出口车辆规划期出行量可结合经济指标的变化采用增长率法建立预测模型。新城区的车辆出行则是依据新城区的开发计划分阶段进行预测。新城区车辆出行产生量可以根据规划人口乘以人均出行次数后，再结合出行方式得到。新城区车辆出行吸引量是根据土地类型与土地吸引系数得到的。土地吸引系数则

根据老城区的车辆出行吸引量与土地类型面积的关系确定。下面将详细说明上面的预测方法，在说明中假定老城区的交通调查不可避免。

尽管传统四阶段法都主张大量调查小区、家庭等交通、经济资料，但老城区的交通需求预测毕竟不是预测重点，因此对老城区进行大规模的交通样本调查是得不偿失的。因此，可以采用道路流量调查与车速调查，采取反推的方式预测老城区的交通需求，这一工作成本要少得多。经过道路流量调查、车速调查以后，老城区交通出行现状的反推 OD 思路是依据现状路网流量数据进行交通分区现状 OD 量的反推，再通过社会经济调查、交通阻抗调查等，完成车辆出行活动的模拟与预测。反推模型 P2.1 如下：

$$P2.1 \quad \min(S) = \sum_k \sum_m \left[ f_{km} - \sum_{i,j} (P_{ij}^{km} q_{ij}) \right]^2 \quad (11\text{-}1)$$
$$\text{s. t.} \quad q_{ij} \geqslant 0$$

式中　　$f_{km}$——路段$(k, m)$的调查流量；

$q_{ij}$——交通分区之间的出行分布量，为求解变量；

$P_{ij}^{km}$——分区$(i, j)$间的出行选择路段$(k, m)$的概率，选择概率由基于多路径分配的 DAIL 算法得到，计算概率所需要的交通阻抗由车速调查所得到的阻抗表确定。

模型的目标函数是希望预测误差最小。P2.1 是一个带约束条件限制的非线性规划模型，可以用 Matlab 的 fmincon 函数求解，经过计算实验，对于一个 80 个小区的 P2.1 问题，fmincon 函数求解最优解需要计算 30 小时左右。尽管计算时间很长，但在一项战略规划中，该计算只需要进行一次，因此还是可以接受的，所以这里就省略关于近似求解的算法研究。得到 $q_{ij}$ 后，就可以计算老城区各个分区的车辆出行产生量 $P_i = \sum_j q_{ij}$ 与吸引量 $B_j = \sum_j q_{ij}$。

老城区的未来车辆出行预测可根据现阶段的车辆出行为基础，由估计机动车保有量、老城区的人口数、客运周转量、货运周转量后，再结合这些因素的影响权重分析得到。

进出口车辆出行预测的增长系数法可以采用弹性系数预测法，比如，在预测郑州市区国内生产总值的基础上，计算国内生产总值的增长率，按照一定的弹性系数确定对外道路交通的增长率。

新城区的交通出行可以根据新城区的开发计划与人口、土地类型规划分阶段预测。在此，我们假定最后一阶段为新城区全部建成并且规划人口全部入住以后的时期。新城区的出行产生量可以在分析新城区各个小区入伫人口的基础上，按照人均出行系数预测该小区的居民出行产生量，然后根据出行方式推算到车辆出行量。其中，人均出行系数可以直接参照老城区的人均出行系数，出行方式可以根据相关城市(本城市或相似城市)交通发展战略的估计确定。最后一个阶段的入住人口可以直接根据城市新区总规划中的开发人口来确定。其他阶段的人口需要讨论人口入住率的问题。

人口是经济与社会发展不可或缺的因素，它对城市开发区的规划和建设都起着举足轻重的作用。新城区开发建设的性质、目标及自身条件，都要求一定数量和质量的人口作为其发展的社会经济基础，而人口状况又对新城区的发展有很大的促进或制约作用。人口迁入特点直接影响新城区的交通生成量，因此必须分析新城区人口发展的特点。新城区作为一个城市开发区，是一个对外开放度较大的特殊区域，伴随着经济、社会的不断发展，其人口在数量、质量、结构、分布等方面有突出的发展特点。根据国内学者何兴明的研究表明，城市开发区的人口增长受自然增长的影响较小，而是以机械增长为主要途径，这是因为城市开发区建设需要各种人才，同时，较高的经济收入、良好的市政环境、区位优势、房产投资收益预测等因素强烈地吸引着外来的流动人口，另外，由于工作节奏的加快，观念的变化，人口出生率却大幅下降。以厦门经济特区为例，该区 1992 年自然净增人数仅为 1874 人，而机械净增人数却达到 5903 人，故以机械增长为主；同样大连经济技术开发区 1984—1992 年间人口自然增长量(1526)占常住人口增长量(39558)的 3.86%。可见人口自然增长对城市开发区人口增长贡献不大。因此，首先在此不重点考虑新城区人口的自然增长情况，而以规划人口为主，同时考虑新区人口的迁入情况。根据城市定位，新城区人口的经济水平、人口文化素质都较高，这意味着人均出行次数一般要大于老城区的出行水平。其次，新城区开发完成以后，就会吸引外商和内地企业单位前来投资、设置办事机构，这说明新城区的外来人口流动性将会比较大。根据城市开发区人口的发展特点，提出新城区人口机械增长的指数级增长模式与规划人口容量限制预测新城区的多阶段交通需求人口。比如，如果根据开发计划，某个交通小区将在第三个阶段全部建设，则三个阶段的人口入住率分别为 25％、50％、100％。

新城区的小区车辆最后一阶段的出行吸引量预测采取分类交叉法。最后阶段前的各阶段的吸引量则直接根据人口入住率按比例确定。

### 2. 交通量分布模型

出行分布是在出行生成的基础上将各小区的出行量分解成 OD 数据，可以使用乌尔希斯重力模型与弗雷特增长模型。出行分布分三种情况讨论：一是小区到小区，交通量分布与行程时间或空间距离有关，亦采用重力模型；二是小区到出入口，OD 流量与行程时间或空间距离关系不大，主要影响因素是小区的交通生成量和出入口的流量，采用弗雷特增长模型；三是出入口到出入口，OD 流量与行程时间没有关系，只与出入口的流量有关，可以直接估计过境运输量进行扣除。

重力模型假定交通区 $i$ 到交通区 $j$ 的交通分布量与交通区 $i$ 的交通生成（吸引）量、交通区 $j$ 的交通吸引（生成）量成正比，与交通区 $i$ 和 $j$ 之间的交通阻抗参数，如两区间交通的距离、时间或费用等成反比。重力模型一般采用乌尔希斯重力模型（A. M. Vorthees）。模型形式为：

$$T_{ij} = \frac{P_i g A_j g f(t_{ij})}{\sum\limits_j A_j g f(t_{ij})}$$
(11-2)

式中　$T_{ij}$——$i$ 区到 $j$ 区的出行量；

$P_i$——$i$ 区的产生量；

$A_j$——$j$ 区的吸引量；

$t_{ij}$——$i$ 区到 $j$ 区的出行阻抗；

$f(t_{ij})$——交通阻抗函数，通常有 $t_{ij}^{-\alpha}$ 和 $e^{-\beta t_{ij}\alpha}$ 等形式，其中 $e$ 为自然对数。

在出行分布预测过程中，我们的交通网络根据新城区多阶段开发计划逐渐扩张，并且假定第一阶段涉及的路网已经全部建成。模型中交通阻抗函数采用 $e^{-\beta t_{ij}\alpha}$ 的形式，根据国内城市的经验，可取参数

$\beta=1.2$，$\alpha=0.2$。模型中 $t_{ij}$ 用时间来标定，代表 $i$ 区到 $j$ 区的出行时间，是 $i$ 区到 $j$ 区所经过各路段上所用时间之和，通过用时间表示的路阻函数来计算。老城区的车速由 $t_{ij}$ 车速调查计算确定。新城区的道路车速可以根据《城市道路交通规划设计规范》（GB 50220—95)的设计时速确定，见表 11-1。

道 路 设 计 速 度　　　　　表 11-1

| 项目 | 快速路 | 主干路 | 次干路 | 支路 |
|---|---|---|---|---|
| 设计速度(km/h) | 80 | 60 | 40 | 30 |

注：数据源自《城市道路交通规划设计规范》（GB 50220—95）。

重力模型法强调交通分布与出行阻抗直接相关，而对外交通车辆出行分布主要取决于小区的交通吸引量与交通产生量，而出行时间、距离的变化对其影响相对较小，因此在此对新城区的对外交通车辆出行分布采取弗雷特模型计算。弗雷特模型是平均增长系数法的扩展形式，其模型为：

$$T_{ij} = \frac{1}{2}t_{ij}\alpha_i\beta_j\left[\frac{\sum_j t_{ij}}{\sum_j t_{ij}\beta_j} + \frac{\sum_j t_{ij}}{\sum_j t_{ij}\alpha_j}\right] \tag{11-3}$$

式中　$T_{ij}$，$t_{ij}$——分别为未来及现状 $i$ 区到 $j$ 区的出行量；

　　　　$\alpha_i$——$i$ 区的出行增长系数，$\alpha_i = \dfrac{P_i}{P_i^0}$，$P_i$，$P_i^0$ 分别为未来及现状 $i$ 区的交通产生量；

　　　　$\beta_j$——$j$ 区的出行增长系数，$\beta_j = \dfrac{A_j}{A_j^0}$，$A_j$，$A_j^0$ 分别为未来及现状 $j$ 区的交通吸引量。

### 3. 交通量分配模型

在已知交通分布的情况下，交通量分配模型可以直接采用容量限制—多路径分配方法进行预测。与最短路分配方法相比，多路径分配方法的优点是克服了单路径分配中流量全部集中于最短路这一不合理现象，并使各条可能的出行路线均分配到交通量，这对合理评估新城区道路的社会、经济收益尤其重要。

同时，在未考虑容量限制的多路径模型中，认为路段行驶时间为一常数，这与实际的交通情况有一定的出入。实际上，路段行驶时间与路段交通负荷有关，在容量限制—多路径分配模型中，考虑了路权与交通负荷、路段通行能力的限制之间的关系，使分配结果更加合理。

在分析路段的重要性时可将 OD 流一次性分配到路段中，在分析网络效果和效率时将 OD 流按 20％、20％、15％、13％、10％、8％、5％、4％、3％、2％分 10 次分配到路段中。分配算法的流程见图 11-1，在本研究中用 Matlab 来编程计算。OD 流由交通量分布模型得到，同时分配小区间的 OD 流和出入口与小区间的 OD 流。

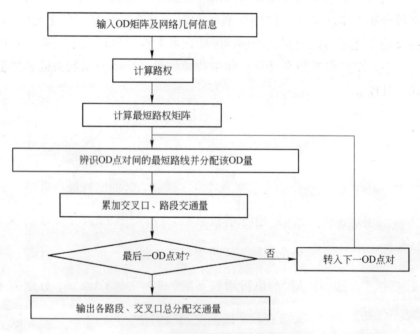

图 11-1　多路径交通分配计算流程图

若已分配得到的路段流量超过路段容量，将对原始路权根据延误函数进行修正。在延误函数的确定上以美国联邦公路局路阻模型 $t=t_0[1+\gamma(V/C)^\zeta]$ 为主要依据来计算，其中 $t_0$，$t$ 分别为原始路权与修正后的道路时间阻抗；$V$，$C$ 分别为已分配得到的路段流量与路段容量；$\gamma$，$\zeta$ 为参数，在不能准确估计的情况下，根据其他城市的经验，可采用一般参数 $\gamma=0.18$，$\zeta=4$。

路段容量 $C$ 为路段可能通行能力，指在实际的道路交通条件下，单位时间内通过道路上某一点的最大可能的交通量。其计算公式为：

$$C_p = C_B K_1 K_2 K_3 \cdots K_n \tag{11-4}$$

由于通常道路和交通条件与理想情况有较大的差异，所以计算 $C_p$ 时，要从道路和交通条件方面确定合适的修正系数 $K_1$，$K_2$，$K_3$，$\cdots$，$K_n$，将基本通行能力乘以这些修正系数后即得可能通行能力 $C_p$，这些修正系数包括车道宽度修正系数 $K_1$、侧向净空修正系数 $K_2$、多车道修正系数 $K_3$、平面交叉口修正系数 $K_4$ 等。计算这些修正系数所需要的参数均可以直接从各个城市新区的专项交通规划中获取。

根据以上的算法流程，交通分布流按阶段分配到道路网上。分配时假设某阶段所涉及到的路网全部已经建成，最终得到多阶段路网分配量。根据得到的路段流量，就可以对新城区的交通规划进行评价，并分析存在的路段矛盾。

# 第二节　新城区交通规划方案评价

路网投资建设优化的主要目的是为了解决原始规划路网存在的问题。但对一条没有建成也没有明确交通需求的新城区规划道路来说，准确发现问题也是十分困难的。然而如果能够用本章第二节中介绍的交通需求预测方法得到明确的交通需求，就可以用交通规划方案评价原始规划方案，并从评价结果中找出问题，分析路段供需矛盾。同时，当一个优化方案制订以后，如何检验新方案优于原方案，亦需要运用交通规划方案评价方法。交通网络规划的评价是对规划方案的描述和对其价值的分析和阐明。评价的主要目的是选择出最优规划方案或在评价方案的优劣基础上对现有方案进行修正或拟订新的规划方案，从而为规划的最终决策提供科学的依据。尽管我们前面分析了多阶段路网流量预测，然而在新城区建设过程中，城市开发、人口迁入存在诸多不可控制的因素，多阶段评价的必要性不是很大，因此我们的评价只停留在交通需求到达饱和阶段上，也就是说，我们只需对新城区建成后的交通流条件下的道路交通进行评价。路网交通评价可以从技术层面进行评价，也可以从整体层面进行综合评价。技术评价反映规划路网在某一具体层面的性能，如交通特征、服务特征等，它是综合评价的基础。

### 一、新城区道路交通规划技术评价

技术评价可以从许多方面进行分析，比如，建设水平、路网的几何拓扑结构、连接质量等。但在未进行大规模交通调查的情况下，面对一片空白与几乎没有交通需求的新城区现状，很多评价可能由于缺乏数据而无法分析。在本章第二节交通需求分析的基础上，本内容概括了以下四个层面的交通技术评价。

#### 1. 交通特征评价

交通特征评价反映车流在规划道路上的行驶性能。在明确路段交通需求的基础上，新城区的交通特征可以从路网车流速度、路网车流密度、路网流量三个子层面进行分析。

（1）路网车流速度。路网车流速度是根据路段车流速度加权计算得出的，根据路网车速的加权计算方法不同可以得出不同的路网车速，反映不同的路网特征，单位是 km/h。路网车流速度可以从简单平均车流速度、流量加权平均车流速度、距离加权平均车流速度、流量距离加权平均车流速度四个角度进行评价。

简单平均车流速度描述了整个路网各路段的车速情况，表达式为：

$$\bar{v}_{\text{simple}} = \frac{1}{n} \sum_{i=1}^{n} v_i \tag{11-5}$$

式中　$\bar{v}_{\text{simple}}$——简单平均车流速度；

$n$——路网中的路段数量；

$v_i$——第 $i$ 个路段的平均车速。

流量加权平均车流速度描述了所有车流在各路段上的平均速度，表达式为：

$$\bar{v}_{\text{flow}} = \frac{\displaystyle\sum_{i=1}^{n} v_i f_i}{\displaystyle\sum_{i=1}^{n} f_i} \qquad (11\text{-}6)$$

式中　$\bar{v}_{\text{flow}}$——流量加权平均车速；

　　　$f_i$——第 $i$ 个路段的流量。

距离加权平均车流速度描述了某一特定单个车流的行驶效率，表达式为：

$$\bar{v}_{\text{distance}} = \frac{\displaystyle\sum_{i=1}^{n} v_i d_i}{\displaystyle\sum_{i=1}^{n} d_i} \qquad (11\text{-}7)$$

式中　$\bar{v}_{\text{distance}}$——距离加权平均车速；

　　　$d_i$——第 $i$ 个路段的长度。

流量距离加权平均车流速度描述了所有车流在路网中的运行效率，是评价整个路网效率的最重要指标，表达式为：

$$\bar{v}_{\text{flow-dist}} = \frac{\displaystyle\sum_{i=1}^{n} v_i d_i f_i}{\displaystyle\sum_{i=1}^{n} d_i f_i} \qquad (11\text{-}8)$$

式中　$\bar{v}_{\text{flow-dist}}$——距离加权平均车速。

（2）路网车流密度。路网车流密度是单位长度路段上所占有的车辆数，是各路段车流密度的加权平均值。符号是 $K_n$，单位是 PCU/km。表达式为：

$$K_n = \frac{N}{L_n} = \sum_i K_i \frac{L_i}{L_n} = \sum_i K_i P_i \qquad (11\text{-}9)$$

式中　$N$——某一时刻整个路网上的车辆数；

　　　$K_i$——第 $i$ 段的车流密度；

　　　$L_i$——第 $i$ 段长度；

　　　$L_n$——全路网总长度。

（3）路网流量。路网流量是各路段交通量的加权（里程权，$P_i=$

373

$\dfrac{L_i}{L_n}$)平均值。符号是 $Q_n$，单位是 PCU/h(d)，$Q_n = K_n \times v_n$。表达式为：

$$Q_n = \sum_i Q_i \frac{L_i}{L_n} = \sum_i Q_i P_i \tag{11-10}$$

式中　$Q_i$——第 $i$ 段的交通量。

## 2. 道路特征评价

道路特征评价反映规划道路的性质功能及建设水平。在明确道路交通规划的情况下，道路特征可以从路网技术等级、路网容量、路网路面铺装率三个角度进行评价。

(1) 路网技术等级。路网技术等级是各路段技术等级的加权(里程权)平均值。符号是 $J_n$，单位是级。表达式为：

$$J_n = \sum_i J_i P_i \tag{11-11}$$

式中　$J_i$——第 $i$ 段的技术等级，$J_i = (0, 1, 2, 3) = ($快速路，主干道，次干道，支路)。

(2) 路网容量。路网容量是路网流量 $Q_n$ 的约束值。符号是 $C_n$，单位是 PCU/h(d)。表达式为：

$$C_n = \sum_j C_j P_j \tag{11-12}$$

式中　$C_j$——$j$ 级道路的容量。

(3) 路网路面铺装率。路网路面铺装率表示路网中有路面的里程占总里程的百分率。符号是 $R_n$，单位是%。表达式为：

$$R_n = \frac{L_r}{L_n} \tag{11-13}$$

式中　$L_r$——高级、次高级路面里程(km)；

　　　$L_n$——所有路面里程(km)。

对于新城区来说，除在建设施工过程中存在路网路面铺装率的问题之外，路网建成以后将不存在路面铺装率不高的问题。

## 3. 服务特征评价

服务特征反映道路使用者根据交通状态，从速度、舒适、方便、经济和安全等方面所得到的服务程度。在明确道路交通规划与路段流量的情况下，服务特征可以从路网服务水平等级、路网 $V/C$ 比、路网负荷均匀性三个角度进行评价。

（1）路网服务水平等级。路网服务水平等级反映在某种交通条件下所提供运行服务的质量水平。服务水平实质上是描述交通流内部的运行条件及其对驾驶人与乘客感觉的一种度量标准。我国目前还没有统一的服务水平标准，这里采用 1990 年北京市城市规划设计院提出的城市道路服务水平分级标准，共分五级，见表 11-2。

城市道路服务水平分级标准 表 11-2

| 服务水平 | 路段和交叉口的负荷度($V/C$) | 平均行程车速(km/h) |
|---|---|---|
| 一 | $\leqslant 0.6$ | $\geqslant 50$ |
| 二 | $0.6 \sim 0.7$ | $35 \sim 50$ |
| 三 | $0.7 \sim 0.8$ | $25 \sim 35$ |
| 四 | $0.8 \sim 0.9$ | $15 \sim 25$ |
| 五 | $\geqslant 0.9$ | $\leqslant 15$ |

路网服务水平等级表示路段服务水平的加权（里程权）平均值。符号是 $LOS_n$，单位是级。表达式为：

$$LOS_n = \sum_{i=1}^{5} LOS_n \times P_i \tag{11-14}$$

式中 $LOS_i$——第 $i$ 个服务水平值，$LOS_i = (1, 2, 3, 4, 5)$。

（2）路网 $V/C$ 比。路网 $V/C$ 比表示路网最大服务交通量 MSF 与路网通行能力 $C$ 之比，这里使用可能通行能力进行评价。单位是%。表达式为：

$$V/C = \frac{\sum_i L_i \cdot V_i / \sum_i L_i}{\sum_i L_i \cdot C_i / \sum_i L_i} = \frac{\sum_i L_i V_i}{\sum_i L_i C_i} \tag{11-15}$$

（3）路网负荷均匀性。路网负荷均匀性反映区域内各线路上拥挤状况的差异程度。符号是 $\eta$。表达式为：

$$\eta = \sqrt{\frac{1}{n} \sum_{i=1}^{n} \left( \frac{V_i}{C_i} - \frac{V}{C} \right)^2} \tag{11-16}$$

式中 $\eta$——负荷均匀性指标；

$n$——路网路段总数；

$V_i$——第 $i$ 条路段的交通量；

$C_i$——第 $i$ 条路段的设计通行能力；

$V/C$——饱和程度。

### 4. 通达深度评价

通达深度评价反映路网的连通性与便捷程度。在明确交通出行需求与规划路网的情况下，路网通达深度可以从路网密度、连接度指数、连通度、可达性、非直线系数五个角度进行评价。

（1）路网密度、干道网密度。路网密度、干道网密度是城市交通网络布局质量的重要指标，既能体现城市道路网建设数量和水平，又可反映城市道路网布局质量是否合理和公平。符号：路网密度为 $D_A$，干道网密度为 $D_M$。单位是 $km/km^2$。表达式为：

$$D_A = \frac{L_n}{A} \tag{11-17}$$

$$D_M = \frac{L_m}{A} \tag{11-18}$$

式中　$L_n$——城市用地内道路总长；

　　　$L_m$——城市用地主、次干道长度；

　　　$A$——建成区用地面积。

根据《城市道路交通规划设计规范》（GB 50220—95），对于大型城市，道路密度应该在 $5.4\sim7.8km/km^2$ 之间，其中主干道密度应该在 $2.4\sim3.1km/km^2$ 之间。

（2）路网连接度指数。路网连接度指数 $J$ 从宏观上反映网络的成熟度，$J$ 值越高，表明路网断头数越少，成环、成网程度越好，反之则越差。符号是 $J$。表达式为：

$$J = \frac{\sum\limits_{i} m_i}{N} = \frac{2M}{N} \tag{11-19}$$

式中　$N$——路网总的节点数；

　　　$M$——网络总边数（路段数）；

　　　$m_i$——第 $i$ 节点所邻接的边数。

（3）路网连通度。路网连通度反映各节点间的连接程度。符号是 $D_n$。表达式为：

$$D_n = \frac{L_n / \zeta}{\sqrt{AN}} \qquad (11\text{-}20)$$

式中　$A$——区域面积；

　　　$N$——区域内路网中的节点数；

　　　$\zeta$——变形系数(反映线路的弯曲程度)，通常取 $1.1 \sim 1.3$。

（4）路网可达性。路网可达性是指在规划区内某一点出发抵达任一目的地的行程距离、行程时间或费用的大小。它反映各节点间交通的便捷程度。

路网中某一节点 $i$ 的可达性，可由该节点开始至其他各节点的平均行程时间 $T_i$ 或距离 $D_i$ 表示如下：

$$T_i = \frac{\sum\limits_{j \neq i} t_{ij}}{N-1} \quad (i=1, 2, \cdots, N) \qquad (11\text{-}21)$$

或

$$D_i = \frac{\sum\limits_{j \neq i} d_{ij}}{N-1} \quad (i=1, 2, \cdots, N) \qquad (11\text{-}22)$$

式中　$t_{ij}$——网络中从节点 $i$ 至节点 $j$ 的最短平均行程时间；

　　　$d_{ij}$——网络中从节点 $i$ 至节点 $j$ 的最短平均行程距离。

于是，整个路网的可达性可用所有节点的可达性的均值来表示：

$$\overline{T} = \frac{\sum\limits_{i=1}^{N} T_i}{N} \qquad (11\text{-}23)$$

或

$$\overline{D} = \frac{\sum\limits_{i=1}^{N} D_i}{N} \qquad (11\text{-}24)$$

如果要考虑车流的权重，可以用单位车流可达性指标来评价。单位是 km。表达式为：

$$\overline{D} = \frac{\sum\limits_{i=1}^{n} \sum\limits_{j=i+1}^{n} d_{ij} f_{ij}}{\sum\limits_{i=1}^{n} \sum\limits_{j=i+1}^{n} f_{ij}} \qquad (11\text{-}25)$$

式中　$\overline{D}$——单位车流可达性；

　　　$f_{ij}$——网络中从节点 $i$ 至节点 $j$ 的交通流量。

（5）非直线系数。非直线系数是衡量路网便捷程度的另一个指标，与作为绝对指标的可达性指标不同的是，它是一个相对指标，可以在不同的城市中进行比较。非直线系数（符号 $\gamma$）可表达为：

$$\gamma = \frac{2}{n(n-1)} \sum_{i=1}^{n} \sum_{j=i+1}^{n} \frac{D_{ij}}{D_{ij}'} \tag{11-26}$$

式中　$n$——路网小区或节点数目；

　　　$D_{ij}$——两点（小区）间网络距离（时间、费用）；

　　　$D_{ij}'$——两点（小区）间空间距离（时间、费用）。

## 二、新城区道路交通规划综合评价

### 1. 交通网络综合评价的特点

仅从技术层面进行评价，难以判断一个优化方案的价值。比如，某些优化方案可能明显地改善路网的服务特征，但不能改善路网的通达深度，这就需要对方案进行综合评价。交通网络综合评价考虑不同方案的服务水平、可能产生的影响、满足区域预定的发展目标和任务的程度等多个方面。评价的方法包括定性和定量分析两种，一般采用定性分析来揭示其宏观的社会效果，用定量分析来揭示其微观的经济效果和技术效果，并在此基础上选择最佳方案。常用的定量分析方法有回归方法、成本效益分析法、层次分析法、模糊综合评价法、投入产出法等。在计算方案的评价时，对于难以量化的评价指标，可采用专家咨询法，组织专家评分或进行等级评估，通过统计处理（如计算其均值与方差等）得到评价值。一个科学的交通网络规划评价方法应具有以下特点。

（1）系统性

由于城市交通网络规划质量的评价是一个涵盖多因素、多目标的复杂系统，单一评价指标只能从某一侧面反映系统的某种性能，而不能反映系统的整体结构特点与效益。因此，评价指标体系应力求全面反映各备选方案的综合情况，既能反映系统的内部结构与功能，又能正确评估系统与外部环境的关联；既能反映直接效果，又能反映间接影响，以保证评价的全面性和可靠性。

（2）定性与定量相结合

当区域社会经济结构较稳定时，交通网络对区域社会经济的作用可以采用数学模型定量计算，但当区域社会经济发展变化较大时，交通网络的先行作用往往难以量化。此外，技术评价的指标一般是容易量化的，而社会评价指标往往难以量化。因此，在进行评价时应将定性与定量相结合，做出合理的、符合实际情况的评价。

（3）动态性

对于交通网络布局规划方案的评价，显然不能脱离时间的因素。若将现有交通量放在 20 年后的路网中进行考察是没有意义的。所以，对现状路网的评价与对规划网的评价，其环境是完全不同的。此外，对方案的经济评价亦须考虑时间价值。因此，在评价时必须具有动态的观念。

（4）可比性和实用性

在确定评价指标和标准时，须考虑时间与空间的变化及其影响，合理地选用相对指标与绝对指标，以保证各方案之间的可比性。同时评价指标体系，应力求层次清晰、指标精炼、方法简洁，使之具有实际应用与推广价值。

考虑这四个性质，针对新城区路网数据难以收集的特点，提出基于层次分析法的新城区道路交通综合评价方法。

**2. 交通网络综合评价指标体系**

在明确交通需求与道路网络规划的情况下，遵循指标尽可能少和指标全部可以量化的原则，我们提炼出 15 个指标作为新城区交通网络综合评价指标体系的指标，其中有 13 个指标为相对指标，可以和其他城市的相应指标进行比较；2 个指标为绝对指标（分别是路网可达性和单位车流可达性），与其他城市的相应指标不具可比性，但可以用于同一城市不同方案间的比较，又由于其非常重要，故加入到评价体系中来。本评价体系有四个子系统，分别为基础设施、通达深度和服务特征、交通特征，可以反映出城市路网的本质特征，实现我们进行道路优化的目标。新城区交通网络综合评价指标体系的结构图如图 11-2 所示。

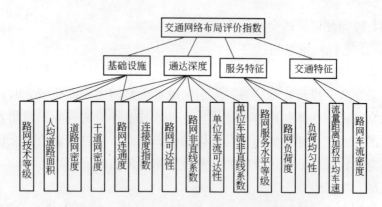

图 11-2　新城区交通网络综合评价指标体系结构图

在这个评价体系中，各指标的定义以新城区道路交通规划技术评价中的模型为主要依据。其他的指标如人均道路面积是城市道路用地总面积与城市总人口之比，反映城市交通活动拥有道路空间的情况，单位为 $m^2/$人。

### 3. 评价指标的无量纲化

由于各个指标所用的量纲不同，为了能在指标体系中具有可比性，必须对各个评价指标进行无量纲化换算。这里我们采用直线形极值法的无量纲化方法，将各指标换算成 [0，1] 之间的评价值，为此建立了隶属度函数，其表达式如下：

对于越大越好的指标：

$$y_i = \begin{cases} 1 & x_i \geqslant SAT_i \\ \dfrac{x_i - IMP_i}{SAT_i - IMP_i} & x_i \in (IMP_i，SAT_i) \\ 0 & x_i \leqslant IMP_i \end{cases} \quad (11\text{-}27)$$

对于越小越好的指标：

$$y_i = \begin{cases} 1 & x_i \leqslant SAT_i \\ \dfrac{IMP_i - x_i}{IMP_i - SAT_i} & x_i \in (SAT_i，IMP_i) \\ 0 & x_i \geqslant IMP_i \end{cases} \quad (11\text{-}28)$$

式中　$y_i$——无量纲化后各指标的值；

$x_i$——各指标的实际值，即无量纲化前的值；

$SAT_i$——各指标的满意阀值；

$IMP_i$——各指标的不可接受阀值。

我国按市区和近郊区(不包括所属县)的非农业人口总数把城市规模划分为四类．特大城市人口为 100 万以上，大城市人口为 50~100 万，中等城市人口为 20~50 万，小城市人口为 20 万以下。本书根据按特大型城市的标准确定 $SAT_i$ 和 $IMP_i$ 值。对于有据可查的各指标标准，将其作为参考；对于没有参考标准的，如负荷均匀性和非直线系数等指标，用计算机模拟来确定 $SAT_i$ 和 $IMP_i$ 值。事实上本评价体系的目的是在同城内做不同规划方案的对比，因此满意阀值和不可接受阀值的确定并不要求非常精确，我们认为略大一些的阀值区间比小的好，不会影响最优规划方案的选取。表 11-3 为各指标两个阀值的最终确定值。

**网络布局评价指标体系各指标阀值**　　　　　　　表 11-3

| 指标编号 | 指标名称 | 单　位 | $SAT_i$ | $IMP_i$ |
|---|---|---|---|---|
| 1 | 人均道路面积 | m²/人 | 13.50 | 6.00 |
| 2 | 道路网密度 | km/km² | 7.80 | 5.40 |
| 3 | 干道网密度 | km/km² | 3.10 | 2.40 |
| 4 | 连接度指数 | 无量纲 | 3.80 | 3.30 |
| 5 | 路网可达性 | s | 684.00 | 1080.00 |
| 6 | 路网非直线系数 | 无量纲 | 1.20 | 2.00 |
| 7 | 单位车流可达性 | s | 684.00 | 1080.00 |
| 8 | 单位车流非直线系数 | 无量纲 | 1.20 | 2.00 |
| 9 | 路网负荷度 | 无量纲 | 0.20 | 0.90 |
| 10 | 负荷均匀性 | 无量纲 | 0.10 | 0.50 |
| 11 | 路网技术等级 | 级 | 2.00 | 2.80 |
| 12 | 路网连通度 | 无量纲 | 2.00 | 1.20 |
| 13 | 路网服务水平等级 | 级 | 1.20 | 2.80 |
| 14 | 流量距离加权均速 | km/h | 40.00 | 25.00 |
| 15 | 车流密度 | PCU/km | 35 | 60 |

在各级指标中，每个指标值都可以给出一个评语，以确定这一指标的好坏程度。我们这里将无量纲化后的指标值分为七个等级，分别是极好、好、较好、中、较差、差、极差，对应的分值见表 11-4(以郑东新区交通网络布局评价指标体系为例)。

郑东新区交通网络布局评价指标体系指标评语　　　表 11-4

| 评语 | 极好 | 好 | 较好 | 中 | 较差 | 差 | 极差 |
|---|---|---|---|---|---|---|---|
| 分值 | ≥1 | (1, 0.8] | (0.8, 0.6] | (0.6, 0.4] | (0.4, 0.2] | (0.2, 0] | =0 |

### 4. 权重分配

在评价指标体系中，各级指标的权重系数的确定是非常重要的，它可以直接影响到方案评价的结果。我们用 HAP 法赋权。

（1）判断矩阵的构造

用 HAP 法赋权时判断矩阵的构造是十分重要的。判断矩阵的关键是设计一种特定的比较判断两个同级评价指标相对重要程度的法则，我们使用通用的 1~9 标度法进行标度，各级标度含义见表 11-5。

判断矩阵标度的含义　　　表 11-5

| 标　度 | 定　义 | 含　义 |
|---|---|---|
| 1 | 同样重要 | 两指标对某属性同样重要 |
| 3 | 稍微重要 | 两指标对某属性，一指标比另一指标稍微重要 |
| 5 | 明显重要 | 两指标对某属性，一指标比另一指标明显重要 |
| 7 | 强烈重要 | 两指标对某属性，一指标比另一指标强烈重要 |
| 9 | 极端重要 | 两指标对某属性，一指标比另一指标极端重要 |
| 2, 4, 6, 8 | 相邻标度中值 | 表示相邻两标度之间折中时的标度 |
| 上列标度的倒数 | 反比较 | 指标 $i$ 对指标 $j$ 的标度为 $a_{ij}$，反之为 $1/a_{ij}$ |

（2）判断矩阵的一致性检验

求出判断矩阵后要进行一致性检验，以保证求得权重的科学、准确。我们用判断矩阵的一致性指标(C.I)与平均随机一致性指标(R.I)的比值称为一致性比率(C.R)，若 C.R≤0.1 则认为判断矩阵通过检验，通过检验的权重系数将用于郑东新区交通网络布局评价指标体系。其中(C.I)值按式(11-29)求得：

$$C.I = \frac{\lambda_{max} - m}{m - 1}$$ 　　　　　(11-29)

式中　$\lambda_{max}$——判断矩阵的最大特征值；

　　　$m$——判断矩阵的维数。

判断矩阵的随机一致性指标见表 11-6。

　　　　　　表 11-6

| 阶数 | 1 | 2 | 3 | 4 | 5 |
|---|---|---|---|---|---|
| R. I. | 0 | 0 | 0.52 | 0.89 | 1.12 |
| 阶数 | 6 | 7 | 8 | 9 | 10 |
| R. I. | 1.26 | 1.36 | 1.41 | 1.40 | 1.40 |
| 阶数 | 11 | 12 | 13 | 14 | 15 |
| R. I. | 1.52 | 1.54 | 1.56 | 1.58 | 1.59 |

（3）判断矩阵的求解

判断矩阵是主观判断的定理描述，所以求解并不要求过高的精度，我们用根法进行求解，设判断矩阵 $A = (a_{ij})_{m \times m}$，求解过程如下所述：

① 计算 $A$ 的每一行元素之积：

$$M_i = \prod_{j=1}^{m} a_{ij} \quad (i = 1, 2, \cdots, m) \tag{11-30}$$

② 计算 $M_i$ 的 $m$ 次方根：

$$\alpha_i = \sqrt[m]{M_i} \quad (i = 1, 2, \cdots, m) \tag{11-31}$$

③ 对向量 $\alpha = (\alpha_1, \alpha_2, \cdots, \alpha_m)^T$ 作归一化处理，令

$$w_i = \frac{\alpha_i}{\sum_{k=1}^{m} \alpha_k} \quad (i = 1, 2, \cdots, m) \tag{11-32}$$

得到最大特征值对应的特征向量：

$$W = (w_1, w_2, \cdots, w_m)^T \tag{11-33}$$

④ 求 $A$ 的最大特征值 $\lambda_{max}$。若 $(AW)_i$ 为向量 $AW$ 的第 $i$ 个分量，于是有：

$$\lambda_{max} = \frac{(AW)_i}{w_i} \quad (i = 1, 2, \cdots, m) \tag{11-34}$$

取算术平均值得：

$$\lambda_{max} = \frac{1}{m} \sum_{i=1}^{m} \frac{(AW)_i}{w_i} \tag{11-35}$$

通过上述方法求得郑东新区交通网络布局评价指标体系中四个判断矩阵的一致性比率分别为：

二级指标判断矩阵，C. R＝0.008849；

基础设施的三级指标判断矩阵，C. R＝0.017591；

通达深度的三级指标判断矩阵，C.R＝0.01279；

服务特征的三级指标判断矩阵，C.R＝0。

各判断矩阵的一致性比率均小于 0.1，通过一致性检验，得到郑东新区交通网络布局评价指标体系各级指标的权重见表 11-7。

根据表 11-7 所列权重值，结合前面的技术评价值，就可以计算原规划路网的综合评价指标值，这个指标值可以作为路网建设投资优化方案的参照值。有了技术评价与综合评价，就可以分析和检验规划路网存在的交通矛盾问题。比如，若综合评价为"较差"，则说明路网存在本质上的供需矛盾；若路网密度评价为"较好"，但路网 $V/C$ 比评价为"较差"，则说明交通需求过大。在本书的第十一章将以郑东新区为例说明这个分析过程。

郑州市郑东新区交通网络布局评价指标体系各级指标权重分配表　　表 11-7

| 一级指标 | 二级指标 | | 三级指标 | |
|---|---|---|---|---|
| 指标名称 | 指标名称 | 权重 | 指示名称 | 权重 |
| 交通网络布局评价指数 | 基础设施 | 0.126 | 路网技术等级 | 0.124 |
| | | | 人均道路面积 | 0.553 |
| | | | 道路网密度 | 0.122 |
| | | | 干道网密度 | 0.201 |
| | 通达深度 | 0.483 | 道路网密度 | 0.023 |
| | | | 干道网密度 | 0.074 |
| | | | 路网连通度 | 0.101 |
| | | | 连接度指数 | 0.036 |
| | | | 路网可达性 | 0.192 |
| | | | 路网非直线系数 | 0.121 |
| | | | 单位车流可达性 | 0.321 |
| | | | 单位车流非直线系数 | 0.132 |
| | 服务特征 | 0.256 | 服务水平等级 | 0.157 |
| | | | 路网负荷度 | 0.572 |
| | | | 负荷均匀性 | 0.271 |
| | 道路特征 | 0.135 | 流量距离加权均速 | 0.543 |
| | | | 路网车流密度 | 0.457 |

# 第十二章　新城区道路容量扩张与建设时序研究

# 第一节 新城区道路容量扩张

前面讨论了如何调整土地利用结构，以减少小区的交通需求，缓解路段上的交通供需矛盾的问题。然而，新城区的城市建设需要巨大的政府投资成本，政府投资资本的重要来源便是新城区土地使用权的转让，这就导致新城区在建设过程中很多地块一开始就处于已批待建状态，因此改变现有土地开发方案可能是十分困难的。如果第4章得到的15种调整方案都不具备实施的条件，那就只有寻求其他的路网供需矛盾解决途径。同时，新城区建成以后，商业中心的集聚能力往往导致交通需求增加的不可控，因此即使费大力气调整了土地开发方案，也不能保证这一方案就能完全解决交通供需矛盾。在这种情况下，必须做好最坏的打算，补充其他的路网供需矛盾解决方案。本章将从交通供给的角度寻求解决新城区预计存在的路网供需矛盾问题。由于路网矛盾可能发生在路段上，也可能发生在交叉口地段，因此本章分别从路段与交叉口两个方面讨论这一问题。

## 一、基于成本—效益均衡的新城区道路容量扩张模型

为缓解路段矛盾，可以增加道路的宽度，扩大路段通行能力。但是，扩张哪些瓶颈路段，扩张多少宽度，这就涉及了基于成本—效益均衡的道路容量扩张问题。并且局限于讨论增加已有边的宽度，而不增加新的路段。路网供需矛盾有时体现在少数几条路段上，由于这几条路段的道路容量（通行能力）远小于预计流量，如何以最高的净效益增加这些路段的容量可被称之为网络扩张的成本—效益均衡问题。本书首先建立基于成本—效益均衡的道路网络扩张模型，然后设计求解算法，并最后给出一个关于新城区规划路网容量扩张的应用实例。

### 1. 基于成本—效益均衡的道路网络扩张模型

对道路网络来说，路网容量是指某一路段的道路通行能力，即一定的时间段内和在通常的道路、交通、管制条件下，能合情合理地期望人和车辆通过道路某一断面或某一地点的最大交通体数量。路网容量主要由道路等级与道路宽度决定。在城市道路系统中，道路等级常

常与道路宽度成正比。与新增加某一条道路不同，对已规划路段的宽度增加只能带来缩短路上时间（PCU 小时的节约）产生的效益，而不能带来缩短运距节约的费用（PCU 公里的节约）。根据美国联邦公路局路阻模型 $t=t_0[1+\gamma(f+C)^{\zeta}]$，就可以计算因道路容量的变化而产生的该路段出行时间的变化。也就是说，其问题可以描述为：每增加某一路段的宽度，可以带来 PCU 时间节约带来的效益，同时也带来道路建设成本与维护成本的增加。如何选择扩建的路段，针对这个问题，构建模型如下：

$$P5.1 \quad Z = \max \sum \left[ (t_k - t_k^*) f_k \varphi x_k - 3.5 l_k x_k \psi \right] \tag{12-1}$$

$$\text{s. t.} \quad t_k^* = t_k^0 [1+\gamma(f_k/C_k^*)^{\zeta}] \quad \forall k \tag{12-2}$$

$$C_k^* = C_k^0 + 3.5 q x_k \quad \forall k \tag{12-3}$$

$$(f_k - C_k^0) x_k \geqslant 0 \quad (x_k > 0 \text{ 且为整数}) \tag{12-4}$$

式中　$t_k^*$——路段 $k$ 扩张后的路段出行时间阻抗；

$\quad\quad t_k^0$——路段 $k$ 扩张前的路段出行时间阻抗；

$\quad\quad C_k^*$——路段 $k$ 扩张后的道路容量；

$\quad\quad C_k^0$——路段 $k$ 扩张前的道路容量；

$\quad\quad f_k$——路段 $k$ 的日流量；

$\quad\quad \varphi$——节约每单位车流单位小时出行时间成本所产生的综合社会经济效益，即 PCU 小时的节约；

$\quad\quad \psi$——单位面积道路的建设与维护费用；

$\quad\quad l_k$——路段 $k$ 的道路长度，单位为 m；

$\quad\quad \gamma, \zeta$——美国联邦公路局路阻模型的参数，在本书中，取 $\gamma=0.18$，$\zeta=4$；

$\quad\quad x_k$——扩张的车道数量，并且模型假设每个车道的宽度为 3.5m；

$\quad\quad q$——每个车道的通行能力，在本书中，根据《城市道路交通规划设计规范》（GB 50220—95）建议的一条车道理论通行能力为依据。

对于模型 P5.1，目标函数(12-1)表示净效益达到最大化，其中左子式表示网络扩张后的效益，右子式表示扩张成本；式(12-2)表示扩张后的新路段行驶时间；式(12-3)表示扩张后的路段容量；式(12-4)表示只对流量大于容量的路段进行扩张。

**2. 算法求解**

P1是一个带整数变量的非线性规划模型。对一个超过1000个路段的大城市来说，P1会是一个超过3000个变量与约束条件的模型，对规模如此大的非线性问题，普通的商业软件如 Matlab，Lingo，Cplex 无法在满意时间内求解。因此采用贪婪算法进行求解，该算法每次以最大的净效益扩张一个路段的一个车道。同时，该算法将在扩张净效益小于零时停止计算，也就是说，在成本—效益达到均衡时停止扩张。但如果各路段扩张先后次序的相关性很高，则贪婪算法的求解质量会较低。根据带容量约束的多路径分配策略与延误模型，假设即使某路段的流量大于成本—效益达到均衡的流量时，OD流仍然会把该路段选择为有效路径，只是该路段出行时间必须用美国联邦公路局路阻模型进行修正，因此可以认为各路段之间的扩张与否是近似独立的。只要认定路段之间是否进行扩张是近似独立的，就可以相信贪婪算法的求解质量。算法求解程序如下所述。

第一步：确定产生各路段的流量分配 $f_k$ 与扩张前路段容量 $C_k^0$；

第二步：产生备选扩张路段集合 $K=\{k \mid f_k > C_k^0\}$，对所有的 $k \in K$，令 $x_k=0$；

第三步：计算 $t_k^*$，$k \in K$；

第四步：计算 $z_k=(t_k^*-t_k)f_k\varphi-3.5l_k\psi$，对所有的 $k \in K$；

第五步：如 $z_1 = \max z_k > 0$，则 $x_1=x_1+1$，$C_1^*=C_1^0+3.5qx_1$，更新 $K$，即如果 $f_1 < C_1^*$，则 $K=K-l$，返回第三步；如果 $z_1 = \max z_k < 0$，进入下一步；

第六步：计算结束，最终解为 $x_k$，$k \in K$。

## 二、新城区道路交叉口容量扩张问题

交叉口是制约道路通行能力的瓶颈。交叉口上，横向道路行驶的车辆、进入交叉口的左转车辆和横过交叉口的行人，都要占用纵向车辆的行驶时间，使纵向道路的通行能力不及路段通行能力之半。因此，在新城区的路网规划当中，不应该只重视道路容量的扩张，亦需要研究如何展宽交叉口，增加通行空间以弥补通行时间的损失。对于立体交叉口来说，由于冲突点较少，其路口扩张方案近似于道路扩张方案，因此在此不再重复分析。在这里，研究新城区的平面交叉口容量扩张方案。相比道路容量扩张方案，由于受冲突点、信号配时的影响，交叉口容量扩张方案显得更加复杂。因此，对交叉口来说，难以设计与求解基于成本—效益均衡的扩张模型。《城市道路平面交叉口规划与设计规程》（DGJ 08—96—2001)指出："新建交叉口进口道展宽段的宽度，应根据预测各交通流向的流量所需的车道数来决定"；同时，它还规定："新建及改建交叉口的出口道车道数应与上游各进口道同一信号相位流入的最大进口车道数相匹配，并按出口道总宽展宽；出口道每一车道宽不应小于3.5m"。应按照以上这两个原则，设计新城区的交叉口路网容量扩张方案。交叉口的进出道口流量仍然由多路径分配得到，并且依旧以新城区建成后的预测交通流为分析基础。交叉口的通行能力明显不同于路段通行能力，需要做专门的分析，其分析策略如下所述。

## 1. 信号交叉口通行能力分析

信号交叉口车辆的通行能力，因其影响因素众多，理论上是个相当复杂的问题。不少国家虽已颁布现行规程，但都还存在不少值得探讨的问题，而且所用方法一般都过于繁杂，现在还在不断研究改进中。这里按照《城市道路平面交叉口规划与设计规程》（DGJ 08—96—2001)计算新城区信号交叉口通行容量。

信号交叉口通行能力分别按交叉口各进口道估算，我们以小车当量单位计；信号交叉口一条进口道的通行能力是此进口道上各条进口车道通行能力之和；一条进口车道的通行能力是该车道饱和流量及其所属信号相位绿信比的乘积，即进口道通行能力。

$$\text{CAP} = \sum_i \text{CAP}_i = \sum_i S_i \lambda_i = \sum_i S_i \left(\frac{g_e}{c}\right)_i \qquad (12-5)$$

式中　$\text{CAP}_i$——第 $i$ 条进口车道的通行能力（PCU/h)；

$S_i$——第 $i$ 条进口车道的饱和流量（PCU/h)；

$\lambda_i$——第 $i$ 条进口车道所属信号相位的绿信比；

$g_e$——该信号相位的有效绿灯时间(s)；

$c$——信号周期时长$(s)$。

式$(12-5)$中，绿信比可以直接根据各个流向的$V/C$权重确定。饱和流量是指在一次连续的绿灯信号时间内，进口道上一列连续车队能通过进口道停车线的最大流量，单位是 PCU/绿灯小时。其计算公式如下：

$$S_f = S_{bi} \times f(F_i) \qquad (12-6)$$

式中　$S_{bi}$——第$i$条进口车道基本饱和流量(PCU/h)；

　　　$f(F_i)$——各类进口车道各类校正系数。

基本饱和流量按表 1 取值。

**各种进口车道的基本饱和流量**(PCU/h)　　　　　表 1

| 车　　道 | $S_{bi}$ |
| --- | --- |
| 直行车道 | 1650 |
| 左转车道 | 1450 |
| 右转车道 | 1550 |

### 2. 无信号交叉口通行能力分析

$$C_u = Q_p \frac{e^{-\lambda\alpha}}{1-e^{-\lambda\alpha}} \qquad (12-7)$$

式中　$C_u$——非优先方向上可以通过的最大交通量(辆/h)；

　　　$Q_p$——优先方向通行的双向交通量(辆/h)；

　　　$\lambda$——优先方向车辆到达率，$\lambda = \dfrac{Q_p}{3600}$；

　　　$\alpha$——可供非优先方向车辆穿越的优先方向的临界车头时距$(s)$；

　　　$\beta$——非优先方向车辆间的最小车头时距$(s)$。

## 第二节　新城区道路建设时序研究

### 一、多阶段路网离散扩张模型

对于一个处于规划中的新城区，不可能在短时间内把所有的道路全部建成。一般情况下，政府部门往往把城市建设分为$T$个阶段。在每一个阶段建设哪些道路，这是一个难以解决的问题。在目前的决策体制下，政府的规划部门或建设部门往往根据"建为所需"的原则确定某一阶段的建设道路，比如，第 $i$ 个阶段打算招商开发第 $h$ 个交通小区，为了新城区的"形象工程"与"吸引投资"，于是决策者自然而然地直接选择修建全部与第 $h$ 个小区有关的道路。但是，交通网络是一个复杂系统，这种直观原则是不科学的。比如，在初期阶段，第 $h$ 个小区的出行需求很小，只需要建设连接已有网络与 $h$ 小区的干道路网就可以满足 $h$ 小区的交通需求，而不需要建设 $h$ 小区的所有支路。因为，小区交通需求不高，支路的利用率就不高，在这时修建 $h$ 小区的支路是低效用的。另外，道路建设本身就不是修的越早越好，因为修建越早意味着更早损失建设资金的时间成本与更早地支付道路维护费用。大部分的新城区道路建设资金都有一定比例的银行贷款，尤其对一个大型城市几十亿元的道路建设费用来说，盲目投资建设需要支付巨额的资金成本。道路的维护费用更是不可忽略，目前一类街道每平方公里维护费用国家标准是 5820 元/年。也就是说，一条 20m 宽、500m 长的小支路每年就必须花费 5820 元的维护费用，而一个新城区可能有几百条这样的支路。因此，就像我们指出的那样，在每一阶段的有限资金限制下，如何以最高的成本效益把有限的资金用在节骨眼上，建设最需要修建的道路，这就涉及多阶段路网离散扩张问题。该问题可以表示为：已知已建设网络 $N_0$ 与规划网络 $N$，以及 $T$ 个阶段的交通出行需求 OD 矩阵，每修建一条道路可以减少出行成本而带来社会效益，同时也带来建设维护成本的增加，如何确定 $T$ 阶段的建设道路，以使道路建设的净效益最大，并要求规划网络 $N$ 最终全部被建成。

在这个问题中，对一个具体的规划路网建设，希望道路系统中机动车等行驶的综合成本与建设投资及道路日常维护费用之和最小化，于是得到下面的整数规划模型：

$$\text{P6.1} \quad Z = \max \sum_i \left( \sum_i \sum_i Q_{ij}^t b_{ij}^t \varphi^t - \sum_k x_k^t V_k \psi^t \right) \tag{12-8}$$

$$\text{s. t.} \quad a_k^t = a_k^{t-1} + x_k^t \quad \forall k, \ t \tag{12-9}$$

$$\sum_t (a_k^0 + x_k^t) = 1 \quad \forall k \tag{12-10}$$

$$b_{ij}^{t} = s_{ij}^{t-1} - s_{ij}^{t} \quad \forall i, j, t \tag{12-11}$$

$$S^{t} = \text{floyd}(A^{t}) \tag{12-12}$$

$$x_{k}^{t} = 0, 1 \quad x_{k}^{t} = \begin{cases} 1 & \text{第 } t \text{ 阶段修建路段 } k \\ 0 & \text{否则不修建} \end{cases} \quad \forall k, t$$

模型中：

$$A^{t} = \begin{bmatrix} a_{1}^{t} \\ a_{2}^{t} \\ a_{3}^{t} \\ \text{M} \\ a_{k}^{t} \end{bmatrix} \quad \text{对} \forall t$$

式中　$a_{k}^{t}$——二进制变量，其为 1 表示路段 $k$ 已经在第 $t$ 个阶段建成，否则为 0；

$Q_{ij}^{t}$——第 $t$ 阶段从节点 $i$ 到节点 $j$ 的总流量；

$b_{ij}^{t}$——第 $t$ 阶段从节点 $i$ 到节点 $j$ 的最短路距离减少量；

$S^{t}$——所有 OD 点对的最短路矩阵，$S^{t} = \{S_{ij}^{t} \mid (i, j) \in \text{OD}\}$；

$S_{ij}^{t}$——第 $t$ 阶段从节点 $i$ 到节点 $j$ 的最短路距离；

$\varphi^{t}$——在第 $t$ 阶段的单位车流行驶单位路程所节约的综合社会运营成本；

$V_{k}$——第 $k$ 个路段的道路面积；

$\psi^{t}$——单位面积道路在第 $t$ 阶段的综合分摊费用，由于建设时间越早意味着更早地分摊建设资金成本与道路维护费用，所以 $\psi^{1} > \psi^{2} > \cdots > \psi^{T}$。

模型中，目标函数(12-8)是使总净效益最大化，其中左边项为缩减最短路成本而带来的社会效益，右边项为道路建设维护成本；约束式(12-9)定义当前阶段建成后的路网；约束式(12-10)表示所有的路段最终将要被建成；约束式(12-12)表示小区出行距离由 floyd 最短路算法得到。模型中，约束式(12-12)说明 P6.1 是一个非线性问题，而且是一个"极度非线性"的问题。根据 P6.1 模型，每计算一次目标函数值就需要用 floyd 算法计算一次最短路矩阵。对一个 1000 个节点的大型城市来说，计算一次 floyd 算法可能需要花费 1 分钟。而一个 1000 个节点的 P6.1 非线性模型可能需要计算几百万次以上的目标函数才有希望找到最优解，因此普通的商业软件是无法在满意时间内求解 P6.1 模型的。于是我们设计了一个求解问题的贪婪算法。

## 二、算法求解

贪婪算法的基本思想是：在每一阶段首先建设净效益最大的路段，而不管当前的决策对后面阶段的影响，如果当前阶段所有的路段建设净效益小于零，则停止本阶段的建设。对 $K$ 条未建道路的新城区路网来说，即使是贪婪算法，求解第一阶段的最大净效益也需要评价 $2^K$ 种情况的路网，因此必须避免重复的 floyd 最短路矩阵计算，这就需要讨论加入一条道路后对原有最短路的影响。观察分别如图 12-1 与图 12-2 所示的某一阶段的已建网络 $N_0$ 与规划网络 $N$。图中，$A$，$B$，$C$，$D$，$E$ 为交通小区的需求节点，图 12-3 则为未建的剩余路网。假定 $N_0$，$N$ 都为连通网络，设定第 $i$ 个方案对应的阶段 $t$ 的最短路矩阵为 $S_i^t$，效益矩阵为 $B_i^t = S_i^{t-1} - S_i^t$，未建路段的集合为 $K$，任意两点 $(i, j)$ 间的最短路距离为 $S_{ij}^t$，某一路段 $k$ 与 $N_t/k$ 节点交集为 inter sect，则存在以下结论。

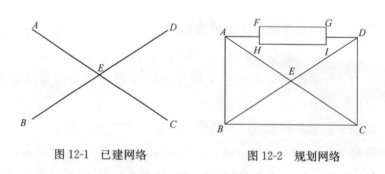

图 12-1 已建网络      图 12-2 规划网络

结论 1：在 P6.1 模型的最优解中，阶段 $t$ 加入的任一条道路与 $N_t/k$ 的交集 inter sect $\neq \varnothing$。

比如对图 12-1 和图 12-2 的网络，在第一阶段肯定不会只修建像 $FG$ 或 $HI$ 这样的孤立路段。

证明：

① 若 $t=T$，则既然 $N_t=N$ 是连通图，显然 $k \cup N_t/k = \varnothing$；

② 若 $t<T$，假设在 P6.1 的最优解中存在 $x_k^t=1$ 且 $k \cup N_t/k = \varnothing$。令道路建设时序变量 $x_i^j$ 的解集为 $X_1$（$X_1$ 为 $K$ 行 $T$ 列的矩阵，其第 $i$ 行 $j$ 列的元素对应 $x_i^j$

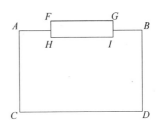

图 12-3　剩余网络

的值），对应方案 1。现在只要证明存在另一个解集 $X_2$，对应方案 2，若该方案的净效益（即目标函数值）大于 $X_1$ 的方案，就可以说明假设不成立，结论 1 通过证明。在 $X_2$ 中，让路段 $k$ 在第 $t+1$ 阶段修建，即 $X_2=X_1$，并令 $X_2(k, t)=0$，$X_2(k, t+1)=1$。现比较两个方案的净效益。根据假设，在 $X_1$ 的方案中，$k$ 与 $N_t/k$ 无任何关联，也就是说对网络 $N_t/k$ 加入路段 $k$ 后，不能减少任意两个 OD 点之间的最短路距离，所以有：

$$S_1^t = S_2^t \tag{12-13}$$

同样，由于 $X_2$ 与 $X_1$ 的其他路段建设时序相同，只是让 $x_k^t=0$，$x_k^{t+1}=1$，所以除阶段 $t$ 外，方案 1 与方案 2 的已建网络相同，即 $S_1^i = S_2^i$，$i=\{1:T\}/t$。结合式（12-13），可知 $S_1^i = S_2^i$，$i=\{1:T\}$。于是，$B_1^i = B_2^i$，$i=\{1:T\}$。这说明将路段方案 1 与方案 2 的路网建设效益函数值 $\sum\limits_t \sum\limits_i \sum\limits_i Q_{ij}^t b_{ij}^t \varphi^t$ 是相同的，现只需要检查二者的建设维护成本。方案 1 路段 $k$ 建设成本为 $V_k \psi^t$，方案 2 路段 $k$ 建设成本为 $V_k \psi^{t+1}$，已知 $\psi^t > \psi^{t+1}$，所以 $V_k \psi^t > V_k \psi^{t+1}$，而两个方案的其他路段建设维护成本相同，这说明方案 2 的成本函数值 $\sum\limits_t \sum\limits_k x_k^t V_k \psi^t$ 小于方案 1，所以方案 2 的目标函数值 $\sum\limits_t \sum\limits_i \sum\limits_i Q_{ij}^t b_{ij}^t \varphi^t - \sum\limits_t \sum\limits_k x_k^t V_k \psi^t$ 大于方案 1，这与方案 1 为最优解的原假设矛盾，固结论成立。

结论 1 说明多阶段路网离散扩张是在已有网络的基础上，逐渐连续地展开，而不会去扩张建设孤立的路段。

结论 2：对网络 $N_{t-1}$ 与任何一个 OD 流 $i$-$j$ 来说，加入一条新的路段 $k$，$k$ 与 $N_{t-1}$ 的节点集为 inter sec$t$，则 OD 流 $i$-$j$ 的新最短路距离为 $\min\limits_{\forall\, p,q\in \text{inter sec}t}\left(s_{ij}^{t-1},\ s_{ip}^{t-1}+d_{pq}+s_{qj}^{t-1}\right)$，其中，$d_{pq}$ 为路段中节点间 $p$，$q$ 的最短路距离。

比如，对图 12-1 的网络中的流 $B-C$ 来说，路段 $BC$ 与 $N_0$ 的交集为 $\{B,\ C\}$，所以在阶段 1 中加入路段 $BC$ 后，$S_{BC}^1=\min(BE+EC,\ BB+BC+CC)$。

证明：$\min\limits_{\forall\, p,q\in \text{inter sec}t}s_{ip}^{t-1}+d_{pq}+s_{qj}^{t-1}$ 检查了所有的新的最短出行路径，如果其与 $S_{ij}^{t-1}$ 相比有所改善，则更新最短路，所以结论 2 成立。

结论 2 说明可以避免重复的 floyd 算法计算。城市路网的建设往往是一个路段或几个连续路段的逐渐招标建设，根据这一现象，结合结论 1 与结论 2，我们提出了以下的启发式算法。

第一步：确定初始已建网络 $N_0$ 与剩余网络 $N_{\text{left}}$，$t=1$。

第二步：如果 $t<T$，下一步；否则结束。

第三步：用 floyd 算法计算阶段 $t$ 的已建网络 $N_{t-1}$ 的最短路矩阵 $D_{ij}$；同时计算阶段 $t$ 的剩余网络的最短路矩阵 $E_{ij}$。定义 $N_{t-1}$ 的节点集合为 $N_{\text{node}}$，交通小区节点为 $D_{\text{node}}$。

第四步：在 $E_{ij}$ 中构建候选路段集 $jieji$，$jieji=\{(p,\ q)\,|\,E_{ij}(p,\ q)\leqslant L\}$，其中 $L$ 为算法给定参数，表示一次性招标建设的最长路段。同时，利用 floyd 算法的路径矩阵记录 $jieji$ 中所有路段$(p,\ q)$ 的最短路径所涉及的节点 node$(p,\ q)$。

第五步：在 $jieji$ 中选取本阶段建设净效益最大的路段 best，选取算法如下所述。

对所有的路段$(p,\ q)\in jieji$，计算：

① inter sec$t$=node$(p,\ q)\bigcap N_{\text{node}}$；

② 计算建设$(p,\ q)$的净效益。

$$\text{benefit}(p,\ q)=\sum_{i\in D_{\text{node}}}\sum_{j\in D_{\text{node}}}\{D_{ij}(i,\ j)-\min_{\forall\, a,b\in \text{inter sec}t}[D_{ij}(i,\ a)+$$
$$E_{ij}(a,\ b)+D_{ij}(b,\ j)]\}\,Q_{ij}^t\varphi^t-V_{(p,q)}\psi^t$$

检查，$\max\limits_{(p,q)\in jieji}$ benefit$(p, q)$，若 $\max\limits_{(p,q)\in jieji}$ benefit$(p, q) < 0$ 则进入第九步，否则选取净效益最大的路段$(p^*, q^*)$。

第六步：更新已建路网，将路段$(p^*, q^*)$加入 $N_{t-1}$，并将$(p^*, q^*)$的中间节点加入 $N_{node}$。

第七步：更新 $E_{ij}$，对所有的$(i, j)\in N_{node}$：

$$E_{ij}(i, j) = \min\limits_{\forall a,b\in inter sect^*}[D_{ij}(i, a) + E_{ij}(a, b) + D_{ij}(b, j)],$$

其中 inter sect$^*$ 为$(p^*, q^*)$的中间节点。

第八步：更新解集 $jieji$，删除 $jieji$ 中路段$(p^*, q^*)$及其中间路段，返回第五步。

第九步：$t = t + 1$，重新定义已建网络 $N_{t-1}$ 与未建网络 $N_{left}$。

第十步：若 $N_{t-1} = N$ 或 $t = T$，则在阶段建设的路段为 $N - N_{t-1}$，算法结束；否则返回第三步。

步骤一到步骤十的算法是在保持路网连续扩张的基础上，每一阶段依次建设当前净效益最大的路段，直到本阶段的当前最大净效益小于零为止。算法中，步骤二巧妙地利用了结论 2 避免了重复的 floyd 算法计算。在整个算法中，只需要计算 $T$ 次 floyd 算法的最短路矩阵。经过计算实验，会发现对于一个 1000 个节点的大城市来说，本算法只需要 20 分钟就可以结束一个阶段的计算量。同时，如果让 $L$ 等于未建路段总长度之和，那么 $\max\limits_{(p,q)\in jieji}$ benefit$(p, q)$ 就相当于检查了未建网络的所有连续路段的组合，这时算法得到的计算结果将是一个阶段路网离散扩张模型的最优解。

尽管算法不能保证全局最优解，但如果让 $L$ 等于未建路段总长度之和，那么既然能得到当前阶段的最优建设计划，这一算法对新城区的路网建设仍然具有重要的指导意义。首先，模型中成本参数 $\psi^t$ 与效益参数 $\varphi^t$ 就难以准确地多阶段估计；其次，路网建设具有众多不可控性，如突发的历史古迹保护、耕地补偿事件等。所以，一个粗略的多阶段计划未必比一个精确的当前阶段计划更加有意义。$L$ 越大，那么需要检查的组合路段就越多，然而最大不会超过 $O(n^2)$ 个组合，其中 $n$ 为未建网络中的节点数量。本算法可以通过 $L$ 的大小控制计算时间与求解质量，具有较高的实用价值。

### 三、带预算约束的多阶段路网离散扩张模型及其算法

模型 P6.1 并没有考虑预算约束问题。然而一个新城区的建设不仅仅是道路建设，还包括下水管道、绿化、停车场等公共设施建设，这些公共设施建设使道路建设计划受到政府投资约束，同时年度预算或阶段性预算也往往限制着政府决策，这就涉及带预算的多阶段路网离散扩张问题，这一问题可以表述为：已知已建设网络 $N_0$ 与规划网络 $N$，以及 $T$ 个阶段的交通出行需求 OD 矩阵，每修建一条道路可以减少出行成本而带来社会效益，同时也带来建设维护成本的增加，在受到 $T$ 阶段投资预算的情况下，如何确定 $T$ 阶段的建设道路，以使道路建设的净效益最大，并要求规划网络 $N$ 最终全部被建成。在 P6.1 及其算法的基础上，我们可以简单地加入一个约束式与一个算法约束解决这一问题。带阶段约束的多阶段路网离散扩张模型见 P6.2。

$$P6.2 \quad Z = \max \sum_i \left\{ \sum_i \sum_j Q_{ij}^t b_{ij}^t \varphi^t - \sum_k x_k^t V_k \psi \right\} \tag{12-14}$$

$$\text{s. t.} \quad a_k^t = a_k^{t-1} + x_k^t \quad \forall k, \ t \tag{12-15}$$

$$\sum_t (a_k^0 + x_k^t) = 1 \quad \forall k \tag{12-16}$$

$$b_{ij}^t = S_{ij}^{t-1} - S_{ij}^t \quad \forall i, \ j, \ t \tag{12-17}$$

$$S^t = \text{floyd}(A^t) \tag{12-18}$$

$$\sum_k x_k^t V_k \psi^t \leqslant R_t \quad x_k^t = 0, \ 1 \quad \forall k, \ t \tag{12-19}$$

P6.2 比 P6.1 多了约束式(12-19)，式中 $R_t$ 表示 $t$ 阶段的预算约束。加入式(12-19)预算约束的模型比 P6.1 更加复杂，所以更加难以求解，我们亦依靠启发式算法。该算法由在 P6.1 中的算法基础上稍加修改得到。求解算法如下：

第一步：确定初始已建网络 $N_0$ 与剩余网络 $N_{\text{left}}$。$t=1$。

第二步：如果 $t < T$，下一步；否则结束。

第三步：用 floyd 算法计算阶段 $t$ 的已建网络 $N_{t-1}$ 的最短路矩阵 $D_{ij}$；同时计算阶段 $t$ 的剩余网络的最短路矩阵 $E_{ij}$。定义 $N_{t-1}$ 的节点集合为 $N_{\text{node}}$，交通小区节点为 $D_{\text{node}}$。设定 $R=0$。

第四步：在 $E_{ij}$ 中构建候选路段集 $jieji$，$jieji = \{(p, \ q) \mid E_{ij}(p,$

$q) \leqslant L\}$，其中 $L$ 为算法给定参数，表示一次性招标建设的最长路段。同时，利用 floyd 算法的路径矩阵记录 $jieji$ 中所有路段 $(p, q)$ 的最短路径所涉及的节点 $node(p, q)$。

第五步：在 $jieji$ 中选取本阶段建设净效益最大的路段 best，选取算法如下所述。

对所有的路段 $(p, q) \in jieji$，计算：

① $inter\ sect = node(p, q) \bigcap N_{node}$；

② 计算建设 $(p, q)$ 的净效益。

$$benefit(p, q) = \sum_{i \in D_{node}} \sum_{j \in D_{node}} \{D_{ij}(i, j) - \min_{\forall a, b \in inter\ sect} [D_{ij}(i, a) + E_{ij}(a, b) + D_{ij}(b, j)]\} Q_{ij}^{t} \varphi^{t} - V_{(p,q)} \psi^{t}$$

检查 $benefit(p^{*}, q^{*}) = \max\limits_{(p,q) \in jieji} benefit(p, q)$ 的道路 $(p^{*}, q^{*})$，并令 $R = R + V_{(p^{*},q^{*})} \psi^{t}$，若 $benefit(p^{*}, q^{*}) < 0$ 或 $R > R_{t}$，则进入第九步，否则选取路段 $(p^{*}, q^{*})$。

第六步：更新已建路网，将路段 $(p^{*}, q^{*})$ 加入 $N_{t-1}$，并将 $(p^{*}, q^{*})$ 的中间节点加入 $N_{node}$。

第七步：更新 $E_{ij}$，对所有的 $(i, j) \in N_{node}$：

$$E_{ij}(i, j) = \min_{\forall a, b \in inter\ sect^{*}} [D_{ij}(i, a) + E_{ij}(a, b) + D_{ij}(b, j)],$$

其中 $inter\ sect^{*}$ 为 $(p^{*}, q^{*})$ 的中间节点。

第八步：更新解集 $jieji$，删除 $jieji$ 中路段 $(p^{*}, q^{*})$ 及其中间路段，返回第五步。

第九步：$t = t + 1$，重新定义已建网络 $N_{t-1}$ 与未建网络 $N_{left}$。

第十步：若 $N_{t-1} = N$ 或 $t = T$，则本阶段建设的路段为 $N - N_{t-1}$，算法结束；否则返回第三步。

算法的步骤五中，加入了预算约束。整个算法的基本思想是：在每一阶段首先建设净效益最大的路段，而不管当前的决策对后面阶段的影响，如果当前阶段所有的路段建设净效益小于零或超过当前阶段的预算约束，则停止本阶段的建设。根据这一思想，如果让 $L$ 等于未建路段总长度之和，算法亦能保证一个阶段的最优建设计划，同时，亦可以通过调整大小实现计算时间成本与求解质量的均衡。

# 第十三章 建设可持续发展的城市交通

## 第一节　可持续发展概念

可持续发展(Sustainable Development)是 1980 年代提出的一个新概念。1987 年世界环境与发展委员会在《我们共同的未来》报告中第一次阐述了可持续发展的概念，得到了国际社会的广泛共识。

可持续发展是指既满足现代人的需求又不损害后代人满足需求的能力。换句话说，就是指经济、社会、资源和环境保护协调发展，它们是一个密不可分的系统，既要达到发展经济的目的，又要保护好人类赖以生存的大气、淡水、海洋、土地和森林等自然资源和环境，使子孙后代能够永续发展和安居乐业。也就是江泽民同志指出的："决不能吃祖宗饭，断子孙路"。可持续发展与环境保护既有联系，又不等同。环境保护是可持续发展的重要方面。可持续发展的核心是发展，但要求在严格控制人口、提高人口素质和保护环境、资源永续利用的前提下进行经济和社会的发展。

1992 年联合国环境与发展大会后，我国政府率先组织编写了《中国 21 世纪议程——中国 21 世纪人口、环境与发展白皮书》，作为指导我国国民经济和社会发展的纲领性文件，开始了我国可持续发展的进程。为了全面推动可持续发展战略的实施，明确 21 世纪初我国实施可持续发展战略的目标、基本原则、重点领域及保障措施，保证我国国民经济和社会发展第三步战略目标的顺利实现，在总结以往成就和经验的基础上，根据新的形势和可持续发展的新要求，特制订《中国 21 世纪初可持续发展行动纲要》（以下简称《纲要》）。

《纲要》指出，我国实施可持续发展战略的指导思想是：坚持以人为本，以人与自然和谐为主线，以经济发展为核心，以提高人民群众生活质量为根本出发点，以科技和体制创新为突破口，坚持不懈地全面推进经济社会与人口、资源和生态环境的协调，不断提高我国的综合国力和竞争力，为实现第三步战略目标奠定坚实的基础。

## 第二节　构建可持续发展概念下的现代化城市交通

从道路交通工程发展的历史看，呈现出一种人的认识观念与科学技术相互交织的发展过程，道路设计概念曾经历多个层次的提高：以工程造价为标准层次，结合交通服务水平标准层次，增加环境保护标准层次，可持续发展标准层次。每一层次的提高，都是在前一层次的基础上增加了新的评价因素。每一次层次的提高，也都伴随着新技术的推广和应用：第一次层次的提升，是在交通工程学科发展的基础上进行的，交通流分析技术、交通设计技术、交通工程技术提供了强有力的支撑；第二次层次的提升，引进了环境科学的观念，形成交通环境的研究领域，考虑道路网环境容量的交通规划、交通公害（噪声、废气、振动等）的防治、道路景观设计等；第三次层次的提升，则更加注重巨型系统思想的应用，将把基础设施建设与社会经济的持续发展紧密联系在一起。在可持续发展思想指导下，城市道路交通现代化建设需要进行观念的调整、目标的调整，以及系统结构的调整。

### 一、观念的调整——支撑可持续发展的交通设施体系

对于交通设施体系的构成，随着人类思想的进步不断发生着变化：早期在有限的建设能力和资金能力基础上，其构成只包含了最基本的部分——道路、铁道的本体；当交通安全问题提到议事日程之上以后，交通标志和标线、交通监控系统等成为交通设施体系中不可缺少的内容；当交通环境问题提上议事日程时，隔声墙、交通环境监控设备等成为交通设施体系中的新成员；与可持续发展的要求相适应，支持与土地利用规划相结合的交通规划决策支持系统和信息采集管理系统、更能充分发挥交通设施能力的交通诱导系统等成为交通设施体系中的重要成员。在这种硬件设施构成内容变化的背后，设计观念的更新、交通基础设施建设目标的变化等发挥着重要的作用。

以欧、美、日等发达国家智能化交通系统计划为例，表面看这是交通系统结构的变化和技术的变化，在传统的交通系统中增加了交通诱导系统、交通信息系统等，以及采用了计算机技术、通信技术、控

制技术等进行技术改造。实际上，在后台起到支撑作用的是这样一种认识：在有限的土地资源和环境资源制约下，传统的交通系统无法满足不断增长的交通需求，必须通过采用现代化高新技术加以改造，提高资源的利用效率。在此基础上形成了一系列新的系统概念，例如：

（1）综合交通信息系统提供道路网上的交通阻滞、交通事故、运行时间等情报，并提供公共交通的情报，帮助人们选择合适的交通方式、恰当的出行时间、合理的交通路线，促使交通出行分布在综合交通网络上进行合理分布，以减轻整个交通网络的负担。

（2）交通诱导系统向车辆驾驶人提供信息服务，帮助他们了解整个道路网络的交通拥挤状态，引导他们避开拥挤路段或交叉口，促使整个路网负荷均匀化，达到提高利用效率的目的。

（3）货运管理系统在交通信息的支持下，合理制定车辆调度计划、提供货物集配服务等，其目标是促进货物运输的高效化。

（4）客运管理系统在交通信息的支持下，合理进行营运车辆调度，并提供公共交通服务信息，以提高客运系统的服务水平，吸引更多的客流，减轻整个城市交通系统的负担。自动驾驶控制系统是在自动控制技术的支持下，提高单位道路面积的车辆通行能力，以及增强交通安全性。

由此可见，新的交通系统概念在提出过程中，需要观念和目标的更新作为前导。

与基础设施建设紧密关联的可持续发展目标是：改善人类居住区的社会环境、经济环境，改善居民的居住、工作环境和提高生活质量。这一目标需要通过多种途径的努力才能有效地实现，作为基础设施重要组成部分的交通建设对这一目标产生多方面的作用：引导作用，对区域社会经济空间形态发展的引导；支持作用，提供区域空间的基本支撑框架；保障作用，对于地震等灾害的救援来说，交通网络是最基本的生命线。对于交通领域来说，在可持续发展的思想指导下的建设目标是建立促进人类居住区持续发展的基础条件，其手段主要有：将土地利用与交通运输规划相结合，确立减少交通需求的发展模式，发展公共交通，改善交通管理，鼓励非机动运输方式等。

与发展目标相互关联，可将面临的复杂问题分解为如下层次关系：

第一层次的问题（目标层）：建立支持可持续发展的道路交通综合系统，提供对区域空间合理支撑框架、合理使用自然资源、有效支撑经济发展、具有一定的防灾抗灾可靠性的交通服务基础条件。同时需要强调的是，道路交通综合系统的直接目的是对人和物的流动加以支持，而不是简单地对车辆的运行加以支持等。

第二层次的问题（宏观控制层）：通过规划手段实现交通系统的总体协调和优化，以避免资源的浪费，并将交通建设作为用地规划、城市体系规划、国土规划实现过程的重要支撑基础和调控手段；通过政策手段引导实现交通模式的合理结构，通过需求管理促进资源的合理利用，优先发展公共交通系统；采用政策手段促使交通行业的技术更新，优先推广节约资源和能源，提高交通系统运行效率的技术等。

第三层次的问题（技术层）：加强信息技术在交通工程中的应用，如交通诱导系统、交通综合信息系统等；认真研究和实施公共交通系统的发展和技术进步；减少对环境的交通污染：噪声、废气、振动的防治；废旧材料的利用，以减少对自然界的索取等。

## 二、结构的变化——道路交通综合系统的构成

在可持续发展战略指导下建立道路交通综合系统是一个包括"政府调控行为、科学技术能力建设和社会公众参与"的复杂系统工程，采用宏工程的观点看待这一问题，需要分析系统外部环境对道路交通系统所提出的功能要求，根据这种功能要求确定系统的结构，支撑这一结构的科学技术体系。

根据执行可持续战略的要求，道路交通系统将与其他系统之间形成如下接口关系：

（1）与自然系统的直接接口，包括从自然界的索取、向自然界的排放、对自然界的干预等。

（2）与社会系统的接口，与城市化进程的协调，对国土发展均衡程度的调节，对消费模式的影响等。

（3）与经济系统的接口，包括与区域经济发展战略的协调，与能源利用政策的协调，对产业结构与布局的影响等。

这种接口关系要求道路交通系统满足如下功能：

① 基本交通功能，保证交通运输通畅、安全、快速、舒适、便捷；

② 环境保护功能，提高单位土地的利用效率，减少对自然界的索取和排放；

③ 促进社会进步功能，通过有效的规划手段促进城市体系、区域布局的健康发展，正确引导社会消费方式，促使社区健康发展；

④ 支持经济发展的功能，保障经济发展战略的实现，促进经济结构和经济布局的调整。

为适应功能要求多样化的发展趋势，所建议的道路交通综合系统将由政府管理子系统、基础设施子系统、科学技术子系统、公众服务及参与子系统所构成。

交通基础设施建设就是政府对可持续发展发挥作用的一个重要方面，政府有责任为社会和经济发展建立合理结构和布局的基础，有责任确定正确的交通发展战略，同时交通设施又是政府的一种很有效的宏观调控手段。泰国曼谷的交通拥挤世界闻名，近几年，曼谷修建了几十公里的高架道路，本意是缓解交通拥挤，但出乎政府意料，引发了更大的交通拥堵。从曼谷城市交通所陷入的困境，许多城市交通造成的严重废气污染，以及我国城市交通中公共交通危险的萎缩倾向等，可以清楚地看到政府所担负的责任有多么重大。与这种责任相比，我国政府机构在制定交通发展战略、政策、规划和管理的过程中所获得的技术支持就显得有所不足，不够健全的信息系统、分割的管理体制、与专家之间不够畅通的沟通渠道等都是需要进一步克服的重要问题点。

针对这一情况拟建的政府管理子系统，是以政府管理工作人员为使用对象，依托计算机网络系统，支持政府决策过程的人机系统。其理论基础源于钱学森1989年提出的开放的复杂巨系统及方法论，即从定性到定量综合集成法，这种方法进一步发展成为从定性到定量综合集成研讨厅。这一理论方法的实质是将专家体系、统计数据和各种信息资料、计算机技术三者结合起来，构成一个有机的整体支持决策活动，它为我们在交通规划中定性与定量相结合提供了基础，有助于改进面向复杂巨系统的决策理论方法。政府管理子系统的技术目标主要是提高决策的质量，而非单纯提高决策分析速度。系统的基本工作方式是信息服务、集成研讨、决策分析。

基础设施子系统中除了传统的道路本体设施以外，交通监控系统、交通信息系统、交通环境保护系统、自动收费系统、交通安全及事故处理系统等均是其中重要的组成部分。现代化的交通监控系统是道路交通系统中不可缺少的部分，它以平滑交通流为直接目标，并由此产生减少废气排放、减少能源消耗的目的。与国外的系统不同，我国需要认真考虑混合交通所带来的特殊问题。交通信息系统对调节交通需求、支持管理决策、支持运输部门和企业制定车辆调度计划等均有重要的作用，由信息采集、信息加工、信息发布等几部分所组成。交通环境保护系统由废气、噪声、振动防治和监测两个基本部分所组成，其硬件包括隔声墙、低噪声铺装、桥梁减振装置、交通污染专用监测装置等。

科学技术子系统的目的是通过技术推广和技术培训促进行业的技术进步，其构成包括科学情报服务体系、新技术推广体系、学术研讨体系等，硬件方面得到重点实验室、部门开放实验室、网络虚拟实验室、情报信息 Web 服务节点、观测实验系统等的支持。其中网络虚拟实验室是进行有关道路交通领域工程技术研究和科学研究、进行道路交通领域高等工程教育、推广新技术和新概念的重要基地；其主要服务对象为道路交通工程技术研究人员、高等学校的教师、研究生和本科学生等；虚拟实验室建立在计算机广域网络基础上，其核心是由计算机仿真实验系统所构成；系统主要提供远程教学实验和工程试验方面的服务。

公众服务与参与子系统在道路交通综合系统中占有不可替代的地位，交通需要公众密切参与，对公众服务包括信息服务、救援服务、管理服务等，例如智能交通系统中交通诱导系统、停车场引导系统、公共交通服务信息系统等均是公众服务概念系统；而公众参与则是指为获得公众理解与支持，所进行的公众教育(有些甚至是采取计算机仿真游戏的方式)、公众训练等活动，道路交通综合系统将通过交通培训基地、依托计算机网络的虚拟训练基地、交通宣传发布系统等对其进行必要的支持。

### 三、科学研究结构的变化——值得关注的研究领域

由于可持续发展提出了新的要求，因而支撑道路交通建设的科学研究内容发生着重要的变化，传统技术的比重正在下降，新技术学科的研究内容正在迅速得到关注，并正在得到逐步应用。

具有远见的规划是可持续发展的基本保证，因而交通规划研究领域正在发生着深刻的变化。交通规划从以基本依靠经验的定性分析为主的阶段，到调查研究基础上的定量分析为主的阶段，在向定性和定量相结合的新阶段迈进，呈现了一种螺旋式上升发展的过程。这首先是由于对于交通系统的要求变化，不仅需要满足交通需求，而且需要对社会经济的可持续发展提供基础支撑条件。要求的变化造成研究范围的扩大变化，使得我们更加难以对研究对象的长期发展作出准确的预测。因此，交通规划的研究范围进一步扩大，更加注重与社会经济系统之间的协调配合，更加注重解决战略规划层面的问题，同时更加注意在长期交通需求预测不可能准确的前提下对交通规划方法的研究。作为理论基础，宏工程理论和从定性到定量的综合集成技术正在引起研究者的关注。

宏工程指的是关系全局的超大型工程项目的规划、设计、决策和组织实施。这一理论力图采用全新的综合大系统的工程概念，运用定性、定量参半的方法，采用协调折中、互补共济等寻求合适而非最优的思想方法来解决自己的问题。支撑宏工程思想的分析方法有系统动力学（SD）、结构解析（ISM）、试误分析（Try and Error Analysis）等。与传统系统工程相比，宏工程更加注重系统包络之外的整个系统环境。应用这一理论将有助于我们更好地分析交通系统与社会经济系统之间的协调关系。

从规划研究内容来看，发展城市公共交通，促进合理交通模式的建立，正在引起人们的重视。有限的自然资源不可能承担迅速发展的私人交通，必须采用政策、税收、建设、管理等多方面手段促使大量的人员利用公共交通系统。我国的城市交通规划多年来一直强调公共交通优先，但真正落实下来的情况并不好，如何以有力的分析论证说

服政府及公众，在城市的空间资源利用、政府财政预算、技术进步支持等方面真正实施公共交通优先战略，仍是亟待解决的问题。

从规划范围来看，都市群交通网络规划随着城市化进程而提到了日益重要的位置，当行政协调问题能够解决之后，长江三角洲、珠江三角洲都市群的交通规划问题将迅速提出，必须为之进行必要的理论准备。

交通需求管理在可持续发展过程中需要给予关注的问题，人类应该较为自觉地调整自己的消费观念，其中交通消费是极为重要的一部分。交通需求管理通过停车管理、税收管理等多种手段实现对交通方式的调节，鼓励减少交通出行的模式及减少资源消耗的模式。

信息技术正在迅速进入交通工程领域，智能交通系统建立在信息技术的基础上，其核心就是交通信息系统。我国的交通信息系统还十分落后，不够完善的交通信息采集系统、非常不充分的信息加工利用、有待改进的信息发布手段等，都是需要重点解决的问题。道路交通综合系统是一个多维世界，信息在其中发挥着重要的作用。人们的交通选择行为正是在信息的支持下完成的，政府的交通战略、交通规划、交通政策正是在信息的支持下制定的，交通管理机构的日常管理决策更是离不开信息基础。当前需要注意的是计算机与通信技术的结合，特别是广域计算机网络基础上的信息传播和信息采集。

作为信息技术实现载体，交通诱导系统、交通信息系统、交通控制系统在现代道路交通体系中发挥着十分重要的作用，它们将交通主体——人或物、交通工具、交通基础设施、交通管理部门联系为有机的整体，减少了由于系统内部不相协调造成的效率下降。交通诱导系统的研究工作已在我国展开，当前的工作重点其一是系统的总体框架研究和具体分析模型研究，作为基础理论交通行为值得给予必要的重视。交通信息系统目前的研究主要是试图综合各方面的信息，加工后提供分层次的信息图像以满足不同任务的需要，近年来发展起来的数据仓库技术、数据挖掘技术等正在展现出良好的应用前景；同时，支持不同层次管理决策的决策支持系统也是研究者关注的一个方面，其需要研究的主要问题是如何利用信息网络所提供的大量信息，从中挖掘出自己所关心的内容，如何对定性和定量相结合的决策过程提供有效的支持，如何适应不同层次的决策特点等。在信息技术应用过程中，值得注意的是分散布局、总体协调的趋势，总体规划强调的是协议标准，而不是拘泥于技术细节，这使得庞大的信息系统可以分步、分散开发，逐步到位，以减少系统开发的难度。

道路交通环境保护技术仍然是今后关注的热点。汽车废气的防治手段主要是采用清洁能源、尾气净化，并通过政策调控减少汽车使用。除此之外，需要注意的是加强工程技术的研究，分析废气在特定环境下的扩散规律，以减轻局部位置的废气污染。道路交通废气污染专用监测系统的建立也是非常重要的一项任务，国外建立的这类专用系统常年积累的数据为其环境对策制定创造了很好的条件。噪声防治在传统的研究领域仍然面临许多课题，可用于工程评价和工程设计的噪声传播基本规律研究还有待深化，隔声墙的设计有待改进，低噪声路面技术有待进一步进行工程化试验和推广。此外，在交通规划中考虑环境保护因素正在形成热点，特别是土地利用、城市体系结构与交通骨架相互配合，构成生态城市体系结构，是规划工作中的研究重点。在具体规划方案的制订过程中，交通环境容量分析技术具有较好的实用前景。为减少对自然界的索取，采用废旧材料进行道路建设仍值得给予高度重视，粉煤灰、废钢渣等用于路基建设取得了很好的效果，仍然需要进一步研究工业废料作为筑路材料以及道路旧路改造过程中废旧沥清的再生利用。

交通网络的可靠性研究是一个值得展开的领域，特别是在城市道路网络规划中更应给予足够的重视。我国目前正在经历一个新的城市化过程，在城市布局规划过程中需要认真考虑对地震等重大自然灾害预防和救援问题，为城市的进一步发展打下良好的基础。在重大地震灾害发生后，道路交通系统对于城市的救援与恢复起着至关重要的作用，这已被国内外多次地震灾害血的事实所证实。

研究地震灾害情况下保障道路交通面临两个基本问题：

（1）由于灾害情况下道路交通系统功能对于城市系统总体功能的恢复具有重大影响，因而需要提供具有一定可靠性、能够在抗震及其次生灾害中发挥作用的交通网络。

（2）在灾害情况下，特别是在救援工作初期，人们（特别是其交通行为)往往失去有效的组织性,这种分散无组织的行动有可能造成交通网络总体机能的丧失,因而在城市救灾保障交通系统设计中需要考虑这种特殊情况下的供需关系,以及对应的交通保障方法。

类似的研究需求在抵御火灾、水灾等方面均有重要的意义。

### 四、交通环境的关注——对策与手段

道路交通的环境污染主要分为交通噪声、大气污染、交通振动三个方面。道路交通噪声是由通过道路的汽车群发生并传播到道路沿线的随机噪声,其特点是大小不规则且变动幅度大。降低道路交通噪声的主要措施有改善车辆结构、改善行驶状态、控制交通量等。

汽车是大气污染的移动发生源,由汽车排放的污染物质有碳氢化合物、一氧化碳、氮氢化合物、铅化物、颗粒物质等。为减少汽车的排放污染,最重要的措施包括:第一,可以采取较少汽车排出的污染物质数量(例如采用无铅汽油);第二,可以以强化排出气体管理规章为中心,促进汽车结构的改善;第三,利用交通控制系统保持交通流的畅通,通过交通规则改善行驶状态;第四,促使私人汽车交通转向公共交通系统,以及促进货运方式的合理化等交通总量控制手段;第五,改善道路结构,确保环境设施带、绿化等缓冲区域等。

所谓交通振动,是指道路上行驶车辆的冲击力作用在路基上,通过地基传递致使沿线地基和建筑物产生的振动。路面越不平整、车辆质量越大、车速越高、载货车辆越多,产生的振动越大;此外,地基越软弱路端振动级越高。为减少交通振动,大致可以通过采取控制振动源、传播路径及受振动部位等措施来防治。作为道路振动改良措施,往往采用路面平整度改善、路面、路基以及地基改良,以及指定交通规则、设置环境保护带、防护沟、防护壁等。

## 第三节 实现城市道路交通可持续发展的方法

解决城市道路交通拥堵问题,国际上百余年来的城市发展史给了我们很多可以借鉴的经验,如严格控制城市发展规模,积极建设各类公共交通设施,加强道路交通系统管理等。但在当今我国城市化进程

不断加快的时期，面临着许多特殊问题，必须自己找到解决办法。

### 一、积极推动各类公共交通设施的建设

在现代化的大城市中，轨道交通具有极其重要的地位，公共交通的轨道化程度甚至已成为一个城市现代化的重要标志之一。我国轨道交通的发展水平，无论与国外同样规模城市的拥有量相比，还是相对于小汽车的迅速发展，都很落后。因此，为解决中国城市交通问题，只能未雨绸缪，大力发展公共交通，确切地说应该是高速便捷的地上、地下轨道交通与网线公交的有机整合。

国外的大城市中，轨道交通是最主要的交通工具。比如日本东京的轨道交通占城市交通的比例为 81％，在面积只有 210000hm² 的东京，密布着包括 12 条地铁线路在内的 50 多条各种电力机车线路，每列电车都有准确的行车时间，人们无须为堵车、塞车而焦急，"以人为本"的交通环境为世人称赞。

城市轨道交通属于城市公共交通的范畴，轨道交通在行驶过程中，不受其他交通工具的干扰，更不会受路口堵塞等因素的影响，可以始终保持准确、快捷、高速的行驶状态。而城市一般公共交通受城市道路条件的限制，与各种车辆混行，其运力远不如轨道交通。一般公共交通的运力，小时单向运输能力在 1 万人次左右，而轨道交通小时单向运输能力最高可达 5～6 万人次。据资料显示，轨道交通在世界上任何发达城市都是解决交通拥堵的最好的公共交通工具。但发展轨道交通必须注意以下几个方面的问题：

（1）要根据城市总体规划和城市客运交通规划，认真做好城市轨道交通路网的规划与设计。轨道交通不仅要投入巨额资金，而且轨道交通的道路、车站等设施是永久的、固定的，一旦建成，拆除、变动都极其困难。

（2）轨道交通道路网的规划要有预见性，线路的走向、站点的设置、设施的使用等，都要适应城市的发展。轨道交通道路网建成后，要能适应城市未来的商业、旅游、娱乐设施及科教文化等功能区域的布局需要，为城市的发展留有余地。

（3）轨道交通道路网的覆盖区域，应将城市主要客运出行纳入城

市道路交通运输网络，使轨道交通与其他交通有机地融为一体，轨道交通规划应在对公共交通体系进行综合研究的基础上完成。因为在城市客运需求比较大的主干道上修建轨道交通，如果没有其他公共交通辅助运行，轨道交通也不会发挥出最大的效益，轨道交通只有与其他公共交通协调配合，才能更好地发挥其骨干作用。因此，城市交通形态应以轨道交通走廊的各个主要交通枢纽为中心，形成交叉连接的网络格局，主要轨道站点布置要与城市主要公交换乘枢纽紧密衔接，同时做到换乘系统的简便、安全、立体。

## 二、加强城市道路交通系统的管理

城市道路交通系统的管理包括建设智能交通系统以及采用各种政策调节交通工具种类的使用比例，主要是限制私人汽车，发展公共交通，如规划公共汽车专用车道、征收小轿车消费税等。

### 1. 公交优先

鉴于公交方式具有大量、经济等优点，有必要在城市中实施公共交通优先的政策和措施。其目的在于，在不限制个体出行方式的前提下，通过提高公共交通的效用，吸引更多的出行者选择公共交通方式，减少个体交通方式过多给城市道路交通系统造成的压力。人们对交通方式的选择，取决于该种交通方式的效用，也就是人们对它的满意程度。公交优先具体表现为提高公共交通在整个城市交通体系中的地位，使得公共交通尽量不受其他交通方式的影响，能够有一个比较畅顺的运作环境、运行方式和一个良好的服务水平。公交优先的结果在于城市的交通总量不变的前提下，减少个体交通方式所占的出行比例，可以缓解道路堵塞，改善城市交通问题。

公共交通优先政策与措施包含了众多方面的内容，可概括为以下几方面：

（1）财政扶持政策

公共交通优先涉及的财政政策包括投资、运营亏损补贴、税收减免等诸多方面，一般通过立法的形式加以确立与实施。

（2）公交市场开放政策

近年来，有些城市，特别是发达国家的城市公交乘客数量大幅减少，公交企业不堪重负，濒临破产。为了提高公交的活力，政府采用了放宽规制，准许私营企业等参与市场的灵活政策。多种经营可以给公交运营带来活力。

（3）城市用地优先政策

城市道路的使用面积是有限的，一般公交在城市规划用地上通过行政或法律手段来确保公交场站用地及空间分布上的合理性。

（4）公交优先的道路运用政策

开辟公交专用车道、专用路。即在该车道上全天或部分时间禁止其他车辆使用，只允许公交车辆行驶，排除干扰，提高其运速。在我国由于居民法制观念不强，公交专用车道管理可采用硬质设施强行隔离，也可通过设置摄像监控设备加强管理。

（5）公交优先的交通管理政策措施

该项措施包括如路口转弯优先，公交车辆进、出站优先，单行线或禁止其他车辆行驶等交通管理措施。优先通过路口的措施是，通过电子控制与无线电感应装置使公交车辆在接近路口时，自动控制信号灯变化；或者是不改变信号灯原配置，但在路口附近 50～100 米范围内划定公交专用待灯车道（不许其他车辆驶入），以便绿灯时公交车辆能迅速通过路口。

（6）限制小汽车使用的相关政策

限制小汽车进入市中心区，人为减少市中心区小汽车停车场，制定严格的噪声与排放标准，或市区采用区域驾驶证制度等。

各国多年来的实践表明，实行公交优先政策与措施对城市交通问题的有效解决发挥了巨大作用，特别是道路运用与交通管理等方面的优先措施，由于投资少、见效快而得到广泛应用。

在我国实施公交优先的策略应是：通过教育，在道路使用者的思想中牢固树立公共交通优先的意识，制定优先发展公共交通的政策和法律，改革公共交通机构管理体制。在严格遵循城市总体规划、交通规划和交通战略研究原则的基础上，充分分析城市居民出行特征和土地利用形态，分析公交需求和预测客流分布。根据各个区域和各条道路的特点，分析造成公交延误的原因，以多种多样的公共交通优先措施，形成以轨道交通为骨干，路面公共交通为主体，个体交通为辅助的点、线、面有机结合的城市公共交通优先网络体系。

## 2. 智能交通

智能交通是未来发展的方向，它是指将先进的信息技术、计算机技术、数据通信技术、传感器技术、电子控制技术、自动控制理论、运筹学、人工智能及系统集成技术等有效地综合运用于整个交通服务、管理与控制，从而建立起一种大范围内发挥作用的实时、准确、高效的交通运输综合管理系统。

智能交通是交通发展的必然趋势，随着 IT 技术的高速发展，智能交通的概念正在向管理和服务一体化的方向演变，交通需求管理、公共交通服务以及道路交通管理，都将由信息化、网络化而形成一体化。无论是在家里、办公室、路上、车中，居民都将实时得到全方位的交通信息服务，从而选择最佳的交通方式、出行时间和路线。居民的出行质量将因此得到显著改善，各种交通设施也将大幅度提高其使用效率。由此可见，智能交通的最大优势在于，它将信息与通信技术应用于交通运输领域，可以通过实时传递的交通信息，如公交服务信息、路线引导信息、停车场信息等，人们可随时了解整个城市的交通状态。

智能交通的优越性显而易见，但发展智能交通的难度同样是显见的。除了技术上的障碍，智能交通的投资巨大成为一大桎梏。其控制系统必须建立在信息与网络平台上，比如日本的 VICS 交通信息处理系统，开发投入了 33 亿日元，交通信息的采集与发布设施投资 370 亿日元，数目相当庞大。但大型基础设施建设一般都具有建设周期长、投资规模巨大而同时社会效益非常显著的特点。中国加入了WTO 以后，国外金融机构对我国的投资有了更高的积极性，现在已经有美国、日本等一批外资机构对我国的基础设施建设项目融资表现出极大的兴趣，应该抓住机遇，把我国的城市智能交通系统尽快建立起来。

### 三、加快居住区配套设施建设

除了城市主要交通道路系统的建设和管理之外，居住区配套设施建设也对城市交通起着十分重要的作用。城市内的居住区，在用地上既是城市功能用地的有机组成部分，又是具有相对独立的居住组团，在居住区内须设置为居住区服务的公共服务设施。如今，许多城市居民搬迁到了宽敞、明亮的大房子里，但由于居住区配套服务设施不完善，不但造成居民生活的不便，同时也增加了城市交通的负担。在许多发达国家，开发商在开发住宅小区之前，首先要把小区的公共服务设施规划方案提交上去，得到规划部门批准后才能开始建住宅楼，同时建公共服务设施，配套公共服务设施建完成后，才允许卖房子。而我国住宅建设普遍缺乏这一环节。

早在20世纪30年代，美国建筑师西萨·佩里就提出"邻里单位"的概念，试图以邻里单位作为组织居住区的基本形式和构成城市的"细胞"，从而改变城市中原有居住区组织形式的缺陷。佩里认为，城市交通由于汽车的迅速增长，对居住环境带来了严重干扰，区内应有足够的生活服务设施，以活跃居民的公共生活，利于社会交往，密切邻里关系。就是说如果在居住区内没有设置齐全的公共服务设施，儿童上学和居民采购日常生活必需品就不得不乘车或步行穿越交通频繁的城市干道，给居民生活带来极大的不便。

一般城市居民出行量所占比例中，工作出行约占60%，购物出行约占35%。工作出行由于特定条件不能减少，而购物出行却是可以减少和避免的，这里关键的问题是住宅小区规划设计的实施。然而随着城市的发展，城市土地资源的日趋紧张，城市中心地带将越来越多地作为商业区、工作区，而居住区逐渐搬迁到城市边缘。如今许多住宅小区在远离工作及购物地点的城市边缘鳞次栉比地出现，但由于配套设施不完善，给城市交通带来了极大的负担。

我国《城市居住区规划设计规范》中规定，居住区是泛指不同居住人口规模的居住生活聚居地和特指城市干道或自然分界线所围合，并与居住人口规模（30000～50000人）相对应，配建有一整套较完善的能满足该区居民物质与文化生活所需的公共服务设施的居住生活聚居地。

居住区公共服务设施应包括：教育、医疗卫生、文化体育、商业服务、金融邮电、社区服务、市政公用和行政管理等设施。而且规范中还明确规定：居住区配套公共服务设施必须与住宅同步规划、同步建设和同时投入使用。在规划布置时，为便于居民使用，公共服务设施应有合理的服务半径，即 800～1000m。

因此，如果城市居住区在开发建设的时候，严格按照《城市居住区规划设计规范》中的有关规定执行，由于居住地远离市中心所造成的日常购物出行量就可以大大减少，这样也就减轻了城市交通的负担。各级政府有关部门应加强对房地产开发的管理，使我国的住宅开发建设能与国际接轨，进入一个良好状态。

### 四、交通规划与城市规划相结合

交通的发展与城市的发展是互动的，良好的交通条件能够促进城市的发展，而城市的发展则会产生新的交通要求；反之，交通发展的滞后会阻碍城市的发展，城市的不合理发展也会使交通进一步恶化。可见交通规划与城市规划必须综合考虑，才能使城市的可持续发展得到保证。

为了满足交通可持续发展的要求，在城市规划中应该注意：

（1）调整城市的土地使用形态。经验表明，城市"摊大饼"式的发展是城市发展的严重障碍，多中心城市优于单一中心城市。在城市规划中，结合城市的结构、形态、自然及经济条件，围绕城市中心区规划若干个综合性的组团，化单一中心为多中心，主、次中心结合，这样能有效缓解城市交通的压力。城市发展了，建设新的组团，其他组团不受影响，这样城市的交通发展可以在较长时间内保持其稳定性。

（2）适当建设城市的步行街。在商业聚集的中心城区，可以有选择地开辟适当的路段，建设城市的步行街。这样可以使大量的购物客流从城市的机动车交通系统中分离出来，既保证了购物者的人身安全，又创造了良好的购物环境，改善了中心区的交通状况。

（3）合理布设道路网，提高土地利用率。土地资源是城市发展的宝贵的不可再生资源，只有合理布设路网，才能用经济的土地获得较大的路网容量，满足城市的交通发展需求。

（4）合理布设街道两旁的建筑物，减少道路交通对环境的影响。在城市规划中若合理、科学地规划街道同当地主导风向的夹角、街道的宽度和建筑物的高度、街道两旁建筑物的分布以及街区的形状，都将有利于减少街道峡谷内污染的聚集，从而控制街道峡谷内污染物的含量。

交通规划与环境保护相结合。交通对环境的污染主要有大气污染、噪声污染、振动污染以及电磁干扰等，其中交通系统产生的大气污染包括一氧化碳 CO、氮氧化物 $NO_x$，非甲烷碳烃化物 THC 及其他有害物质。为了实现城市的可持续发展，在交通规划中应该注意：

（1）加强交通环境评价。交通设施的建设不能仅仅只满足交通的需求，还必须注意到交通对环境的影响，使交通的发展与环境相协调。

（2）发展城市轨道交通为主的电气化交通，轨道交通不仅运量大、效率高，而且摆脱了对不可再生的能源——石油的依赖，减少了对环境的影响，是未来大城市优先发展的交通方式。

研究现代化的交通预测模式。交通预测只有比较准确地反映未来的交通需求，交通规划才具有可行性，传统的"四阶段"预测模式是在 20 世纪 50～60 年代建立的，当时的社会尚未进入信息化。21 世纪高度的信息化必然会引起居民出行行为、出行特征的根本变化，传统的"四阶段"预测模式尚需随之变化。

加强交通规划与管理。规划只有进行有效的管理才能得以实施，城市交通规划的科学制定与切实管理是实现城市道路交通可持续发展的重要保证。

## 第四节　从绿色交通、自行车交通看城市交通的可持续发展

### 一、从"绿色交通"看城市交通的可持续发展

绿色交通是一个理念，也是一个实践目标。一般说来，绿色交通是为了减轻交通拥挤、降低污染、促进社会公平、节省建设维护费用而发展低污染的、有利于城市环境的、多元化城市交通工具来完成社会经济活动的协调交通运输系统。这种理念是三个方面的完整统一结合，即通达、有序，安全、舒适，低能耗、低污染。因此，绿色交通

可以说是可持续发展的具体实践和体现。

绿色交通更深层次上的含义是协和的交通，即包含：交通与(生态的、心理的)环境协和，交通与未来的协和(适应未来的发展)，交通与社会的协和(公平、公正、安全、以人为本)，交通与资源的协和(以最小的代价或最小的资源维持交通的需求)。

我国绿色交通的目标除了要追求经济的可持续性、社会可持续性和环境的可持续性之外，还要实现财务上的可持续性。经济可持续性体现在交通需求与交通设施供给之间的动态平衡，体现在交通运输的低成本、高效率。社会的可持续性以实现社会的公平为目标，并实施公众乐意接受的、以人为本的交通系统，最大限度地满足各个阶层用户的需求。环境的可持续性的实现，鼓励和诱导城市居民放弃小汽车而转向公共交通，从而有效地减少汽车燃料的消耗和废气的排放，达到改善城市环境、保障居民身心健康的目的。财务上的可持续性，主要体现在交通实施计划的落实和建立交通投资的财务机制。

绿色交通决不仅仅是一个简单的技术问题，更不是限于学者书架的理论，它的价值在于逐步变为政府与公众的行动，将可持续发展从一种理念转变为一种实际的操作。因此，绿色交通的发展是一个不断探索和建设的问题。

**二、从自行车交通看城市交通的可持续发展**

自行车交通在城市道路交通的可持续发展上是一个不容忽视的方面。我国虽为自行车生产和使用大国，但对自行车的重视程度明显不够，自行车的出行在很多城市都极为不便。当前，我国提高自行车交通服务效率的有效途径主要包括三个方面：

(1) 建立自行车专用道路系统。长期以来，由于我国道路系统功能不明确，交通性和生活性道路功能合一，不同动力性能的车辆混行成为我国城市交通的普遍问题。建立自行车专用道系统，目的是使机动车与非机动车实行交通分流，提供安全、舒适、高效的自行车通行环境。

(2) 发展"自行车＋公交车"出行模式。传统的"步行＋公交车"出行模式要求公交线路网和站点密集，而"自行车＋公交车"则给我们带来了新的启示：一是不必盲目增加公交路网，由于自行车取代了步行交通，公交路网不必像原来那么密集；二是由于不增加公交路网密度，因而对公交及道路改善的投入要求减少，故此能集中财力优化公交干线、提高服务水平、增加公交的舒适性和吸引力。

（3）改善自行车停车条件。国内外停车实践和经验证明，停车问题最严重的区域是城市中心区，解决好城市中心区的停车问题，就可纲举目张地缓解整个城市的停车矛盾。中心区一般禁止路上停车，因而必须在路外建设足够而方便的停车措施，逐步完善公共建筑配建的停车场和公共停车场，满足高峰日、高峰小时停车的需要。

自行车是住宅与火车站、长途汽车站等之间的联系方式，因此，在这类场所规划好自行车停车场显得尤为重要。此外，公交站点、影剧院、办公楼、医院、学校、居住小区等场所也应重视自行车停车场的建设与规划。

未来交通系统不只是生活工具，也是生活空间的一部分。新世纪的交通发展，不只是继续强化机动车辆，对于回归人力、回归自然的反璞归真的可持续发展的城市交通方式——自行车交通也是发展重点之一。

# 附录一　城市道路交通管理评价指标体系（2007 年版）

## (一) 交通管理体制、政策与规划

### 1. 交通综合协调机构

符号：P1

指标类型：基本指标。

定义：是否建立了由政府领导、有关部门参加的城市交通综合协调机构，根据交通需求、道路交通安全状况和城市发展要求，进行交通规划、建设和管理。

主要评价内容：

(1) 机构健全；

(2) 决策民主化；

(3) 目标任务明确；

(4) 分工落实；

(5) 建立考核机制；

(6) 有规划、建设、管理一体化运作机制。

单位：无

**交通综合协调机构分级表**　　　　　　　　表 1

| 评价标准等级 | 一 | 二 | 三 | 四 | 五 |
|---|---|---|---|---|---|
| P1 | 满足六项 | 满足五项 | 满足四项 | 满足三项 | 少于三项 |
| 指　　数 | [90，100] | [80，90) | [70，80) | [60，70) | [0，60) |

### 2. 城市综合交通体系规划

符号：P2

指标类型：附加指标，适用于特大型城市和 A、B、C 类城市。

定义：是否在居民出行调查、公共交通调查以及道路交通流特性等必要的交通调查的基础上，深入分析城市交通现状与存在问题，对交通需求与发展趋势进行预测，并结合本地特点，确定交通的发展目标及方向。规划编制应以建设集约化城市和节约型社会为目标，贯彻资源节约、环境保护、社会公平、城乡协调发展的原则，保护自然与文化资源，考虑城市安全和国防建设需要，处理好长远发展与近期建设的关系。

主要评价内容：

(1) 规划范围和期限是否与城市总体规划一致；

(2) 进行了充分的现状问题分析，交通症结分析准确；

(3) 进行了科学的交通趋势分析和交通预测；

(4) 交通发展目标明确、符合城市的发展方向和国家发展战略；

(5) 规划内容符合城市的特点，内容全面；

(6) 规划方案具有可操作性和科学性，近期实施方案具体；

(7) 通过省级以上行政主管部门组织的专家评审；

(8) 政府批准实施。

单位：无

城市综合交通体系规划分级表　　　　　　　　　　　　　表 2

| 评价标准等级 | 一 | 二 | 三 | 四 | 五 |
|---|---|---|---|---|---|
| P2 | 满足八项 | 满足七项 | 满足六项 | 满足五项 | 少于五项 |
| 指　　数 | [90, 100] | [80, 90) | [70, 80) | [60, 70) | [0, 60) |

### 3. 公共交通专项规划

符号：P3

指标类型：基本指标。

定义：是否在进行了居民出行调查、公共交通线网分布等必要的交通调查的基础上，深入分析城市公共交通发展现状与存在问题，结合城市综合交通规划，进行公共交通线网规划，制定公共交通近期和中远期发展规划。

主要评价内容：

(1) 公共交通发展目标明确；

(2) 进行了居民出行调查；

(3) 深入分析城市公共交通的现状和存在问题；

(4) 对公共交通线网进行优化，站点及站间距设置合理；

(5) 规划方案具有可操作性和科学性，以及必要的前瞻性；

(6) 通过专家论证；

(7) 政府发布实施。

单位：无

**公共交通专项规划分级表** 表3

| 评价标准等级 | 一 | 二 | 三 | 四 | 五 |
|---|---|---|---|---|---|
| P3 | 满足七项 | 满足六项 | 满足五项 | 满足四项 | 少于四项 |
| 指 数 | [90，100] | [80，90) | [70，80) | [60，70) | [0，60) |

## 4. 交通管理规划

符号：P4

指标类型：附加指标，适用于特大型城市和 A、B、C 类城市。

定义：是否在进行了交通流特性等必要的交通调查的基础上，深入分析城市交通现状与存在问题，制定近期和中远期道路交通管理规划。

主要评价内容：

(1) 道路交通流特性调查；

(2) 现状分析与问题诊断；

(3) 交通需求分析；

(4) 交通组织管理方案的制订与分析评价；

(5) 静态交通管理；

(6) 队伍建设、教育执法、交通安全、安全设施、车辆管理等的规划和措施建议；

(7) 交通管理科技发展规划；

(8) 通过省级以上行政主管部门组织的专家评审；

(9) 政府批准实施。

单位：无

**交通管理规划分级表** 表4

| 评价标准等级 | 一 | 二 | 三 | 四 | 五 |
|---|---|---|---|---|---|
| 特大型、A、B 类城市 | 满足九项 | 满足八项 | 满足七项 | 满足六项 | 少于六项 |
| C 类城市 | 满足八项 | 满足七项 | 满足六项 | 满足五项 | 少于五项 |
| 指 数 | [90，100] | [80，90) | [70，80) | [60，70) | [0，60) |

## 5. 交通安全规划

符号：P5

指标类型：基本指标。

定义：是否在进行了交通流特性、交通安全设施等必要的交通调查的基础上，深入分析城市交通安全的现状与存在问题，依据道路交通安全法律、法规和国家有关政策，结合省(区、市)、县(市)道路交通安全发展规划，制定本地近期和中远期道路交通安全管理规划，并通过专家论证，政府发布实施。

主要评价内容：

(1) 进行了充分的现状问题和事故特征分析，交通安全症结分析是否准确；

(2) 进行了科学的交通安全趋势分析和预测；

(3) 交通安全发展目标是否明确；

(4) 各相关职能部门职责是否清晰；

(5) 规划内容是否符合城市的特点，内容全面；

(6) 规划方案具有可操作性和科学性，以及必要的前瞻性；

(7) 通过专家论证；

(8) 政府发布实施。

单位：无

**交通安全规划分级表**　　　　　　　　　　　　　　　表 5

| 评价标准等级 | 一 | 二 | 三 | 四 | 五 |
| --- | --- | --- | --- | --- | --- |
| P5 | 满足八项 | 满足七项 | 满足六项 | 满足五项 | 少于五项 |
| 指　　数 | [90, 100] | [80, 90) | [70, 80) | [60, 70) | [0, 60) |

## (二) 城市土地利用与交通系统

### 1. 城市中心区干路网交通负荷度

符号：P6

指标类型：基本指标。

定义：城市中心区早高峰干道路网交通负荷度，具体计算方法如下：

$$L=\frac{\sum\limits_{i}q_i\left(\dfrac{q_i}{c_i}\right)}{\sum\limits_{i}q_i}$$

单位：无

**城市中心区干路网交通负荷度分级表** 　　表6

| 评价标准等级 | 一 | 二 | 三 | 四 | 五 |
|---|---|---|---|---|---|
| 特大型城市 | [0.8, 0) | [0.85, 0.8) | [0.9, 0.85) | [1, 0.9) | [1.5, 1) |
| A、B类城市 | [0.7, 0) | [0.75, 0.7) | [0.8, 0.75) | [0.9, 0.8) | [1.2, 0.9) |
| C、D类城市 | [0.6, 0) | [0.7, 0.6) | [0.8, 0.7) | [0.9, 0.8) | [1, 0.9) |
| 指　　数 | [90, 100] | [80, 90) | [70, 80) | [60, 70) | [0, 60) |

## 2. 通勤时耗

符号：P7

指标类型：基本指标。

定义：城市职工工作日上下班的平均单程时耗。

单位：分

**通勤时耗分级表** 　　表7

| 评价标准等级 | 一 | 二 | 三 | 四 | 五 |
|---|---|---|---|---|---|
| 特大型城市 | [40, 30] | [50, 40) | [75, 50) | [90, 75) | [120, 90) |
| A、B类城市 | [30, 20] | [40, 30) | [50, 40) | [60, 50) | [90, 60) |
| C、D类城市 | [20, 15] | [25, 20) | [30, 25) | [45, 30) | [60, 45) |
| 指　　数 | [90, 100] | [80, 90) | [70, 80) | [60, 70) | [0, 60) |

## 3. 交通影响评价

符号：P8

指标类型：基本指标。

定义：建成区内实施大型项目建设开发时进行交通影响分析的项目占应进行交通影响分析项目的比率。

单位：%

**交通影响评价分级表**  表8

| 评价标准等级 | 一 | 二 | 三 | 四 | 五 |
|---|---|---|---|---|---|
| 特大型城市 | [95, 100] | [85, 95) | [75, 85) | [65, 75) | [0, 65) |
| A、B类城市 | [90, 100] | [80, 90) | [70, 80) | [60, 70) | [0, 60) |
| C、D类城市 | [85, 100] | [75, 85) | [65, 75) | [55, 65) | [0, 55) |
| 指　　数 | [90, 100] | [80, 90) | [70, 80) | [60, 70) | [0, 60) |

## (三) 公共交通

### 1. 公共交通优先政策

符号：P9

指标类型：基本指标。

定义：根据城市自身特点，制定公共交通优先发展的战略以及与之相配套的城市公共客运交通法规。

评价内容：

(1) 制定了公共交通优先发展战略；

(2) 制定了城市公共客运交通法规；

(3) 制定了场站建设、车辆配备、设施装备、服务质量等方面的公共交通技术标准体系；

(4) 实施低票价政策；

(5) 实行公共交通设施建设用地划拨政策；

(6) 有公共交通线网规划。

单位：无

**公共交通优先政策分级表**  表9

| 评价标准等级 | 一 | 二 | 三 | 四 | 五 |
|---|---|---|---|---|---|
| 特大型、A、B类城市 | 满足六项 | 满足五项 | 满足四项 | 满足三项 | 少于三项 |
| C、D类城市 | 满足五项 | 满足四项 | 满足三项 | 满足二项 | 少于二项 |
| 指　　数 | [90, 100] | [80, 90) | [70, 80) | [60, 70) | [0, 60) |

### 2. 城市公共交通投资比重

符号：P10

指标类型：附加指标，适用于特大型城市和 A、B、C 类城市。

定义：前 3 年城市公共交通投资占前 3 年城市交通基础设施投资的比重。

单位:%

**城市公共交通投资比重分级表**　　　　　　　　　**表 10**

| 评价标准等级 | 一 | 二 | 三 | 四 | 五 |
|---|---|---|---|---|---|
| P10 | [25，30] | [20，25) | [15，20) | [10，15) | [0，10) |
| 指　　数 | [90，100] | [80，90) | [70，80) | [60，70) | [0，60) |

### 3. 综合交通枢纽换乘时间

符号：P11

指标类型：附加指标，适用于特大型城市和 A、B 类城市。

定义：城市大型交通枢纽内换乘的平均时间。

单位：分

**综合交通枢纽换乘时间分级表**　　　　　　　　　**表 11**

| 评价标准等级 | 一 | 二 | 三 | 四 | 五 |
|---|---|---|---|---|---|
| 特大型城市 | [6，5] | [7.5，6) | [9，7.5) | [10，9) | [15，10) |
| A、B 类城市 | [5，3] | [6，5) | [7，6) | [8，7) | [12，8) |
| C、D 类城市 | [3，2] | [4，3) | [5，4) | [6，5) | [10，6) |
| 指　　数 | [90，100] | [80，90) | [70，80) | [60，70) | [0，60) |

### 4. 公共交通优先车道设置率

符号：P12

指标类型：附加指标，适用于特大型城市和 A、B、C 类城市。

定义：城市主干道上设置公共交通优先车道的道路长度占主干道总长度的比例。

单位:%

公共交通优先车道设置率分级表　　　　表 12

| 评价标准等级 | 一 | 二 | 三 | 四 | 五 |
|---|---|---|---|---|---|
| 特大型、A 类城市 | [20, 25] | [16, 20) | [12, 16) | [8, 12) | [0, 8) |
| B 类城市 | [18, 22] | [14, 18) | [12, 14) | [8, 12) | [0, 8) |
| C 类城市 | [16, 18] | [13, 16) | [10, 13) | [7, 10) | [0, 7) |
| 指　　数 | [90, 100] | [80, 90) | [70, 80) | [60, 70) | [0, 60) |

## 5. 公共交通车辆优先通行信号

符号：P13

指标类型：附加指标，适用于特大型城市。

定义：在主干道路口以及主干道通行的公共交通车辆上安装优先通行信号设备。

评价内容：

（1）主干道路口交通信号设备配置了公共交通车辆优先通行的装置；

（2）在主干道通行的公共交通车辆上安装了请求优先通行信号的装置；

（3）建立了公共交通车辆优先通行信号管理系统；

（4）制定了公共交通车辆优先通行的管理规定；

（5）采取了保证公共交通车辆优先通行信号正常运转的措施；

（6）有逐年增加公共交通车辆优先通行信号系统建设的规划并正在实施。

单位：无

公共交通车辆优先通行信号分级表　　　　表 13

| 评价标准等级 | 一 | 二 | 三 | 四 | 五 |
|---|---|---|---|---|---|
| P13 | 满足六项 | 满足五项 | 满足四项 | 满足三项 | 少于三项 |
| 指　　数 | [90, 100] | [80, 90) | [70, 80) | [60, 70) | [0, 60) |

## 6. 公共交通站点设置

符号：P14

指标类型：基本指标。

定义：根据线网规划和出行需求科学设置公共交通站点。

评价内容：

(1) 布局合理；

(2) 设施齐全；

(3) 站台满足候车需求；

(4) 站牌清晰，符合国家标准；

(5) 站台清洁，无小广告；

(6) 不影响正常交通。

单位：无

公共交通站点设置分级表　　　　　　　　　　　表 14

| 评价标准等级 | 一 | 二 | 三 | 四 | 五 |
|---|---|---|---|---|---|
| 特大型、A、B类城市 | 满足六项 | 满足五项 | 满足四项 | 满足三项 | 少于三项 |
| C类城市 | 满足五项 | 满足四项 | 满足三项 | 满足二项 | 少于二项 |
| 指　　数 | [90，100] | [80，90) | [70，80) | [60，70) | [0，60) |

## 7. 公共交通港湾式停靠站设置率

符号：P15

指标类型：附加指标，适用于特大型城市和 A、B、C 类城市。

定义：市区主次干道设置公共交通港湾式停靠站的个数占主次干道停靠站点总数的比例。

单位:%

公共交通港湾式停靠站设置率分级表　　　　　　表 15

| 评价标准等级 | 一 | 二 | 三 | 四 | 五 |
|---|---|---|---|---|---|
| 特大型、A类城市 | [30，35] | [25，30) | [20，25) | [15，20) | [0，15) |
| B类城市 | [25，30] | [20，25) | [15，20) | [10，15) | [0，10) |
| C类城市 | [20，25] | [15，20) | [10，15) | [5，10) | [0，5) |
| 指　　数 | [90，100] | [80，90) | [70，80) | [60，70) | [0，60) |

## 8. 居住区公共交通站设置率

符号：P16

指标类型：附加指标，适用于特大型城市和 A、B、C 类城市。

定义：建成区设有公共交通首末站的居住区(2~3万人)以及设有公共交通中间站或首末站的居住区(0.7~2万人)数量占建成区居住区(0.7万人以上)总数的比例。

单位：%

**居住区公共交通站设置率分级表**      表 16

| 评价标准等级 | 一 | 二 | 三 | 四 | 五 |
|---|---|---|---|---|---|
| 特大型、A 类城市 | [80, 90] | [75, 80) | [70, 75) | [65, 70) | [0, 65) |
| B 类城市 | [75, 85] | [70, 75) | [65, 70) | [60, 65) | [0, 60) |
| C 类城市 | [70, 80] | [65, 70) | [60, 65) | [55, 60) | [0, 55) |
| 指　　数 | [90, 100] | [80, 90) | [70, 80) | [60, 70) | [0, 60) |

## 9. 公共交通车辆进场率

符号：P17

指标类型：基本指标。

定义：全市公共交通停车场所能停放车辆数与公共交通车辆总数的比例。

单位：%

**公共交通车辆进场率分级表**      表 17

| 评价指标等级 | 一 | 二 | 三 | 四 | 五 |
|---|---|---|---|---|---|
| P17 | ≥90 | [80, 90) | [70, 80) | [60, 70) | [0, 60] |
| 指　　数 | [90, 100] | [80, 90) | [70, 80) | [60, 70) | [0, 60) |

## 10. 公共交通车辆占道停车率

符号：P18

指标类型：基本指标。

定义：公共交通车辆(营运时间内)在公共交通起点、终点站区外占用道路(包括临时停放，取最高值)停放车辆数与公共交通车辆总数的比例。

单位:%

公共交通车辆占道停车率分级表　　　　表 18

| 评价指标等级 | 一 | 二 | 三 | 四 | 五 |
|---|---|---|---|---|---|
| P18 | [5, 0] | [10, 5) | [15, 10) | [20, 15) | >20 |
| 指　数 | [90, 100] | [80, 90) | [70, 80) | [60, 70) | [0, 60) |

## 11. 公共交通车辆更新率

符号:P19

指标类型:基本指标。

定义:市区公共交通车辆实际报废数与应报废总数的比例。

单位:%

公共交通车辆更新率分级表　　　　表 19

| 评价指标等级 | 一 | 二 | 三 | 四 | 五 |
|---|---|---|---|---|---|
| 特大型城市 | [90, 100] | [80, 90) | [70, 80) | [60, 70) | [0, 60) |
| A 类城市 | [85, 100] | [75, 85) | [65, 75) | [55, 65) | [0, 55) |
| B 类城市 | [80, 100] | [70, 80) | [60, 70) | [50, 60) | [0, 50) |
| C、D 类城市 | [75, 100] | [65, 75) | [55, 65) | [45, 55) | [0, 45) |
| 指　数 | [90, 100] | [80, 90) | [70, 80) | [60, 70) | [0, 60) |

## 12. 公共交通车辆准点率

符号:P20

指标类型:基本指标。

定义:准时到达的公共交通车辆占公共交通车辆总数的比例。

单位:%

公共交通车辆准点率分级表　　　　表 20

| 评价标准等级 | 一 | 二 | 三 | 四 | 五 |
|---|---|---|---|---|---|
| P20 | [90, 100] | [80, 90) | [70, 80) | [60, 70) | [0, 60) |
| 指　数 | [90, 100] | [80, 90) | [70, 80) | [60, 70) | [0, 60) |

### 13. 公共交通分担率

符号：P21

指标类型：附加指标，适用于特大型城市和 A、B、C 类城市。

定义：近年城市居民出行方式中选择公共交通（包括常规公共交通、快速公共交通和轨道交通，不包括出租汽车、班车、校车）的出行量占总出行量的比率。

单位：%

公共交通分担率分级表　　　　　　　　　　　　　　　　表 21

| 评价标准等级 | 一 | 二 | 三 | 四 | 五 |
|---|---|---|---|---|---|
| 特大型城市 | [35，40] | [30，35) | [25，30) | [20，25) | [0，20) |
| A类城市 | [25，35] | [20，25) | [15，20) | [10，15) | [0，10) |
| B类城市 | [20，30] | [16，20) | [12，16) | [8，12) | [0，8) |
| C类城市 | [15，25] | [12，15) | [9，12) | [6，9) | [0，6) |
| 指　　数 | [90，100] | [80，90) | [70，80) | [60，70) | [0，60) |

### 14. 公共交通出行比重增加率

符号：P22

指标类型：附加指标，适用于特大型城市和 A、B、C 类城市。

定义：当年公共交通分担率比上一年度公共交通分担率增加的比率。

单位：%

公共交通出行比重增加率分级表　　　　　　　　　　　　表 22

| 评价标准等级 | 一 | 二 | 三 | 四 | 五 |
|---|---|---|---|---|---|
| 特大型城市 | [5，7] | [4，5) | [3，4) | [2，3) | [0，2) |
| A类城市 | [4，6] | [3.2，4) | [2.4，3.2) | [1.8，2.4) | [0，1.8) |
| B类城市 | [3，5] | [2.5，3) | [2，2.5) | [1.5，2) | [0，1.5) |
| C类城市 | [2，4] | [1.7，2) | [1.4，1.7) | [1.1，1.4) | [0，1.1) |
| 指　　数 | [90，100] | [80，90) | [70，80) | [60，70) | [0，60) |

## 15. 公共交通车辆安全运行间隔里程

符号：P23

指标类型：基本指标。

定义：公共交通车辆总行驶里程与行车责任事故次数的比率。

单位：万 km/次

公共交通车辆安全运行间隔里程分级表　　　表 23

| 评价标准等级 | 一 | 二 | 三 | 四 | 五 |
|---|---|---|---|---|---|
| P23 | ≥125 | [100, 125) | [75, 100) | [50, 75) | [0, 50) |
| 指　　数 | [90, 100] | [80, 90) | [70, 80) | [60, 70) | [0, 60) |

## 16. 公共交通车辆平均运营速度

符号：P24

指标类型：基本指标。

定义：城市公共交通车辆的平均行程车速。

单位：km/h

公共交通车辆平均运营速度分级表　　　表 24

| 评价标准等级 | 一 | 二 | 三 | 四 | 五 |
|---|---|---|---|---|---|
| P24 | ≥20 | [16, 20) | [12, 16) | [10, 12) | <10 |
| 指　　数 | [90, 100] | [80, 90) | [70, 80) | [60, 70) | [0, 60) |

## 17. 公共交通车辆平均运营速度增加比例

符号：P25

指标类型：基本指标。

定义：当年城市公共交通车辆的平均行程车速比上一年度城市公共交通车辆的平均行程车速增加的比率。

单位:%

公共交通车辆平均运营速度增加比例分级表　　　表 25

| 评价标准等级 | 一 | 二 | 三 | 四 | 五 |
|---|---|---|---|---|---|
| P25 | ≥15 | [12, 15) | [9, 12) | [6, 9) | <6 |
| 指　　数 | [90, 100] | [80, 90) | [70, 80) | [60, 70) | [0, 60) |

## 18. 公共交通可达时间

符号：P26

指标类型：基本指标。

定义：建成区内任意两点间公共交通可以到达的时间。

单位：min

**公共交通可达时间分级表**　　表 26

| 评价标准等级 | 一 | 二 | 三 | 四 | 五 |
|---|---|---|---|---|---|
| 特大型城市 | ≤50 | [60, 50) | [70, 60) | [80, 70) | >80 |
| A、B 类城市 | ≤40 | [50, 40) | [60, 50) | [70, 60) | >70 |
| C、D 类城市 | ≤30 | [40, 30) | [50, 40) | [60, 50) | >60 |
| 指　数 | [90, 100] | [80, 90) | [70, 80) | [60, 70) | [0, 60) |

## 19. 公共交通站点300m半径覆盖率

符号：P27

指标类型：附加指标，适用于特大型城市和 A、B、C 类城市。

定义：是建成区内公共交通站点服务面积（以公共交通站点为圆心、以 300m 为半径的圆；相交部分不得重复计算）占建成区用地面积的百分比。

单位：%

**公共交通站点 300m 覆盖率分级表**　　表 27

| 评价标准等级 | 一 | 二 | 三 | 四 | 五 |
|---|---|---|---|---|---|
| 特大型城市 | ≥50 | [45, 50) | [40, 45) | [35, 40) | <35 |
| A 类城市 | ≥45 | [40, 45) | [35, 40) | [30, 35) | <30 |
| B 类城市 | ≥40 | [35, 40) | [30, 35) | [25, 30) | <25 |
| C 类城市 | ≥35 | [30, 35) | [25, 30) | [20, 25) | <20 |
| 指　数 | [90, 100] | [80, 90) | [70, 80) | [60, 70) | [0, 60) |

## 20. 公共交通平均候车时间

符号：P28

指标类型：基本指标。

定义：指乘客到达公共交通车站起至乘上车为止的时间。

单位：min

公共交通平均候车时间分级表　　　表 28

| 评价标准等级 | 一 | 二 | 三 | 四 | 五 |
|---|---|---|---|---|---|
| 特大型城市 | [6, 5] | [7.5, 6) | [9, 7.5) | [10, 9) | [15, 10) |
| A、B 类城市 | [5, 3] | [6, 5) | [7, 6) | [8, 7) | [12, 8) |
| C、D 类城市 | [3, 2] | [4, 3) | [5, 4) | [6, 5) | [10, 6) |
| 指　　数 | [90, 100] | [80, 90) | [70, 80) | [60, 70) | [0, 60) |

## 21. 公共交通财政补贴和补偿机制

符号：P29

指标类型：附加指标，适用于特大型城市和 A、B、C 类城市。

定义：根据城市自身特点，建立公共交通财政补贴和补偿机制。

主要评价内容：

(1) 制定公共交通补贴管理办法；

(2) 制定公共交通补偿管理办法；

(3) 对公共交通企业因政策性亏损给予适当补贴；

(4) 对公共交通企业承担社会福利和完成政府指令任务所增支出，进行定期专项补偿。

(5) 是否足额补贴、补偿。

单位：无

公共交通财政补贴和补偿机制分级表　　　表 29

| 评价标准等级 | 一 | 二 | 三 | 四 | 五 |
|---|---|---|---|---|---|
| 特大型、A、B 类城市 | 满足五项 | 满足四项 | 满足三项 | 满足二项 | 少于二项 |
| C 类城市 | 满足四项 | 满足三项 | 满足二项 | 满足一项 | 少于一项 |
| 指　　数 | [90, 100] | [80, 90) | [70, 80) | [60, 70) | [0, 60) |

## 22. 客运市场监管

符号：P30

指标类型：基本指标。

定义：清理整顿城市公共交通线路挂靠、个体承包、转包等经营形式，落实城市公共交通安全运营责任制度。

主要评价内容：

(1) 制定了规范客运市场管理规定；

(2) 制定了城市公共交通安全运营责任制度；

(3) 城市公共交通行政主管部门定期组织对城市公共交通线路实行挂靠、个体承包、转包等经营形式进行清理整顿；

(4) 落实了城市公共交通安全运营责任制度；

(5) 定期对公共交通车辆驾驶人进行安全教育、考核；

(6) 有奖惩制度。

单位：无

客运市场监管分级表 表 30

| 评价标准等级 | 一 | 二 | 三 | 四 | 五 |
|---|---|---|---|---|---|
| P30 | 满足六项 | 满足五项 | 满足四项 | 满足三项 | 少于三项 |
| 指　　数 | [90，100] | [80，90) | [70，80) | [60，70) | [0，60) |

### 23. 出租汽车空驶率

符号：P31

指标类型：基本指标。

定义：在单位时间内出租汽车空驶里程占总行驶里程的比例。

单位：%

出租汽车空驶率分级表 表 31

| 评价标准等级 | 一 | 二 | 三 | 四 | 五 |
|---|---|---|---|---|---|
| P31 | [25，30] 或 [20，25] | (30，35] 或 [15，20) | (35，40] 或 [10，15) | (40，45] 或 [5，10) | >45 或<5 |
| 指　　数 | [90，100] | [80，90) | [70，80) | [60，70) | [0，60) |

### 24. 智能公共交通系统

符号：P32

指标类型：附加指标，适用于特大型城市和 A、B 类城市。

定义：利用高新技术，以信息化为基础，建立乘客、车辆、场站设施之间的良性互动的公共交通系统。

主要评价内容：

(1) 建立了公共交通线路运行显示系统；

(2) 建立了多媒体综合查询系统；

(3) 建立了乘客服务信息系统；

(4) 建立了智能化公共交通车辆运营调度系统；

(5) 公共交通使用了非接触式 IC 卡收费系统。

单位：无

智能公共交通系统分级表　　　　　　　　　　表 32

| 评价标准等级 | 一 | 二 | 三 | 四 | 五 |
|---|---|---|---|---|---|
| P32 | 满足五项 | 满足四项 | 满足三项 | 满足二项 | 少于二项 |
| 指　　数 | [90, 100] | [80, 90) | [70, 80) | [60, 70) | [0, 60) |

**25. 清洁环保型公共交通车辆使用率**

符号：P33

指标类型：附加指标，适用于特大型城市和 A、B 类城市。

定义：使用清洁环保型公共交通车辆数(混合燃料动力车、天然气动力车、达到国 3 标准的车辆和电车)占公共交通车辆总数的比例。

单位：%

清洁环保型公共交通车辆使用率分级表　　　　　　表 33

| 评价标准等级 | 一 | 二 | 三 | 四 | 五 |
|---|---|---|---|---|---|
| 特大型城市 | [70, 80] | [65, 70) | [60, 65) | [55, 60) | [0, 55) |
| A、B 类城市 | [60, 70] | [55, 60) | [50, 55) | [45, 50) | [0, 45) |
| 指　　数 | [90, 100] | [80, 90) | [70, 80) | [60, 70) | [0, 60) |

**(四) 道路基础设施**

**1. 城市道路交通基础设施投资**

符号：P34

指标类型：基本指标。

定义：前 3 年市区道路交通基础设施投资占前 3 年市区国内生产总值的比重。

单位：%

**城市道路交通基础设施投资分级表** 表 34

| 评价标准等级 | 一 | 二 | 三 | 四 | 五 |
|---|---|---|---|---|---|
| P34 | [3.0, 4.0] | [2.5, 3.0) | [2.0, 2.5) | [1.5, 2.0) | [0, 1.5) |
| 指　　数 | [90, 100] | [80, 90) | [70, 80) | [60, 70) | [0, 60) |

## 2. 道路网密度

符号：P35

指标类型：基本指标。

定义：建成区内道路长度与建成区面积的比值（道路指有铺装的宽度 3.5m 以上的路，不包括人行道）。

单位：$km/km^2$

**道路网密度分级表** 表 35

| 评价标准等级 | 一 | 二 | 三 | 四 | 五 |
|---|---|---|---|---|---|
| P35 | [7.0, 9.0] | [6.0, 7.0) | [5.0, 6.0) | [4.0, 5.0) | [1.0, 4.0) |
| 指　　数 | [90, 100] | [80, 90) | [70, 80) | [60, 70) | [0, 60) |

## 3. 主干路平均间距

符号：P36

指标类型：基本指标。

定义：规划市区内的主干道平均间距。

单位：km

**主干路平均间距分级表** 表 36

| 评价标准等级 | 一 | 二 | 三 | 四 | 五 |
|---|---|---|---|---|---|
| P36 | [0.8, 1] 或 [1.5, 1] | [0.75, 0.8) 或(1.5, 1.8) | [0.7, 0.75) 或(1.8, 2) | [0.65, 0.7) 或(2, 2.2) | [0.6, 0.65) 或(2.2, 2.5] |
| 指　　数 | [90, 100] | [80, 90) | [70, 80) | [60, 70) | [0, 60) |

### 4. 人均道路面积

符号：P37

指标类型：基本指标。

定义：市区内拥有的道路面积(道路指有铺装的宽度3.5m以上的路，不包括人行道)与市区人口(包括农业人口)的比值。

单位：m²/人

**人均道路面积分级表** 表 37

| 评价标准等级 | 一 | 二 | 三 | 四 | 五 |
|---|---|---|---|---|---|
| 特大型城市 | [10, 15] | [7, 10) | [5, 7) | [3, 5) | [0, 3) |
| A类城市 | [11, 16] | [8, 11) | [6, 8) | [4, 6) | [0, 4) |
| B类城市 | [13, 18] | [10, 13) | [7, 10) | [4, 7) | [0, 4) |
| C、D类城市 | [14, 19] | [11, 14) | [8, 11) | [4, 8) | [0, 4) |
| 指　　数 | [90, 100] | [80, 90) | [70, 80) | [60, 70) | [0, 60) |

### 5. 人均人行道路面积

符号：P38

指标类型：基本指标。

定义：市区内拥有的人行道路面积(指道路两侧有铺装的人行道路)与市区人口(包括农业人口)的比值。

单位：m²/人

**人均人行道路面积分级表** 表 38

| 评价标准等级 | 一 | 二 | 三 | 四 | 五 |
|---|---|---|---|---|---|
| P38 | [3.5, 5.5] | [3.0, 3.5) | [2.5, 3.0) | [2.0, 2.5) | [0, 2.0) |
| 指　　数 | [90, 100] | [80, 90) | [70, 80) | [60, 70) | [0, 60) |

### 6. 道路面积率

符号：P39

指标类型：基本指标。

定义：建成区内道路(道路指有铺装的宽度3.5m以上的路，不包括人行道)面积与建成区面积之比。

单位:%

**道路面积率分级表**　　　　　　　　表 39

| 评价标准等级 | 一 | 二 | 三 | 四 | 五 |
|---|---|---|---|---|---|
| 特大型城市 | [15, 20] | [13, 15) | [11, 13) | [9, 11) | [0, 9) |
| A 类城市 | [13, 18] | [11, 13) | [9, 11) | [7, 9) | [0, 7) |
| B 类城市 | [11, 16] | [9, 11) | [7, 9) | [5, 7) | [0, 5) |
| C、D 类城市 | [9, 14] | [7, 9) | [5, 7) | [3, 5) | [0, 3) |
| 指　　数 | [90, 100] | [80, 90) | [70, 80) | [60, 70) | [0, 60) |

## 7. 百辆汽车停车位数

符号:P40

指标类型:基本指标。

定义:市区平均每百辆注册汽车(折算成小汽车当量)占有的公共建筑配建停车场、社会停车场和占路停车场的车辆标准泊位数。

单位:个/百辆

**百辆汽车停车位数分级表**　　　　　　　　表 40

| 评价标准等级 | 一 | 二 | 三 | 四 | 五 |
|---|---|---|---|---|---|
| P40 | [35, 45] | [30, 35) | [25, 30) | [20, 25) | [0, 20) |
| 指　　数 | [90, 100] | [80, 90) | [70, 80) | [60, 70) | [0, 60) |

## 8. 支路利用率

符号:P41

指标类型:附加指标,适用于特大型城市和 A、B、C 类城市。

定义:建成区内车行道在 3.5m 以上支路中能够通过汽车的道路面积占所有支路(不含非机动车和行人专用道)道路总面积的比值。

单位:%

支路利用率分级表　　　　表 41

| 评价标准等级 | 一 | 二 | 三 | 四 | 五 |
|---|---|---|---|---|---|
| 特大型和 A 类城市 | [95, 100] | [90, 95) | [85, 90) | [80, 85) | [0, 80) |
| B 类城市 | [90, 100] | [85, 90) | [80, 85) | [75, 80) | [0, 75) |
| C 类城市 | [85, 100] | [80, 85) | [75, 80) | [70, 75) | [0, 70) |
| 指　　数 | [90, 100] | [80, 90) | [70, 80) | [60, 70) | [0, 60) |

## (五) 交通管理设施

### 1. 城市道路交通管理设施投资

符号：P42

指标类型：基本指标。

定义：前 3 年市区道路交通管理设施投资占前 3 年市区道路交通基础设施投资额的比重。

单位:%

城市道路交通管理设施投资分级表　　　　表 42

| 评价标准等级 | 一 | 二 | 三 | 四 | 五 |
|---|---|---|---|---|---|
| P42 | [3.0, 5.0] | [2.5, 3.0) | [2.0, 2.5) | [1.5, 2.0) | [0, 1.5) |
| 指　　数 | [90, 100] | [80, 90) | [70, 80) | [60, 70) | [0, 60) |

### 2. 标线施画率

符号：P43

指标类型：基本指标。

定义：建成区内施画了清晰的交通标线的道路里程占全部道路里程的比例(道路指有铺装的宽度在 6m 以上的道路，不包括人行道)。

单位:%

标线施画率分级表　　　　表 43

| 评价标准等级 | 一 | 二 | 三 | 四 | 五 |
|---|---|---|---|---|---|
| 特大型城市 | [95, 100] | [90, 95) | [85, 90) | [80, 85) | [0, 80) |
| A 类城市 | [90, 100] | [85, 90) | [80, 85) | [75, 80) | [0, 75) |
| B 类城市 | [85, 100] | [80, 85) | [75, 80) | [70, 75) | [0, 70) |
| C 类城市 | [80, 100] | [75, 80) | [70, 75) | [65, 70) | [0, 65) |
| D 类城市 | [75, 100] | [70, 75) | [65, 70) | [60, 65) | [0, 60) |
| 指　　数 | [90, 100] | [80, 90) | [70, 80) | [60, 70) | [0, 60) |

### 3. 标志设置率

符号：P44

指标类型：基本指标。

定义：建成区内主干道（含城市快速路）、次干道上（双向）平均每公里合理设置交通标志的数量。

单位：块/km

**标志设置分级表**　　表 44

| 评价标准等级 | 一 | 二 | 三 | 四 | 五 |
|---|---|---|---|---|---|
| 特大型和 A 类城市 | [10, 20] | [8, 10) | [6, 8) | [4, 6) | [0, 4) |
| B 类城市 | [9, 19] | [7, 9) | [5, 7) | [3, 5) | [0, 3) |
| C、D 类城市 | [8, 18] | [6, 8) | [4, 6) | [2, 4) | [0, 2) |
| 指　　数 | [90, 100] | [80, 90) | [70, 80) | [60, 70) | [0, 60) |

### 4. 行人过街设施设置率

符号：P45

指标类型：基本指标。

定义：建成区内主干道（不含快速路）上行人过街设施（包括人行横道、人行过街天桥和地下通道）的平均距离。

单位：m

**行人过街设施设置率分级表**　　表 45

| 评价标准等级 | 一 | 二 | 三 | 四 | 五 |
|---|---|---|---|---|---|
| P45 | [300, 200] | [350, 300) | [400, 350) | [450, 400) | [1050, 450) |
| 指　　数 | [90, 100] | [80, 90) | [70, 80) | [60, 70) | [0, 60) |

### 5. 路口渠化率

符号：P46

指标类型：基本指标。

定义：建成区内合理渠化了的交叉路口数占应渠化交叉路口数（车行道宽度在 6m 以上道路的路口）的比例。

单位：％

**路口渠化率分级表**  　　　　　　　　　表 46

| 评价标准等级 | 一 | 二 | 三 | 四 | 五 |
|---|---|---|---|---|---|
| 特大型和 A 类城市 | [90, 100] | [85, 90) | [80, 85) | [75, 80) | [0, 75) |
| B 类城市 | [85, 100] | [80, 85) | [75, 80) | [70, 75) | [0, 70) |
| C 类城市 | [80, 100] | [75, 80) | [70, 75) | [65, 70) | [0, 65) |
| D 类城市 | [75, 100] | [70, 75) | [65, 70) | [60, 65) | [0, 60) |
| 指　　数 | [90, 100] | [80, 90) | [70, 80) | [60, 70) | [0, 60) |

## 6. 路口灯控率

符号：P47

指标类型：基本指标。

定义：建成区内信号灯控交叉路口数占应设信号灯的交叉路口数的比例。

单位：％

**路口灯控率分级表**  　　　　　　　　　表 47

| 评价标准等级 | 一 | 二 | 三 | 四 | 五 |
|---|---|---|---|---|---|
| 特大型和 A 类城市 | [80, 100] | [70, 80) | [60, 70) | [50, 60) | [0, 50) |
| B 类城市 | [75, 100] | [65, 75) | [55, 65) | [45, 55) | [0, 45) |
| C 类城市 | [70, 100] | [60, 70) | [50, 60) | [40, 50) | [0, 40) |
| D 类城市 | [65, 100] | [55, 65) | [45, 55) | [35, 45) | [0, 35) |
| 指　　数 | [90, 100] | [80, 90) | [70, 80) | [60, 70) | [0, 60) |

## 7. 路口人行横道灯控率

符号：P48

指标类型：附加指标，适用于特大型城市和 A、B 类城市。

定义：建成区内设置了行人信号灯的路口数占设置了机动车信号灯路口数（在路口设置了行人天桥和地下过街通道的机动车灯控路口

除外)的比例。

单位:%

路口人行横道灯控率分级表　　　　　　表 48

| 评价标准等级 | 一 | 二 | 三 | 四 | 五 |
|---|---|---|---|---|---|
| 特大型城市 | [50，100] | [45，50) | [40，45) | [35，40) | [0，35) |
| A 类城市 | [45，100] | [40，45) | [35，40) | [30，35) | [0，30) |
| B 类城市 | [40，100] | [35，40) | [30，35) | [25，30) | [0，25) |
| 指　　数 | [90，100] | [80，90) | [70，80) | [60，70) | [0，60) |

## 8. 路段人行横道灯控率

符号:P49

指标类型:附加指标,适用于特大型城市、A 类城市。

定义:建成区内主干道(不含快速路)上设置了行人信号灯(路口处的人行信号灯不计入)的人行横道数与路段总人行横道数(路口处的人行横道线不计入)的比例。

单位:%

路段人行横道灯控率分级表　　　　　　表 49

| 评价标准等级 | 一 | 二 | 三 | 四 | 五 |
|---|---|---|---|---|---|
| 特大型城市 | [25，100] | [20，25) | [15，20) | [10，15) | [0，10) |
| A 类城市 | [20，100] | [15，20) | [10，15) | [5，10) | [0，5) |
| 指　　数 | [90，100] | [80，90) | [70，80) | [60，70) | [0，60) |

## 9. 指路标志

符号:P50

指标类型:基本指标。

定义:传递道路方向、地点、距离信息的标志。

主要评价内容:

(1) 准确、清晰;

(2) 符合国标;

（3）系统连续；

（4）数量适宜；

（5）位置适当、无遮挡。

单位：无

<table>
<tr><td colspan="6" align="center">指路标志分级表</td><td>表 50</td></tr>
</table>

| 评价标准等级 | 一 | 二 | 三 | 四 | 五 |
|---|---|---|---|---|---|
| P50 | 满足五项 | 满足四项 | 满足三项 | 满足二项 | 少于二项 |
| 指　　数 | [90，100] | [80，90) | [70，80) | [60，70) | [0，60) |

## 10. 让行标志、标线设置率

符号：P51

指标类型：基本指标。

定义：建成区内设置了停车或减速让行标志、标线的路口数占未设信号灯路口（3.5m 以上道路相交路口，不通车路口除外）总数的比例。

单位：%

<table>
<tr><td colspan="6" align="center">让行标志、标线设置率分级表</td><td>表 51</td></tr>
</table>

| 评价标准等级 | 一 | 二 | 三 | 四 | 五 |
|---|---|---|---|---|---|
| 特大型城市 | [80，100] | [75，80) | [70，75) | [65，70) | [0，65) |
| A 类城市 | [75，100] | [70，75) | [65，70) | [60，65) | [0，60) |
| B 类城市 | [70，100] | [65，70) | [60，65) | [55，60) | [0，55) |
| C、D 类城市 | [65，100] | [60，65) | [55，60) | [50，55) | [0，50) |
| 指　　数 | [90，100] | [80，90) | [70，80) | [60，70) | [0，60) |

## 11. 限速标志设置率

符号：P52

指标类型：基本指标。

定义：建成区内双向四车道以上道路（含四车道，以两条主次干道以上道路相交的路口之间的道路为条数单位）设置限速标志的数量

（按双向统计）。

单位：块/条

限速标志设置率分级表 表 52

| 评价标准等级 | 一 | 二 | 三 | 四 | 五 |
|---|---|---|---|---|---|
| P52 | [2，1.7] | [1.7，1.4] | [1.4，1.1] | [1.1，0.8] | [0.8，0] |
| 指　　数 | [100，90] | [90，80] | [80，70] | [70，60] | [60，0) |

### 12. 学校周边交通安全设施设置率

符号：P53

指标类型：基本指标。

定义：学校周边是指学校周围 300m 以内的范围。学校周围是否根据需要设置了过街设施、护栏等交通安全设施以及相关的警告、提示标志。计算指标为设置了上述交通安全管理设施的大、中、小学校数目占全市大、中、小学校总数的比例。

单位：%

学校周围交通安全设施设置率分级表 表 53

| 评价标准等级 | 一 | 二 | 三 | 四 | 五 |
|---|---|---|---|---|---|
| P53 | [99，100] | [98，99) | [97，98) | [96，97) | [0，96) |
| 指　　数 | [90，100] | [80，90) | [70，80) | [60，70) | [0，60) |

### （六）交通管理措施

### 1. 建成区道路管控率

符号：P54

指标类型：基本指标。

定义：建成区内有效管控（包括巡逻、电视监控等手段）的道路长度占道路（宽度 3.5m 以上）总长度的比例。

单位：%

建成区道路管控率分级表　　　　　　　　表 54

| 评价标准等级 | 一 | 二 | 三 | 四 | 五 |
|---|---|---|---|---|---|
| 特大型城市 | [85, 100] | [75, 85) | [65, 75) | [55, 65) | [0, 55) |
| A 类城市 | [80, 100] | [70, 80) | [60, 70) | [50, 60) | [0, 50) |
| B 类城市 | [75, 100] | [65, 75) | [55, 65) | [45, 55) | [0, 45) |
| C、D 类城市 | [70, 100] | [60, 70) | [50, 60) | [40, 50) | [0, 40) |
| 指　　数 | [90, 100] | [80, 90) | [70, 80) | [60, 70) | [0, 60) |

## 2. 接出警时间

符号：P55

指标类型：基本指标。

定义：建成区内白天或夜间从接到报警到民警到达交通事故现场平均所需的时间。

单位：min

白天接出警时间分级表　　　　　　　　表 55a

| 评价标准等级 | 一 | 二 | 三 | 四 | 五 |
|---|---|---|---|---|---|
| P55 | [10, 5] | [12, 10) | [14, 12) | [16, 14) | [32, 16) |
| 指　　数 | [90, 100] | [80, 90) | [70, 80) | [60, 70) | [0, 60) |

夜间接出警时间分级表　　　　　　　　表 55b

| 评价标准等级 | 一 | 二 | 三 | 四 | 五 |
|---|---|---|---|---|---|
| P55 | [15, 10] | [17, 15) | [19, 17) | [21, 19) | [35, 21) |
| 指　　数 | [90, 100] | [80, 90) | [70, 80) | [60, 70) | [0, 60) |

## 3. 机动车定期检验率

符号：P56

指标类型：基本指标。

定义：定期接受检验的机动车占应检验机动车总量的比例。

单位：%

**机动车定期检验率分级表**　　　　　表 56

| 评价标准等级 | 一 | 二 | 三 | 四 | 五 |
|---|---|---|---|---|---|
| P56 | [90, 100] | [80, 90) | [70, 80) | [60, 70) | [0, 60) |
| 指　数 | [90, 100] | [80, 90) | [70, 80) | [60, 70) | [0, 60) |

### 4. 机动车登记率

符号：P57

指标类型：基本指标。

定义：建成区内被抽查的机动车与车管所登记相符的车辆数占所有抽查机动车数的比例。

单位:%

**机动车登记率分级表**　　　　　表 57

| 评价标准等级 | 一 | 二 | 三 | 四 | 五 |
|---|---|---|---|---|---|
| P57 | 100 | [99, 100) | [98, 99) | [97, 98) | [0, 97) |
| 指　数 | 100 | [90, 100) | [80, 90) | [70, 80) | [0, 70) |

### 5. 规范化停车率

符号：P58

指标类型：基本指标。

定义：建成区内主次干道两侧以标志、标线(包括禁止车辆临时、长时停放)规范停车的道路长度占主次干道总长度的比例。

单位:%

**规范化停车率分级表**　　　　　表 58

| 评价标准等级 | 一 | 二 | 三 | 四 | 五 |
|---|---|---|---|---|---|
| 特大型城市 | [90, 100] | [85, 90) | [80, 85) | [75, 80) | [0, 75) |
| A 类城市 | [85, 100] | [80, 85) | [75, 80) | [70, 75) | [0, 70) |
| B 类城市 | [80, 100] | [75, 80) | [70, 75) | [65, 70) | [0, 65) |
| C 类城市 | [75, 100] | [70, 75) | [65, 70) | [60, 65) | [0, 60) |
| D 类城市 | [70, 100] | [65, 70) | [60, 65) | [55, 60) | [0, 55) |
| 指　数 | [90, 100] | [80, 90) | [70, 80) | [60, 70) | [0, 60) |

### 6. 社会停车场利用率

符号：P59

指标类型：基本指标。

定义：社会停车场(含配建停车场，不包括非机动车停车场)中被利用的泊位数占社会停车场总停车泊位数的比例。

单位：%

**社会停车场利用率分级表** 表 59

| 评价标准等级 | 一 | 二 | 三 | 四 | 五 |
|---|---|---|---|---|---|
| P59 | [95, 100] | [85, 95) | [75, 85) | [65, 75) | [0, 65) |
| 指　　数 | [90, 100] | [80, 90) | [70, 80) | [60, 70) | [0, 60) |

### 7. 广告设置合理性

符号：P60

指标类型：基本指标。

定义：建成区主次干道上广告设置的合理性。

评价内容：

(1) 距路口 50m 内道路两侧无户外广告；

(2) 无与交通标志类同的商业广告和非交通标志；

(3) 无与交通信号相混淆的灯光商业广告；

(4) 不遮挡交通标志、信号和标线；

(5) 机动车道净空内(不包括人行天桥、固定框架等)无商业广告。

单位：无

**广告设置合理性分级表** 表 60

| 评价标准等级 | 一 | 二 | 三 | 四 | 五 |
|---|---|---|---|---|---|
| P60 | 满足五项 | 满足四项 | 满足三项 | 满足二项 | 少于二项 |
| 指　　数 | [90, 100] | [80, 90) | [70, 80) | [60, 70) | [0, 60) |

### 8. 交通诱导

符号：P61

指标类型：附加指标，适用于特大型城市和 A 类城市。

定义：利用各种诱导设施对交通参与者出行、停车等行为进行诱导，有效均衡道路网上的交通需求。

评价内容：

（1）是否利用可变情报板等诱导设施进行诱导；

（2）是否利用广播、电视等传媒进行诱导；

（3）是否采用实时动态交通信息的车载导航系统进行诱导；

（4）是否利用互联网发布信息进行诱导；

（5）停车诱导信息中是否包含停车场位置、停车状况信息；

（6）诱导信息是否及时、准确；

（7）诱导设施布局是否合理。

单位：无

交通诱导分级表 表 61

| 评价标准等级 | 一 | 二 | 三 | 四 | 五 |
|---|---|---|---|---|---|
| P61 | 满足七项 | 满足六项 | 满足五项 | 满足四项 | 少于四项 |
| 指　数 | [90, 100] | [80, 90) | [70, 80) | [60, 70) | [0, 60) |

### 9. 异地违法信息转递率

符号：P62

指标类型：附加指标，适用于特大型城市和 A、B 类城市。

定义：转递的异地违法信息数量占处理异地违法信息总量的比例。

单位：%

异地违法信息转递率分级表 表 62

| 评价标准等级 | 一 | 二 | 三 | 四 | 五 |
|---|---|---|---|---|---|
| P62 | [90, 100] | [80, 90) | [80, 70) | [70, 60) | [0, 60) |
| 指　数 | [90, 100] | [80, 90) | [70, 80) | [60, 70) | [0, 60) |

### （七）交通安全宣传教育及队伍建设

### 1. 交通法规和交通安全常识普及率

符号：P63

指标类型：基本指标。

定义：市区人口（含暂住人口）中掌握了基本的交通法规和交通安全常识的人数占市区人口（含暂住人口）的比例。

单位：%

**交通法规和交通安全常识普及率分级表** 表63

| 评价标准等级 | 一 | 二 | 三 | 四 | 五 |
|---|---|---|---|---|---|
| P63 | [90，100] | [80，90) | [80，70) | [70，60) | [0，60) |
| 指　数 | [90，100] | [80，90) | [70，80) | [60，70) | [0，60) |

### 2. 交通安全宣传"五进"覆盖率

符号：P64

指标类型：基本指标。

定义：交通安全宣传已进农村、社区、单位、学校、家庭数占总数的比例。

单位：%

**交通安全宣传"五进"覆盖率分级表** 表64

| 评价标准等级 | 一 | 二 | 三 | 四 | 五 |
|---|---|---|---|---|---|
| P64 | [90，100] | [80，90] | [70，80] | [60，70] | [0，60) |
| 指　数 | [90，100] | [80，90) | [70，80) | [60，70) | [0，60) |

### 3. 交通管理队伍正规化建设

符号：P65

指标类型：基本指标。

定义：交通管理队伍正规化建设、执法规范化情况。

评价内容：

(1) 交通民警人数占市区户籍人口比例是否达到万分之三以上；

(2) 市民对交通管理执法工作满意率是否达到85%以上；

(3) 是否建立了值日警官制度；

(4) 执勤民警着装是否符合规定；

（5）民警执法用语是否符合《交通警察路面执勤执法基本规程》；

（6）是否按照《交通警察路面执勤执法基本规程》对重点违法行为进行查处；

（7）是否制定了科学的、不以罚款数额为指标的工作考核机制；

（8）无民警违法违纪。

单位：无

**交通管理队伍正规化建设分级表** 表65

| 评价标准等级 | 一 | 二 | 三 | 四 | 五 |
|---|---|---|---|---|---|
| P65 | 满足八项 | 满足七项 | 满足六项 | 满足五项 | 少于五项 |
| 指　数 | [90，100] | [80，90) | [70，80) | [60，70) | [0，60) |

## （八）交通管理的现代化程度

### 1. 交通指挥中心

符号：P66

指标类型：附加指标，适用于特大型城市和A、B、C类城市。

定义：实现对交通违法行为、事故和突发事件的及时处理，以及对值勤民警的直接指挥和管理（或在110指挥中心）。不同类型城市根据实际需要，建立具有不同功能的指挥中心。其中特大型城市和A类城市具有：①信号控制；②信息查询和发布；③监控；④交通诱导；⑤接警；⑥指挥调度；⑦非现场执法（使用违法行为自动监测设备）。B类城市建成：①信号控制；②信息查询；③监控；④接警；⑤指挥调度；⑥非现场执法。C类城市根据实际需要建成：①信息查询；②通信；③接警；④指挥调度；⑤监控。

单位：无

**交通指挥中心分级表** 表66

| 评价标准等级 | 一 | 二 | 三 | 四 | 五 |
|---|---|---|---|---|---|
| 特大型和A类城市 | 满足七项 | 满足六项 | 满足五项 | 满足四项 | 少于四项 |
| B类城市 | 满足六项 | 满足五项 | 满足四项 | 满足三项 | 少于三项 |
| C类城市 | 满足五项 | 满足四项 | 满足三项 | 满足二项 | 少于二项 |
| 指　数 | [90，100] | [80，90) | [70，80) | [60，70) | [0，60) |

## 2. 路口监控设备设置率

符号：P67

指标类型：附加指标，适用于特大型城市和 A、B、C 类城市。

定义：建成区主干道路口设置违交通法行为监控设备的路口数量占主干道灯控路口数的比例。

单位：%

路口监控设备设置率分级表　　　　表 67

| 评价标准等级 | 一 | 二 | 三 | 四 | 五 |
|---|---|---|---|---|---|
| 特大型和 A 类城市 | [45, 100] | [40, 45) | [35, 40) | [30, 35) | [0, 30) |
| B 类城市 | [35, 100] | [30, 35) | [25, 30) | [20, 25) | [0, 20) |
| C 类城市 | [25, 100] | [20, 25) | [15, 20) | [10, 15) | [0, 10) |
| 指　　数 | [90, 100] | [80, 90) | [70, 80) | [60, 70) | [0, 60) |

## 3. 非现场处罚率

符号：P68

指标类型：附加指标，适用于特大型城市和 A、B、C 类城市。

定义：全市利用非现场执法手段处罚交通违法行为数量占总处罚量的比例。

单位：%

非现场处罚率分级表　　　　表 68

| 评价标准等级 | 一 | 二 | 三 | 四 | 五 |
|---|---|---|---|---|---|
| 特大城市 | [50, 80] | [45, 50) | [40, 45) | [35, 40) | [0, 35) |
| A 类城市 | [40, 70] | [35, 40) | [30, 35) | [25, 30) | [0, 25) |
| B 类城市 | [30, 60] | [25, 30) | [20, 25) | [15, 20) | [0, 15) |
| C 类城市 | [20, 50] | [15, 20) | [10, 15) | [5, 10) | [0, 5) |
| 指　　数 | [90, 100] | [80, 90) | [70, 80) | [60, 70) | [0, 60) |

## 4. 道路交通管理信息系统

符号：P69

指标类型：基本指标。

定义：建立包括车辆、驾驶人、事故、违法行为和交通管理基础数据的道路交通管理信息系统。

主要评价内容：

（1）实现与公安信息网联网；

（2）遵守公安部道路交通管理信息系统的有关规定和行业标准；

（3）建立本市数据库，实现 24 小时向省级数据库传送数据；

（4）实现数据异地交换、数据统计分析和异地联网查询；

（5）建立城域网，实现支队、大队间数据共享；

（6）实现异地违法行为和记分的传递。

单位：无

道路交通管理信息系统分级表　　　　　　　　表 69

| 评价标准等级 | 一 | 二 | 三 | 四 | 五 |
|---|---|---|---|---|---|
| P69 | 满足六项 | 满足五项 | 满足四项 | 满足三项 | 少于三项 |
| 指　　数 | [90，100] | [80，90) | [70，80) | [60，70) | [0，60) |

## （九）交通秩序状况

### 1. 主干道机动车守法率

符号：P70

指标类型：基本指标。

定义：建成区主干道上守法机动车与通过机动车总数之比。

单位：%

主干道机动车守法率分级表　　　　　　　　表 70

| 评价标准等级 | 一 | 二 | 三 | 四 | 五 |
|---|---|---|---|---|---|
| 特大型和 A 类城市 | [98，100] | [96，98) | [94，96) | [92，94) | [0，92) |
| B 类城市 | [96，100] | [94，96) | [92，94) | [90，92) | [0，90) |
| C、D 类城市 | [94，100] | [92，94) | [90，92) | [88，90) | [0，88) |
| 指　　数 | [90，100] | [80，90) | [70，80) | [60，70) | [0，60) |

## 2. 主干道非机动车守法率

符号：P71

指标类型：基本指标。

定义：建成区主干道上守法非机动车与通过非机动车总数之比。

单位:%

**主干道非机动车守法率分级表**　　　　表 71

| 评价标准等级 | 一 | 二 | 三 | 四 | 五 |
|---|---|---|---|---|---|
| 特大型和 A 类城市 | [90，100] | [85，90) | [80，85) | [75，80) | [0，75) |
| B 类城市 | [85，100] | [80，85) | [75，80) | [70，75) | [0，70) |
| C、D 类城市 | [80，100] | [75，80) | [70，75) | [65，70) | [0，65) |
| 指　　数 | [90，100] | [80，90) | [70，80) | [60，70) | [0，60) |

## 3. 主干道行人守法率

符号：P72

指标类型：基本指标。

定义：建成区主干道上守法行人与通过行人总数之比。

单位:%

**主干道行人守法率分级表**　　　　表 72

| 评价标准等级 | 一 | 二 | 三 | 四 | 五 |
|---|---|---|---|---|---|
| 特大型和 A 类城市 | [85，100] | [80，85) | [75，80) | [70，75) | [0，70) |
| B 类城市 | [80，100] | [75，80) | [70，75) | [65，70) | [0，65) |
| C、D 类城市 | [75，100] | [70，75) | [65，70) | [60，65) | [0，60) |
| 指　　数 | [90，100] | [80，90) | [70，80) | [60，70) | [0，60) |

## 4. 主干道违法停车率

符号：P73

指标类型：基本指标。

定义：建成区主干道上(双向)违法停放的机动车数与对应的道路长度之比。

单位：辆/5km

**主干道违法停车率分级表**　表 73

| 评价标准等级 | 一 | 二 | 三 | 四 | 五 |
|---|---|---|---|---|---|
| P73 | [0，2] | (2，4] | (4，6] | (6，8] | >8 |
| 指　数 | [90，100] | [80，90) | [70，80) | [60，70) | [0，60) |

## 5. 让行标志标线守法率

符号：P74

指标类型：基本指标。

定义：遵守停车和减速让行标志、标线的机动车数与通过数之比。

单位：%

**让行标志标线守法率分级表**　表 74

| 评价标准等级 | 一 | 二 | 三 | 四 | 五 |
|---|---|---|---|---|---|
| P74 | [90，100] | [85，90) | [80，85) | [75，80) | [0，75) |
| 指　数 | [90，100] | [80，90) | [70，80) | [60，70) | [0，60) |

## （十）交通通行状况

### 1. 交叉路口阻塞率

符号：P75

指标类型：附加指标，适用于特大型城市和 A、B 类城市。

定义：建成区主干道上周期性严重阻塞路口数量占主干道交叉路口总数的比例。

单位：%

**交叉路口阻塞率分级表**　表 75

| 评价标准等级 | 一 | 二 | 三 | 四 | 五 |
|---|---|---|---|---|---|
| P73 | [2，0] | [5，2) | [8，5) | [11，8) | [23，11) |
| 指　数 | [90，100] | [80，90) | [70，80) | [60，70) | [0，60) |

## 2. 平均行程延误

符号：P76

指标类型：基本指标。

定义：主、次干道行车延误与行驶里程的比值。

单位：s/km

平均行程延误分级表　　　　　　　表 76

| 评价标准等级 | 一 | 二 | 三 | 四 | 五 |
|---|---|---|---|---|---|
| 特大型城市 | [50, 30] | [60, 50) | [70, 60) | [80, 70) | [140, 80) |
| A类城市 | [40, 20] | [50, 40) | [60, 50) | [70, 60) | [130, 70) |
| B类城市 | [30, 10] | [40, 30) | [50, 40) | [60, 50) | [120, 60) |
| C、D类城市 | [20, 0] | [30, 20) | [40, 30) | [50, 40) | [110, 50) |
| 指　　数 | [90, 100] | [80, 90) | [70, 80) | [60, 70) | [0, 60) |

## 3. 高峰时段建成区主干道平均车速

符号：P77

指标类型：基本指标。

定义：早高峰时段建成区主干道上机动车的平均行程速度。

单位：km/h

高峰时段建成区主干道平均车速分级表　　　　　　　表 77

| 评价标准等级 | 一 | 二 | 三 | 四 | 五 |
|---|---|---|---|---|---|
| 特大型和A类城市 | [25, 30] | [22, 25) | [19, 22) | [16, 19) | [0, 16) |
| B类城市 | [28, 33] | [25, 28) | [22, 25) | [19, 22) | [0, 19) |
| C、D类城市 | [30, 35] | [27, 30) | [24, 27) | [21, 24) | [0, 21) |
| 指　　数 | [90, 100] | [80, 90) | [70, 80) | [60, 70) | [0, 60) |

## (十一) 交通安全状况

### 1. 万车事故率

符号：P78

指标类型：基本指标。

定义：全市每万辆机动车(不包括自行车折算)的年交通事故(一般以上事故)次数。

单位：次/万车

万车事故率分级表　　　　　　　　表 78

| 评价标准等级 | 一 | 二 | 三 | 四 | 五 |
|---|---|---|---|---|---|
| P78 | [80, 30] | [120, 80) | [160, 120) | [200, 160) | [320, 200) |
| 指　数 | [90, 100] | [80, 90) | [70, 80) | [60, 70) | [0, 60) |

### 2. 万车死亡率

符号：P79

指标类型：基本指标。

定义：全市平均每万辆机动车(不包括自行车折算)的年交通事故死亡人数。

单位：人/万车

万车死亡率分级表　　　　　　　　表 79

| 评价标准等级 | 一 | 二 | 三 | 四 | 五 |
|---|---|---|---|---|---|
| P79 | [8, 3] | [12, 8) | [16, 12) | [20, 16) | [32, 20) |
| 指　数 | [90, 100] | [80, 90) | [70, 80) | [60, 70) | [0, 60) |

### 3. 交通事故多发点、段整治率

符号：P80

指标类型：基本指标。

定义：全市范围内整治了的交通事故多发点、段数目占交通事故多发点、段计划整治总数的比例。

单位：%

交通事故多发点、段整治率分级表　　　　　　　　表 80

| 评价标准等级 | 一 | 二 | 三 | 四 | 五 |
|---|---|---|---|---|---|
| P80 | [90, 100] | [80, 90) | [70, 80) | [60, 70) | [0, 60) |
| 指　数 | [90, 100] | [80, 90) | [70, 80) | [60, 70) | [0, 60) |

## 4. 交通事故逃逸案破案率

符号：P81

指标类型：基本指标。

定义：全市范围内侦破的交通事故肇事逃逸案件数占交通事故肇事逃逸案件总数的比例。

单位:%

**交通事故逃逸案破案率分级表**　　　　　　　　**表 81**

| 评价标准等级 | 一 | 二 | 三 | 四 | 五 |
|---|---|---|---|---|---|
| P81 | [70，100] | [60，70] | [50，60] | [40，50] | [0，40) |
| 指　　　数 | [90，100] | [80，90) | [70，80) | [60，70) | [0，60) |

## 5. 简易程序处理事故率

符号：P82

指标类型：基本指标。

定义：市区范围内按照简易程序处理交通事故的起数(含自行协商解决事故)占事故总数(含自行协商解决事故)的比例。

单位:%

**简易程序处理事故率分级表**　　　　　　　　**表 82**

| 评价标准等级 | 一 | 二 | 三 | 四 | 五 |
|---|---|---|---|---|---|
| P82 | [85，100] | [80，85) | [80，75) | [75，70) | [0，70) |
| 指　　　数 | [90，100] | [80，90) | [70，80) | [60，70) | [0，60) |

## 6. 交通事故死伤比

符号：P83

指标类型：基本指标。

定义：辖区内全年交通事故死亡人数与受伤人数之比。

单位:%

**交通事故死伤比分级表**  表 83

| 评价标准等级 | 一 | 二 | 三 | 四 | 五 |
|---|---|---|---|---|---|
| P83 | [9, 15] | [20, 15) | [25, 20) | [30, 25) | [30, 50] |
| 指　数 | [100, 90] | [90, 80] | [80, 70] | [70, 60] | [60, 0) |

## 7. 新驾驶人事故率

符号：P84

指标类型：基本指标。

定义：辖区内 3 年以内(含 3 年)驾龄的驾驶人肇事造成的死亡人数占所有事故死亡人数的比例。

单位:%

**新驾驶人事故率分级表**  表 84

| 评价标准等级 | 一 | 二 | 三 | 四 | 五 |
|---|---|---|---|---|---|
| P84 | [20, 30] | [30, 35) | [35, 40) | [40, 45) | [45, 75] |
| 指　数 | [100, 90] | [90, 80] | [80, 70] | [70, 60] | [60, 0) |

## 8. 特大交通事故起数

符号：P85

指标类型：基本指标。

定义：全市范围内 1 年间发生一次死亡 5 人以上的特大交通事故起数。

单位：次

**特大交通事故起数分级表**  表 85

| 评价标准等级 | 一 | 二 | 三 | 四 | 五 |
|---|---|---|---|---|---|
| P85 | 0 | 1 | 2 | 3 | >3 |
| 指　数 | 100 | 60 | 40 | 20 | 0 |

## 9. 万车死亡率下降比例

符号：P86

指标类型：基本指标。

定义：全市范围内机动车当量万车道路交通事故死亡率与上一年同比下降的比例。

单位:％

万车死亡率下降比例分级表　　　　　　表 86

| 评价标准等级 | 一 | 二 | 三 | 四 | 五 |
|---|---|---|---|---|---|
| P86 | ≥20 | [15, 20) | [10, 15) | [5, 10) | [0, 5) |
| 指　　数 | [100, 90] | [90, 80] | [80, 70] | [70, 60] | [60, 0) |

# 附录二　城市道路交通规划设计规范
## （GB 50220—95）

# 1　总　　则

1.0.1　为了科学、合理地进行城市道路交通规划设计、优化城市用地布局、提高城市的运转效能，提供安全、高效、经济、舒适和低公害的交通条件，制定本规范。

1.0.2　本规定适用于全国各类城市的城市道路交通规划设计。

1.0.3　城市道路交通规划应以市区内的交通规划为主，处理好市际交通与市内交通的衔接、市域范围内的城镇与中心城市的交通联系。

1.0.4　城市道路交通规划必须以城市总体规划为基础，满足土地使用对交通运输的需求，发挥城市道路交通对土地开发强度的促进和制约作用。

1.0.5　城市道路交通规划应包括城市道路交通发展战略规划和城市道路交通综合网络规划两个组成部分。

1.0.6　城市道路交通发展战略规划应包括下列内容：

1.0.6.1　确定交通发展目标和水平；

1.0.6.2　确定城市交通方式和交通结构；

1.0.6.3　确定城市道路交通综合网络布局、城市对外交通和市内的客货运设施的选址和用地规模；

1.0.6.4　提出实施城市道路交通规划过程中的重要技术经济对策；

1.0.6.5　提出有关交通发展政策和交通需求管理政策的建议。

1.0.7　城市道路交通综合网络应该包括下列内容：

1.0.7.1　确定城市公共交通系统、各种交通的衔接方式、大型公共换乘枢纽和公共交通场站设施的分布和用地范围；

1.0.7.2　确定各级城市道路红线宽度、横截面形式、主要交叉口的形式和用地范围，以及广场、公共停车场、桥梁、渡口的位置和用地范围；

1.0.7.3　平衡各种交通方式的运输能力和运量；

1.0.7.4　对网络规划方案作技术经济评估；

1.0.7.5 提出分期建设与交通建设项目排序的建议。

1.0.8 城市客运交通应按照市场经济的规律，结合城市社会经济发展水平，优先发展公共交通，组成公共交通、个体交通优势互补的多种方式客运网络，减少市民出行时耗。

1.0.9 城市货运交通宜向社会化、专业化、集装化的联合运输方式发展。

1.0.10 城市道路交通规划设计除应执行本规范外，尚应符合国家现行的有关标准、规范的规定。

# 2 术 语

2.0.1 标准货车

以载重量4～5t的汽车为标准车，其他型号的载重汽车，按其车型的大小分别乘以相应的换乘系数，折算成标准货车，其换乘系数宜按本规范附录A.0.1的规定取值。

2.0.2 乘客平均换乘系数

衡量乘客直达程度的指标，其值为乘车出行人次与换乘人次之和除以乘车出行人次。

2.0.3 存车换乘

将自备车辆存放后，改乘公共交通工具而到达目的地的交通方式。

2.0.4 出行时耗

居民从甲地到乙地在交通行为中所耗费的时间。

2.0.5 当量小汽车

以4～5座的小客车为标准，作为各种型号车辆换算道路交通量的当量车种。其换算系数宜按本规范附录A.0.2取值。

2.0.6 道路红线

规划道路的路幅边界线。

2.0.7 港湾式停靠站

在道路车行道外侧，采取局部拓宽路面的公共交通停靠站。

2.0.8 公共交通线路网密度

每平方公里城市用地面积上有公共交通线路经过的道路中心线长度，单位为 km/km²。

2.0.9 公共交通线路重复系数

公共交通线路总长度与线路网长度之比。

2.0.10 公共交通标准车

以车身长度 7～10m 的 640 型单节公共汽车为标准车。其他各种型号的车辆，按其不同的车身长度，分别乘以相应的换算系数，折算成标准车数。换算系数宜按附录 A.0.3 取值。

2.0.11 公共停车场

为社会公众存放车辆而设置的免费或收费的停车场，也称社会停车场。

2.0.12 货物流通中心

将城市货物的储存、批发、运输组合在一起的机构。

2.0.13 货物周转量

在某一时间（年月日）内，各种货物重量与该货物从出发地到目的地的距离乘积之和，单位为 t·km。

2.0.14 交通方式

从甲地到乙地完成出行目的所采用的交通手段。

2.0.15 交通结构

居民出行采用步行、骑车、乘公共交通、出租汽车等交通方式，由这些方式分别承担出行量中所占的百分率。

2.0.16 交通需求管理

抑制城市交通总量的政策性措施。

2.0.17 客运能力

公共交通根据在单位时间（h）内所能运送的客运数。单位为人次/h。

2.0.18 快速轨道交通

以电能为动力，在轨道上行驶的快速交通工具的总称。通常可按每小时运送能力是否超过 3 万人次，分为大运量快速轨道交通和中运量快速轨道交通。

2.0.19 路抛制

出租汽车不设固定的营业站，而在道路上流动，招揽乘客，采取

471

招手即停的服务方式。

2.0.20 线路非直线系数

公共交通线路首末站之间实地距离与空间直线距离之比。

2.0.21 运送速度

衡量公共交通服务质量的指标。公共交通车辆在线路首末站之间的行程时间(包括各站间的行驶时间与各站停站时间)除以行程长度所得的平均速度,单位为 km/h。

# 3 城市公共交通

## 3.1 一 般 规 定

3.1.1 城市公共交通规划,应根据城市发展规模、用地布局和道路网规划,在客流预测的基础上,确定公共交通方式、车辆数、线路网、换乘枢纽和场站设施用地等,并应使公共交通的客运能力满足高峰客流的需求。

3.1.2 大、中城市应优先发展公共交通,逐步取代远距离出行的自行车;小城市应完善市区至郊区的公共交通线路网。

3.1.3 城市公共交通规划应在客运高峰时,使 95%的居民乘用下列主要公共交通方式时,单程最大出行时耗应符合表 3.1.3 的规定。

不同规模城市的最大出行时耗和主要公共交通方式 表 3.1.3

| 城市规模 | | 最大出行时耗/分钟 | 主要公共交通方式 |
|---|---|---|---|
| 大 | >200 万人 | 60 | 大、中运量快速轨道交通 |
| | | | 公共汽车、电车 |
| | 100~200 万人 | 50 | 运量快速轨道交通 |
| | | | 公共汽车、电车 |
| | <100 万人 | 40 | 公共汽车、电车 |
| 中 | | 35 | 公共汽车 |
| 小 | | 25 | 公共汽车 |

3.1.4 城市公共汽车和电车的规划拥有量,大城市应每 800~

1000人一辆标准车,中、小城市应每1200~1500人一辆标准车。

3.1.5　城市出租汽车规划拥有量根据实际情况确定,大城市每千人不宜少于2辆;小城市每千人不宜少于0.5辆;中等城市可在其间取值。

3.1.6　规划城市人口超过200万人的城市,应控制预留设置快速轨道交通的用地。

3.1.7　选择公共交通方式时,应使其客运能力与线路上的客流量相适应。常用的公共交通方式单向客运能力宜符合表3.1.7的规定。

公共交通方式单向客运能力　　　　　　　　　　表3.1.7

| 公共交通方式 | 运送速度/(km/h) | 发车频率/(车次/h) | 单向客运能力/(千人次/h) |
|---|---|---|---|
| 公共汽车 | 16~25 | 60~90 | 8~12 |
| 无轨电车 | 15~20 | 50~60 | 8~10 |
| 有轨电车 | 14~18 | 40~60 | 10~15 |
| 中运量快速轨道交通 | 20~35 | 40~60 | 15~30 |
| 大运量快速轨道交通 | 30~40 | 20~30 | 30~60 |

## 3.2　公共交通线路网

3.2.1　城市公共交通线路网应综合规划。市区线、近郊线和远郊线应紧密衔接。各线的客运能力应与客流量相协调。线路的走向应与客流的主流向一致;主要客流的集散点应设置不同交通方式的换乘枢纽,方便乘客停车与换乘。

3.2.2　在市中心区规划的公共交通线路网的密度,应达到3~4km/km$^2$。

3.2.3　大城市乘客平均换乘系数不应大于1.5;中、小城市不应大于1.3。

3.2.4　公共交通线路非直线系数不应大于1.4。

3.2.5　市区公共汽车与电车主要线路的长度宜为8~12km;快速轨道交通的线路长度不宜大于40分钟的行程。

## 3.3　公　共　交　通　车　站

3.3.1　公共交通的站距应符合表3.3.1的规定。

公 共 交 通 站 距　　　　　　　　表 3.3.1

| 公共交通方式 | 市区线/m | 郊区线/m |
|---|---|---|
| 公共汽车与电车 | 500～800 | 800～1000 |
| 公共汽车大站快车 | 1500～2000 | 1500～2500 |
| 中运量快速轨道交通 | 800～1000 | 1000～1500 |
| 大运量快速轨道交通 | 1000～2000 | 1500～2000 |

3.3.2　公共交通车站服务面积，以 300m 半径计算，不得少于城市用地面积的 50%；以 500m 半径计算，不得少于 90%。

3.3.3　无轨电车终点站与快速轨道交通折返站的折返能力，应同线路的通过能力相匹配；两条及两条线路以上无轨电车共用一对架空触线的路段，应使其发车频率与车站通过能力、交叉口架空触线的通过能力相协调。

3.3.4　公共交通车站的设置应符合下列规定：

3.3.4.1　在路段上，同向换乘距离不应大于 50m，异向换乘距离不应大于 100m；对置设站，应在车辆前进方向迎面错开 30m；

3.3.4.2　在道路平面交叉口上设置的车站，换乘距离不宜大于 150m，并不得大于 200m；

3.3.4.3　长途客运汽车站、火车站、客运码头主要入口 50m 范围内应设公共交通车站；

3.3.4.4　公共交通车站应与快速轨道交通车站换乘。

3.3.5　快速轨道交通车站和轮渡站应设自行车存车换乘停车场（库）。

3.3.6　快速路和主干路及郊区的双车道公路，公共交通停靠站不应占用车行道。停靠站应采用港湾式布置，市区的港湾式停靠站长度，应至少有两个停车位。

3.3.7　公共汽车和电车的首末站应设置在城市道路以外的用地上，每处用地面积可按 1000～1400m² 计算。有自行车存车换乘的，应另外附加面积。

3.3.8　城市出租汽车采用营业站定点服务时，营业站的服务半径不宜大于 1km，其用地面积为 250～500m²。

3.3.9　城市出租汽车采用路抛制服务时，在商业繁华地区、对外交通枢纽和人流活动频繁的集散地附近，应在道路上设出租汽车停车道。

## 3.4　公共交通场站设施

**3.4.1**　公共交通停车场、车辆保养场、整流场、公共交通车辆调度中心等的场站设施应与公共交通发展规模相匹配，用地有保证。

**3.4.2**　公共交通场站布局，应根据公共交通的车种、车辆数、服务半径和所在地区的用地条件设置，公共交通停车场宜大、中、小相结合，分散布置；车辆保养场布局应使高级保养集中，低级保养分散，并与公共交通停车场相结合。

**3.4.3**　公共交通车辆保养场用地面积指标宜符合表 3.4.3 的规定。

保养场用地面积指标　　　　　　　　　　　　表 3.4.3

| 保养场规模/辆 | 每辆车的保养场用地面积/(m²/辆) | | |
| --- | --- | --- | --- |
| | 单节公共汽车和电车 | 铰接式公共汽车和电车 | 出租小汽车 |
| 50 | 220 | 280 | 44 |
| 100 | 210 | 270 | 42 |
| 200 | 200 | 260 | 40 |
| 300 | 190 | 250 | 38 |
| 400 | 180 | 230 | 36 |

**3.4.4**　无轨电车和有轨电车整流站的规模应根据其所服务的车辆型号和车数确定。整流站的服务半径宜为 $1\sim2.5km$。一座整流站的用地面积不应大于 $1000m^2$。

**3.4.5**　大运量快速轨道交通车辆段的用地面积，应按每节车厢 $500\sim600m^2$ 计算，并不得大于每双线千米 $8000m^2$。

**3.4.6**　公共交通车辆调度中心的工作半径不应大于 8km；每处用地面积可按 $500m^2$ 计算。

# 4　自　行　车　交　通

## 4.1　一　般　规　定

**4.1.1**　计算自行车交通出行时耗时，自行车行程速度宜按 11～

14km/h 计算。交通拥挤地区和路况较差的地区，其行程速度宜取低限值。

4.1.2 自行车最远的出行距离，在大、中城市应按 6km 计算，小城市应按 10km 计算。

4.1.3 在城市居民出行总量中，使用自行车与公共交通的比值，应控制在表 4.1.3 规定的范围内。

不同规模城市的居民使用自行车与公共交通出行量的比较　表 4.1.3

| 城市规模 | | 自行车出行量：公共交通出行量 | 城市规模 | 自行车出行量：公共交通出行量 |
|---|---|---|---|---|
| 大城市 | ＞100 万人 | 1：1～3：1 | 中等城市 | 9：1～16：1 |
| | ≤100 万人 | 3：1～9：1 | 小城市 | 不控制 |

## 4.2 自 行 车 道 路

4.2.1 自行车道路网规定应由单独设置的自行车专用路、城市干路两侧的自行车道、城市支路和居住区内的道路共同组成一个能保证自行车连续交通的网络。

4.2.2 大、中城市干路网规划设计时，应使自行车与机动车分道行驶。

4.2.3 自行车单向流量超过 10000 辆/h 时的路段，应设平行道路分流。在交叉口，当每个路口进入的自行车流量超过 5000 辆/h 时，应在道路网规划中采取自行车的分流措施。

4.2.4 自行车道路网密度与道路间距，宜按表 4.2.4 的规定采用。

自行车道路网密度与道路间距　表 4.2.4

| 自行车道路与机动车道的分隔方式 | 道路网密度/(km/km²) | 道路间距/m |
|---|---|---|
| 自行车专用路 | 1.5～2.0 | 1000～1200 |
| 与机动车道间用设施隔离 | 3～5 | 400～600 |
| 路面画线 | 10～15 | 150～200 |

4.2.5 自行车道路与铁路相交遇下列三种情况之一时，应设分离式立体交叉：

4.2.5.1 与Ⅱ级铁路正线相交、高峰小时自行车双向流量超过10000辆;

4.2.5.2 与Ⅰ级铁路正线相交、高峰小时自行车双向流量超过6000辆;

4.2.5.3 火车调车作业中断自行车专用路的交通,口均累计2h以上,且在交通高峰时中断交通15分钟以上。

4.2.6 自行车专用路应按设计速度20km/h的要求进行线形设计。

4.2.7 自行车道路的交通环境设计,应设置安全、照明、遮荫等设施。

## 4.3 自行车道路的宽度和通行能力

4.3.1 自行车道路路面宽度应按车道数的倍数计算,车道数应按自行车高峰小时交通量确定。自行车道路每条车道宽度宜为1m,靠路边的和靠分隔带的一条车道侧向净空宽度应加0.25m。自行车道路双向行驶的最小宽度宜为3.5m,混有其他非机动车的,单向行驶的最小宽度为4.5m。

4.3.2 自行车道路的规划通行能力的计算应符合下列规定:

4.3.2.1 路段每条车道的规划通行能力应按1500辆/h计算;平面交叉口每条车道的规划通行能力应按1000辆/h计算;

4.3.2.2 自行车专用路每条车道的规划通行能力应按第4.3.2.1条的规定乘以1.1~1.2;

4.3.2.3 在自行车道内混有人力三轮车、板车等,应按本规范附录A.0.4的规定乘以非机动车的换算系数,当这部分的车流量与总体车流量之比大于30%时,每条车道的规划通行能力应乘以折减系数0.4~0.7。

# 5 步 行 交 通

## 5.1 一 般 规 定

5.1.1 城市中规划步行交通系统应以步行人流的流量和流向为

基本依据。并应因地制宜地采用各种有效措施，满足行人活动的要求，保障行人的交通安全和交通连续性，避免无故中断和任意缩减人行道。

5.1.2 人行道、人行天桥、人行地道、商业步行街、城市滨河步道或林荫道的规划，应与居住区的步行系统，与城市中车站、码头集散广场，以及城市游憩集会广场等的步行系统紧密结合，构成一个完整的城市步行系统。

5.1.3 步行交通设施应符合无障碍交通的要求。

## 5.2 人行道、人行横道、人行天桥、人行地道

5.2.1 沿人行道设置行道树、公共交通停靠站和候车亭等设施时，不得妨碍行人的正常通行。

5.2.2 确定人行道通行能力，应按其可通行的人行步道实际净宽度计算。

5.2.3 人行道宽度应按人行道的倍数计算，最小宽度不得小于1.5m。人行道的宽度和通行能力应符合表5.2.3的规定。

**人行道宽度和最大通行能力** 表 5.2.3

| 所 在 地 点 | 宽度/m | 最大通行能力/(人/h) |
|---|---|---|
| 城市道路上 | 0.75 | 1800 |
| 车站码头、人行天桥和地道 | 0.90 | 1400 |

5.2.4 在城市的主干路和次干路的路段上，人行横道或过街道的间距宜为250～300m。

5.2.5 当道路宽度超过四条机动车道时，人行横道应在车行道的中央分隔带或机动车与非机动车道之间的分隔带上设置行人安全岛。

5.2.6 属于下列情况之一时，宜设置人行天桥或地道：

5.2.6.1 横过交叉口的一个路口的步行人流量大于5000人次/h，且同时进入该路口的当量小汽车交通量大于1200辆/h时；

5.2.6.2 通过环形交叉口的步行人流总量达18000人次/h，且

同时进入环形交叉口的当量小汽车交通量达到 2000 辆/h 时;

5.2.6.3 行人横过城市快速路时;

5.2.6.4 铁路与城市道路相交道口,因列车通过一次阻碍步行人流超过 1000 人次或道口关闭的时间超过 15 分钟时。

5.2.7 人行大桥或地道设计应符合城市景观的要求,并与附近地上或地下建筑物密切结合;人行天桥或地道的出入口处应规划人流集散用地,其面积不宜小于 50m²。

5.2.8 地震多发地区的城市,人行立体过街设施宜采用地道。

## 5.3 商 业 步 行 区

5.3.1 商业步行区的紧急安全疏散出口间隔不得大于 160m。区间道路网密度可采用 13~18km/km²。

5.3.2 商业步行区的道路应满足送货车、清扫车和消防车通行的要求。道路的宽度可采用 10~15m,其间可配置小型广场。

5.3.3 商业步行区内步行带和广场的面积,可按每平方米容纳 0.8~1 人计算。

5.3.4 商业步行区距城市次干路的距离不宜大于 200m;步行区进出口距公共交通停靠站的距离不宜大于 100m。

5.3.5 商业步行区附近应有相应规模的机动车和非机动车停车场或多层停车库,其距步行区进出口的距离不宜大于 100m,并不得大于 200m。

# 6 城 市 货 运 交 通

## 6.1 一 般 规 定

6.1.1 城市货运交通量预测应以城市经济、社会发展规划和城市总体规划为依据。

6.1.2 城市货运交通应包括过境货运交通、出入市货运交通与市内货运交通三个部分。

6.1.3 货运车辆场站的规模与布局宜采用大、中、小相结合的原则。大城市宜采用分散布点;中、小城市宜采用集中布点。场站选址应靠近主要货源点，并与货物流通中心结合。

## 6.2 货 运 方 式

6.2.1 城市货运方式的选择应符合节约用地、方便用户、保护环境的要求，并应结合城市自然地理和环境特征，合理选择道路、铁路、水运和管道等运输方式。

6.2.2 企业运量大于 5 万 t/年的大宗散装货物运输，宜采用铁路或水运方式。

6.2.3 运输线路固定的气体、液化燃料和液化化工制品，运量大于 50 万 t/年时，宜采用管道运输方式。

6.2.4 当城市对外货物运输距离小于 200km 时，宜采用公路运输方式。

6.2.5 大、中城市的零散货物，宜采用专用货车或厢式货车运输，适当发展集装箱运输。

6.2.5.1 当路段单向三车道时，进口道至少四车道；

6.2.5.2 当路段单向两车道或双向三车道时，进口道至少三车道；

6.2.5.3 当路段单向一车道时，进口道至少两车道。

6.2.6 城市货运汽车的需求量应根据规划的年货物周转量计算确定，或按规划城市人口每 30～40 人配置一辆标准货车估算。

6.2.7 大、中城市货运车辆的车型比例应结合货物特征，经过比选确定。大、中、小车型的比例，大城市可采用 1∶2∶2～1∶5∶6；中、小城市可根据实际情况确定。

## 6.3 货 物 流 通 中 心

6.3.1 货运交通规划应组织储、运、销为一体的社会化运输网络，发展货物流通中心。

6.3.2 货物流通中心应根据其业务性质及服务范围划分为地区性、生产性和生活性三种类型，并应合理确定规模与布局。

6.3.3 货物流通中心用地总面积不宜大于城市规划用地总面积的 2%。

6.3.4　大城市的地区性货物流通中心应布置在城市边缘地区，其数量不宜少于两处；每处用地面积宜为 50～60 万 m²。中、小城市货物流通中心的数量和规模宜根据实际货运需要确定。

6.3.5　生产性货物流通中心，应与工业区结合，服务半径宜为 3～4km。其用地规模应根据储运货物的工作量计算确定，或宜按每处 6～10 万 m² 估算。

6.3.6　生活性货物流通中心的用地规模，应根据其服务的人口数量计算确定，但每处用地面积不宜大于 5 万 m²，服务半径宜为 2～3km。

## 6.4　货 运 道 路

6.4.1　货运道路应能满足城市货运交通的要求，以及特殊运输、救灾和环境保护的需求，并与货运流向相结合。

6.4.2　当城市道路上高峰小时货运交通量大于 600 辆标准货车，或每天货运交通量大于 5000 辆标准货车时，应设置货运专用车道。

6.4.3　货运专用车道，应满足特大货物运输的要求。

6.4.4　大、中城市的重要货源点与集散点之间应有便捷的货运道路。

6.4.5　大型工业区的货运道路，不宜少于两条。

6.4.6　当昼夜过境货运车辆大于 5000 辆标准货车时，应在市区边缘设置过境货运专用车道。

# 7　城 市 道 路 系 统

## 7.1　一 般 规 定

7.1.1　城市道路系统规划应满足客、货车流和人流的安全与畅通；反映城市风貌、城市历史和文化传统；为地上地下工程管线和其他市政公用设施提供空间；满足城市救灾避难和日照通风的要求。

7.1.2　城市道路交通规划应符合人与车交通分行，机动车与非机动车交通分道的要求。

7.1.3　城市道路应分为快速路、主干路、次干路和支路四类。

7.1.4　城市道路用地面积应占城市建设用地面积的 8%～15%。对规划人口在 200 万以上的大城市，宜为 15%～20%。

7.1.5 规划城市人口人均占有道路用地面积宜为 7～15m²。其中，道路用地面积宜为 6～13.5m²/人，广场面积宜为 0.2～0.5m²/人，公共停车场面积宜为 0.8～1m²/人。

7.1.6 城市道路中各类道路的规划指标应符合表 7.1.6-1 和表 7.1.6-2 的规定。

大、中城市道路网规划指标　　　　　　　表 7.1.6-1

| 项目 | 城市规模与人口(万人) | | 快速路 | 主干路 | 次干路 | 支　路 |
|---|---|---|---|---|---|---|
| 机动车设计速度/(km/h) | 大城市 | ＞200 | 80 | 60 | 40 | 30 |
| | | ≤200 | 60～80 | 40～60 | 40 | 30 |
| | 中等城市 | | — | 40 | 40 | 30 |
| 网络密度/(km/hm²) | 大城市 | ＞200 | 0.4～0.5 | 0.8～1.2 | 1.2～1.4 | 3～4 |
| | | ≤200 | 0.3～0.4 | 0.8～1.2 | 1.2～1.4 | 3～4 |
| | 中等城市 | | — | 1.0～1.2 | 1.2～1.4 | 3～4 |
| 道路机动车车道条数/条 | 大城市 | ＞200 | 6～8 | 6～8 | 4～6 | 3～4 |
| | | ≤200 | 4～6 | 4～6 | 4～6 | 2 |
| | 中等城市 | | — | 4 | 2～4 | 2 |
| 道路宽度/m | 大城市 | ＞200 | 40～45 | 45～55 | 40～50 | 15～30 |
| | | ≤200 | 35～40 | 40～50 | 30～45 | 15～20 |
| | 中等城市 | | — | 35～45 | 30～40 | 15～20 |

小城市道路网规划指标　　　　　　　表 7.1.6-2

| 项　　目 | 城市人口（万人） | 干　路 | 支　　路 |
|---|---|---|---|
| 机动车设计速度/(km/h) | ＞5 | 40 | 20 |
| | 1～5 | 40 | 20 |
| | ＜1 | 40 | 20 |
| 网络密度/(km/hm²) | ＞5 | 3～4 | 3～5 |
| | 1～5 | 4～5 | 4～6 |
| | ＜1 | 5～6 | 6～8 |
| 道路机动车车道条数/条 | ＞5 | 2～4 | 2 |
| | 1～5 | 2～4 | 2 |
| | ＜1 | 2～3 | 2 |
| 道路宽度/m | ＞5 | 25～35 | 12～15 |
| | 1～5 | 25～35 | 12～15 |
| | ＜1 | 25～30 | 12～15 |

## 7.2　城市道路网布局

7.2.1　城市道路网规划应适应城市用地扩展，并有利于向机动化和快速交通的方向发展。

7.2.2　城市道路网的形成和布局，应根据土地使用、客货交通源和集散点的分布、交通流量流向，并结合地形、地物、河流走向、铁路布局和原有道路系统，因地制宜地确定。

7.2.3　各类城市道路网的平均密度应符合表 7.1.6-1 和 7.1.6-2 中规定的指标要求。土地开发的容积率应与交通网的运输能力和道路网的通行能力相协调。

7.2.4　分片区开发的城市，各相邻片区之间至少应有两条道路贯通。

7.2.5　城市主要出入口每个方向应有两条对外放射的道路。七度地震设防的城市，每个城市应有不少于两条对外放射的道路。

7.2.6　城市环路应符合以下规定：

7.2.6.1　内环路应设置在老城区或市中心区的外围；

7.2.6.2　外环路宜设置在城市用地的边界内 1~2km 处，当城市放射的干路与外环路相交时，应规划好交叉口上的左转交通；

7.2.6.3　大城市的外环路应是汽车专用道路，其他车辆应在环路外的道路上行驶；

7.2.6.4　环路设置，应根据城市地形、交通的流量流向确定，可采用半环或全环；

7.2.6.5　环路的等级不宜低于主干路。

7.2.7　河网地区城市道路应符合下列规定：

7.2.7.1　道路宜平行或垂直于河道布置；

7.2.7.2　对跨越通航河道的桥梁，应满足桥下通航净空要求，并与滨河路的交叉口相协调；

7.2.7.3　城市桥梁的车行道和人行道宽度应与道路的车行道和人行道等宽。在有条件的地方，城市桥梁可建双层桥，将非机动车道、人行道和管线设置在桥的下层通过；

7.2.7.4　客货流集散码头和渡口应与城市道路统一规划。码头附近的民船停泊和岸上农贸市场的人流集散和公共停车场车辆出入，均不得干扰城市主干路的交通。

7.2.8 山区城市道路网规划应符合下列规定：

7.2.8.1 道路网应平行于等高线设置，并应考虑防洪要求。主干路宜设在谷地或坡面上。双面交通的道路宜分别设置在不同的标高上；

7.2.8.2 地形高差特别大的地区，宜设置人、车分开的两套道路系统；

7.2.8.3 山区城市道路网的密度宜大于平原城市，并应各采用表 7.1.6-1 和表 7.1.6-2 中规定的上限值。

7.2.9 当旧城道路网改造时，在满足道路交通的情况下，应兼顾旧城的历史文化、地方特色和原有道路网形成的历史；对有历史文化价值的街道应适当加以保护。

7.2.10 市中心区的建筑容积率达到 8 时，支路网密度宜为 12～16km/km²；一般商业集中地区的支路网密度宜为 10～12km/km²。

7.2.11 次干路和支路网宜划成 1∶2～1∶4 的长方格；沿交通主流方向应加大交叉口的间距。

7.2.12 道路网节点上相交道路的条数宜为 4 条，并不得超过 5 条。道路宜垂直相交，最小夹角不得小于 45°。

7.2.13 应避免设置错位的 T 字形路口。已有的错位 T 字形路口，在规划时改造。

7.2.14 大、中、小城市道路交叉口的形式应符合表 7.2.14-1 和表 7.2.14-2 的规定。

大、中城市道路交叉口的形式　　　　表 7.2.14-1

| 相交道路 | 快速路 | 主干路 | 次干路 | 支　路 |
|---|---|---|---|---|
| 快 速 路 | A | A | A、B | — |
| 主 干 路 | | A、B | B、C | B、D |
| 次 干 路 | | | C、D | C、D |
| 支　路 | | | | D、E |

注：A——立体交叉口；B——展宽式信号灯管理平面交叉口；C——平面环形交叉口；
　　D——信号灯管理平面交叉口；E——不设信号灯的平面交叉口。

小城市的道路交叉口的形式　　　　表 7.2.14-2

| 规划人口/万人 | 相交道路 | 干　　路 | 支　　路 |
|---|---|---|---|
| >5 | 干　　路 | C、D、B | D、E |
| | 支　　路 | | E |
| 1~5 | 干　　路 | C、D、F | E |
| | 支　　路 | | E |
| <1 | 干　　路 | D、E | E |
| | 支　　路 | | E |

注：同表 7.2.14-1。

## 7.3　城　市　道　路

7.3.1　快速路规划应符合下列要求：

7.3.1.1　规划人口在 200 万以上的大城市和长度超过 30km 的带形城市应设置快速路。快速路应与其他干路构成系统，与城市对外公路有便捷的联系；

7.3.1.2　快速路上的机动车道两侧不应设置非机动车道。机动车道设置中央隔离带；

7.3.1.3　与快速路交汇的道路数量应严格控制。相交道路的交叉口形式应符合表 7.2.14-1 的规定；

7.3.1.4　快速路两侧不应设置公共建筑出入口。快速路穿过人流集中的地区，应设置人行天桥或地道。

7.3.2　主干道规划应符合下列要求：

7.3.2.1　主干路上的机动车与非机动车应分道行驶；交叉口之间分隔机动车与非机动车的分隔带宜连续；

7.3.2.2　主干路两侧不宜设置公共建筑物出入口。

7.3.3　次干路两侧可设置公共建筑物，并可设置机动车和非机动车的停车场、公共交通站点和出租汽车服务站。

7.3.4　支路规划应符合下列要求：

7.3.4.1　支路应与次干路和居住区、工业区、市中心区、市政公用设施用地、交通设施用地等内部道路相连接；

7.3.4.2　支路可与平行快速路的道路相接，但不得与快速路直接相接。在快速路两侧的支路需要连接时，应采用分离式立体交叉跨过或穿过快速路；

7.3.4.3 支路应满足公共交通线路行驶的要求；

7.3.4.4 在市区建筑容积率大于 4 的地区，支路网的密度应为表 7.1.6-1 和表 7.1.6-2 中所规定数值的 2 倍。

7.3.5 城市道路规划，应与城市防灾规划相结合，并应符合下列规定：

7.3.5.1 地震设防的城市，应保证震后城市道路和对外公路的交通畅通，并应符合下列要求：

（1）干路两侧的高层建筑应由道路红线向后退 10～15m；

（2）新规划的压力主干管不宜设在快速路和主干路的车行道下面；

（3）路面宜采用柔性路面；

（4）道路立体交叉口宜采用下穿式；

（5）道路网中宜设置小广场和空地，并应结合道路两侧的绿地，划定疏散避难用地。

7.3.5.2 山区或湖区定期受洪水侵害的城市，应设置通向高地的防灾疏散道路，并适当增加疏散方向的道路网密度。

## 7.4 城市道路交叉口

7.4.1 城市道路交叉口，应根据相交道路的等级、分向流量、公共交通站点的设置、交叉口周围用地的性质，确定交叉口的形式及其用地范围。

7.4.2 无信号灯和有信号灯管理 T 字形和十字形平面交叉口的规划通行能力，可按表 7.4.2 的规定采用。

平面交叉口的规划通行能力（单位：千辆/h）　　　表 7.4.2

| 相交道路等级 | 交　叉　口　形　式 | | | |
|---|---|---|---|---|
| | T 字形 | | 十字形 | |
| | 无信号灯管理 | 有信号灯管理 | 无信号灯管理 | 有信号灯管理 |
| 主干路与主干路 | — | 3.3～3.7 | — | 4.4～5.0 |
| 主干路与次干路 | — | 2.8～3.3 | — | 3.5～4.4 |
| 次干路与次干路 | 1.9～2.2 | 2.2～2.7 | 2.5～2.8 | 2.8～3.4 |
| 次干路与支路 | 1.5～1.7 | 1.7～2.2 | 1.7～2.0 | 2.0～2.6 |
| 支路与支路 | 0.8～10 | — | 1.0～1.2 | — |

注：1. 表中相交道路的进口道车道条数：主干路为 3～4 条，次干路为 2～4 条，支路为 2 条；
　　2. 通行能力按当量小汽车计算。

7.4.3 道路交叉口的通行能力应与路段的通行能力相协调。

7.4.4 平面交叉口的进出口应设展宽段,并增加车道条数;每条车道宽度宜为 3.5m,并应符合下列规定:

7.4.4.1 进口道展宽段的宽度,应根据规划的交通量和车辆在交叉口进口停车排队的长度确定。在缺乏交通量的情况下,可采用下列规定,预留展宽段的用地:

(1) 当路段单向三车道时,进口道至少四车道;

(2) 当路段单向两车道或双向三车道时,进口道至少三车道;

(3) 当路段单向一车道时,进口道至少两车道。

7.4.4.2 展宽段的长度,在交叉口进口道外侧自缘石半径的端点向后展宽 50~80m;

7.4.4.3 出口道展宽段的宽度,根据交通量和公共交通设站的需要确定,或与进口道展宽段的宽度相同;其展宽的长度在交叉口出口道外侧自缘石半径的端点向前延伸 30~60m。当出口道车道条数达 3 条时,可不展宽;

7.4.4.4 经展宽的交叉口应设置交通标志、标线和交通岛。

7.4.5 当城市道路网中整条道路实行联动的信号灯管理时,其间不应夹设环形交叉口。

7.4.6 中、小城市的干路与干路相交的平面交叉口,可采用环形交叉口。

7.4.7 平面环形交叉口设计应符合下列规定:

7.4.7.1 相交于环形交叉口的两相邻道路之间的交织段长度,其上行驶货运拖挂车和铰接式机动车的交织段长度不应小于 30m;只行驶非机动车的交织段长度不应小于 15m;

7.4.7.2 环形交叉口的中心岛直径小于 60m 时,环道的外侧缘石不应做成与中心岛相同的同心圆;

7.4.7.3 在交通繁忙的环形交叉口的中心岛,不宜建造小公园。中心岛的绿化不得遮挡交通的视线;

7.4.7.4 环行交叉口进出口道路中间应设置交通导向岛,并延伸到道路中央分隔带。

7.4.8 机动车与非机动车混行的环行交叉口,环道总宽度宜为

18～20m，中心岛直径宜取 30～50m，其规划通行能力宜按表 7.4.8 的规定采用。

**环形交叉口的规划通行能力**　　　　表 7.4.8

| 机动车的通行能力/(千辆/h) | 2.6 | 2.3 | 2.0 | 1.6 | 1.2 | 0.8 | 0.4 |
|---|---|---|---|---|---|---|---|
| 同时通过的自行车数/(千辆/h) | 1 | 4 | 7 | 11 | 15 | 18 | 21 |

注：机动车换算成当量小汽车数，非机动车换算成当量自行车数。换算系数应符合本规范
　　附录 A 的规定。

7.4.9　规划交通量超过 2700 辆/h 当量小汽车数的交叉口不宜采用环形交叉口。环形交叉口上的任一交织段上，规划的交通量超过 1500 辆/h 当量小汽车数时，应改建交叉口。

7.4.10　城市道路平面交叉口的规划用地面积宜符合表 7.4.10 的规定。

**平面交叉口规划用地面积**（单位：万 m²）　　　表 7.4.10

| 相交道路等级 | T 字形交叉口 | | | 十字形交叉口 | | | 环形交叉口 | | |
|---|---|---|---|---|---|---|---|---|---|
| | 城市人口/万人 | | | | | | 中心岛直径/m | 环道宽度/m | 用地面积/万 m² |
| | >200 | 50～200 | <50 | >200 | 50～200 | <50 | | | |
| 主干路与主干路 | 0.60 | 0.50 | 0.45 | 0.80 | 0.65 | 0.60 | — | — | — |
| 主干路与次干路 | 0.50 | 0.40 | 0.35 | 0.65 | 0.55 | 0.50 | 40～60 | 20～40 | 1.0～1.5 |
| 次干路与次干路 | 0.40 | 0.30 | 0.25 | 0.55 | 0.45 | 0.40 | 30～50 | 16～20 | 0.8～1.2 |
| 次干路与支路 | 0.33 | 0.27 | 0.22 | 0.45 | 0.35 | 0.30 | 30～40 | 14～18 | 0.6～0.9 |
| 支路与支路 | 0.20 | 0.16 | 0.12 | 0.27 | 0.22 | 0.17 | 25～35 | 12～15 | 0.5～0.7 |

7.4.11　在原有道路网改造规划中，当交叉口的交通量达到其最大通行能力的 80% 时，应首先改善道路网，调低其交通量，然后在该处设置立体交叉口。

7.4.12　城市中建造的道路立体交叉口，应与相邻交叉口的通行能力和车速相协调。

7.4.13　在城市立体交叉口和跨河桥梁的坡道两端，以及隧道进出口外 30m 的范围内，不宜设置平面交叉口和非港湾式公共交通停靠站。

7.4.14 城市道路立体交叉口形式的选择，应符合下列规定：

7.4.14.1 在整个道路网中，立体交叉口的形式应力求统一，其结构形式应简单，占地面积少；

7.4.14.2 交通主流方向应走捷径，少爬坡和少绕行；非机动车应行驶在地面层上或路堑内；

7.4.14.3 当机动车与非机动车分开行驶时，不同的交通层面应相互套叠组合在一起，减少立体交叉口的层数和用地。

7.4.15 各种形式立体交叉口的用地面积和规划通行能力宜符合表 7.4.15 的规定。

立体交叉口规划用地面积和通行能力 表 7.4.15

| 立体交叉口层数 | 立体交叉口中匝道的基本形式 | 机动车与非机动车交通有无冲突点 | 用地面积（万 m²） | 通行能力（千辆/h） | |
|---|---|---|---|---|---|
| | | | | 当量小汽车 | 当量自行车 |
| 二 | 菱 形 | 有 | 2~2.5 | 7~9 | 10~13 |
| | 苜蓿叶形 | 有 | 6.5~12 | 6~13 | 16~20 |
| | 环 形 | 有 | 3~4.5 | 7~9 | 15~20 |
| | | 无 | 2.5~3 | 3~4 | 12~15 |
| 三 | 十字路口形 | 有 | 4~5 | 11~14 | 13~16 |
| | 环 形 | 有 | 5~5.5 | 11~14 | 13~14 |
| | | 无 | 4.5~5.5 | 8~10 | 13~15 |
| | 苜蓿叶形与环形① | 无 | 7~12 | 11~13 | 13~15 |
| | 环形与苜蓿叶形② | 无 | 5~6 | 11~14 | 20~30 |
| 四 | 环 形 | 无 | 6~8 | 11~14 | 13~15 |

注：① 三层立体交叉口中的苜蓿叶形为机动车匝道，环形为非机动车匝道；

② 三层立体交叉口中的环形为机动车匝道，苜蓿叶形为非机动车匝道。

7.4.16 当道路与铁路平面交叉时，应将道路的上下行交通分开；道路的铺面宽度应与路段铺面（包括车行道、人行道，不包括绿化带）等宽。

## 7.5 城 市 广 场

7.5.1 全市车站、码头的交通集散广场用地总面积，可按规划城市人口每人 0.07~0.1m² 计算。

7.5.2 车站、码头前的交通集散广场的规模由聚散人流量决定，集散广场的人流密度宜为 1～1.4 人/$m^2$。

7.5.3 车站、码头前的交通集散广场上供旅客上下车的停车点，距离进出口不宜大于 50m；允许车辆短暂停留，但不得长时间存放。机动车和非机动车的停车场应设置在集散广场外围。

7.5.4 城市游憩集会广场用地的总面积，可按规划城市人口每人 0.13～0.14$m^2$ 计算。

7.5.5 城市游憩集会广场不宜太大。市级广场每处宜为 4～10 万 $m^2$；区级广场每处宜为 1～3 万 $m^2$。

# 8 城市道路交通设施

## 8.1 城市公共停车场

8.1.1 城市公共停车场应分为外来机动车公共停车场、市内机动车公共停车场和自行车公共停车场三类，其用地总面积可按规划城市人口每人 0.8～1$m^2$ 计算。其中，机动车停车场的用地宜为 80%～90%。市区宜建停车楼或地下停车库。

8.1.2 外来机动车公共停车场，应设置在城市的外环路和城市出入口道路附近，主要停放货运车辆。市内公共停车场应靠近主要服务对象设置，其场址选择应符合城市环境和车辆出入又不妨碍道路畅通的要求。

8.1.3 市内机动车公共停车场停车位数的分布：在市中心和分区中心地区，应为全部停车位数的 50%～70%；在城市对外道路的出入口地区应为全部停车位数的 5%～10%；在城市其他地区应为全部停车位数的 25%～40%。

8.1.4 机动车公共停车场的服务半径，在市中心地区不应大于 200m；一般地区不应大于 300m；自行车公共停车场的服务半径宜为 50～100m，并不得大于 200m。

8.1.5 当计算市中心区公共停车场的停车位数时，机动车与自行车都应乘以高峰日系数 1.1～1.3。

8.1.6 机动车每个停车位的存车量以一天周转 3～7 次计算；自

行车每个停车位的存车量以一天周转 5~8 次计算。

8.1.7 机动车公共停车场用地面积,宜按当量小汽车停车位数计算。地面停车场用地面积,每个停车位宜为 25~30m²;停车楼和地下停车库的建筑面积,每个停车位宜为 30~35m²。摩托车停车场用地面积,每个停车位宜为 2.5~2.7m²。自行车公共停车场用地面积,每个停车位宜为 1.5~1.8m²。

8.1.8 机动车公共停车场出入口的设置应符合下列规定:

8.1.8.1 出入口应符合行车视距的要求,并应右转出入车道;

8.1.8.2 出入口应距离交叉口、桥隧坡道起止线 50m 以外;

8.1.8.3 少于 50 个停车位的停车场,可设一个出入口,其宽度宜采用双车道;50~300 个停车位的停车场,应设两个出入口;大于 300 个停车位的停车场,出口和入口应分开设置,两个出入口之间的距离大于 20m。

8.1.9 自行车公共停车场应符合下列规定:

8.1.9.1 长条形停车场宜分为 15~20m 长的段,每段应设一个出入口,其宽度不得小于 3m;

8.1.9.2 500 个车位以上的停车场,出入口数不得少于两个;

8.1.9.3 1500 个车位以上的停车场,应分组设置,每组应设 500 个停车场,并应各设有一对出入口;

8.1.9.4 大型体育设施和大型文娱设施的机动车停车场和自行车停车场应分组布置。其停车场出口的机动车和自行车的流线应有交叉,并应与城市道路顺向衔接。

## 8.2 公共加油站

8.2.1 城市公共加油站的服务半径宜为 0.9~1.2km。

8.2.2 城市公共加油站应大、中、小相结合,以小型站为主,其用地面积应符合表 8.2.2 的规定。

公共加油站的用地面积　　　　　　　　　　表 8.2.2

| 昼夜加油的车次数 | 300 | 500 | 800 | 1000 |
|---|---|---|---|---|
| 用地面积/万 m² | 0.12 | 0.18 | 0.25 | 0.3 |

8.2.3 城市公共加油站的选址，应符合现行国家标准《小型石油库及汽车加油站设计规范》的有关规定。

8.2.4 城市公共加油站的进出口宜设在次干路上，并附设车辆等候加油的停车道。

8.2.5 附设机械化洗车的加油站，应增加用地面积 160～200m$^2$。

## 附录 A 车型换算系数

A.0.1 标准货车换算系数宜符合表 A.0.1 的规定。

货运车换算系数 表 A.0.1

| 车型大小 | 载重量/t | 换算系数 |
|---|---|---|
| 小 | ＞0.6 | 0.3 |
|  | 0.6～3 | 0.5 |
| 中 | 3.1～9 | 1(标准货车) |
|  | 9.1～15 | 1.5 |
| 大 | ＞15 | 2 |
|  | 拖挂车 | 2 |

A.0.2 当量小汽车换算系数宜符合表 A.0.2 的规定。

当量小汽车换算系数 表 A.0.2

| 车 种 | 换算系数 | 车 种 | 换算系数 |
|---|---|---|---|
| 自行车 | 0.2 | 旅行车 | 1.2 |
| 二轮摩托 | 0.4 | 大客车或小于 9t 的货车 | 2 |
| 三轮摩托或微型汽车 | 0.6 | 15t 货车 | 3 |
| 小客车或小于 3t 的货车 | 1 | 铰接客车或大平板拖挂货车 | 4 |

A.0.3 公共交通标准汽车换算系数宜符合表 A.0.3 的规定。

公共交通标准汽车换算系数　　　　　表 A.0.3

| 车　　种 | 车长范围/m | 换算系数 |
|---|---|---|
| 微型汽车 | ≤3.5 | 0.3 |
| 出租小汽车 | 3.6~5 | 0.5 |
| 小公共汽车 | 5.1~7 | 0.6 |
| 640 型单节公共汽车 | 7~10 | 1(标准车) |
| 650 型单节公共汽车 | 10.1~14 | 1.5 |
| ≥660 型铰接公交汽车 | >14 | 2 |
| 双层公共汽车 | 10~12 | 1.8 |

注：无轨电车的换算系数与等长的公共汽车相同。

A.0.4　非机动车换算系数宜符合表 A.0.4 的规定。

非机动车换算系数　　　　　表 A.0.4

| 车　　种 | 换　算　系　数 |
|---|---|
| 自行车 | 1 |
| 三轮车 | 3 |
| 人力板车或畜力车 | 5 |

## 附录 B　本规范用词说明

B.0.1　为便于在执行本规范条文时区别对待，对要求严格程度不同的用词说明如下：

(1) 表示很严格，非这样做不可的：

正面词采用"必须"；

反面词采用"严禁"。

(2) 表示严格，在正常情况均应这样做的：

正面词采用"应"；

反面词采用"不应"或"不得"。

(3) 表示允许稍有选择，在条件许可时首先应这样做的：

正面词采用"宜"或"可"；

反面词采用"不宜"。

B.0.2　条文中指定应按其他有关标准、规范执行时，写法为"应符合……的规定"或"应该……执行"。

# 附录三　郑州市郑东新区交通规划与交通需求预测

## 一、郑州市郑东新区城市规划及交通规划方案概况

### 1. 郑州市郑东新区城市规划概况

郑州市郑东新区位于原 107 国道东侧，是郑州市重点建设和发展的综合性城市新区。其主体规划范围为西起原 107 国道，东至京珠高速公路，北起连霍高速公路，南至陇海铁路，总用地约 115km²，规划总人口约 130 万人。郑州市郑东新区的规划采用组团开发的概念，龙湖南区、龙湖北区、龙子湖区三大组团，建设目标为生态城市、共生城市、新陈代谢以及环形城市等，充分体现以人为本的理论和改善人居环境的意愿。

郑州市郑东新区自着手建设以来，进行了大量的规划工作，目前已完成的主要规划有：《郑州市郑东新区总体发展概念规划》、《郑州市郑东新区基础设施建设规划》、《郑州市郑东新区近期建设规划》、《郑州市郑东新区地下空间开发利用规划》、《郑州市郑东新区城市绿地系统规划》、《郑州市郑东新区龙湖地区概念规划》、《郑州市郑东新区龙湖地区控制性详细规划》、《郑州市郑东新区龙湖水系专项规划》、《郑州市郑东新区起步区详细规划》、《郑州市郑东新区走步区基础设施控制性详细规划》、《郑州市郑东新区龙子湖地区控制性详细规划》。其中，《郑州市郑东新区基础设施建设规划》的道路交通规划 Autocad 图为本研究提供了详细的道路交通规划资料，同时各组团的控制性详细规划亦为本研究提供了土地规划资料，而《郑州市郑东新区总体发展概念规划》则为本文提供了人口等基础资料。总之，关于本文各项优化模型的假设资料如地块利用、人口开发、规划道路长度、宽度、等级、路网布局等数据已经具备。

### 2. 郑州市郑东新区交通规划概况

根据《郑州市郑东新区基础设施总体规划》，郑州市郑东新区规划路网由龙湖南区、龙湖北区、龙子湖地区等多个组团路网组成，各个组团间则通过 2 条以上城市快速路、主次干道进行联系。同时，龙子湖地区、龙湖南区、龙湖北区在组团外布置环路，而拓展区的路网

布局为方格网式路网系统。

（1）东西向主干路网：由三环北路东段、祭城路、金水东路、商鼎路、郑汴路、永平路等构成。其中，三环北路东段作为快速路，是连接老城区北部、龙湖北区、龙子湖北区的主通道；金水东路是连接老城区、拓展区、大学城区、龙子湖南区的主通道；商鼎路、郑汴路是连接老城区、拓展区、龙子湖南区的主通道；祭城路是连接龙湖南区与大学城区，以及贯通大学城区内部的主要通道；永平路、安平路是贯通拓展区南部的主要通道。

（2）南北向主干路网：由九如路、如意东路、如意西路、众意路、姚夏路、博学路、明理路，黄河东路熊耳河以南，农业东路熊耳河以南，东风东路熊耳河以南、新老107国道构成。其中，九如路、如意东路、如意西路、众意路是贯通龙湖南区与龙湖北区的主通道；姚夏路、博学路、明理路是连接龙子湖北区、大学城与龙子湖南区的主通道；黄河东路熊耳河以南、农业东路熊耳河以南、东风东路熊耳河以南是连接龙湖南区、拓展区的主通道，也是纵贯拓展区的主通道；新老107国道作为快速路，是南北向过境交通及部分出入境交通的主通道。

（3）环状路网：龙湖地区由CBD主副中心环形道路、龙湖外环路构成；龙子湖地区由文苑路、科研区外环路、北部组团外环路等构成。

郑州市郑东新区规划道路用地14.87km$^2$，道路面积率为13.2%，人均道路面积11.7m$^2$。规划按《城市道路交通规划设计规范》将道路等级分为快速路、主干路、次干路、支路四级规划。规划道路总长776km，道路网密度为5.88km/km$^2$（根据《郑州市郑东新区交通管理规划》）。

① 城市快速路。城市快速路为三环北路东段、金水东路、新107国道、四环东路、南三环东联络线及107国道，快速路总长52km，路网0.39 km/km$^2$。道路设计车速60～80km/h，规划道路红线宽60～100m，全线设置中央分隔带。

② 城市主干路。城市主干路包括商务内环路、众意路、如意东路、祭城路、商鼎路、郑汴路、龙湖内外环路、文苑路、航海东路

等，主干路总长 179km，路网密度 1.36km/km²，规划道路设计时速 40～60km/h，红线宽度 40～120m。

③ 城市次干路。由九如路、如意西路、通泰路、聚源路、熊耳河路、正光路、中兴路、心怡路等构成，总次干路长 170km，路网密度 1.29km/km²。规划道路设计时速 40km/h，红线宽度 30～40m。

④ 城市支路。规划支路总长 375km，路网密度 2.84km/km²；设计时速 20～30km/h，红线宽度 20～25m。

道路断面形式依据《城市道路交通规划设计规范》（GB 50220—95）与《城市道路绿化规划与设计规范》（CJJ 75—97），红线宽度在 35m（含 35m）以上的道路，以"两幅路"形式为主，非机动车道与人行道布置在同一层上，机非分离；35m 以下的道路以"一幅路"为主。

A　20m　（4.5－11.0－4.5）

B　25m　（5.0－15.0－5.0）

C　30m　（5.0－20.0－5.0）

D　35m　[4.0－11.5－4.0（花）－11.5]

E　40m　[5.0－12.5－12.5－5（花）]

F　50m　[9.0－12.0－8.0（花）－12.0－9.0]

G　60m　[4.5－7.0－7.0（花）－23－7.0（花）－7.0－4.5]

　　或　[9.0－15.0－12.0（花）－15.0－9.0]

H　80m　[5.0－9.0－4.0（花）－16.0－12.0（花）－16.0－4.0（花）－9.0－5.0]

I　120m　[5.0－7.0－3.0（花）－15.0－60.0（花）－15.0－3.0（花）－7.0－5.0]

### 3. 郑州市郑东新区多阶段开发计划

根据郑州市郑东新区长远总体规划年限，郑州市郑东新区的开发计划分三个大阶段：

近期：2003—2005 年；

中期：2006—2010 年；

远期：2011—2015 年。

其中，近期建设规划控制范围为起步区、龙子湖地区（大学园区）；中期建设规划控制范围为龙子湖地区（北区、南区）；远期建设规划控制范围为龙湖北区。

本文对这三个阶段进一步细分，分为至 2006 年、2008 年、2010 年、2013 年、2015 年、2020 年六个阶段。

### 4. 郑州市郑东新区城市建设现状

至 2005 年底，郑州市郑东新区 CBD 形象已初步展现。CBD 地区 2005 年内完成社会投资计划 22 亿元，房屋开发面积 161 万 $m^2$，入住人口达 1 万。CBD 区内环 30 栋高层全部封顶，20 栋具备入住条件；外环高层开工建设 15 栋，6 栋封顶；基础设施建设全部完成，水、电、气、供热、邮政、通信、垃圾场站、公交场站等配套到位；郑州国际会展中心一期工程、商业步行街投入试用；省艺术中心主体工程基本完工；47 中高中全部完工，新建小学和初中 2005 年 9 月具备招生条件。龙湖南区 2005 年内完成投资 20 亿元，房屋开发面积达到 120 万 $m^2$，入住人口突破 1 万。龙湖南区内联盟新区等 5 个房地产项目完成建设 80 万 $m^2$，其中 40 万 $m^2$ 2005 年内具备入住条件，40 万 $m^2$ 主体封顶；友谊医院 2005 年底开工建设；郑州颐和医院年底主体封顶；北大附中外语小学 2005 年 9 月份具备招生条件。商住物流区 2005 年内完成投资 15 亿元，房屋开发面积 120$m^2$，入住人口达到 5 万。商住物流区内金水东路两侧已开工的 18 个项目全部建成，大部分年内可投入使用；郑汴路两侧香江集团物流项目 A 区、B 区、C 区投入使用，二期完成主体施工；澳柯玛、德国麦德龙、亨哈、青龙山、板材市场改造等物流项目具备使用条件；安阳地质 7 队等 4 个项目年底封顶；华商园区建设全面启动。此外，龙子湖区、科技园区年内计划完成投资 17.5 亿元，房屋开发面积 138 万 $m^2$，入住人口达 3 万。龙子湖区已开工的 6 所高校 2005 年内一期工程完工，3 所高校具备招生条件；2005 年 9 月份第一批高校经济适用房建成并交付使用；科技园电子 27 所项目部分建成并投入使用。

在这些建设与规划背景下，本文将以有关模型与方法为基础，预测郑州市郑东新区的交通需求，同时提出郑州市郑东新区土地交通一体化规划、郑州市郑东新区路网容量扩张、郑州市郑东新区多阶段路网离散扩张的优化方案。

## 二、交 通 调 查

交通调查是研究交通的基础。通过调查才能取得说明客观事物的第一材料；做好调查工作是保证统计资料的真实性、代表性和可靠性的重要环节。在郑州市郑东新区道路总体规划与建设过程中，亦需要预测未来的交通需求和城市交通系统，而在现有的各项总体规划中这一部分工作仍然是欠缺的。对新城区来说，尽管我们目前无法对郑州市郑东新区的交通现状进行调查，但我们可以对郑州市郑东新区的土地利用、人口规划、现有批建用地单位以及老城区的交通特性进行调查。300 多万人口的老城区相比 100 多万人口的郑州市郑东新区，根据重力模型可以预计未来相当一段时间内，老城区交通系统将会对郑州市郑东新区产生很大影响，因此对老城区的交通调查也是十分重要。尽管 2000 年郑州市做了一次较大规模的调查，但 5 年前的调查难以充分反映未来 15 年左右的新城区交通需求，所以对老城区的交通调查成为本次调查的重点内容之一。

### 1. 交通分区

2005 年 7 月 17 日至 2005 年 8 月 25 日期间，我们在郑州市作了为期一个多月的较大规模的交通调查。本次调查的目的是为充分了解郑州市城市道路交通的特性，以作为预测郑州市郑东新区交通需求的基础数据。本次调查的范围覆盖了三环以内全部老城区、北三环至绕城公路以南部分，以及三环以外郑州经济技术开发区、郑州市郑东新区四部分。调查将老城区划分为 29 个交通小区（小区编号为从 01 到 29），新城区划分为 42 个小区（编号从 30 到 71），28 个主要城市出入口。交通调查小区划分图如图 1 所示。

针对这个交通分区，本次的调查内容包括流量调查、车速调查以及社会经济等其他调查活动。

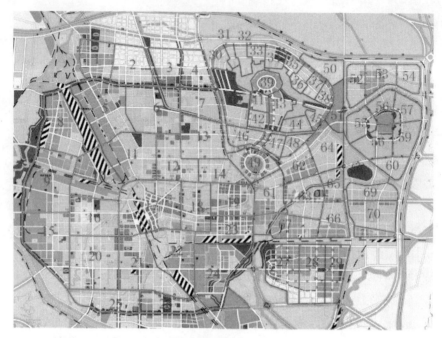

图 1　交通分区

## 2. 交通流量调查

交通流量作为预测老城区出行生成量与分析郑州市郑东新区交通出行特征的基础数据，在交通网络规划中起着十分重要的作用，且工作量很大，占了全部调查的主要时间。在流量调查中我们以标准小汽车为基本单位(PCU)，其他车型根据《城市道路交通规划设计规范》按表 1 系数折算。

以小汽车为标准车型的换算系数　　　　　　　　　　　　　表 1

| 车　辆　类　别 | 车辆换算系数 |
| --- | --- |
| 二轮摩托 | 0.4 |
| 三轮摩托或微型汽车 | 0.6 |
| 小客车或小于 3t 的货车 | 1.0 |
| 旅行车 | 1.2 |
| 大客车或小于 9t 的货车 | 2.0 |
| 9～15t 的货车 | 3.0 |
| 铰接客车或大平板拖挂车 | 4.0 |

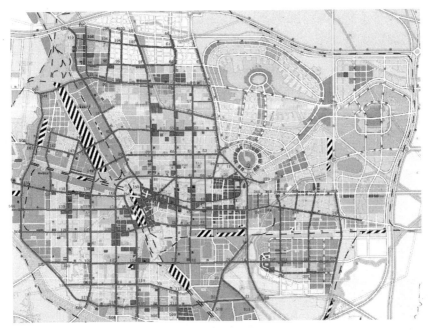

图2 老城区路网节点编号

我们在郑州市三环内老城区与经济技术开发区的干道路口和重要支路路口(共160处)和30个城市主要出入口进行了流量调查。老城区路网及调查节点见图2。对于每个观测点我们选择交通量较集中的至少3个不同时段,在不同日期进行观测,根据车流的均衡性对每个观测点的每个进出交叉口的车流进行10到20分钟的观测,然后按日变流量分布所确定的系数换算成高峰小时流量和日流量,再将得到的三个流量值进行离差检验及对比校验(同相邻路口的数据对比,看是否有过大的矛盾),通不过检验的或特别重要的路口或流量不均衡的路口我们都至少增加1~2次调查,直到满意为止。

离差检验是根据样本的平均偏离度 $\varepsilon$ ($\varepsilon = \left| \dfrac{\frac{1}{n}\sum_{i=1}^{n}|x_i - \bar{x}|}{\bar{x}} - 1 \right|$,

其中 $\bar{x}$ 为样本均值,$x_i$ 是第 $i$ 个观测值,$n$ 为样本容量),在此确定的标准是 $\varepsilon \leqslant 0.1$。

通过检验的路口流量数据取平均值为该路口的流量,路段流量为该路段两个路口对其观测值的平均值。经检验与日变流量折算后的路网各路段流量如图 3 所示。

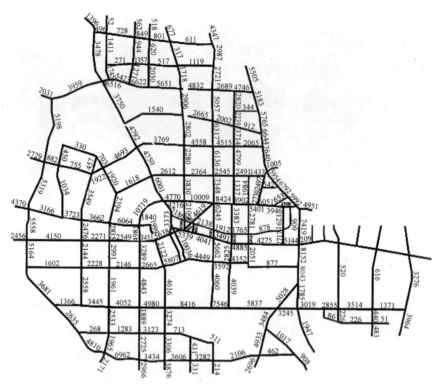

图 3    郑州市老城区调查路段流量图

### 3. 车速调查

车速调查是为分析路段交通阻抗与阻抗模型的基础工作。车速调查的方式包括人工测试法、雷达测试法、录像法、跟车测速法、浮动测速法。其中，浮动测速法是一种试验车测速法，该方法测速效率高，且可同时测得车速和流量，因此作为本研究的车速调查方式。我们让试验车从 $A$ 断面出发，行驶至 $B$ 断面，紧接着由 $B$ 返回 $A$，如此往返 6 次。测试时，试验车配备 4 名调查人员，分工记录试验车行驶中对往来车数量 $x$、同向超越试验车的车辆数 $C$ 和被试验车超越的车辆数 $D$、自 $A$ 至 $B$ 的行程时间 $T_{AB}$（min）、自 $B$ 到 $A$ 的行程时间 $T_{BA}$、区间编号。调查后，我们可以通过以下公式得到自 $B$ 到 $A$ 方向通过 $A$ 断面的流量

$Q_A$、$B$ 到 $A$ 方向的平均行程时间 $T$ 和平均行驶车速 $v_{BA}$。

$$Q_A = \frac{x+C-D}{T_{AB}+T_{BA}}$$

$$T = T_{BA} - \frac{C-D}{Q_A/60}$$

$$v_{BA} = \frac{L}{T} \times 60$$

本次调查分别对 107 国道、农业路、金水路、经三路、北三环、航海路、文化路、嵩山路等老城区主要路段的车速进行调查与测试，调查结果如图 4 所示。

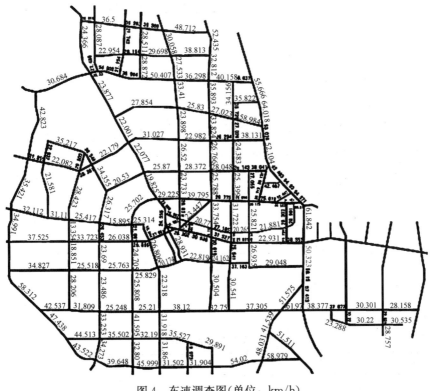

图 4　车速调查图（单位：km/h）

### 4. 其他调查

其他调查主要有人口和社会经济调查、土地利用基础资料调查、道路交通基础设施调查、公交线路调查等。这些数据基本以各机关单位的统计为主要依据，辅以现场观测。这些资料包括《郑州市城市交通发展战略研究》、《郑州市统计年鉴》、《郑州市郑东新区总体发展概念规划终期报告书》、《郑州市郑东新区基础设施总体规划》、《郑州市郑东新区起步区详细规划最终成果》、《郑州市郑东新区龙子湖地区控制性详细规划》、《郑州市郑东新区交通管理规划》等。提供这些资料的单位有：郑州市交通管理局、郑州市土地规划局、郑州市建设管理局、郑州市统计局、郑州市公交公司、郑州市郑东新区管委会各机构。在这些调查中，郑州市郑东新区人口规划、郑州市土地利用资料、郑州市郑东新区土地规划资料是我们的交通需求预测基础。

## 三、郑州市郑东新区交通需求预测

### 1. 老城区出行现状的反推

通过流量调查我们得到了老城区各路段的交通流量 $f_{km}$。由车速调查得到路段车速 $v_{km}$，再通过测量路段距离得到 $L_{km}$，于是我们就得到了路段时间阻抗 $t_{km} = L_{km}/v_{km}$。现在我们就可以用 Dail 算法计算（刘灿齐，2001）老城区各交通小区出行的路段选择概率 $P_{ij}^{km}$。于是，我们就得到了 P2.1 模型的所有参数，可以通过 Matlab 的 fmincon 函数求解。但由于 P2.1 为非线性模型，且变量 $q_{ij}$ 有 841 个，因此计算时间较长，本次反推共运行了 53 个小时。计算后，我们得到老城区出行 OD 矩阵 $\{q_{ij}\}$，再计算老城区的车辆出行产生量 $P_i = \sum_j q_{ij}$ 与吸引量 $B_j = \sum_i q_{ij}$。最后，我们得到老城区的交通出行量，见表 2。

老城区车辆出行量　　　　　　　　　　　　　　　表 2

| 小　区 | 出行量($P_i + B_j$；PCU/d) | 小　区 | 出行量($P_i + B_j$；PCU/d) |
|---|---|---|---|
| 1 | 42778 | 6 | 45146 |
| 2 | 50980 | 7 | 26231 |
| 3 | 58794 | 8 | 26560 |
| 4 | 67438 | 9 | 62280 |
| 5 | 65217 | 10 | 36882 |

续表

| 小　区 | 出行量($P_i+B_j$；PCU/d) | 小　区 | 出行量($P_i+B_j$；PCU/d) |
|---|---|---|---|
| 11 | 79154 | 21 | 45015 |
| 12 | 119100 | 22 | 56702 |
| 13 | 99590 | 23 | 84658 |
| 14 | 94560 | 24 | 68953 |
| 15 | 100490 | 25 | 85024 |
| 16 | 41774 | 26 | 77678 |
| 17 | 149010 | 27 | 29650 |
| 18 | 87364 | 28 | 27120 |
| 19 | 95490 | 29 | 15432 |
| 20 | 71480 | | |

## 2. 老城区未来交通出行量预测

我们根据郑州市区人口、客货运周转量、机动车保有量的增长情况，推断市内车辆出行的增长情况。以老城区出行现状为权重，将市内车辆出行中预测所得的机动车出行总量分配到各小区中去，产生小区机动车出行量，预测结果见表3。

老城区未来车辆出行预测（单位：PCU/d）　　　　　表3

| 小区 | 2006年 | 2007年 | 2008年 | 2009年 | 2010年 | 2011年 | 2012年 | 2013年 | 2014年 | 2015年 | 2016年 | 2017年 | 2018年 | 2019年 | 2020年 |
|---|---|---|---|---|---|---|---|---|---|---|---|---|---|---|---|
| 1 | 45078 | 47357 | 49613 | 51853 | 54075 | 56281 | 58471 | 60646 | 62807 | 64954 | 67089 | 69210 | 71321 | 73421 | 75445 |
| 2 | 53721 | 56437 | 59126 | 61795 | 64443 | 67072 | 69681 | 72273 | 74849 | 77408 | 79953 | 82480 | 84995 | 87498 | 89910 |
| 3 | 61956 | 65087 | 68188 | 71267 | 74321 | 77352 | 80362 | 83351 | 86321 | 89273 | 92207 | 95122 | 98023 | 100910 | 103690 |
| 4 | 71064 | 74657 | 78213 | 81745 | 85248 | 88725 | 92177 | 95606 | 99012 | 102400 | 105760 | 109110 | 112430 | 115740 | 118940 |
| 5 | 68724 | 72198 | 75638 | 79053 | 82440 | 85803 | 89141 | 92457 | 95751 | 99026 | 102280 | 105510 | 108730 | 111930 | 115020 |
| 6 | 47574 | 49978 | 52360 | 54724 | 57069 | 59396 | 61707 | 64003 | 66283 | 68550 | 70803 | 73041 | 75269 | 77485 | 79621 |
| 7 | 27642 | 29039 | 30422 | 31796 | 33158 | 34511 | 35854 | 37187 | 38512 | 39829 | 41138 | 42439 | 43733 | 45021 | 46262 |
| 8 | 27988 | 29403 | 30804 | 32195 | 33574 | 34944 | 36303 | 37654 | 38995 | 40329 | 41654 | 42971 | 44282 | 45585 | 46842 |
| 9 | 65629 | 68947 | 72231 | 75493 | 78728 | 81939 | 85127 | 88293 | 91439 | 94566 | 97675 | 100760 | 103840 | 106890 | 109840 |
| 10 | 38865 | 40830 | 42775 | 44706 | 46622 | 48524 | 50412 | 52287 | 54150 | 56002 | 57843 | 59671 | 61491 | 63301 | 65046 |
| 11 | 83410 | 87627 | 91801 | 95946 | 100060 | 104140 | 108190 | 112220 | 116210 | 120190 | 124140 | 128060 | 131970 | 135850 | 139600 |
| 12 | 125500 | 131850 | 138130 | 144370 | 150550 | 156690 | 162790 | 168850 | 174860 | 180840 | 186790 | 192690 | 198570 | 204410 | 210050 |

续表

| 小区 | 2006年 | 2007年 | 2008年 | 2009年 | 2010年 | 2011年 | 2012年 | 2013年 | 2014年 | 2015年 | 2016年 | 2017年 | 2018年 | 2019年 | 2020年 |
|---|---|---|---|---|---|---|---|---|---|---|---|---|---|---|---|
| 13 | 98623 | 103610 | 108540 | 113440 | 118310 | 123130 | 127920 | 132680 | 137410 | 142110 | 146780 | 151420 | 156040 | 160630 | 165060 |
| 14 | 99645 | 104680 | 109670 | 114620 | 119530 | 124410 | 129250 | 134060 | 138830 | 143580 | 148300 | 152990 | 157650 | 162290 | 166770 |
| 15 | 105890 | 111250 | 116550 | 121810 | 127030 | 132210 | 137350 | 142460 | 147540 | 152580 | 157600 | 162580 | 167540 | 172470 | 177230 |
| 16 | 44020 | 46246 | 48449 | 50636 | 52806 | 54960 | 57098 | 59222 | 61332 | 63430 | 65515 | 67585 | 69647 | 71697 | 73674 |
| 17 | 157020 | 164960 | 172820 | 180620 | 188360 | 196040 | 203670 | 211250 | 218780 | 226260 | 233690 | 241080 | 248430 | 255750 | 262800 |
| 18 | 92062 | 96716 | 101320 | 105900 | 110440 | 114940 | 119410 | 123850 | 128270 | 132650 | 137010 | 141340 | 145660 | 149940 | 154080 |
| 19 | 100620 | 105710 | 110750 | 115750 | 120710 | 125630 | 130520 | 135370 | 140200 | 144990 | 149760 | 154490 | 159200 | 163890 | 168410 |
| 20 | 75324 | 79131 | 82901 | 86644 | 90357 | 94042 | 97702 | 101340 | 104950 | 108540 | 112100 | 115650 | 119170 | 122680 | 126060 |
| 21 | 47436 | 49833 | 52208 | 54565 | 56903 | 59224 | 61528 | 63817 | 66091 | 68351 | 70598 | 72829 | 75050 | 77260 | 79390 |
| 22 | 59751 | 62771 | 65762 | 68731 | 71677 | 74600 | 77502 | 80385 | 83250 | 86097 | 88926 | 91737 | 94535 | 97318 | 100000 |
| 23 | 89210 | 93720 | 98185 | 102620 | 107020 | 111380 | 115710 | 120020 | 124290 | 128550 | 132770 | 136970 | 141140 | 145300 | 149310 |
| 24 | 72661 | 76334 | 79970 | 83581 | 87163 | 90718 | 94248 | 97753 | 101240 | 104700 | 108140 | 111560 | 114960 | 118350 | 121610 |
| 25 | 89596 | 94125 | 98609 | 103060 | 107480 | 111860 | 116210 | 120540 | 124830 | 129100 | 133340 | 137560 | 141750 | 145930 | 149950 |
| 26 | 81855 | 85993 | 90090 | 94157 | 98192 | 102200 | 106170 | 110120 | 114050 | 117950 | 121820 | 125670 | 129510 | 133320 | 137000 |
| 27 | 31244 | 32824 | 34388 | 35940 | 37480 | 39009 | 40527 | 42034 | 43532 | 45021 | 46500 | 47970 | 49433 | 50889 | 52292 |
| 28 | 28578 | 30023 | 31453 | 32873 | 34282 | 35680 | 37069 | 38448 | 39818 | 41179 | 42533 | 43877 | 45215 | 46546 | 47830 |
| 29 | 16262 | 17084 | 17898 | 18706 | 19507 | 20303 | 21093 | 21878 | 22657 | 23432 | 24202 | 24967 | 25729 | 26486 | 27216 |

## 3. 对外道路交通出行预测

我们采用二次指数平滑预测郑州市市区国内生产总值，其年平均绝对误差为53161万元，平均相对百分误差为6.64％，预测结果见表4。

**郑州市区国内生产总值实际值与预测值（万元）**　　　表4

| 年　份 | 实 际 值 | 二次指数平滑（$a=0.6$） | 二次曲线拟合 |
|---|---|---|---|
| 1990 | 75711 | — | 72200 |
| 1991 | 87443 | — | 94800 |
| 1992 | 109270 | 71425 | 126600 |
| 1993 | 146478 | 88007 | 167500 |
| 1994 | 216784 | 142960 | 217600 |
| 1995 | 304656 | 237390 | 276900 |

续表

| 年 份 | 实 际 值 | 二次指数平滑($a=0.6$) | 二次曲线拟合 |
|---|---|---|---|
| 1996 | 402331 | 350530 | 345300 |
| 1997 | 452774 | 469320 | 423000 |
| 1998 | 529750 | 524750 | 500800 |
| 1999 | 549171 | 600070 | 605700 |
| 2000 | 676677 | 610120 | 710900 |
| 2001 | 785127 | 742790 | 825200 |
| 2002 | 908596 | 870360 | 948700 |
| 2003 | 1160777 | 1008200 | 1081400 |
| | | MAE＝53161<br>MAPE＝6.64 | MAE＝31065<br>MAPE＝8.97 |
| 2004 | — | 1297100 | — |
| 2005 | — | 1457700 | — |
| 2006 | — | 1618400 | — |
| 2007 | — | 1779100 | — |
| 2008 | — | 1939800 | — |
| 2009 | — | 2100500 | — |
| 2010 | — | 2261100 | — |
| 2011 | — | 2421800 | — |
| 2012 | — | 2582500 | — |
| 2013 | — | 2743200 | — |
| 2014 | — | 2903900 | — |
| 2015 | — | 3064500 | — |
| 2016 | — | 3225200 | — |
| 2017 | — | 3385900 | — |
| 2018 | — | 3546600 | — |
| 2019 | — | 3707300 | — |
| 2020 | — | 3860800 | |

在由交通调查得到的出入口流量现状基础上，我们根据郑州市区 GDP 的年增长率，按 0.6 的弹性系数预测郑州市出入口的交通流量，预测结果见表 5。表 5 中，2005 年的数据为出入口流量调查值。

郑州市对外交通流量预测（单位：PCU/d）　　　　　表 5

| 节点 | 2005年 | 2006年 | 2007年 | 2008年 | 2009年 | 2010年 | 2011年 | 2012年 | 2013年 | 2014年 | 2015年 | 2016年 | 2017年 | 2018年 | 2019年 | 2020年 |
|---|---|---|---|---|---|---|---|---|---|---|---|---|---|---|---|---|
| 317 | 10583 | 11283 | 11955 | 12603 | 13230 | 13837 | 14427 | 15001 | 15561 | 16108 | 16642 | 17166 | 17679 | 18183 | 18677 | 19141 |
| 272 | 51171 | 54556 | 57806 | 60939 | 63968 | 66902 | 69755 | 72533 | 75241 | 77885 | 80470 | 83002 | 85483 | 87917 | 90307 | 92551 |
| 245 | 5471 | 5832.9 | 6180.4 | 6515.3 | 6839.2 | 7152.9 | 7458 | 7754.9 | 8044.4 | 8327.2 | 8603.5 | 8874.2 | 9139.5 | 9399.8 | 9655.3 | 9895.2 |
| 243 | 6487 | 6916.1 | 7328.1 | 7725.3 | 8109.3 | 8481.3 | 8843 | 9195 | 9538.3 | 9873.6 | 10201 | 10522 | 10837 | 11145 | 11448 | 11733 |
| 240 | 34488 | 36769 | 38960 | 41071 | 43113 | 45091 | 47013 | 48885 | 50710 | 52493 | 54235 | 55941 | 57613 | 59254 | 60865 | 62377 |
| 209 | 41726 | 44486 | 47136 | 49691 | 52161 | 54554 | 56880 | 59145 | 61353 | 63509 | 65617 | 67681 | 69705 | 71690 | 73639 | 75468 |
| 20 | 20496 | 21852 | 23154 | 24408 | 25622 | 26797 | 27940 | 29052 | 30137 | 31196 | 32231 | 33245 | 34239 | 35214 | 36172 | 37070 |
| 511 | 9557 | 10189 | 10796 | 11381 | 11947 | 12495 | 13028 | 13547 | 14052 | 14546 | 15029 | 15502 | 15965 | 16420 | 16866 | 17285 |
| 510 | 28382 | 30259 | 32062 | 33800 | 35480 | 37107 | 38690 | 40230 | 41732 | 43199 | 44633 | 46037 | 47413 | 48763 | 50089 | 51333 |
| 509 | 2249 | 2397.8 | 2540.6 | 2678.3 | 2811.4 | 2940.4 | 3065.8 | 3187.9 | 3306.9 | 3423.1 | 3536.7 | 3648 | 3757 | 3864 | 3969.1 | 4067.7 |
| 508 | 3487 | 3717.6 | 3939.1 | 4152.6 | 4359 | 4559 | 4753.4 | 4942.7 | 5127.2 | 5307.4 | 5483.5 | 5656.1 | 5825.2 | 5991 | 6153.9 | 6306.8 |
| 507 | 40802 | 43501 | 46092 | 48591 | 51006 | 53346 | 55620 | 57835 | 59994 | 62103 | 64164 | 66183 | 68161 | 70102 | 72008 | 73797 |
| 506 | 31220 | 33285 | 35268 | 37179 | 39028 | 40818 | 42558 | 44253 | 45905 | 47519 | 49095 | 50640 | 52154 | 53639 | 55098 | 56466 |
| 505 | 22855 | 24367 | 25818 | 27218 | 28571 | 29881 | 31155 | 32396 | 33605 | 34787 | 35941 | 37072 | 38180 | 39267 | 40335 | 41337 |
| 504 | 25856 | 27566 | 29209 | 30792 | 32322 | 33805 | 35246 | 36650 | 38018 | 39354 | 40660 | 41940 | 43193 | 44423 | 45631 | 46765 |
| 503 | 46005 | 49048 | 51970 | 54787 | 57510 | 60148 | 62713 | 65210 | 67645 | 70022 | 72346 | 74622 | 76853 | 79041 | 81190 | 83207 |
| 502 | 28731 | 30631 | 32456 | 34215 | 35916 | 37564 | 39166 | 40725 | 42245 | 43730 | 45181 | 46603 | 47996 | 49363 | 50705 | 51965 |
| 501 | 21381 | 22795 | 24153 | 25462 | 26728 | 27954 | 29146 | 30307 | 31438 | 32543 | 33623 | 34681 | 35718 | 36735 | 37734 | 38671 |
| 109 | 14692 | 15664 | 16597 | 17496 | 18366 | 19209 | 20028 | 20825 | 21603 | 22362 | 23104 | 23831 | 24543 | 25242 | 25929 | 26573 |
| 107 | 549 | 585.31 | 620.18 | 653.8 | 686.29 | 717.78 | 748.39 | 778.18 | 807.24 | 835.61 | 863.34 | 890.5 | 917.12 | 943.24 | 968.88 | 992.95 |
| 105 | 5919 | 6310.5 | 6686.5 | 7048.9 | 7399.2 | 7738.7 | 8068.7 | 8389.9 | 8703.2 | 9009.1 | 9308 | 9600.9 | 9887.9 | 10169 | 10446 | 10705 |
| 103 | 5456 | 5816.9 | 6163.4 | 6497.5 | 6820.4 | 7133.3 | 7437.5 | 7733.6 | 8022.4 | 8304.3 | 8579.9 | 8849.9 | 9114.4 | 9374 | 9628.8 | 9868 |
| 101 | 7124 | 7595.2 | 8047.7 | 8483.9 | 8905.6 | 9314.1 | 9711.3 | 10098 | 10475 | 10843 | 11203 | 11555 | 11901 | 12240 | 12573 | 12885 |
| 60 | 45756 | 48782 | 51689 | 54490 | 57199 | 59823 | 62374 | 64857 | 67279 | 69643 | 71954 | 74218 | 76437 | 78614 | 80751 | 82757 |
| 4 | 61084 | 64176 | 67229 | 70243 | 73228 | 76182 | 79106 | 82003 | 84874 | 87720 | 90554 | 93344 | 96121 | | | |

## 4. 郑州市郑东新区车辆出行预测

　　根据前面的预测方法，新城区的交通出行根据新城区的开发计划与人口、土地类型规划分阶段预测。根据郑州市郑东新区人口总体规划，郑州市郑东新区的区块人口规划如下：起步区规划人口为 44 万人；龙子湖地区规划人口为 35 万人；龙湖北区规划人口为 51.2 万人。我们将各组团的总人口以规划面积为权重，分配到各交通小区。同时，根据城市开发区人口的发展特点，考虑到当前的开发情况与郑州市郑东新区人口迁入计划，我们按以下阶段预测郑州市郑东新区交通需求人口迁入率。预测基础是开发区人口机械增长的指数级增长模式与规划人口容量限制。起步区多阶段交通需求按照 25％、50％、100％（2006 年开始计算）三阶段产生；龙子湖区多阶段交通需求按 10％、20％、40％、80％、100％（2006 年开始计算）四阶段产生；龙湖北区交通需求按 12.5％、25％、50％、100％（2010 年开始计算）四阶段产生。根据我们的交通需求人口增长模式，至 2020 年，达到规划人口交通需求的饱和数量。

根据 2000 年 5 月郑州市居民出行调查的统计结果，郑州市居民日出行总量 387 万人次，出行者平均出行次数 3.215 次，居民平均出行次数 2.46 次，居民日出行率 76.70％，结合郑州市郑东新区人口规划，我们可以计算郑州市郑东新区的居民出行产生量。在此基础上，我们根据《郑州市郑东新区交通管理规划》中提出的居民出行方式结构（表 6），将居民出行转换为车辆出行单位，见表 7。

**郑州市 2010 年、2020 年居民出行方式结构预测（％）**　　表 6

| 交通方式 | 步行 | 公交 | 非机动车 | 私人小汽车 | 摩托车 | 出租车 | 单位大客 | 单位小客 |
|---|---|---|---|---|---|---|---|---|
| 2010 年 | 29 | 15 | 38 | 9 | 3.5 | 2.5 | 1 | 2 |
| 2020 年 | 27 | 35 | 17 | 13 | 2 | 3 | 1 | 2 |

**2020 年郑州市郑东新区交通出行产生量（单位：PCU/d）**　　表 7

| 小区 | 30 | 31 | 32 | 33 | 34 | 35 | 36 | 37 | 38 | 39 | 40 | 41 | 42 | 43 |
|---|---|---|---|---|---|---|---|---|---|---|---|---|---|---|
| 产生量 | 29529 | 23044 | 31047 | 26355 | 26976 | 25596 | 30288 | 28149 | 27459 | 26631 | 32151 | 18697 | 19870 | 21871 |
| 小区 | 44 | 45 | 46 | 47 | 48 | 49 | 50 | 51 | 52 | 53 | 54 | 55 | 56 | 57 |
| 产生量 | 20905 | 19801 | 35186 | 25527 | 25251 | 31047 | 20905 | 22354 | 21024 | 17777 | 11529 | 19641 | 18116 | 16801 |
| 小区 | 58 | 59 | 60 | 61 | 62 | 63 | 64 | 65 | 66 | 67 | 68 | 69 | 70 | 71 |
| 产生量 | 24468 | 22036 | 14591 | 31658 | 21059 | 29907 | 28083 | 21386 | 49254 | 37347 | 18233 | 18509 | 32180 | 6569 |

根据郑州市郑东新区地块利用控制图，我们可以测量各交通小区的土地利用类型。以各类用地的交通吸引权重估计郑州市郑东新区的车辆出行吸引量，交通吸引权重由分析老城区土地类型与交通产生之间的关系得到，某些小区做一定的区位优势系数调整。这些小区包括49号小区(商务中心)、65小区及66小区(新火车站、客运东站)。计算后得到根据总体规划的郑州市郑东新区车辆出行吸引量，见表8。

**2020 年郑州市郑东新区交通出行吸引量**(单位：PCU/d)     表 8

| 小 区 | 30 | 31 | 32 | 33 | 34 | 35 | 36 | 37 | 38 | 39 | 40 | 41 | 42 | 43 |
|---|---|---|---|---|---|---|---|---|---|---|---|---|---|---|
| 吸引量 | 24668 | 13830 | 24965 | 24262 | 14442 | 21256 | 20823 | 20681 | 21397 | 32158 | 30602 | 26860 | 26223 | 37481 |
| 小 区 | 44 | 45 | 46 | 47 | 48 | 49 | 50 | 51 | 52 | 53 | 54 | 55 | 56 | 57 |
| 吸引量 | 23958 | 24137 | 46954 | 25661 | 25444 | 49350 | 23096 | 13797 | 37594 | 29728 | 14966 | 18396 | 23550 | 18480 |
| 小 区 | 58 | 59 | 60 | 61 | 62 | 63 | 64 | 65 | 66 | 67 | 68 | 69 | 70 | 71 |
| 吸引量 | 2574 | 17910 | 25293 | 48826 | 35364 | 41575 | 48182 | 56502 | 59370 | 44183 | 3398.4 | 16604 | 11196 | 18459 |

在得到 2020 年的郑州市郑东新区车辆出行产生量与吸引量之后，其他各阶段如 2006 年、2008 年、2010 年、2013 年、2015 年的郑州市郑东新区车辆出行量根据各小区的人口入住率按比例确定。

### 5. 交通量分布预测

根据前面的预测方法，居民小区的出行分布采用重力模型。我们根据各阶段的开发计划与人口迁入计划，结合 2020 年郑州市郑东新区车辆出行预测，按比例确定各个阶段的交通小区及其车辆出行量，运用重力分布模型便可以得到多阶段交通小区分布预测结果。表9~表11列出了最后阶段(即 2020 年)郑州市交通小区之间的分布流量，包括郑州市郑东新区与老城区出行吸引分布、郑州市郑东新区与老城区出行产生分布、郑州市郑东新区内部出行分布。同样，运行弗雷特方法，我们也可以将对外交通出行量分布到各小区与出入口的OD上。

**2020年郑州市郑东新区与老城区出行吸引分布（单位：PCU/d）**　表9

| 小区 | 30 | 31 | 32 | 33 | 34 | 35 | 36 | 37 | 38 | 39 | 40 | 41 | 42 | 43 | 44 | 45 | 46 | 47 | 48 | 49 | 50 | 51 | 52 | 53 | 54 | 55 | 56 | 57 | 58 | 59 | 60 | 61 | 62 | 63 | 64 | 65 | 66 | 67 | 68 | 69 | 70 | 71 |
|---|---|---|---|---|---|---|---|---|---|---|---|---|---|---|---|---|---|---|---|---|---|---|---|---|---|---|---|---|---|---|---|---|---|---|---|---|---|---|---|---|---|---|
| 1 | 393 | 212 | 332 | 294 | 170 | 226 | 217 | 204 | 184 | 357 | 444 | 318 | 323 | 391 | 238 | 204 | 637 | 278 | 258 | 510 | 220 | 113 | 311 | 235 | 109 | 138 | 162 | 120 | 18 | 116 | 169 | 468 | 334 | 350 | 405 | 435 | 410 | 362 | 25 | 104 | 68 | 116 |
| 2 | 569 | 289 | 450 | 390 | 220 | 287 | 275 | 256 | 228 | 422 | 629 | 377 | 384 | 459 | 278 | 236 | 764 | 327 | 303 | 605 | 276 | 137 | 383 | 289 | 132 | 158 | 195 | 145 | 20 | 133 | 193 | 547 | 389 | 405 | 469 | 501 | 403 | 418 | 29 | 119 | 78 | 132 |
| 3 | 859 | 403 | 615 | 515 | 276 | 350 | 334 | 308 | 268 | 529 | 903 | 481 | 495 | 568 | 340 | 281 | 1006 | 408 | 372 | 770 | 329 | 160 | 447 | 335 | 152 | 185 | 222 | 164 | 23 | 152 | 222 | 665 | 472 | 481 | 558 | 587 | 574 | 495 | 34 | 136 | 89 | 151 |
| 4 | 1616 | 658 | 919 | 723 | 361 | 435 | 398 | 363 | 309 | 689 | 1487 | 640 | 669 | 726 | 429 | 342 | 1408 | 528 | 473 | 1024 | 386 | 186 | 513 | 382 | 172 | 221 | 250 | 183 | 27 | 177 | 260 | 832 | 589 | 585 | 678 | 703 | 630 | 599 | 41 | 158 | 103 | 175 |
| 5 | 452 | 233 | 387 | 347 | 191 | 255 | 241 | 229 | 236 | 460 | 538 | 408 | 422 | 527 | 326 | 280 | 869 | 380 | 354 | 698 | 249 | 155 | 359 | 273 | 128 | 190 | 218 | 162 | 24 | 160 | 232 | 643 | 458 | 481 | 557 | 599 | 592 | 497 | 35 | 144 | 94 | 160 |
| 6 | 425 | 212 | 340 | 296 | 159 | 206 | 194 | 182 | 187 | 392 | 497 | 355 | 375 | 447 | 273 | 225 | 813 | 328 | 299 | 621 | 196 | 123 | 276 | 208 | 96 | 148 | 166 | 123 | 19 | 121 | 177 | 534 | 379 | 385 | 470 | 599 | 459 | 396 | 27 | 108 | 71 | 120 |
| 7 | 365 | 170 | 258 | 215 | 112 | 140 | 129 | 120 | 124 | 306 | 287 | 287 | 303 | 322 | 195 | 151 | 691 | 243 | 215 | 482 | 128 | 82 | 175 | 131 | 60 | 96 | 105 | 77 | 12 | 76 | 112 | 375 | 265 | 259 | 300 | 308 | 296 | 264 | 18 | 68 | 44 | 75 |
| 8 | 173 | 91 | 154 | 140 | 78 | 106 | 101 | 97 | 93 | 179 | 207 | 157 | 158 | 199 | 123 | 109 | 318 | 146 | 138 | 263 | 105 | 61 | 155 | 118 | 56 | 76 | 89 | 67 | 10 | 66 | 96 | 253 | 181 | 194 | 220 | 240 | 215 | 202 | 14 | 60 | 39 | 68 |
| 9 | 258 | 137 | 234 | 215 | 121 | 166 | 159 | 153 | 162 | 280 | 310 | 243 | 247 | 336 | 210 | 190 | 512 | 250 | 237 | 465 | 167 | 106 | 256 | 192 | 91 | 137 | 161 | 121 | 18 | 119 | 173 | 489 | 323 | 372 | 394 | 449 | 334 | 417 | 25 | 112 | 80 | 138 |
| 10 | 177 | 93 | 158 | 145 | 81 | 110 | 105 | 103 | 118 | 209 | 231 | 183 | 187 | 253 | 157 | 139 | 396 | 192 | 180 | 365 | 114 | 78 | 184 | 136 | 64 | 100 | 116 | 87 | 13 | 85 | 124 | 342 | 244 | 259 | 292 | 316 | 322 | 268 | 19 | 77 | 51 | 87 |
| 11 | 399 | 208 | 349 | 315 | 175 | 235 | 223 | 219 | 254 | 461 | 527 | 408 | 422 | 565 | 349 | 302 | 924 | 438 | 406 | 857 | 240 | 168 | 387 | 285 | 132 | 214 | 244 | 182 | 27 | 179 | 262 | 769 | 548 | 567 | 638 | 681 | 659 | 585 | 40 | 161 | 106 | 183 |
| 12 | 724 | 367 | 599 | 528 | 287 | 377 | 354 | 346 | 415 | 799 | 981 | 722 | 763 | 995 | 608 | 500 | 1823 | 813 | 731 | 1717 | 378 | 275 | 610 | 442 | 201 | 348 | 385 | 283 | 43 | 280 | 413 | 1380 | 976 | 966 | 1074 | 1115 | 1187 | 987 | 65 | 250 | 163 | 286 |
| 13 | 861 | 418 | 656 | 560 | 296 | 379 | 352 | 329 | 376 | 860 | 1221 | 799 | 872 | 973 | 588 | 460 | 2484 | 832 | 728 | 1674 | 353 | 250 | 524 | 377 | 170 | 303 | 331 | 242 | 37 | 240 | 355 | 1261 | 888 | 859 | 1117 | 975 | 1118 | 874 | 56 | 214 | 139 | 245 |
| 14 | 766 | 376 | 597 | 514 | 274 | 352 | 329 | 336 | 416 | 804 | 1072 | 743 | 806 | 1060 | 637 | 509 | 2153 | 928 | 801 | 2363 | 364 | 277 | 587 | 419 | 187 | 346 | 371 | 269 | 42 | 267 | 405 | 1743 | 1092 | 1087 | 1171 | 1147 | 1881 | 1114 | 66 | 242 | 160 | 288 |
| 15 | 324 | 173 | 297 | 274 | 155 | 215 | 206 | 202 | 227 | 389 | 418 | 338 | 343 | 469 | 293 | 266 | 702 | 348 | 331 | 645 | 223 | 149 | 360 | 270 | 128 | 193 | 227 | 171 | 26 | 168 | 248 | 691 | 546 | 552 | 659 | 659 | 758 | 693 | 36 | 168 | 120 | 207 |
| 16 | 175 | 93 | 158 | 144 | 81 | 111 | 106 | 104 | 119 | 207 | 227 | 181 | 185 | 251 | 156 | 139 | 387 | 189 | 178 | 357 | 114 | 78 | 185 | 138 | 65 | 100 | 117 | 88 | 13 | 86 | 125 | 378 | 242 | 282 | 291 | 335 | 579 | 319 | 19 | 82 | 59 | 102 |
| 17 | 592 | 309 | 519 | 469 | 261 | 351 | 333 | 327 | 380 | 686 | 780 | 607 | 626 | 839 | 519 | 450 | 1365 | 649 | 602 | 1266 | 359 | 250 | 579 | 427 | 198 | 320 | 365 | 272 | 41 | 268 | 392 | 1316 | 813 | 947 | 950 | 1087 | 1254 | 1088 | 59 | 257 | 186 | 326 |
| 18 | 444 | 229 | 381 | 341 | 188 | 251 | 237 | 234 | 275 | 505 | 590 | 450 | 469 | 622 | 383 | 328 | 1055 | 491 | 450 | 996 | 256 | 182 | 413 | 302 | 139 | 231 | 261 | 193 | 31 | 193 | 303 | 1217 | 614 | 824 | 698 | 902 | 1168 | 972 | 47 | 203 | 149 | 266 |
| 19 | 561 | 286 | 468 | 414 | 225 | 308 | 313 | 329 | 402 | 754 | 756 | 632 | 668 | 988 | 598 | 489 | 1545 | 837 | 737 | 1972 | 358 | 268 | 577 | 415 | 187 | 336 | 365 | 266 | 42 | 264 | 403 | 2061 | 1007 | 1249 | 1064 | 1269 | 1559 | 1541 | 65 | 268 | 200 | 363 |
| 20 | 228 | 122 | 210 | 194 | 110 | 152 | 154 | 158 | 178 | 282 | 294 | 239 | 242 | 345 | 216 | 209 | 494 | 256 | 256 | 482 | 174 | 117 | 281 | 211 | 99 | 151 | 177 | 130 | 22 | 139 | 211 | 606 | 374 | 485 | 449 | 574 | 470 | 634 | 31 | 144 | 103 | 179 |
| 21 | 172 | 92 | 156 | 143 | 81 | 110 | 112 | 116 | 132 | 211 | 224 | 179 | 182 | 260 | 163 | 156 | 381 | 197 | 196 | 378 | 127 | 87 | 206 | 153 | 71 | 99 | 130 | 99 | 16 | 90 | 157 | 374 | 290 | 384 | 339 | 441 | 427 | 530 | 24 | 107 | 78 | 137 |
| 22 | 229 | 121 | 205 | 187 | 105 | 143 | 145 | 145 | 174 | 278 | 299 | 299 | 346 | 346 | 260 | 206 | 560 | 264 | 260 | 517 | 165 | 114 | 252 | 197 | 91 | 147 | 168 | 128 | 21 | 133 | 206 | 681 | 394 | 530 | 452 | 595 | 523 | 768 | 32 | 142 | 103 | 183 |
| 23 | 445 | 230 | 381 | 341 | 18 | 250 | 246 | 257 | 305 | 549 | 592 | 460 | 477 | 701 | 429 | 366 | 1060 | 563 | 511 | 1195 | 280 | 202 | 452 | 329 | 150 | 256 | 285 | 210 | 36 | 217 | 343 | 1571 | 733 | 1008 | 793 | 1062 | 2821 | 1530 | 54 | 197 | 145 | 308 |
| 24 | 314 | 164 | 277 | 251 | 139 | 192 | 196 | 204 | 257 | 460 | 413 | 324 | 333 | 486 | 302 | 286 | 719 | 378 | 377 | 759 | 223 | 144 | 361 | 265 | 122 | 202 | 228 | 165 | 30 | 170 | 284 | 1036 | 570 | 788 | 635 | 853 | 2641 | 1244 | 44 | 197 | 127 | 223 |
| 25 | 262 | 140 | 240 | 222 | 126 | 185 | 187 | 193 | 219 | 347 | 291 | 294 | 427 | 470 | 267 | 257 | 665 | 320 | 319 | 607 | 212 | 156 | 343 | 270 | 126 | 186 | 216 | 165 | 29 | 170 | 281 | 771 | 531 | 613 | 556 | 716 | 344 | 820 | 39 | 177 | 140 | 248 |
| 26 | 285 | 151 | 258 | 236 | 133 | 199 | 199 | 205 | 237 | 379 | 370 | 317 | 323 | 253 | 293 | 150 | 363 | 195 | 195 | 696 | 225 | 83 | 365 | 140 | 65 | 200 | 120 | 91 | 16 | 182 | 149 | 910 | 293 | 711 | 613 | 804 | 371 | 1013 | 43 | 193 | 76 | 135 |
| 27 | 152 | 80 | 136 | 124 | 69 | 102 | 104 | 108 | 126 | 202 | 198 | 169 | 174 | 253 | 157 | 150 | 334 | 180 | 180 | 388 | 118 | 78 | 191 | 134 | 62 | 106 | 120 | 87 | 15 | 91 | 141 | 462 | 268 | 360 | 308 | 405 | 344 | 520 | 22 | 97 | 70 | 125 |
| 28 | 143 | 76 | 129 | 118 | 66 | 97 | 99 | 102 | 119 | 190 | 185 | 159 | 162 | 236 | 147 | 140 | 334 | 106 | 106 | 351 | 112 | 78 | 182 | 134 | 62 | 100 | 115 | 87 | 15 | 91 | 141 | 268 | 156 | 207 | 183 | 238 | 191 | 520 | 22 | 97 | 70 | 125 |
| 29 | 85 | 45 | 78 | 71 | 40 | 59 | 60 | 62 | 71 | 113 | 111 | 95 | 96 | 140 | 88 | 84 | 197 | 106 | 106 | 204 | 68 | 47 | 110 | 82 | 38 | 70 | 115 | 53 | 9 | 55 | 84 | 264 | 156 | 207 | 183 | 238 | 191 | 288 | 13 | 58 | 42 | 74 |

表 10

2020 年郑州市郑东新区间与老城区出行产生分布（单位：PCU/d）

| 小区 | 1 | 2 | 3 | 4 | 5 | 6 | 7 | 8 | 9 | 10 | 11 | 12 | 13 | 14 | 15 | 16 | 17 | 18 | 19 | 20 | 21 | 22 | 23 | 24 | 25 | 26 | 27 | 28 | 29 |
|---|---|---|---|---|---|---|---|---|---|---|---|---|---|---|---|---|---|---|---|---|---|---|---|---|---|---|---|---|---|
| 30 | 354 | 567 | 972 | 1964 | 444 | 476 | 451 | 131 | 239 | 167 | 459 | 1041 | 1234 | 1132 | 333 | 173 | 841 | 592 | 788 | 230 | 181 | 262 | 581 | 372 | 282 | 315 | 139 | 114 | 58 |
| 31 | 303 | 458 | 717 | 1118 | 346 | 351 | 303 | 105 | 195 | 135 | 363 | 788 | 876 | 818 | 274 | 140 | 667 | 461 | 601 | 189 | 147 | 211 | 452 | 296 | 232 | 256 | 112 | 92 | 47 |
| 32 | 351 | 522 | 814 | 1331 | 446 | 445 | 374 | 137 | 256 | 176 | 471 | 1007 | 1098 | 1030 | 359 | 184 | 865 | 595 | 770 | 249 | 192 | 276 | 583 | 385 | 304 | 335 | 146 | 120 | 62 |
| 33 | 284 | 415 | 627 | 974 | 366 | 355 | 287 | 114 | 215 | 146 | 389 | 813 | 862 | 814 | 303 | 154 | 715 | 487 | 624 | 210 | 161 | 230 | 477 | 319 | 257 | 281 | 122 | 101 | 52 |
| 34 | 299 | 428 | 614 | 896 | 367 | 349 | 273 | 116 | 221 | 150 | 393 | 807 | 835 | 794 | 313 | 158 | 725 | 490 | 621 | 217 | 166 | 235 | 480 | 324 | 265 | 288 | 124 | 103 | 54 |
| 35 | 260 | 367 | 516 | 706 | 317 | 294 | 223 | 102 | 196 | 132 | 343 | 688 | 693 | 663 | 280 | 140 | 632 | 423 | 531 | 194 | 147 | 207 | 414 | 283 | 244 | 264 | 114 | 95 | 49 |
| 36 | 293 | 412 | 579 | 776 | 356 | 328 | 246 | 114 | 221 | 148 | 384 | 767 | 769 | 737 | 316 | 157 | 708 | 474 | 600 | 219 | 166 | 233 | 469 | 324 | 284 | 308 | 133 | 111 | 58 |
| 37 | 252 | 352 | 490 | 650 | 309 | 282 | 209 | 100 | 194 | 130 | 335 | 662 | 657 | 677 | 278 | 138 | 618 | 417 | 575 | 205 | 156 | 220 | 447 | 307 | 267 | 291 | 126 | 104 | 54 |
| 38 | 212 | 292 | 396 | 515 | 274 | 245 | 179 | 87 | 185 | 135 | 351 | 708 | 625 | 766 | 288 | 144 | 658 | 450 | 636 | 214 | 164 | 233 | 487 | 330 | 279 | 308 | 134 | 111 | 57 |
| 39 | 233 | 305 | 443 | 650 | 327 | 321 | 279 | 98 | 187 | 141 | 382 | 832 | 905 | 865 | 287 | 148 | 702 | 486 | 669 | 199 | 155 | 222 | 499 | 312 | 251 | 278 | 122 | 100 | 52 |
| 40 | 336 | 529 | 869 | 156 | 458 | 487 | 522 | 132 | 243 | 187 | 522 | 1227 | 1544 | 1392 | 368 | 193 | 955 | 681 | 924 | 253 | 202 | 294 | 669 | 422 | 311 | 351 | 156 | 127 | 65 |
| 41 | 170 | 225 | 332 | 499 | 238 | 239 | 217 | 70 | 133 | 102 | 278 | 619 | 695 | 660 | 204 | 106 | 509 | 356 | 493 | 141 | 111 | 160 | 364 | 226 | 178 | 198 | 88 | 72 | 37 |
| 42 | 180 | 239 | 356 | 542 | 257 | 263 | 237 | 74 | 141 | 109 | 299 | 679 | 783 | 739 | 216 | 113 | 548 | 386 | 541 | 149 | 118 | 171 | 395 | 243 | 188 | 211 | 94 | 76 | 39 |
| 43 | 172 | 225 | 322 | 462 | 248 | 239 | 197 | 74 | 149 | 113 | 307 | 671 | 661 | 740 | 230 | 118 | 564 | 391 | 577 | 162 | 126 | 182 | 425 | 262 | 211 | 237 | 105 | 85 | 44 |
| 44 | 158 | 206 | 292 | 415 | 235 | 226 | 181 | 68 | 142 | 108 | 292 | 636 | 625 | 751 | 220 | 113 | 538 | 381 | 578 | 163 | 129 | 187 | 424 | 272 | 216 | 244 | 109 | 88 | 45 |
| 45 | 142 | 184 | 253 | 347 | 213 | 196 | 148 | 64 | 137 | 101 | 267 | 557 | 515 | 630 | 213 | 108 | 501 | 348 | 507 | 158 | 123 | 177 | 381 | 253 | 208 | 232 | 103 | 84 | 43 |
| 46 | 299 | 399 | 610 | 963 | 444 | 479 | 459 | 124 | 246 | 197 | 566 | 1431 | 1887 | 1796 | 378 | 202 | 1032 | 755 | 1063 | 260 | 210 | 311 | 744 | 453 | 320 | 366 | 165 | 133 | 67 |
| 47 | 184 | 242 | 350 | 510 | 275 | 273 | 229 | 81 | 170 | 132 | 369 | 865 | 893 | 1156 | 261 | 137 | 677 | 494 | 809 | 189 | 151 | 223 | 566 | 331 | 252 | 290 | 132 | 105 | 53 |
| 48 | 173 | 226 | 323 | 463 | 259 | 252 | 205 | 77 | 165 | 126 | 347 | 788 | 792 | 1044 | 254 | 133 | 650 | 470 | 753 | 191 | 153 | 225 | 534 | 335 | 254 | 294 | 133 | 107 | 53 |
| 49 | 222 | 294 | 437 | 664 | 330 | 343 | 307 | 95 | 208 | 164 | 475 | 1226 | 1226 | 2313 | 318 | 171 | 890 | 681 | 1273 | 230 | 189 | 284 | 815 | 435 | 300 | 353 | 164 | 129 | 64 |
| 50 | 190 | 264 | 365 | 483 | 234 | 212 | 156 | 76 | 148 | 99 | 253 | 498 | 492 | 509 | 212 | 105 | 468 | 316 | 434 | 157 | 167 | 233 | 338 | 233 | 203 | 221 | 95 | 79 | 41 |
| 51 | 171 | 234 | 316 | 409 | 230 | 206 | 150 | 71 | 156 | 114 | 297 | 601 | 526 | 653 | 243 | 122 | 557 | 382 | 541 | 180 | 139 | 236 | 413 | 280 | 236 | 260 | 114 | 94 | 48 |
| 52 | 173 | 238 | 322 | 418 | 217 | 192 | 138 | 72 | 141 | 97 | 246 | 479 | 442 | 493 | 211 | 104 | 463 | 311 | 423 | 157 | 118 | 197 | 331 | 231 | 203 | 290 | 94 | 79 | 41 |
| 53 | 153 | 209 | 281 | 363 | 193 | 170 | 121 | 64 | 126 | 84 | 213 | 408 | 388 | 412 | 185 | 91 | 399 | 266 | 358 | 103 | 103 | 166 | 282 | 198 | 177 | 190 | 81 | 68 | 36 |
| 54 | 107 | 145 | 193 | 247 | 137 | 119 | 83 | 46 | 91 | 60 | 150 | 285 | 270 | 277 | 132 | 64 | 279 | 184 | 244 | 101 | 75 | 143 | 198 | 144 | 130 | 139 | 59 | 50 | 26 |
| 55 | 142 | 191 | 252 | 320 | 197 | 171 | 121 | 62 | 138 | 99 | 216 | 494 | 426 | 426 | 214 | 106 | 474 | 319 | 438 | 171 | 131 | 185 | 341 | 261 | 223 | 245 | 106 | 88 | 45 |
| 56 | 134 | 180 | 238 | 302 | 172 | 147 | 103 | 55 | 120 | 85 | 216 | 415 | 356 | 421 | 188 | 92 | 406 | 272 | 365 | 152 | 116 | 163 | 295 | 228 | 198 | 216 | 93 | 77 | 40 |
| 57 | 125 | 168 | 221 | 279 | 162 | 138 | 96 | 55 | 115 | 81 | 204 | 388 | 331 | 389 | 179 | 87 | 383 | 261 | 345 | 147 | 111 | 157 | 282 | 218 | 191 | 207 | 89 | 74 | 39 |
| 58 | 175 | 235 | 309 | 390 | 246 | 213 | 150 | 78 | 173 | 124 | 315 | 612 | 527 | 629 | 285 | 135 | 600 | 441 | 604 | 237 | 183 | 262 | 487 | 373 | 311 | 345 | 151 | 124 | 64 |

续表

| 小区 | 1 | 2 | 3 | 4 | 5 | 6 | 7 | 8 | 9 | 10 | 11 | 12 | 13 | 14 | 15 | 16 | 17 | 18 | 19 | 20 | 21 | 22 | 23 | 24 | 25 | 26 | 27 | 28 | 29 |
|---|---|---|---|---|---|---|---|---|---|---|---|---|---|---|---|---|---|---|---|---|---|---|---|---|---|---|---|---|---|
| 59 | 157 | 210 | 274 | 344 | 213 | 181 | 125 | 70 | 153 | 108 | 272 | 518 | 442 | 518 | 251 | 118 | 517 | 374 | 501 | 207 | 158 | 223 | 407 | 314 | 270 | 295 | 128 | 106 | 55 |
| 60 | 94 | 121 | 158 | 206 | 142 | 122 | 86 | 45 | 103 | 73 | 185 | 360 | 309 | 370 | 169 | 80 | 356 | 262 | 361 | 141 | 109 | 156 | 290 | 222 | 184 | 205 | 90 | 74 | 38 |
| 61 | 211 | 274 | 389 | 552 | 315 | 303 | 243 | 95 | 223 | 160 | 441 | 1007 | 935 | 1347 | 355 | 184 | 926 | 813 | 1483 | 314 | 269 | 416 | 1036 | 674 | 430 | 533 | 259 | 196 | 94 |
| 62 | 136 | 176 | 248 | 349 | 203 | 193 | 153 | 61 | 136 | 103 | 283 | 636 | 585 | 823 | 210 | 109 | 530 | 382 | 617 | 172 | 140 | 209 | 441 | 316 | 231 | 271 | 125 | 99 | 49 |
| 63 | 182 | 234 | 324 | 446 | 272 | 252 | 192 | 84 | 193 | 139 | 375 | 810 | 731 | 973 | 316 | 156 | 750 | 614 | 980 | 275 | 228 | 345 | 734 | 534 | 372 | 445 | 209 | 163 | 80 |
| 64 | 177 | 229 | 316 | 433 | 266 | 246 | 186 | 80 | 179 | 133 | 355 | 754 | 674 | 881 | 276 | 141 | 665 | 467 | 694 | 218 | 173 | 252 | 515 | 368 | 289 | 329 | 148 | 119 | 60 |
| 65 | 123 | 158 | 214 | 290 | 184 | 167 | 123 | 57 | 129 | 93 | 245 | 505 | 447 | 566 | 211 | 103 | 479 | 374 | 555 | 180 | 145 | 214 | 431 | 319 | 241 | 279 | 127 | 101 | 51 |
| 66 | 272 | 347 | 465 | 618 | 409 | 361 | 261 | 131 | 328 | 212 | 552 | 111 | 975 | 1207 | 563 | 262 | 1235 | 976 | 1477 | 487 | 399 | 598 | 1198 | 913 | 655 | 775 | 360 | 283 | 140 |
| 67 | 231 | 297 | 410 | 561 | 346 | 319 | 241 | 107 | 272 | 178 | 476 | 1017 | 912 | 1200 | 495 | 222 | 1097 | 931 | 1584 | 444 | 389 | 617 | 1419 | 1041 | 614 | 783 | 393 | 290 | 137 |
| 68 | 120 | 154 | 206 | 275 | 180 | 160 | 116 | 56 | 125 | 91 | 238 | 480 | 420 | 520 | 204 | 98 | 446 | 338 | 482 | 172 | 136 | 198 | 381 | 289 | 228 | 259 | 116 | 94 | 48 |
| 69 | 124 | 157 | 207 | 271 | 186 | 161 | 113 | 59 | 139 | 95 | 243 | 474 | 409 | 490 | 229 | 109 | 489 | 364 | 508 | 191 | 149 | 215 | 406 | 309 | 252 | 282 | 125 | 102 | 52 |
| 70 | 216 | 274 | 360 | 468 | 326 | 279 | 195 | 106 | 251 | 169 | 430 | 832 | 714 | 849 | 439 | 195 | 876 | 649 | 898 | 369 | 290 | 420 | 786 | 609 | 487 | 550 | 245 | 199 | 101 |
| 71 | 43 | 54 | 72 | 93 | 64 | 56 | 39 | 21 | 50 | 34 | 86 | 168 | 145 | 174 | 91 | 39 | 179 | 134 | 187 | 78 | 62 | 91 | 175 | 134 | 103 | 119 | 54 | 43 | 22 |

表11　2020年郑州市郑东新区内部交通小区OD分布（单位：PCU/d）

| 小区 | 30 | 31 | 32 | 33 | 34 | 35 | 36 | 37 | 38 | 39 | 40 | 41 | 42 | 43 | 44 | 45 | 46 | 47 | 48 | 49 | 50 | 51 | 52 | 53 | 54 | 55 | 56 | 57 | 58 | 59 | 60 | 61 | 62 | 63 | 64 | 65 | 66 | 67 | 68 | 69 | 70 | 71 |
|---|---|---|---|---|---|---|---|---|---|---|---|---|---|---|---|---|---|---|---|---|---|---|---|---|---|---|---|---|---|---|---|---|---|---|---|---|---|---|---|---|---|---|
| 30 | 2451 | 706 | 761 | 546 | 258 | 297 | 267 | 240 | 199 | 389 | 892 | 357 | 348 | 404 | 223 | 185 | 696 | 270 | 243 | 517 | 253 | 116 | 328 | 242 | 108 | 121 | 155 | 113 | 16 | 102 | 138 | 431 | 305 | 306 | 355 | 370 | 359 | 314 | 21 | 84 | 55 | 71 |
| 31 | 807 | 1222 | 869 | 576 | 261 | 293 | 272 | 242 | 195 | 313 | 636 | 286 | 278 | 329 | 183 | 176 | 499 | 204 | 186 | 382 | 254 | 114 | 321 | 236 | 104 | 116 | 149 | 108 | 15 | 97 | 126 | 331 | 235 | 240 | 285 | 300 | 286 | 247 | 18 | 74 | 47 | 78 |
| 32 | 844 | 594 | 2983 | 1368 | 514 | 517 | 385 | 341 | 280 | 401 | 771 | 364 | 355 | 423 | 237 | 271 | 637 | 263 | 241 | 484 | 328 | 155 | 407 | 300 | 133 | 149 | 192 | 139 | 20 | 126 | 163 | 425 | 302 | 310 | 379 | 392 | 372 | 319 | 23 | 97 | 61 | 102 |
| 33 | 564 | 371 | 1249 | 2572 | 715 | 598 | 414 | 358 | 317 | 317 | 552 | 285 | 278 | 337 | 220 | 271 | 500 | 211 | 195 | 386 | 337 | 155 | 404 | 296 | 130 | 144 | 186 | 134 | 19 | 121 | 156 | 345 | 255 | 262 | 366 | 356 | 330 | 262 | 22 | 92 | 58 | 96 |
| 34 | 490 | 313 | 856 | 1304 | 1661 | 952 | 573 | 479 | 362 | 309 | 501 | 276 | 269 | 360 | 267 | 336 | 485 | 224 | 231 | 379 | 435 | 192 | 481 | 344 | 165 | 168 | 213 | 154 | 22 | 140 | 180 | 345 | 302 | 309 | 437 | 419 | 380 | 268 | 25 | 105 | 66 | 116 |
| 35 | 368 | 236 | 556 | 704 | 615 | 2324 | 879 | 663 | 445 | 339 | 389 | 243 | 223 | 396 | 300 | 393 | 402 | 244 | 301 | 421 | 553 | 224 | 554 | 389 | 165 | 184 | 233 | 166 | 24 | 150 | 191 | 335 | 328 | 330 | 477 | 447 | 509 | 331 | 35 | 141 | 69 | 116 |
| 36 | 364 | 255 | 483 | 569 | 433 | 1024 | 2598 | 1386 | 679 | 403 | 382 | 287 | 261 | 471 | 362 | 483 | 441 | 290 | 301 | 858 | 967 | 312 | 800 | 497 | 208 | 247 | 307 | 217 | 31 | 196 | 247 | 396 | 390 | 391 | 561 | 569 | 492 | 318 | 35 | 137 | 88 | 147 |
| 37 | 302 | 208 | 391 | 451 | 331 | 706 | 1386 | 2345 | 775 | 399 | 321 | 281 | 254 | 466 | 364 | 501 | 474 | 285 | 285 | 410 | 1231 | 330 | 839 | 483 | 198 | 245 | 286 | 237 | 36 | 192 | 241 | 381 | 383 | 379 | 561 | 561 | 492 | 354 | 35 | 137 | 91 | 152 |
| 38 | 235 | 156 | 305 | 341 | 239 | 458 | 576 | 719 | 2415 | 261 | 290 | 289 | 281 | 458 | 445 | 681 | 474 | 285 | 326 | 356 | 475 | 174 | 401 | 259 | 109 | 150 | 286 | 129 | 19 | 119 | 171 | 411 | 397 | 379 | 456 | 438 | 419 | 326 | 28 | 102 | 66 | 152 |
| 39 | 281 | 142 | 250 | 215 | 141 | 249 | 250 | 276 | 312 | 2972 | 571 | 530 | 571 | 617 | 303 | 324 | 813 | 326 | 356 | 548 | 633 | 212 | 285 | 212 | 96 | 140 | 153 | 112 | 17 | 111 | 163 | 397 | 359 | 355 | 436 | 483 | 326 | 326 | 28 | 148 | 91 | 113 |
| 40 | 754 | 339 | 576 | 447 | 221 | 265 | 218 | 200 | 198 | 571 | 3188 | 546 | 530 | 571 | 303 | 190 | 941 | 340 | 302 | 633 | 212 | 502 | 212 | 147 | 63 | 102 | 109 | 79 | 12 | 79 | 117 | 305 | 271 | 259 | 330 | 330 | 286 | 230 | 19 | 70 | 45 | 110 |
| 41 | 216 | 109 | 190 | 162 | 85 | 135 | 135 | 162 | 146 | 679 | 399 | 1688 | 768 | 617 | 275 | 190 | 670 | 283 | 244 | 422 | 157 | 94 | 222 | 147 | 63 | 102 | 109 | 79 | 12 | 79 | 117 | 305 | 271 | 259 | 330 | 330 | 286 | 230 | 19 | 70 | 45 | 77 |

续表

| 小区 | 30 | 31 | 32 | 33 | 34 | 35 | 36 | 37 | 38 | 39 | 40 | 41 | 42 | 43 | 44 | 45 | 46 | 47 | 48 | 49 | 50 | 51 | 52 | 53 | 54 | 55 | 56 | 57 | 58 | 59 | 60 | 61 | 62 | 63 | 64 | 65 | 66 | 67 | 68 | 69 | 70 | 71 |
|---|---|---|---|---|---|---|---|---|---|---|---|---|---|---|---|---|---|---|---|---|---|---|---|---|---|---|---|---|---|---|---|---|---|---|---|---|---|---|---|---|---|---|
| 42 | 221 | 111 | 194 | 165 | 87 | 128 | 128 | 138 | 152 | 547 | 407 | 854 | 1692 | 632 | 302 | 205 | 806 | 326 | 276 | 483 | 148 | 99 | 211 | 142 | 61 | 112 | 118 | 85 | 13 | 85 | 126 | 335 | 301 | 284 | 363 | 360 | 309 | 251 | 21 | 75 | 48 | 83 |
| 43 | 199 | 102 | 179 | 164 | 110 | 194 | 195 | 215 | 242 | 720 | 333 | 491 | 478 | 2747 | 444 | 275 | 586 | 445 | 366 | 494 | 229 | 136 | 313 | 203 | 85 | 138 | 145 | 104 | 16 | 103 | 154 | 366 | 386 | 355 | 459 | 448 | 379 | 296 | 26 | 91 | 59 | 101 |
| 44 | 163 | 84 | 149 | 157 | 105 | 185 | 187 | 207 | 283 | 409 | 261 | 344 | 356 | 642 | 1683 | 476 | 550 | 481 | 480 | 510 | 220 | 195 | 317 | 214 | 89 | 157 | 172 | 122 | 18 | 113 | 167 | 405 | 464 | 406 | 546 | 506 | 415 | 324 | 29 | 98 | 63 | 109 |
| 45 | 142 | 86 | 180 | 198 | 135 | 247 | 253 | 288 | 425 | 297 | 210 | 249 | 254 | 422 | 499 | 1791 | 412 | 305 | 327 | 404 | 301 | 287 | 402 | 264 | 107 | 186 | 213 | 148 | 22 | 133 | 177 | 350 | 403 | 369 | 617 | 500 | 415 | 285 | 28 | 100 | 63 | 110 |
| 46 | 368 | 179 | 282 | 242 | 128 | 170 | 169 | 181 | 227 | 592 | 565 | 585 | 692 | 690 | 404 | 285 | 4702 | 691 | 549 | 1165 | 195 | 152 | 297 | 209 | 91 | 172 | 182 | 131 | 21 | 131 | 194 | 663 | 562 | 508 | 563 | 557 | 510 | 474 | 32 | 115 | 74 | 128 |
| 47 | 200 | 101 | 163 | 143 | 89 | 151 | 159 | 172 | 233 | 449 | 289 | 378 | 392 | 657 | 504 | 299 | 977 | 1904 | 1037 | 914 | 185 | 158 | 282 | 194 | 82 | 170 | 172 | 122 | 20 | 122 | 184 | 551 | 729 | 567 | 604 | 563 | 470 | 427 | 32 | 107 | 69 | 119 |
| 48 | 182 | 92 | 151 | 145 | 96 | 165 | 176 | 192 | 269 | 386 | 260 | 325 | 334 | 548 | 510 | 353 | 785 | 1037 | 1895 | 783 | 206 | 184 | 312 | 213 | 89 | 193 | 190 | 134 | 22 | 134 | 203 | 562 | 990 | 681 | 715 | 644 | 523 | 435 | 36 | 117 | 75 | 130 |
| 49 | 257 | 127 | 203 | 176 | 94 | 145 | 148 | 159 | 207 | 436 | 356 | 367 | 410 | 622 | 361 | 261 | 1199 | 660 | 505 | 3450 | 172 | 140 | 275 | 192 | 84 | 171 | 175 | 124 | 20 | 124 | 187 | 837 | 679 | 553 | 594 | 563 | 541 | 538 | 32 | 109 | 70 | 125 |
| 50 | 223 | 152 | 260 | 293 | 208 | 408 | 612 | 851 | 537 | 297 | 238 | 210 | 190 | 346 | 268 | 364 | 321 | 213 | 221 | 307 | 2023 | 241 | 702 | 440 | 176 | 199 | 246 | 172 | 25 | 154 | 193 | 287 | 286 | 284 | 418 | 426 | 392 | 240 | 28 | 109 | 67 | 112 |
| 51 | 186 | 122 | 213 | 233 | 158 | 287 | 334 | 385 | 702 | 303 | 209 | 235 | 237 | 381 | 368 | 561 | 398 | 278 | 309 | 406 | 447 | 1258 | 770 | 464 | 175 | 309 | 378 | 251 | 37 | 220 | 264 | 366 | 391 | 374 | 587 | 583 | 520 | 302 | 39 | 144 | 87 | 146 |
| 52 | 191 | 126 | 217 | 238 | 150 | 267 | 310 | 354 | 389 | 263 | 208 | 190 | 173 | 307 | 232 | 300 | 297 | 195 | 210 | 295 | 457 | 281 | 3394 | 658 | 223 | 314 | 391 | 258 | 38 | 222 | 266 | 278 | 272 | 274 | 453 | 464 | 425 | 238 | 33 | 142 | 86 | 126 |
| 53 | 164 | 107 | 186 | 202 | 127 | 223 | 252 | 250 | 260 | 205 | 180 | 151 | 144 | 239 | 185 | 231 | 247 | 159 | 170 | 244 | 335 | 198 | 767 | 2476 | 318 | 270 | 476 | 299 | 33 | 221 | 243 | 233 | 223 | 227 | 363 | 377 | 350 | 200 | 29 | 126 | 77 | 112 |
| 54 | 111 | 71 | 124 | 133 | 83 | 143 | 157 | 156 | 157 | 136 | 123 | 101 | 96 | 159 | 119 | 143 | 166 | 105 | 111 | 162 | 203 | 113 | 394 | 483 | 952 | 158 | 272 | 215 | 20 | 185 | 206 | 158 | 146 | 160 | 233 | 258 | 247 | 143 | 19 | 113 | 64 | 92 |
| 55 | 143 | 91 | 159 | 169 | 105 | 178 | 200 | 218 | 199 | 202 | 160 | 169 | 169 | 260 | 282 | 282 | 309 | 265 | 263 | 309 | 266 | 203 | 638 | 469 | 181 | 1649 | 672 | 395 | 86 | 415 | 305 | 299 | 299 | 333 | 543 | 587 | 529 | 281 | 52 | 167 | 99 | 142 |
| 56 | 135 | 86 | 150 | 163 | 100 | 168 | 183 | 198 | 243 | 185 | 151 | 147 | 147 | 190 | 190 | 238 | 252 | 163 | 174 | 249 | 229 | 172 | 582 | 606 | 229 | 492 | 1981 | 780 | 46 | 569 | 391 | 258 | 234 | 278 | 402 | 469 | 437 | 239 | 35 | 173 | 99 | 135 |
| 57 | 124 | 79 | 137 | 146 | 90 | 151 | 163 | 175 | 211 | 170 | 140 | 135 | 135 | 171 | 210 | 210 | 233 | 149 | 248 | 267 | 212 | 172 | 485 | 481 | 228 | 366 | 984 | 1539 | 298 | 636 | 244 | 213 | 261 | 359 | 436 | 409 | 227 | 416 | 35 | 167 | 113 | 135 |
| 58 | 174 | 110 | 204 | 127 | 127 | 212 | 236 | 255 | 309 | 248 | 197 | 208 | 207 | 314 | 248 | 308 | 378 | 248 | 267 | 376 | 309 | 255 | 709 | 526 | 270 | 791 | 678 | 473 | 88 | 1988 | 843 | 446 | 408 | 509 | 520 | 671 | 823 | 334 | 56 | 285 | 160 | 270 |
| 59 | 153 | 96 | 168 | 177 | 109 | 199 | 199 | 253 | 260 | 213 | 185 | 171 | 171 | 260 | 210 | 255 | 207 | 198 | 211 | 305 | 256 | 202 | 558 | 490 | 130 | 503 | 709 | 783 | 298 | 636 | 740 | 359 | 317 | 392 | 401 | 559 | 620 | 249 | 53 | 276 | 151 | 209 |
| 60 | 87 | 54 | 95 | 99 | 61 | 101 | 110 | 117 | 109 | 205 | 180 | 151 | 144 | 185 | 180 | 231 | 255 | 198 | 211 | 256 | 139 | 106 | 290 | 233 | 86 | 232 | 285 | 233 | 47 | 321 | 1719 | 267 | 243 | 307 | 401 | 766 | 829 | 912 | 39 | 285 | 97 | 178 |
| 61 | 217 | 111 | 182 | 161 | 88 | 143 | 136 | 158 | 199 | 319 | 293 | 268 | 284 | 421 | 271 | 245 | 668 | 378 | 392 | 309 | 159 | 137 | 324 | 304 | 128 | 314 | 290 | 205 | 24 | 117 | 202 | 4571 | 782 | 882 | 712 | 766 | 829 | 448 | 38 | 114 | 73 | 180 |
| 62 | 138 | 71 | 116 | 115 | 75 | 128 | 142 | 148 | 201 | 257 | 185 | 216 | 219 | 349 | 292 | 260 | 486 | 446 | 598 | 600 | 171 | 153 | 325 | 312 | 90 | 208 | 199 | 144 | 21 | 166 | 305 | 594 | 2213 | 657 | 804 | 688 | 545 | 857 | 54 | 192 | 126 | 222 |
| 63 | 177 | 92 | 152 | 147 | 96 | 160 | 168 | 180 | 233 | 306 | 236 | 257 | 259 | 404 | 318 | 292 | 553 | 436 | 518 | 658 | 159 | 137 | 659 | 455 | 128 | 419 | 418 | 307 | 31 | 168 | 290 | 1024 | 1134 | 3846 | 816 | 1438 | 1104 | 446 | 54 | 193 | 121 | 215 |
| 64 | 172 | 93 | 171 | 183 | 121 | 209 | 224 | 245 | 346 | 336 | 244 | 282 | 285 | 448 | 391 | 459 | 520 | 399 | 469 | 581 | 194 | 157 | 324 | 304 | 196 | 192 | 206 | 201 | 39 | 201 | 349 | 553 | 768 | 657 | 4432 | 1246 | 797 | 430 | 70 | 203 | 125 | 226 |
| 65 | 116 | 66 | 116 | 115 | 85 | 128 | 142 | 153 | 186 | 216 | 162 | 181 | 182 | 282 | 459 | 233 | 663 | 240 | 425 | 793 | 153 | 131 | 325 | 232 | 104 | 294 | 294 | 208 | 33 | 166 | 305 | 492 | 479 | 796 | 804 | 3933 | 933 | 857 | 66 | 203 | 149 | 226 |
| 66 | 248 | 147 | 258 | 272 | 168 | 279 | 307 | 328 | 390 | 415 | 325 | 347 | 348 | 531 | 394 | 470 | 674 | 430 | 234 | 323 | 186 | 179 | 355 | 260 | 117 | 229 | 248 | 203 | 65 | 273 | 572 | 1281 | 685 | 477 | 722 | 1082 | 14225 | 3018 | 46 | 193 | 149 | 282 |
| 67 | 223 | 116 | 193 | 173 | 103 | 169 | 175 | 185 | 229 | 345 | 296 | 289 | 296 | 446 | 306 | 280 | 663 | 413 | 425 | 294 | 201 | 131 | 313 | 238 | 141 | 192 | 206 | 213 | 29 | 166 | 384 | 388 | 395 | 456 | 501 | 871 | 753 | 358 | 250 | 248 | 137 | 212 |
| 68 | 115 | 73 | 128 | 136 | 85 | 142 | 160 | 173 | 212 | 187 | 153 | 166 | 167 | 257 | 199 | 260 | 305 | 212 | 234 | 294 | 179 | 179 | 355 | 238 | 217 | 229 | 248 | 203 | 65 | 263 | 562 | 384 | 326 | 456 | 501 | 1347 | 1530 | 355 | 50 | 193 | 302 | 308 |
| 69 | 109 | 68 | 119 | 125 | 77 | 126 | 137 | 146 | 170 | 187 | 149 | 157 | 157 | 237 | 173 | 203 | 286 | 188 | 203 | 294 | 173 | 131 | 313 | 238 | 141 | 365 | 402 | 318 | 42 | 236 | 810 | 673 | 536 | 737 | 815 | 1347 | 1530 | 675 | 78 | 1458 | 1812 | 978 |
| 70 | 189 | 117 | 206 | 214 | 132 | 215 | 232 | 245 | 284 | 319 | 256 | 267 | 267 | 402 | 291 | 337 | 487 | 316 | 338 | 504 | 290 | 215 | 520 | 397 | 217 | 365 | 402 | 318 | 64 | 373 | 810 | 536 | 479 | 456 | 501 | 281 | 368 | 155 | 15 | 827 | 302 | 574 |
| 71 | 38 | 23 | 41 | 43 | 26 | 43 | 46 | 49 | 57 | 64 | 51 | 53 | 53 | 80 | 58 | 68 | 97 | 64 | 68 | 104 | 58 | 44 | 97 | 68 | 36 | 59 | 66 | 50 | 10 | 57 | 112 | 109 | 97 | 156 | 166 | 281 | 368 | 155 | 15 | 98 | 114 | 574 |

### 6. 交通量分配预测

按照容量限制—多路径预测方法，我们显然需要首先计算路段通行能力。根据 $C_p = C_B K_1 K_2 \cdots K_n$ 以及郑州市郑东新区规划道路的长度、宽度、速度等，我们可以计算郑州市郑东新区规划路网的道路通行能力，如图 5 所示。

以图 5 的容量限制为基础，我们将前面得到的交通分布流按阶段分配到道路网上。分配时我们假设某阶段所涉及到的规划路网全部已经建成，最终得到多阶段路网分配量。图 6 为最后一阶段的路段分配流量。至此，我们就预测得到了郑州市郑东新区未来交通的明确需求。

图 5　郑州市郑东新区路网容量
（单位：PCU/h）

图 6　2020 年郑州市郑东新区道路
交通流量（单位：PCU/d）

## 四、小　　结

在介绍郑州市郑东新区城市规划与交通规划概况的基础上，研究如何用交通调查等方法预测郑州市郑东新区的规划期多阶段交通需求。预测过程假设地块利用、人口开发、规划道路的长度、宽度、等级、路网布局等数据已经具备。

# 附录四 郑州市郑东新区道路建设调整方案

通过前面的交通需求预测，我们得到了郑州市郑东新区明确的交通需求。对一片空白的新城区来说，这一项工作十分不易，我们从第二章与第七章的大量模型与计算可以看出这一点。有了明确的交通需求，我们不仅可以对规划路网进行评价与路网矛盾分析，还可以运用土地—交通一体化规模模型与路网容量调整方案对原规划路网与规划土地方案进行调整，以实现交通供需均衡，下面就针对郑州市郑东新区这个具体实例说明这一工作的实现过程。

## 一、郑州市郑东新区交通规划方案评价与路网矛盾分析

根据 2020 年的路网预测交通流，我们可以根据有关评价指标与体系对郑州市郑东新区的规划路网进行交通评价。

在交通特征方面，根据附录二的路网容量与 2020 年交通流条件，我们可以按照美国联邦公路局路阻模型 $t=t_0[1+\gamma(V/C)^\zeta]$ 计算路段时间阻抗，进而结合路段流量、路段长度测试路段车流速度。经过计算，在 2020 年交通流条件下，我们得到郑州市郑东新区的平均路网车速为 29km/h，流量加权平均车速为 29.7m/h，距离加权平均车速为 31km/h，流量距离加权平均车速为 34.5km/h。可以分析，距离加权平均车速大于简单平均车速是由于郑州市郑东新区快速路与长距离纵、横主干路的建设密度较高，而这些道路的车速一般比较高。另外，流量距离加权平均车速大于流量加权平均车速和距离加权平均车速，说明大量的车流行驶于快速路或主干路。根据 1990 年北京市城市规划设计研究院提出的《城市道路服务水平分级标准》，郑州市郑东新区现有路网规划的车流速度属于三级区间，在这一区间内，城市车流稳定，但有一定可接受的交通延误。同时，在 2020 年高峰小时交通流下，可以计算得到郑州市郑东新区全路网车流密度为 57.703PCU/km。另外，2020 年郑州市郑东新区路网平均路段流量为 18893PCU/d。

在道路特征方面，根据前面的指标表达式可以计算，郑州市郑东新区平均道路等级为 2.12，平均路网容量为每天 47000 多 PCU。

在服务特征方面，也可以计算得到在 2020 年交通流下，郑州市

郑东新区平均道路服务水平为 2.23，平均路网 V/C 比为 0.407，路网负荷均匀度为 0.3742。

在通达深度方面，根据总体规划的路网测量结果，若不计入经济开发区组团与河流、湖泊面积，郑州市郑东新区全路网密度为 5.573km/km²，其中干道密度为 3.194km/km²。根据《城市道路交通规划设计规范》，对于大型城市，道路密度应该在 5.4～7.8km/km² 之间，其中主干道密度应该在 2.4～3.1 之间。可见现有规划的全路网密度较低，但干道密度较高，这是由于郑州市郑东新区组团规划强调组团间道路交通的设计模式决定的。同时，郑州市郑东新区规划路网节点数 700 左右，路网连接度指数为 3.512。一般大型城市路网连接度指数应在 3.5 以上。但连接度指数并不是越高越好，因为连接的边数越多，则交叉口越复杂，交叉口延误会越高，且交通组织越困难。因此，对于布置组团环路的郑州市郑东新区来说，现有规划路网的连接度指数较为合理。计算规划路网的区域面积与节点个数可以得到郑州市郑东新区路网连通度为 1.68。另外，根据 2020 年的交通流与交通阻抗，郑州市郑东新区平均节点路网可达性为 743.68 秒，小区路网可达性为 750.64 秒，小区单位车流路网可达性为 724.87 秒。表 1 与表 2 分别列出了郑州市郑东新区 42 个小区的路网可达时间与单位车流可达时间。最后，测算郑州市郑东新区小区间的网络距离与空间距离可以得到郑州市郑东新区的非直线系数为 1.2859。

将上述的技术评价指标值与表 3 的指标阈值代入直线型极值法换算公式，可以得到新城区交通网络综合评价指标体系中 15 个指标的无量纲化值 $y_i$，见表 3。

**郑州市郑东新区交通小区路网可达时间**(可达时间单位：秒)　　表 1

| 小　　区 | 30 | 31 | 32 | 33 | 34 | 35 | 36 | 37 | 38 | 39 | 40 | 41 | 42 | 43 |
|---|---|---|---|---|---|---|---|---|---|---|---|---|---|---|
| 可达时间 | 878 | 878 | 861 | 838 | 793 | 739 | 708 | 667 | 606 | 679 | 874 | 718 | 716 | 635 |
| 小　　区 | 44 | 45 | 46 | 47 | 48 | 49 | 50 | 51 | 52 | 53 | 54 | 55 | 56 | 57 |
| 可达时间 | 585 | 582 | 762 | 635 | 610 | 699 | 709 | 552 | 707 | 771 | 917 | 668 | 752 | 838 |
| 小　　区 | 58 | 59 | 60 | 61 | 62 | 63 | 64 | 65 | 66 | 67 | 68 | 69 | 70 | 71 |
| 可达时间 | 723 | 834 | 808 | 814 | 634 | 779 | 619 | 703 | 857 | 912 | 699 | 817 | 957 | 996 |

**郑州市郑东新区交通小区单位车流路网可达时间**（可达时间单位：秒）　表2

| 小　区 | 30 | 31 | 32 | 33 | 34 | 35 | 36 | 37 | 38 | 39 | 40 | 41 | 42 | 43 |
|---|---|---|---|---|---|---|---|---|---|---|---|---|---|---|
| 可达时间 | 812 | 815 | 805 | 789 | 753 | 707 | 677 | 642 | 589 | 636 | 803 | 671 | 669 | 598 |
| 小　区 | 44 | 45 | 46 | 47 | 48 | 49 | 50 | 51 | 52 | 53 | 54 | 55 | 56 | 57 |
| 可达时间 | 559 | 570 | 705 | 500 | 581 | 652 | 692 | 541 | 716 | 790 | 943 | 690 | 780 | 872 |
| 小　区 | 58 | 59 | 60 | 61 | 62 | 63 | 64 | 65 | 66 | 67 | 68 | 69 | 70 | 71 |
| 可达时间 | 751 | 868 | 838 | 768 | 610 | 747 | 614 | 702 | 848 | 869 | 705 | 839 | 977 | 985 |

**郑州市郑东新区交通网络布局评价指标体系各指标阈值**　　表3

| 指标编号 | 指　标　名　称 | 单位 | $SAT_i$ | $IMP_i$ | $y_i$ | 评价 |
|---|---|---|---|---|---|---|
| 1 | 人均道路面积 | m²/人 | 13.50 | 6.00 | 9.76 | 好 |
| 2 | 道路网密度 | km/km² | 7.80 | 5.40 | 0.07 | 差 |
| 3 | 干道网密度 | km/km² | 3.10 | 2.40 | 1.00 | 极好 |
| 4 | 连接度指数 | 无量纲 | 3.80 | 3.30 | 0.42 | 中 |
| 5 | 路网可达性 | 秒 | 684.00 | 1080.00 | 0.85 | 好 |
| 6 | 路网非直线系数 | 无量纲 | 1.20 | 2.00 | 0.89 | 好 |
| 7 | 单位车流可达性 | 秒 | 684.00 | 1080.00 | 0.90 | 好 |
| 8 | 单位车流非直线系数 | 无量纲 | 1.20 | 2.00 | 0.89 | 好 |
| 9 | 路网负荷度 | 无量纲 | 0.20 | 0.90 | 0.72 | 较好 |
| 10 | 负荷均匀性 | 无量纲 | 0.10 | 0.50 | 0.31 | 较差 |
| 11 | 路网技术等级 | 级 | 2.00 | 2.80 | 0.73 | 较好 |
| 12 | 路网连通度 | 无量纲 | 2.00 | 1.20 | 0.60 | 较好 |
| 13 | 路网服务水平等级 | 级 | 1.20 | 2.80 | 0.43 | 较差 |
| 14 | 流量距离加权均速 | km/h | 40.00 | 25.00 | 0.63 | 较好 |
| 15 | 车流密度 | PCU/km | 35 | 60 | 0.09 | 差 |

根据权重值，将 $y_i$ 加权求和，就可以得到郑州市郑东新区规划路网综合评价指数为0.7035，这个指数将作为后面交通网络投资优化方案的参照值。同时，表3也显示除了路网均匀性、路网密度、车流密度、路网服务水平等级等指标分值较低之外，郑州市郑东新区现有路网规划大部分技术评价指标较为合理。路网密度过低，以及车流密度过高说明现有路网在某些地方仍然难以满足交通需求。同时，路网均匀性指标过高也说明某些路段流量仍然偏高。根据2020年的交通流，有6.49％的路段负荷度大于1。这些路段主要涉及郑州市郑东新

区与老城区的连接路段，永平路、郑汴路、新107国道、通泰路、兴荣路、金水东路、熊耳河北路、九如路、三环北路东段、众意路、龙湖北区路段、龙子湖中路、杨子三路、龙子湖南区环路等。为解决这些路段供需矛盾，根据土地—交通一体化模型和新城区路网容量扩张方案，下面将围绕这两种方案寻求对策。

## 二、郑州市郑东新区土地交通一体化规划

### 1. 路段流量—小区出行量的调整

根据我们的交通分区，郑州市规划路网中的编号从1到98。其中1到29为老城区交通小区；30到71为郑州市郑东新区交通小区；71到98为城市出入口编号。将交通预测得到小区出行、路段阻抗等数据代入P5.1模型。经过Matlab的fmincon函数约3小时的计算，得到了郑州市郑东新区各交通小区的交通出行的全局最优调整量（表4）。

交通小区出行量局部最优调整量（单位：PCU）　　　　　表4

| 小区 | 30 | 31 | 32 | 33 | 34 | 35 | 36 | 37 | 38 | 39 | 40 | 41 | 42 | 43 |
|---|---|---|---|---|---|---|---|---|---|---|---|---|---|---|
| $\Delta P_i$ | 20775 | 23044 | 3380.9 | 0 | 0 | 0 | 0 | 0 | 25948 | 26631 | 0 | 18697 | 0 | 17871 |
| $\Delta A_i$ | 0 | 0 | 0 | 0 | 0 | 0 | 0 | 0 | 0 | 14182 | 0 | 0 | 0 | 33481 |
| $\Delta P_i + \Delta A_i$ | 20775 | 23044 | 3380.9 | 0 | 0 | 0 | 0 | 0 | 25948 | 40813 | 0 | 18697 | 0 | 51352 |
| 小区 | 44 | 45 | 46 | 47 | 48 | 49 | 50 | 51 | 52 | 53 | 54 | 55 | 56 | 57 |
| $\Delta P_i$ | 0 | 0 | 0 | 0 | 0 | 25525 | 0 | 8014.8 | 0 | 0 | 0 | 14437 | 0 | 0 |
| $\Delta A_i$ | 0 | 0 | 0 | 0 | 0 | 0 | 0 | 0 | 0 | 0 | 0 | 0 | 0 | 0 |
| $\Delta P_i + \Delta A_i$ | 0 | 0 | 0 | 0 | 0 | 25525 | 0 | 8014.8 | 0 | 0 | 0 | 14437 | 0 | 0 |
| 小区 | 58 | 59 | 60 | 61 | 62 | 63 | 64 | 65 | 66 | 67 | 68 | 69 | 70 | 71 |
| $\Delta P_i$ | 24468 | 0 | 14591 | 26366 | 0 | 0 | 0 | 0 | 0 | 0 | 18233 | 18509 | 0 | 0 |
| $\Delta A_i$ | 0 | 0 | 0 | 0 | 0 | 0 | 0 | 0 | 0 | 0 | 0 | 0 | 0 | 0 |
| $\Delta P_i + \Delta A_i$ | 24468 | 0 | 14591 | 26366 | 0 | 0 | 0 | 0 | 0 | 0 | 18233 | 18509 | 0 | 0 |

表4中，郑州市郑东新区43号交通小区需要调整51352PCU的出行量，43号小区位处于CBD区与龙湖之间，地段位置极其重要，对其做如此大的出行量调整是非常困难的。可见，全局最优模型使个

别小区调整幅度过大，为避免难以实施，我们增加局部最优调整策略，运用 P5.2 模型可以得到郑州市郑东新区各小区交通出行的局部最优调整量(表5)。

交通小区出行量局部最优调整量(单位：PCU)　　　表5

| 小区 | 30 | 31 | 32 | 33 | 34 | 35 | 36 | 37 | 38 | 39 | 40 | 41 | 42 | 43 |
|---|---|---|---|---|---|---|---|---|---|---|---|---|---|---|
| $\Delta P_i$ | 14765 | 11522 | 15524 | 11274 | 0 | 0 | 0 | 12079 | 13730 | 13316 | 16076 | 9348.5 | 9935 | 10936 |
| $\Delta A_i$ | 0 | 0 | 0 | 0 | 0 | 0 | 0 | 0 | 10699 | 16079 | 0 | 0 | 0 | 18741 |
| $\Delta P_i+\Delta A_i$ | 14765 | 11522 | 15524 | 11274 | 0 | 0 | 0 | 12079 | 24428 | 29395 | 16076 | 9348.5 | 9935 | 29676 |
| 小区 | 44 | 45 | 46 | 47 | 48 | 49 | 50 | 51 | 52 | 53 | 54 | 55 | 56 | 57 |
| $\Delta P_i$ | 0 | 0 | 0 | 0 | 0 | 15524 | 0 | 11177 | 0 | 0 | 9820.5 | 9058 | 0 |
| $\Delta A_i$ | 0 | 12069 | 0 | 0 | 0 | 20918 | 0 | 6898.5 | 10907 | 0 | 9198 | 11775 | 0 |
| $\Delta P_i+\Delta A_i$ | 0 | 12069 | 0 | 0 | 0 | 36442 | 0 | 18076 | 10907 | 0 | 19019 | 20833 | 0 |
| 小区 | 58 | 59 | 60 | 61 | 62 | 63 | 64 | 65 | 66 | 67 | 68 | 69 | 70 | 71 |
| $\Delta P_i$ | 12234 | 11018 | 7295.5 | 15829 | 3103.4 | 0 | 14042 | 6290 | 0 | 0 | 9116.5 | 9254.5 | 0 | 0 |
| $\Delta A_i$ | 1287 | 0 | 12647 | 20148 | 0 | 0 | 24092 | 22905 | 0 | 0 | 1699.2 | 8302 | 0 | 0 |
| $\Delta P_i+\Delta A_i$ | 13521 | 11018 | 19942 | 35977 | 3103.4 | 0 | 38134 | 29195 | 0 | 0 | 10816 | 17557 | 0 | 0 |

通过比较我们可以发现局部最优调整策略的单个小区调整量一般小于最优调整策略，但总调整量则明显大于最优调整策略。可以计算，局部最优调整策略总调整量为 480060PCU，而全局最优调整策略目标函数值为 334190PCU。

### 2. 郑州市郑东新区小区出行—土地利用结构的调整

在 Matlab 中生成 BP 神经网络，将郑州市的 71 个小区作为训练样本，各小区的 11 种规划土地类型面积作为输入矢量，各小区的 2020 年预测出行量($P_i+A_i$)作为输出值，进行20000次训练以后，我们发现仿真结果与预测值几乎完全重合，这说明 BP 网络已经成功反映了土地类型面积与小区出行之间的关系，于是我们就用扰动法分析土地类型面积对小区出行的敏感度。增加小区的某类型面积，观察 42 个小区的出行量偏离程度，就得到了土地类型面积对小区交通出行的平均扰动能力，见表6。

土地类型面积对交通小区的扰动能力（单位：万 PCU/万 m²） 表 6

| 居住用地 | 工业用地 | 仓储用地 | 大专科研 | 行政办公 | 商服金融 | 综合用地 | 市政设施 | 医疗卫生 | 体育用地 | 绿地 |
|---|---|---|---|---|---|---|---|---|---|---|
| 0.060 | 0.068 | 0.084 | −0.278 | 0.101 | 0.135 | −0.034 | −0.589 | 0.118 | −0.051 | −0.170 |

从表 6 中可以看出，医疗卫生用地、行政办公用地、商服金融用地、居住用地、仓储用地等类型面积的增加会明显地促进小区交通出行，而绿地、大专科研用地、市政设施用地的面积增加则会抑制小区的出行需求。

在土地类型面积扰动对小区交通出行的敏感度分析中，我们让抑制交通小区出行的某类型土地面积增加 0.1，同时让促进交通小区出行的某类型土地面积减少 0.1，观察两种类型土地对换后的网络输出偏离量。根据表 6 的分析，我们分别观察绿地、大专科研用地、市政设施用地对居住用地、仓储用地、商服金融用地、行政办公用地、医疗卫生用地 15 个交换方案，见表 7，并定义每个交换方案的扰动输出量为 $y_i(n)$。表 7 第四列列出了各种调整方案的平均扰动水平 $\text{mean}[y_i(n)-y(n)]$。

土地利用结构调整扰动方案 表 7

| 方案标号 | 增加土地类型 | 减少土地类型 | 平均扰动水平（万 PCU/万 m²） |
|---|---|---|---|
| 1 | 大专科研用地 | 居住用地 | −0.331 |
| 2 | 大专科研用地 | 仓储用地 | −0.363 |
| 3 | 大专科研用地 | 行政办公 | −0.373 |
| 4 | 大专科研用地 | 商服金融 | −0.426 |
| 5 | 大专科研用地 | 医疗卫生 | −0.400 |
| 6 | 市政设施 | 居住用地 | −0.643 |
| 7 | 市政设施 | 仓储用地 | −0.656 |
| 8 | 市政设施 | 行政办公 | −0.683 |
| 9 | 市政设施 | 商服金融 | −0.730 |
| 10 | 市政设施 | 医疗卫生 | −0.697 |
| 11 | 绿地 | 居住用地 | −0.246 |
| 12 | 绿地 | 仓储用地 | −0.282 |
| 13 | 绿地 | 行政办公 | −0.226 |
| 14 | 绿地 | 商服金融 | −0.253 |
| 15 | 绿地 | 医疗卫生 | −0.246 |

从表 7 中可以看出第 4、5、6、7、8、9、10 种调整方案对交通小区出行的扰动较大，它们每万平方米交换平均能减少4000PCU/d 的小区出行量。将表 4 与表 5 所需要的调整量除以表7 的平均扰动水平，就可以得到郑州市郑东新区土地—交通一体化规划的调整方案，即土地利用结构全局最优调整量（表 8）和土地利用结构局部最优调整量（表 9）。表中每个小区的各个方案之间是独立的关系，我们可以采取这种方案调整，也可以采取另一种方案调整，多种调整方案更加让我们的土地利用—交通一体化规划具有可操作性。同时，如果单纯某个方案因为某种土地类型面积不足以调整使出行量减少到目标值，我们则需要根据实际土地规划情况，补充市政设施用地交换住宅用地的方案 6（由于居住用地比例较高，且第 6 种方案调整效率较高），表格中我们用加号表示。最后，由于我们的 15 种调整方案涉及减少土地类型的只有居住用地、仓储用地、商服金融用地、行政办公用地、医疗卫生用地五种类型，如果某个小区不含任何这五种类型，显然我们也只好放弃对该小区的土地类型调整，而改用减少土地开发强度的方法达到减少小区交通出行的目的。表 8 与表 9 中，某小区某调整方案 0.0 表示该小区不能采用该方案进行调整。另外，表 8 中第39 个小区的 13 种方案 12.9＋10.9 的意思是：对于 39 号小区，采取第 13 种方案调整 12.9 个单位，第 6 种方案调整 10.9 个单位。同时，在全局最优土地结构调整中，由于第 41、55、68 号交通小区没有适用于 15 种方案中的土地类型，我们采取减少开发强度的办法减少小区出行。假设土地开发强度与小区交通出行呈单位线性关系，根据实际减少计划，需要分别减少 22.2%、38.0%、84.3%的土地开发强度。在局部最优土地结构调整中，由于第 41、第 55、第 59、第 68 号也没有适用于 15 种方案中的土地类型，我们也采取减少土地开发强度的办法减少小区出行，可算得需要分别减少 50%、50%、27.6%、50% 的土地开发强度。

土地利用结构全局最优调整量（单位：万 m²）　表 8

| 小区 | 方案1 | 方案2 | 方案3 | 方案4 | 方案5 | 方案6 | 方案7 | 方案8 | 方案9 | 方案10 | 方案11 | 方案12 | 方案13 | 方案14 | 方案15 |
|---|---|---|---|---|---|---|---|---|---|---|---|---|---|---|---|
| 30 | 6.3 | 0.0 | 0.0 | 0.0 | 0.0 | 3.2 | 0.0 | 0.0 | 0.0 | 0.0 | 8.4 | 0.0 | 0.0 | 0.0 | 0.0 |
| 31 | 7.0 | 0.0 | 0.0 | 0.0 | 0.0 | 3.6 | 0.0 | 0.0 | 0.0 | 0.0 | 9.4 | 0.0 | 0.0 | 0.0 | 0.0 |
| 32 | 1.0 | 0.0 | 0.0 | 0.0 | 0.0 | 0.5 | 0.0 | 0.0 | 0.0 | 0.0 | 1.4 | 0.0 | 0.0 | 0.0 | 0.0 |
| 33 | 0.0 | 0.0 | 0.0 | 0.0 | 0.0 | 0.0 | 0.0 | 0.0 | 0.0 | 0.0 | 0.0 | 0.0 | 0.0 | 0.0 | 0.0 |
| 34 | 0.0 | 0.0 | 0.0 | 0.0 | 0.0 | 0.0 | 0.0 | 0.0 | 0.0 | 0.0 | 0.0 | 0.0 | 0.0 | 0.0 | 0.0 |
| 35 | 0.0 | 0.0 | 0.0 | 0.0 | 0.0 | 0.0 | 0.0 | 0.0 | 0.0 | 0.0 | 0.0 | 0.0 | 0.0 | 0.0 | 0.0 |
| 36 | 0.0 | 0.0 | 0.0 | 0.0 | 0.0 | 0.0 | 0.0 | 0.0 | 0.0 | 0.0 | 0.0 | 0.0 | 0.0 | 0.0 | 0.0 |
| 37 | 0.0 | 0.0 | 0.0 | 0.0 | 0.0 | 0.0 | 0.0 | 0.0 | 0.0 | 0.0 | 0.0 | 0.0 | 0.0 | 0.0 | 0.0 |
| 38 | 7.9 | 0.0 | 0.0 | 0.0 | 0.0 | 4.0 | 0.0 | 0.0 | 0.0 | 0.0 | 10.5 | 0.0 | 0.0 | 0.0 | 0.0 |
| 39 | 12.3 | 0.0 | 10.9 | 0.0 | 0.0 | 6.4 | 0.0 | 6.0 | 0.0 | 0.0 | 16.6 | 0.0 | 12.9+10.9 | 0.0 | 0.0 |
| 40 | 0.0 | 0.0 | 0.0 | 0.0 | 0.0 | 0.0 | 0.0 | 0.0 | 0.0 | 0.0 | 0.0 | 0.0 | 0.0 | 0.0 | 0.0 |
| 41 | 5.7 | 0.0 | 3.7+5.1 | 0.0 | 0.0 | 2.9 | 0.0 | 2.7 | 0.0 | 0.0 | 7.6 | 0.0 | 3.7+4.2 | 0.0 | 0.0 |
| 42 | 0.0 | 0.0 | 0.0 | 0.0 | 0.0 | 0.0 | 0.0 | 0.0 | 0.0 | 0.0 | 0.0 | 0.0 | 0.0 | 0.0 | 0.0 |
| 43 | 15.5 | 0.0 | 6.5+11.7 | 0.0 | 9.7+14.0 | 8.0 | 0.0 | 6.5+14.9 | | 7.4+9.7 | 20.9 | 0.0 | 6.5+10.3 | | 9.7 |
| 49 | 7.7 | 0.0 | 0.0 | 6.0 | 0.0 | 4.0 | 0.0 | 0.0 | 3.5 | 0.0 | 10.4 | 0.0 | 0.0 | 10.1 | 0.0 |
| 55 | 0.0 | 0.0 | 0.0 | 0.0 | 0.0 | 0.0 | 0.0 | 0.0 | 0.0 | 0.0 | 0.0 | 0.0 | 0.0 | 0.0 | 0.0 |
| 56 | 0.0 | 0.0 | 0.0 | 0.0 | 0.0 | 0.0 | 0.0 | 0.0 | 0.0 | 0.0 | 0.0 | 0.0 | 0.0 | 0.0 | 0.0 |
| 57 | 0.0 | 0.0 | 0.0 | 0.0 | 0.0 | 0.0 | 0.0 | 0.0 | 0.0 | 0.0 | 0.0 | 0.0 | 0.0 | 0.0 | 0.0 |
| 58 | 0.0 | 0.0 | 6.6 | 0.0 | 0.0 | 0.0 | 0.0 | 3.6 | 0.0 | 0.0 | 0.0 | 0.0 | 10.8 | 0.0 | 0.0 |
| 59 | 0.0 | 0.0 | 0.0 | 0.0 | 0.0 | 0.0 | 0.0 | 0.0 | 0.0 | 0.0 | 0.0 | 0.0 | 0.0 | 0.0 | 0.0 |
| 60 | 4.4 | 0.0 | 3.9 | 3.4 | 1.7+3.3 | 2.3 | 0.0 | 2.1 | 2.0 | 1.7+4.1 | 5.9 | 0.0 | 6.5 | 5.8 | 1.7+2.9 |
| 61 | 8.0 | 0.0 | 7.1 | 0.0 | 1.6+5.1 | 4.1 | 0.0 | 3.9 | 0.0 | 1.6+5.1 | 10.7 | 0.0 | 11.7 | 0.0 | 1.6+5.1 |
| 62 | 0.0 | 0.0 | 0.0 | 0.0 | 0.0 | 0.0 | 0.0 | 0.0 | 0.0 | 0.0 | 0.0 | 0.0 | 0.0 | 0.0 | 0.0 |
| 63 | 0.0 | 0.0 | 0.0 | 0.0 | 0.0 | 0.0 | 0.0 | 0.0 | 0.0 | 0.0 | 0.0 | 0.0 | 0.0 | 0.0 | 0.0 |
| 64 | 0.0 | 0.0 | 0.0 | 0.0 | 0.0 | 0.0 | 0.0 | 0.0 | 0.0 | 0.0 | 0.0 | 0.0 | 0.0 | 0.0 | 0.0 |
| 65 | 0.0 | 0.0 | 0.0 | 0.0 | 0.0 | 0.0 | 0.0 | 0.0 | 0.0 | 0.0 | 0.0 | 0.0 | 0.0 | 0.0 | 0.0 |
| 66 | 0.0 | 0.0 | 0.0 | 0.0 | 0.0 | 0.0 | 0.0 | 0.0 | 0.0 | 0.0 | 0.0 | 0.0 | 0.0 | 0.0 | 0.0 |
| 67 | 0.0 | 0.0 | 0.0 | 0.0 | 0.0 | 0.0 | 0.0 | 0.0 | 0.0 | 0.0 | 0.0 | 0.0 | 0.0 | 0.0 | 0.0 |
| 68 | 0.0 | 0.0 | 0.0 | 0.0 | 0.0 | 0.0 | 0.0 | 0.0 | 0.0 | 0.0 | 0.0 | 0.0 | 0.0 | 0.0 | 0.0 |
| 69 | 5.6 | 0.0 | 0.0 | 4.1+5.6 | 0.0 | 2.9 | 0.0 | 0.0 | 2.5 | 0.0 | 7.5 | 0.0 | 0.0 | 4.1+4.5 | 0.0 |
| 70 | 0.0 | 0.0 | 0.0 | 0.0 | 0.0 | 0.0 | 0.0 | 0.0 | 0.0 | 0.0 | 0.0 | 0.0 | 0.0 | 0.0 | 0.0 |

土地利用结构局部最优调整量(单位：万 m²)　　　表9

| 小区 | 方案1 | 方案2 | 方案3 | 方案4 | 方案5 | 方案6 | 方案7 | 方案8 | 方案9 | 方案10 | 方案11 | 方案12 | 方案13 | 方案14 | 方案15 |
|------|-------|-------|-------|-------|-------|-------|-------|-------|-------|--------|--------|--------|--------|--------|--------|
| 30 | 4.5 | 0.0 | 0.0 | 0.0 | 0.0 | 2.3 | 0.0 | 0.0 | 0.0 | 0.0 | 6.0 | 0.0 | 0.0 | 0.0 | 0.0 |
| 31 | 3.5 | 0.0 | 0.0 | 0.0 | 0.0 | 1.8 | 0.0 | 0.0 | 0.0 | 0.0 | 4.7 | 0.0 | 0.0 | 0.0 | 0.0 |
| 32 | 4.7 | 0.0 | 0.0 | 0.0 | 0.0 | 2.4 | 0.0 | 0.0 | 0.0 | 0.0 | 6.3 | 0.0 | 0.0 | 0.0 | 0.0 |
| 33 | 3.4 | 0.0 | 0.0 | 0.0 | 0.0 | 1.8 | 0.0 | 0.0 | 0.0 | 0.0 | 4.0 | 0.0 | 0.0 | 0.0 | 0.0 |
| 37 | 3.7 | 0.0 | 0.0 | 0.0 | 0.0 | 1.9 | 0.0 | 0.0 | 0.0 | 0.0 | 4.9 | 0.0 | 0.0 | 0.0 | 0.0 |
| 38 | 7.4 | 0.0 | 0.0 | 0.0 | 0.0 | 3.8 | 0.0 | 0.0 | 0.0 | 0.0 | 9.6 | 0.0 | 0.0 | 0.0 | 0.0 |
| 39 | 8.9 | 0.0 | 7.9 | 0.0 | 0.0 | 4.6 | 0.0 | 4.3 | 0.0 | 0.0 | 11.9 | 0.0 | 12.9+ 9.1 | 0.0 | 0.0 |
| 40 | 4.9 | 0.0 | 0.0 | 0.0 | 0.0 | 2.5 | 0.0 | 0.0 | 0.0 | 0.0 | 6.5 | 0.0 | 0.0 | 0.0 | 0.0 |
| 41 | 2.8 | 0.0 | 2.5 | 0.0 | 0.0 | 1.5 | 0.0 | 1.4 | 0.0 | 0.0 | 3.8 | 0.0 | 3.7+ 2.8 | 0.0 | 0.0 |
| 42 | 3.0 | 0.0 | 2.7 | 0.0 | 0.0 | 1.5 | 0.0 | 1.5 | 0.0 | 0.0 | 4.0 | 0.0 | 2.8+ 2.5 | 0.0 | 0.0 |
| 43 | 9.0 | 0.0 | 6.5+ 8.4 | 0.0 | 7.4 | 4.6 | 0.0 | 4.3 | 0.0 | 4.3 | 12.0 | 0.0 | 6.5+ 6.8 | 0.0 | 9.7+ 8.3 |
| 45 | 3.7 | 0.0 | 0.0 | 0.0 | 0.0 | 1.9 | 0.0 | 0.0 | 0.0 | 0.0 | 4.9 | 0.0 | 0.0 | 0.0 | 0.0 |
| 49 | 11.0 | 0.0 | 0.0 | 8.6 | 0.0 | 5.7 | 0.0 | 0.0 | 0.0 | 0.0 | 14.8 | 0.0 | 0.0 | 14.4 | 0.0 |
| 51 | 0.0 | 0.0 | 0.0 | 0.0 | 0.0 | 0.0 | 0.0 | 0.0 | 0.0 | 0.0 | 0.0 | 0.0 | 0.0 | 0.0 | 0.0 |
| 52 | 3.3 | 0.0 | 2.9 | 2.6 | 2.7 | 1.7 | 0.0 | 1.6 | 1.5 | 1.6 | 4.4 | 0.0 | 4.8 | 4.3 | 4.4 |
| 55 | 0.0 | 0.0 | 0.0 | 0.0 | 0.0 | 0.0 | 0.0 | 0.0 | 0.0 | 0.0 | 0.0 | 0.0 | 0.0 | 0.0 | 0.0 |
| 56 | 0.0 | 0.0 | 5.6 | 0.0 | 0.0 | 0.0 | 0.0 | 3.0 | 0.0 | 0.0 | 9.2 | 0.0 | 0.0 | 0.0 | 0.0 |
| 58 | 0.0 | 0.0 | 3.6 | 0.0 | 0.0 | 0.0 | 0.0 | 2.0 | 0.0 | 0.0 | 6.0 | 0.0 | 0.0 | 0.0 | 0.0 |
| 59 | 0.0 | 0.0 | 0.0 | 0.0 | 0.0 | 0.0 | 0.0 | 0.0 | 0.0 | 0.0 | 0.0 | 0.0 | 0.0 | 0.0 | 0.0 |
| 60 | 6.0 | 0.0 | 5.3 | 4.7 | 1.7+ 4.2 | 3.1 | 0.0 | 2.9 | 2.7 | 1.7+ 5.0 | 8.1 | 0.0 | 8.8 | 7.9 | 1.7+ 3.7 |
| 61 | 10.9 | 0.0 | 9.6 | 0.0 | 1.6+ 6.6 | 5.6 | 0.0 | 5.3 | 0.0 | 1.6+ 7.3 | 14.6 | 0.0 | 15.9 | 0.0 | 1.6+ 6.2 |
| 62 | 0.9 | 0.0 | 0.0 | 0.0 | 0.0 | 0.5 | 0.0 | 0.0 | 0.0 | 0.0 | 1.3 | 0.0 | 0.0 | 0.0 | 0.0 |
| 64 | 11.5 | 0.0 | 0.0 | 0.0 | 0.0 | 5.9 | 0.0 | 0.0 | 0.0 | 0.0 | 15.5 | 0.0 | 0.0 | 0.0 | 0.0 |
| 65 | 8.8 | 0.0 | 0.0 | 6.1+ 8.5 | 7.3 | 4.5 | 0.0 | 0.0 | 4.0 | 4.2 | 11.9 | 0.0 | 0.0 | 6.1+ 6.9 | 9.1+ 8.0 |
| 68 | 0.0 | 0.0 | 0.0 | 0.0 | 0.0 | 0.0 | 0.0 | 0.0 | 0.0 | 0.0 | 0.0 | 0.0 | 0.0 | 0.0 | 0.0 |
| 69 | 5.3 | 0.0 | 0.0 | 4.1+ 5.5 | 0.0 | 2.7 | 0.0 | 0.0 | 2.4 | 0.0 | 7.1 | 0.0 | 0.0 | 4.1+ 4.4 | 0.0 |

## 3. 郑州市郑东新区土地—交通一体化规划方案评价

根据我们的目标，除郑州市郑东新区与老城区的连接路段等麻烦路段外，调整后的大部分郑州市郑东新区路段流量将小于道路容量。

这种调整究竟能够在多大程度上提高郑州市郑东新区的道路交通条件，现将针对这个问题进行全面评价。由于全局最优的总体土地利用调整幅度明显小于局部最优的调整量，我们只对全局最优调整后的郑州市郑东新区路网交通进行评价。根据土地—交通一体化规划方案调整后的交通出行量，进行交通分布、分配预测以后，就可以重新评价郑州市郑东新区的交通、服务特征。

在交通特征中，根据土地利用—交通一体化规划，在 2020 年交通流条件下，郑州市郑东新区全路网平均路网车速为 29.809km/h，比原有规划提高 2.35%。郑州市郑东新区全路网流量加权平均车速为 32.5km/h，比原有规划提高 8.8%。这里，流量加权平均车速的提高率大于简单平均车速的提高率，说明土地—交通一体化规划重点改善了流量较大路段的车速。距离加权平均车速为 32.5km/h，比原有规划提高 3.5%。距离加权平均车速的提高率小于流量加权平均车速的提高率，说明交通拥挤主要发生在道路长度较小的路段。流量距离加权平均车速为 38.7641km/h，比原有规划提高 12.3206%。流量距离加权平均车速的提高率大于流量加权平均车速与距离加权速度的提高率，说明土地—交通一体化规划改善了快速路及流量较高路段的交通条件。同时，郑州市郑东新区全路网车流密度 37.1461PCU/km，比原有规划降低 34.37%。这说明土地—交通一体化规划能够在很大程度上降低路网车流密度，使郑州市郑东新区的交通更加顺畅。同样，根据土地利用—交通一体化规划，在 2020 年交通流条件下，郑州市郑东新区全路网平均路段流量为 11466PCU/d，比原有规划降低 39.1369%。这进一步说明土地—交通一体规划模型对路段流量的降低非常明显，这主要归功于我们着重降低交通出行，几乎消除了大部分路段的交通瓶颈。

在服务特征中，可计算调整以后的道路服务水平为 1.93，小于原有规划等级 13.06%（等级数越小服务能力越高），说明土地—交通一体化规划提高了郑州市郑东新区路网服务能力。同样，调整后的郑州市郑东新区全路网平均 $V/C$ 比为 0.1997，比原有规划减少 49.9%，因此在很大程度上改善了道路交通条件。$V/C$ 下降如此明显主要是由于我们的土地—交通一体化规划本来就是以消除 $V/C$ 比路段为目标。

实际上，我们要求绝大多数路段的 $V/C$ 比都小于 1。同时，路网负荷均匀性也降为 0.3041，比原先规划减少 18.7%，这说明均匀性也得到了改善。

此外，调整方案也可使郑州市郑东新区平均节点路网可达性降为 685.1013，比原有规划减少 7.8769%。同时，郑州市郑东新区小区路网可达性降为 678.3244，比原有规划减少了 9.6339%。由此可以看出，经过土地规划方案调整后，小区间出行普遍可以减少 1 分钟左右的时间，可见其社会经济效益是非常可观的。如果考虑车流的权重，我们也可以计算调整后的单位车流路网可达性。据土地利用—交通一体化规划，在 2020 年交通流条件下，郑州市郑东新区小区单位车流可达性为 581.3260，比原有规划减少 19%，可见更多的小区间车流通行时间变短了。

可见，土地—交通一体化规划使原有的大多数技术评价指标指数都得到了改善，同时也有一些改善不是非常明显的指标（如简单平均车速）。另外，某些道路特征指标如人均道路面积、道路网密度，以及一些通达度指标如路网连通性、连接度指数等指标是不会因为道路流量的改变而发生变化的。将新的技术评价进行无量纲化换算以后，根据表 6 的权重进行加权求和，算得土地利用—交通一体化规划的郑州市郑东新区路网综合评价指数为 0.8459。这说明，土地—交通一体化规划使郑州市郑东新区的路网交通综合性能提高 16.7%。

## 三、郑州市郑东新区道路与交叉口扩张方案

### 1. 郑州市郑东新区道路容量扩张方案
根据 P5.1 的道路容量扩张模型，我们需要估计模型的两个参数：

$\varphi$——PCU 小时的节约；

$\psi$——单位面积道路在单位时间内的综合分摊费用。

这两个参数值在模型中的作用很大，决定道路分阶段优化与投资方案的成本与效益的关系，但不要求特别精确，事实上也不可能做到十分精确，毕竟是个预测值，不同的时间和地点会有较大的差异，我们只取一般水平下的平均值。

(1) PCU 小时的节约

PCU 小时按每 PCU 的人或货物折算成 3 个人每小时创造的国内生产总值来计算，每年按 244 个工作日，每个工作日 8 小时，2020 年郑州市区 GDP 预测为 386.08 亿元，人口 542.71 万人，于是得到本阶段 PCU 小时为 10.9 元。

(2) 单位道路面积在单位时间内的综合分摊费用

这一部分费用主要有两部分构成：一是道路的施工建设费用，另一个是道路建成通车后的维修养护费用。由于拆迁费用是一次性给付的，与修某个路段与否有关，与何时修关系不大，尤其是在规划已经作出的情况下，于是我们不分摊拆迁费用。

① 道路施工建设费用

一般城市道路建设造价在 150~250 元/m²，我们同时参考最近郑州市郑东新区新建设道路部分路段造价(表 10)，确定每千平方米道路造价为 22.68 万元，合每平方米道路造价 222.68 元。

郑州市郑东新区最近道路修建造价情况　　　　　　表 10

| 道路名称 | 道路长度<br>(km) | 道路宽度<br>(m) | 道路面积<br>(km²) | 投资概算<br>(万元) | 每平方米造价<br>(元) |
|---|---|---|---|---|---|
| 东风东路 | 60 | 10.662 | 639.72 | 9454 | 147.7834 |
| 金水东路 | 80 | 4.5636 | 365.088 | 6813 | 186.6125 |
| 商鼎路 | 50 | 8.879 | 443.95 | 6421 | 144.6334 |
| 众意路 | 50 | 1.5 | 75 | 1528 | 203.7333 |
| 九如路 | 30 | 1.8 | 54 | 1254 | 232.2222 |
| 东周路 | 25 | 0.895 | 22.375 | 519 | 231.9553 |
| 康宁路 | 25 | 2.085 | 52.125 | 1659 | 318.2734 |
| 会展路 | 52.6 | 1.746 | 91.8396 | 1318 | 143.5111 |
| 通泰路 | 40 | 1.08 | 43.2 | 1126 | 260.6481 |
| 第六轴线(旧名) | 30 | 1.605 | 48.15 | 1039 | 215.784 |
| 天、地资路 | 20 | 2.36 | 47.2 | 1408 | 298.3051 |
| 天瑞路 | 20 | 1.135 | 22.7 | 576 | 253.7445 |
| 第五轴线(旧名) | 40 | 1.175 | 47 | 1052 | 223.8298 |
| 龙湖外环路 | 50 | 1.447 | 72.35 | 1235 | 170.698 |
| 纵贯一路(旧名) | 50 | 1.15 | 57.5 | 1617 | 281.2174 |
| 相济路 | 40 | 1.3 | 52 | 1300 | 250 |
| 平均 | 41.413 | 2.7114 | 133.39 | 2394.9 | 222.68 |

因为我们要将这个费用分摊到每一天，所以还和道路的使用寿命有关。道路使用寿命即使用年限，是指道路从建成通车到大修之前的时间。道路的使用寿命主要与道路等级、重车在交通组成中所占比例、维修养护条件、路面结构类型、标准轴载的采用、施工质量的控制等因素有关，一般城市道路的使用寿命在 15～20 年之间，我们取较大的值，也就是 20 年，算得郑州市郑东新区每千平方米道路造价的日分摊费用为 30.51 元。

② 维修养护费用

一类街道每平方米维护费用国家标准是 5.82 元/年，一年按 365 天计，算得每平方公里道路的日维护费用为 15.95 元。

这样，郑州市郑东新区道路建设费用和维修养护费用之和为 46.46 元/km² · d。

事实上，城市道路在交通功能上的使用者不仅仅是机动车，行人和自行车也占有较大的比重。另外，城市道路还是能源系统、水资源和给排水系统、通信系统和防灾系统的载体或组成部分。城市道路的建设除了实现上述交通、防灾、布置基础设施、界定区域等基本功能外，还应该满足市民在公共活动空间进行交往、游赏、娱乐、散步、休憩等功能，以实现对人的关怀。为此，路边植物种植、绿化配置、自然景物布局、步行空间设计、城市广场设计、雕塑设计也将被纳入城市道路设计的广义范畴。因此，尽管我们的模型中没有具体量化这些功能，但可以认为这些功能与城市道路的交通功能相比也是占有相当大的份额的，比如一般城市道路面积只有大约 1/3 到 1/2 用于机动车，其他面积则用于其他功能，道路的地下部分则用于能源系统。综上所述，因为模型是针对机动车建立的，所以在考虑机动车单位道路面积在单位时间的综合分摊费用时还要扣除道路非机动车功能的费用，于是最终确定的机动车综合分摊费用值为总值的 1/2，也就是 23.23 元/km² · d。

需要说明的是，在使用模型计算各预测期的路网时，既不需要把现在的费用换算成未来某年的费用，也不用把将来的费用折现成现值，因为模型中主要使用这些费用之间的相对关系，而我们假设这种相对关系是不变的，折现会产生不必要的计算和误差。

③ 郑州市郑东新区道路容量扩张方案

得到两个参数的估计值以后，我们就可以用 P5.1 及其算法求解郑州市郑东新区的规划路网容量扩张问题。郑州市郑东新区规划路网有 896 个节点，1257 条路段。路网流量数据 $f_k$ 与路网容量数据 $C_k$ 来自对 2020 年郑州市郑东新区的交通需求预测流量与道路通行能力分析，同时根据前面的估计确定 $\varphi$ 为 9.4 元/PCU 小时，$\psi$ 为 23.23 元/km$^2$·d。将上面的算法编译成 matlab 程序，得到表 11 的容量扩张方案。表 11 中第二、第四列为扩张路段的扩张宽度，单位为米。

郑州市郑东新区路网扩张方案（单位：m）　　　　　　表 11

| 扩 张 路 段 | 扩张 | 扩 张 路 段 | 扩张 |
|---|---|---|---|
| 四环北路东段（中州大道—龙须二路） | 10.5 | 祭城路（步云街—文苑西路） | 14 |
| 四环北路东段（景辉路—景泰路） | 7 | 新 107 国道（祭城路—王新街） | 7 |
| 龙湖外环路（龙须一路—龙须二路） | 3.5 | 商务西三街 | 10 |
| 龙济路（中州大道—龙湖内环） | 3.5 | 商务西五街 | 10 |
| 育翔路（花庄路—晨辉路） | 7 | 商务西七街 | 7 |
| 三环北路（龙湖内环东—龙湖内环西） | 14 | 九如路（商务内环—黄河东路） | 3.5 |
| 朝阳路（中州大道—龙湖内环西） | 3.5 | 九如东路（商务内环—龙湖外环） | 3.5 |
| 众意路（三环北路—明珠环路） | 3.5 | 金水东路（通泰路—聚源路） | 10.5 |
| 如意西路（三环北路—明珠环路） | 14 | 金水东路（民生路—回春路） | 10.5 |
| 九如路（三环北路—明珠环路） | 3.5 | 金水东路（心怡路—中兴路） | 10.5 |
| 如意东路（龙湖内环—农业东路） | 3.5 | 通泰路（金水东路—商都路） | 10.5 |
| 天赋路（东风东路—龙湖内环） | 3.5 | 宏图街（通泰路—聚源路） | 7 |
| 彩云三街（龙湖外环—祭城路） | 7 | 七里河南路（中兴路—清源路） | 3.5 |
| 商鼎路（聚源路—黄河东路） | 7 | 商鼎路（中兴路—二里铺路） | 10.5 |
| 商鼎路（圃田西路—博学路） | 7 | 永平路（中州大道—通泰路） | 14 |

根据我们的路网容量扩张方案，扩张的道路总长度约 26.58km，需要新建道路面积约 23.9 万 m$^2$。按郑州市郑东新区每平方米道路面积平均造价 222.68 元计算，容量修正后的路网需要新增建设资金 5322.1 万元，总投资按道路使用寿命年限（20 年）分摊到年为 266.11 万元，每平方米道路养护费用按国家标准 5.82 元/年计算，新增道路养护费用为 139.15 万元/年，不考虑拆迁和征地费用合计新增费用约为 405.21 万元/年。同时，根据模型，我们得到路网扩

张可使每年因路上时间的节约而产生 3469 万元的经济效益。于是，我们的路网容量扩张方案需要固定投资 5322.1 万元，每年新增道路养护费 139.15 万元，考虑到资金的时间价值，按 7% 的贴现率折现，投资回收期约 1.5 年，投资净现值为 3.2 亿元，投资内部收益 160%。可见，郑州市郑东新区路网容量扩张方案的效用十分显著，以最小的成本获取最大的效益，这就是路网容量扩张模型的诱人之处。

### 2. 郑州市郑东新区交叉口容量扩张方案

立体交叉口的拓宽方案可以直接根据交叉口两端的道路容量扩张方案确定。对于平面交叉口，我们首先根据 2020 年交通流与 5.2 的交叉口通行能力计算交叉口所需要的进出口机动车道总宽度，然后与规划的机动车宽度相比，确定交叉口所有方向的断面展宽额度。表 12 列出了郑州市郑东新区部分交叉口的容量扩张方案。表格中的数字表示该交叉口在各个方向上的机动车道扩张总宽度，新增的扩张断面可以按照 3~3.5m/车道的标准增加进道口车道与出道口车道。交叉口编号对照图 1。交叉口方向是指 A 交叉口往 B 交叉口方向所涉及的进道口与出道口。

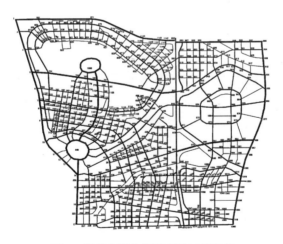

图 1　郑州市郑东新区交叉口编号图

郑州市郑东新区部分交叉口的容量扩张方案(单位: m)　　表 12

| 交叉口 | | 方向1扩张宽度 | | 方向2扩张宽度 | | 方向3扩张宽度 | | 方向4扩张宽度 | |
|---|---|---|---|---|---|---|---|---|---|
| 编号 | 位置 | 方向 | 扩张 | 方向 | 扩张 | 方向 | 扩张 | 方向 | 扩张 |
| 227 | 永平路—十里铺路 | 17 | 13 | 228 | 13 | 254 | 6 | | |
| 228 | 永平路—通泰路 | 227 | 13 | 229 | 13 | 255 | 3 | | |
| 229 | 永平路—七里河南路 | 228 | 14 | 231 | 7 | 242 | 3 | 244 | 9 |
| 231 | 安平路—黄河东路 | 229 | 6 | 245 | 9 | 232 | 3 | | |
| 236 | 东风东路—永平路 | 235 | 6 | 237 | 6 | 250 | 6 | | |
| 239 | 安平路—永平路 | 238 | 6 | 1072 | 6 | 253 | 3 | | |
| 240 | 清源路—七里河北路 | 241 | 3 | 1033 | 7 | 979 | 4 | | |
| 244 | 永平路—南岗街 | 229 | 9 | 243 | 3 | 256 | 6 | | |
| 256 | 永平路—黄河东路 | 244 | 10 | 245 | 6 | 257 | 4 | 268 | 9 |
| 257 | 永平路—中周路 | 246 | 3 | 256 | 6 | 258 | 3 | 269 | 0 |
| 258 | 永平路—东周路 | 247 | 3 | 270 | 3 | 257 | 3 | 259 | 6 |
| 259 | 农业东路—永平路 | 258 | 6 | 260 | 6 | 271 | 5 | 248 | 8 |
| 261 | 东风东路—永平路 | 260 | 6 | 262 | 6 | 274 | 6 | 251 | 6 |
| 263 | 永平路—二里铺街 | 252 | 6 | 252 | 6 | 263 | 0 | 287 | 6 |
| 268 | 黄河东路—万通街 | 256 | 9 | 269 | 3 | 280 | 4 | | |
| 275 | 商都路—十里铺路 | 264 | 7 | 276 | 13 | 289 | 4 | 16 | 13 |
| 276 | 商都路—通泰路 | 265 | 7 | 275 | 12 | 277 | 9 | 290 | 9 |
| 277 | 白庄街—商都路 | 266 | 3 | 276 | 6 | 278 | 3 | | |
| 278 | 聚源—商都路 | 279 | 9 | 292 | 6 | 277 | 6 | | |
| 279 | 商都路—七里河南路 | 267 | 3 | 278 | 13 | 280 | 8 | 293 | 6 |
| 280 | 商都路—黄河东路 | 268 | 10 | 279 | 12 | 281 | 9 | 293 | 10 |
| 281 | 中周路—商都路 | 280 | 11 | 282 | 11 | 294 | 0 | 269 | 3 |
| 282 | 商都路—东周路 | 270 | 3 | 281 | 11 | 283 | 9 | 295 | 3 |
| 283 | 商都路—农业东路 | 271 | 6 | 282 | 11 | 284 | 9 | 296 | 8 |
| 284 | 商都路—康平路 | 297 | 6 | 265 | 13 | 283 | 9 | 272 | 5 |
| 285 | 商都路—东风东路 | 273 | 9 | 284 | 13 | 286 | 11 | 298 | 6 |
| 286 | 商都路—中兴路 | 274 | 6 | 285 | 14 | 287 | 13 | 300 | 6 |
| 287 | 商都路—二里铺街 | 263 | 7 | 286 | 13 | 288 | 10 | 301 | 6 |

# 四、小　　结

在前面预测的基础上，本文对郑州市郑东新区的交通规划方案进行评价。我们发现，除了路网均匀性、路网密度、车流密度、路网服务水平等级等指标分值较低之外，郑州市郑东新区现有路网规划大部分技术评价指标较为合理。路网密度过低，以及车流密度过高，说明现有路网在某些地方仍然难以满足交通需求，存在局部路网矛盾。同时，路网均匀性指标过高也说明某些路段流量仍然偏高。解决这些路段供需矛盾的对策主要有3种方式：一是调整土地规划类型，运用土地—交通规划一体化模型，减少需求，实现路网供需均衡；二是调整路网建设方案，增建或加宽某些拥挤路段，增加供给解决供需矛盾；三是加强交通管制。其中，第三种方案是一种事后措施，需要针对具体路段的具体情况采取针对性措施，具有不可预见性。本文围绕了第一、第二方案展开实证研究，提供郑州市郑东新区的路网建设调整的优化方案。

# 附录五　郑州市郑东新区
# 多阶段路网建设计划

根据总体规划，从目前到 2020 年，郑州市郑东新区在道路基础设施方面将有庞大的建设任务，我们以预测的道路交通需求为基础，根据现阶段路网的基本情形对郑州市郑东新区道路网络进行逐步扩张。每一阶段的扩张道路由多阶段路网离散扩张模型及算法得到。

## 一、2006 年基本情形

"基本情形"是将现有的交通政策和管理措施、2006—2008 年的人口、机动车出行量、目前在建项目和已经批准立项的设施项目叠加到现状路网上，用于提出近期交通分析及建设投资计划。

2006 年，郑州市区人口预测 310.052 万人，郑州市郑东新区预计入住人口 14.5 万人，涉及的规划区域包括起步区、龙子湖区。同时我们预计 2006 年郑州市郑东新区总出行量约 238000PCU/d。至 2008 年，郑州市区人口预计 335.87 万人口，郑州市郑东新区预计入住人口达 29 万人，同时我们预计 2008 年郑州市郑东新区的交通出行总量为 47.626 万 PCU/d。截至 2005 年底，郑州市郑东新区"基本情形"路网建设已达 700 多万平方米，总距离达 180 多公里。

运用评价指标体系对"基本情形"路网各级指标进行评价，评价结果见表 1。

2008 年"基本情形"方案道路交通运行指标模拟结果　　　　表 1

| 指标编号 | 指　标　名　称 | 指标值 | 评分值 | 评　语 |
|---|---|---|---|---|
| 1 | 人均道路面积 | 25.2 | 1 | 极　好 |
| 2 | 道路网密度 | 2.67 | 0 | 极　差 |
| 3 | 干道网密度 | 1.91 | 0 | 极　差 |
| 4 | 连接度指数 | 2.77 | 0 | 极　差 |
| 5 | 路网可达性 | 1438 | 0 | 极　差 |
| 6 | 路网非直线系数 | 1.9 | 0.125 | 差 |
| 7 | 单位车流可达性 | 922.6 | 0.39747 | 较　差 |
| 8 | 单位车流非直线系数 | 1.7 | 0.375 | 较　差 |
| 9 | 路网负荷度 | 0.24 | 0.94286 | 好 |
| 10 | 负荷均匀性 | 0.53 | 0 | 中 |

续表

| 指标编号 | 指 标 名 称 | 指标值 | 评分值 | 评 语 |
|---|---|---|---|---|
| 11 | 路网技术等级 | 1.52 | 1 | 极好 |
| 12 | 路网连通度 | 1.39 | 0.2375 | 较 |
| 13 | 路网服务水平等级 | 2.27 | 0.33125 | 较 |
| 14 | 流量距离加权均速 | 34 | 0.6 | 好 |
| 15 | 车流密度 | 55.3 | 0.188 | 差 |
| HAP | 综合评价 | | 0.39 | 较差 |

从以上的评价值可以看出"基本情形"的路网密度显然是不能满足郑州市郑东新区 2008 年交通需求的。由于龙子湖区道路网的缺乏,道路的可达性、道路密度等各个方面都无法令人满意。但目前,由于入住人口较少,因此路网负荷度不高。就现有的路网从人均道路面积来说,仍然可以当作"城市形象"进行宣传。

## 二、2006—2008 年建设计划及成本—效益分析

### 1. 参数评估

求解 P6.1 模型,需要评估参数 $\varphi^t$,即在第 $t$ 阶段的单位车流行驶单位路程所节约的综合社会运营成本(即 PCU 公里)。

这里主要考虑标准小汽车当量,因为在计算时使用的是这一单位。在计算小汽车使用的综合社会运营成本时,我们将各种费用和车公里联系起来。

我们将机动车使用的综合社会运营成本定义为标准汽车每行驶一单位距离,比如 1000km 所发生的费用,包括分摊到每千公里的一些固定费用(购买费用、大修费用等)和部分变动费用,比如汽油使用费用、易损零部件费用等,但不包括汽车牌照费、保险费、停车费等和行驶距离没有直接关系的花费。还要适当加上尾气污染、交通阻塞等社会成本,这两项不好核算,我们在汽油使用上乘以一个系数来估计。

汽车折旧费:产生于车价,目前一般轿车的行车里程大约为 30 万 km,我们以平摊的方式计算 10 万元的车,每千公里的折旧费为

100000/300＝333 元，加上购置税后约为 362 元/千公里。

油料费：油料包括汽油、机油、齿轮油、刹车油。一般 1.6L 排量的车在城区道路中行驶，油耗为 100L/千公里。以 93 号汽油的 3.6 元/L 的价格计算，每千公里的汽油费为 360 元；机油按汽油耗量的 1% 计算，每千公里 1L，每升 10 元，再加上齿轮油、刹车油也约为每千公里 10 元，这样油料总计在 390 元左右。

尾气污染：我们按汽油费的 20% 折算，是每千公里 64.6 元。

定期保养费：除非发生意外，一般自己支付的这部分费用较少。汽车在行驶到 5000km 左右做好免费的首保，一般定期的保养在每 5000km 300 元左右，折合每千公里 60 元。

易损件及零配件费：车辆 3 种滤清器(空气滤清器、汽油滤清器、机油滤清器)的滤芯，每年最少要更换一次；电瓶的正常使用寿命一般为 2 年左右(免维护电瓶约 4 年)；轮胎的使用寿命一般为 3 年左右，寿命里程为 8～10 万 km；前后刹车蹄片，在行驶 6～7 万 km、12～14 万 km 之后需要更换，再加上电器等配件等，这些合计每千公里大约需 100 元的零配件费用。

汽车大修、二级保养和发动机总成大修工费：这项费用新车一两年内不需要支出，且支出的费用多少与车型有很大的关系。一般 10 万元左右的国产轿车每年一次以检查、调整为主的二级维护费用为 2200 元左右(包括：机油三滤材料费、验车费、二级维护人工费)；发动机大修的费用为 8000 元左右；如需整车大修或总成大修，至少需花掉维修费 1～1.5 万元(一般行驶 10～15 万 km 大修一次)。这些费用分摊到每千公里上约是 230 元。

将上面的数据相加得到机动车使用的社会成本约为 1.19 元/PCU 公里。这是根据国产中档小轿车为标准计算得出的，但目前郑州路网车流中排气量小的经济型面包车和中低档货车占了相当大的比重，且这种情况在近期内不会有太大变化，虽然在折算标准 PCU 时用于交通量分析是较准确的，但在计算机动车使用的社会成本时，不论在购买价格和零配件成本方面都要低一些，因此我们将这一数值根据实际情况向下调整至 2006 年标准的 70%，是 0.83 元/PCU 公里；2006—2008 年按标准的 75% 折算，是 0.89 元/PCU 公里；2008—2010 年按标准的

80%计算，是 0.95 元/PCU 公里；2010—2013 按标准的 85%计算，是 1.01 元/PCU 公里；2013—2015 按标准的 90%计算，是 1.07 元/PCU 公里；2015—2020 按标准的 95%计算，是 1.13 元/PCU 公里。

### 2. 模型求解及成本—效益分析

根据 P6.1 模型及其算法，我们将"基本情形"的路网数据与交通需求预测数据代入进行求解，得到 2006—2008 年的路网建设计划。根据计算结果，2008 年比 2006 年新增道路面积约 250 万 km²，新增道路长度约 60km。2008 郑州市郑东新区道路网结构图见图 1，图中深色线表示"基本情形"路网，浅色线表示新建路段。

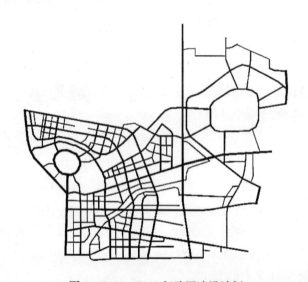

图 1　2006—2008 年路网建设计划

成本包括道路建设成本与维护费用。在这一阶段内，按每平方米道路面积造价 222.68 元计算，新的建设道路约需资金 9.2433 亿元，总投资按道路使用寿命年限分摊到年为 4621.7 万元，每平方米道路养护费用按国家标准 5.82 元/年计算，新增道路养护费用为 2415.9 万元/年，不考虑拆迁和征地费用，合计新增费用约为 7037.6 万元/年。

与道路容量扩张方案不同，新建的道路不仅节约出行时间，而且通过形成新的距离最短路路径，节约出行距离。PCU 公里按标准的

75%的计算结果，本阶段为 0.89 元。PCU 小时按每 PCU 的人或货物
折算成 3 个人每小时创造的国内生产总值来计算，每年按 244 个工作
日，每个工作日 8 小时，2008 年郑州市区 GDP 为 193.98 亿元，人口
335.866 万人，于是得到本阶段 PCU 小时为 8.88 元。

将 2008 年的交通生成量数据分别加载到"基本情形"路网和本
阶段投资建设后的路网上，对这两个指标进行对比计算，每年因运距
的缩短可产生 13377 万元的经济效益，因路上时间的节约可产生
6861.4 万元的经济效益，合计直接经济效益为 20238 万元，本阶段道
路建设投资为 5.5 亿元，每年新增道路养护费 1437.3 万元，考虑到
资金的时间价值，按 7%的贴现率折现，投资回收期不到 4 年，投资
净现值为 15.8 亿元。见表 2。

郑州市郑东新区道路网 2006—2008 年投资效益的核算　　　表 2

| | 车公里(万 PCU 公里/年) | 车小时(万 PCU 小时/年) |
|---|---|---|
| "基本情形"路网 | 454510 | 15447 |
| 建设后路网 | 439480 | 14674 |
| 差值 | 15030 | 773 |
| 单位费用(元/PCU公里、元/PCU小时) | 0.89 | 8.88 |
| 直接经济效益(万元/年) | 13377 | 6861.4 |
| 合计效益(万元/年) | 20238.4 | |
| 投资回收期(年) | 3.6 | |
| 净现值(亿元) | 15.8 | |
| 内部收益率(%) | 52.1 | |

## 三、2008—2010 年建设计划及成本—效益分析

根据总体规划的规划年限，2010 年的郑州市郑东新区建设开始涉
及龙湖北区。我们根据 2010 年交通需求与主要交通问题，确定郑州
市郑东新区 2008～2010 年道路建设投资方向。

### 1. 2008 年路网承担2010 年交通需求的情况分析

到 2010 年，郑州市区人口预测达 363.83 万人；郑州市郑东新区

预测入住人口达 64.4 万人；同时我们预计 2010 年郑州市郑东新区的交通出行总量为 106.39 万 PCU/d。将 2010 年的郑州市郑东新区交通需求加载到 2006—2008 年的路网建设方案上，我们得到本阶段建设前路网的道路网络评价表，见表 3。

| 指标编号 | 指 标 名 称 | 指标值 | 评分值 | 评 语 |
|---|---|---|---|---|
| 1 | 人均道路面积 | 17.264 | 1 | 极 好 |
| 2 | 道路网密度 | 2.7842 | 0 | 极 差 |
| 3 | 干道网密度 | 2.0666 | 0 | 极 差 |
| 4 | 连接度指数 | 2.8018 | 0 | 极 差 |
| 5 | 路网可达性 | 1380 | 0 | 极 差 |
| 6 | 路网非直线系数 | 1.8 | 0.25 | 差 |
| 7 | 单位车流可达性 | 789 | 0.73485 | 较 好 |
| 8 | 单位车流非直线系数 | 1.5 | 0.625 | 较 好 |
| 9 | 路网负荷度 | 0.27728 | 0.8896 | 好 |
| 10 | 负荷均匀性 | 0.64796 | 0 | 极 差 |
| 11 | 路网技术等级 | 1.4745 | 1 | 极 好 |
| 12 | 路网连通度 | 1.4685 | 0.33562 | 较 差 |
| 13 | 路网服务水平等级 | 2.2476 | 0.34525 | 较 差 |
| 14 | 流量距离加权均速 | 32.735 | 0.51567 | 中 |
| 15 | 车流密度 | 59.836 | 0.00656 | 极 差 |
| HAP | 综合评价 | | 0.4524 | 较 差 |

2008 年路网承担 2010 年交通需求评价　表 3

从表 3 中可以看出，随着郑州市郑东新区城市的建设与扩张，尽管从人均道路面积上看似乎现有道路能够满足需求，但从路网布局看局部供需矛盾是非常突出的。首先龙湖北区几十平方公里的城市开发面积严重影响了郑州市郑东新区道路密度与干道网密度的评价。由于龙湖北区路网的缺乏、龙子湖区路网的不完善造成了郑州市郑东新区极差的路网可达性。而单位路网可达性与单位路网非直线系数之所以有较高评价也主要是由于老城区具有较高评价权重的影响。另外从路网连通度、连接度指数都可以看出郑州市郑东新区的 2008 年路网需要进行较大程度的扩张。但从已有的道路上看，道路负荷度仍然较低，在路上开车仍然是非常通畅的，这主要归功于现有路网良好的道路等级与较低的交通需求。总之，综合评价指标"较差"，说明了在这一阶段郑州市郑东新区的路网需要进行本质上的完善与扩张。

### 2. 模型求解及成本—效益分析

根据 P6.1 模型及其算法，我们将 2008 年的路网数据与 2010 年的交通需求预测数据代入进行求解，得到 2008—2010 年的路网建设计划。2010 年郑州市郑东新区道路网结构图见图 2。

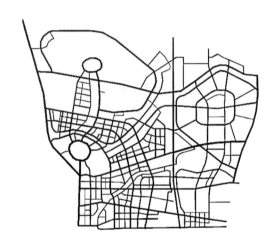

图 2　2008—2010 年路网建设计划

在这一阶段内，郑州市郑东新区需要新建道路 415.1 万 m²，新增道路长度 89.033km。按每平方米道路面积造价 222.68 元计算，这一阶段约需资金 9.2433 亿元，总投资按道路使用寿命年限分摊到年为 4621.7 万元，每平方米道路养护费用按国家标准 5.82 元/年计算，新增道路养护费用为 2415.9 万元/年，不考虑拆迁和征地费用，合计新增费用约为 7037.6 万元/年。

路网建设效益仍然从 PCU 公里与 PCU 小时进行评价。PCU 公里按标准的 80% 的计算结果，本阶段为 0.95 元。PCU 小时按每 PCU 的人或货物折算成 3 个人每小时创造的国内生产总值来计算，每年按

244 个工作日，每个工作日 8 小时，2010 年郑州市区 GDP 预测为 226.11 亿元，人口 363.83 万人，于是得到本阶段 PCU 小时为 9.5 元。将 2010 年的交通生成量数据分别加载到 2008 年、2010 年路网，对这两个指标进行对比计算，每年因运距的缩短可产生 12977 万元的经济效益，因路上时间的节约可产生 13775 万元的经济效益，合计直接经济效益为 26752 万元，本阶段道路建设投资为 9.2433 亿元，每年新增道路养护费 2415.9 万元，考虑到资金的时间价值，按 7% 的贴现率折现，投资回收期不到 4.5 年，投资净现值为 18.343 亿元。见表 4。

郑州市郑东新区道路网 2008—2010 年投资效益的核算　　表 4

| | 车公里(万 PCU 公里/年) | 车小时(万 PCU 小时/年) |
|---|---|---|
| 建设前路网 | 469750 | 21082 |
| 建设后路网 | 456090 | 19632 |
| 差值 | 13660 | 1450 |
| 单位费用(元/PCU 公里、元/PCU 小时) | 0.95 | 9.5 |
| 直接经济效益(万元/年) | 12977 | 13775 |
| 合计效益(万元/年) | 26752 | |
| 投资回收期(年) | 4.5 | |
| 净现值(亿元) | 18.34 | |
| 内部收益率(%) | 35.8% | |

## 四、2010—2013 年建设计划及成本—效益分析

根据我们的预测，2013 年起步区入住人口达规划人口的 100%，龙子湖区达 80%，龙湖北区达 25%。增加的新城区人口严重挑战 2010 年的路网系统。在这一节，我们首先分析 2010 年的路网针对 2013 的交通需求的路网矛盾，然后根据多阶段路网离散扩张模型制订 2010—2013 年的道路建设计划，并且分析新建道路的成本—效益。

### 1. 2010 年路网承担2013 年交通需求的情况分析

到 2013 年，郑州市区人口预测达 410.2 万人；郑州市郑东新区

预测入住人口达 84.8 万人；同时我们预计 2013 年郑州市郑东新区的
交通出行总量为 136.71 万 PCU/日。将 2013 年的郑州市郑东新区交
通需求加载到 2008—2010 年的路网建设方案上，我们得到本阶段建
设前路网的道路网络评价表，见表 5。

**2010 年路网承担 2013 年交通需求评价　　　表 5**

| 指标编号 | 指 标 名 称 | 指标值 | 评分值 | 评 语 |
|---|---|---|---|---|
| 1 | 人均道路面积 | 15.89 | 1 | 极 好 |
| 2 | 道路网密度 | 3.4469 | 0 | 极 差 |
| 3 | 干道网密度 | 2.5191 | 0.17014 | 差 |
| 4 | 连接度指数 | 2.9328 | 0 | 极 差 |
| 5 | 路网可达性 | 1108.4 | 0 | 极 差 |
| 6 | 路网非直线系数 | 1.6 | 0.5 | 中 |
| 7 | 单位车流可达性 | 798.77 | 0.71018 | 较 好 |
| 8 | 单位车流非直线系数 | 1.45 | 0.6875 | 较 好 |
| 9 | 路网负荷度 | 0.26496 | 0.9072 | 好 |
| 10 | 负荷均匀性 | 0.63805 | 0 | 极 差 |
| 11 | 路网技术等级 | 1.514 | 1 | 极 好 |
| 12 | 路网连通度 | 1.6732 | 0.5915 | 中 |
| 13 | 路网服务水平等级 | 2.2277 | 0.35769 | 较 差 |
| 14 | 流量距离加权均速 | 33.692 | 0.54613 | 中 |
| 15 | 车流密度 | 55.425 | 0.183 | 差 |
| HAP | 综合评价 | | 0.4989 | 较 差 |

从表 5 中可以看出，随着郑州市郑东新区城市的建设与扩张，
2010 年的路网仍然难以满足 2013 年的交通需求。尽管由于人口入住
速度小于城市建设速度，人均道路面积仍然保持较高评价。但从路网
评价的重要指标——道路网密度与干道网密度来说，2010 年的道路仍
然是非常不完整的。由于断路的存在，连接度指数也仍未满足最起码
的要求。同时，由于城市跨度大，而路网仍未完整，导致路网可达性
的评价也很低。但由于龙湖北区尤其是三环北路东段的贯通，使郑州
市郑东新区的路网非直线系数大大提高，达到"中"的评价。由于总
体出行量仍然较少且路网不断扩张，车辆行驶仍然顺畅；负荷度得到
"好"的评价。但从车流密度、路网服务水平等级等评价均可以看出，

现有路网为适应 2013 年交通需求仍然需要很大程度的改善。总之，综合评价为"较差"，说明在 2010—2013 年这一阶段的郑州市郑东新区路网建设任务仍然是非常繁重的。

### 2. 模型求解及成本—效益分析

根据 P6.1 模型及其算法，我们将 2010 年的路网数据与 2013 年的交通需求预测数据代入进行求解，得到 2010—2013 年的路网建设计划。2013 年郑州市郑东新区道路网结构图见图 3。

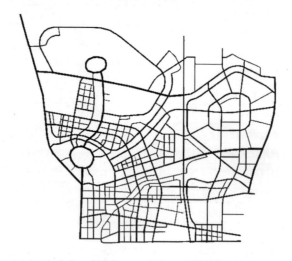

图 3  2010—2013 年路网建设计划

在这一阶段内，郑州市郑东新区需要新建道路 326.9 万 m²，新增道路长度 84.36km。按每平方米道路面积造价 222.68 元计算，这一阶段约需资金 7.2794 亿元，总投资按道路使用寿命年限分摊到年为 3639.7 万元，每平方米道路养护费用按国家标准 5.82 元/年计算，新增道路养护费用为 1902.6 万元/年，不考虑拆迁和征地费用合计新增费用约为 5542.3 万元/年。

路网建设效益仍然通过运距和时间的节省来计算。PCU 公里按标准的 85% 的计算结果，本阶段为 1.01 元。PCU 小时按每 PCU 的人或货物折算成 3 个人每小时创造的国内生产总值来计算，每年按

244个工作日，每个工作日8小时，2013年郑州市区GDP为274.32亿元，人口410.20万人，于是得到本阶段PCU小时为10.23元。将2013年的交通生成量数据分别加载到2013年、2010年路网，对这两个指标进行对比计算，每年因运距的缩短可产生8494万元的经济效益，因路上时间的节约可产生11457.6万元的经济效益，合计直接经济效益为19951.6万元，本阶段道路建设投资为7.2794亿元，每年新增道路养护费1902.6万元，考虑到资金的时间价值，按7%的贴现率折现，投资回收期约4.5年，投资净现值为13.18亿元。见表6。

郑州市郑东新区道路网 2010—2013 年投资效益的核算　　　　　　表6

| | 车公里(万PCU公里/年) | 车小时(万PCU小时/年) |
|---|---|---|
| 建设前路网 | 512790 | 22458 |
| 建设后路网 | 504380 | 21338 |
| 差值 | 8410 | 1120 |
| 单位费用(元/PCU公里、元/PCU小时) | 1.01 | 9.6 |
| 直接经济效益(万元/年) | 8494 | 11457.6 |
| 合计效益(万元/年) | 19951.6 | |
| 投资回收期(年) | 4.5 | |
| 净现值(亿元) | 13.18 | |
| 内部收益率(%) | 33% | |

## 五、2013—2015 年建设计划及成本—效益分析

根据我们的预测，2015年起步区入住人口达规划人口的100%，龙子湖区达100%，龙湖北区达50%。增加的郑州市郑东新区人口将给2013年的路网带来压力。在这一节，我们首先观察2013年的路网针对2015年交通需求的路网矛盾，然后根据多阶段路网离散扩张模型制订2013—2015年的道路建设计划，最后分析新建道路的投资成本—效益。

### 1. 2013年路网承担2015年交通需求的情况分析

到2015年，郑州市区人口预测达444.36万人；郑州市郑东新区

入住人口预计达 104.6 万人；同时我们预测 2015 年郑州市郑东新区的交通出行总量为 167.84 万 PCU/d。将 2015 年的郑州市郑东新区交通需求加载到 2010—2013 年的路网方案上，我们得到本阶段建设前路网的道路网络评价表，见表 7。

**2013 年路网承担 2015 年交通需求评价**  表 7

| 指标编号 | 指 标 名 称 | 指标值 | 评分值 | 评 语 |
|---|---|---|---|---|
| 1 | 人均道路面积 | 15.89 | 1 | 极 好 |
| 2 | 道路网密度 | 4.3991 | 0 | 极 差 |
| 3 | 干道网密度 | 3.1485 | 1 | 极 好 |
| 4 | 连接度指数 | 3.1327 | 0 | 极 差 |
| 5 | 路网可达性 | 11292 | 0 | 极 差 |
| 6 | 路网非直线系数 | 1.45 | 0.6875 | 较 好 |
| 7 | 单位车流可达性 | 833.22 | 0.62318 | 极 好 |
| 8 | 单位车流非直线系数 | 1.37 | 0.7875 | 较 好 |
| 9 | 路网负荷度 | 0.2416 | 0.94057 | 极 好 |
| 10 | 负荷均匀性 | 0.62887 | 0 | 极 差 |
| 11 | 路网技术等级 | 1.5913 | 1 | 极 好 |
| 12 | 路网连通度 | 1.9421 | 0.92762 | 好 |
| 13 | 路网服务水平等级 | 2.233 | 0.35437 | 较 差 |
| 14 | 流量距离加权均速 | 34.483 | 0.6322 | 较 好 |
| 15 | 车流密度 | 53.092 | 0.27632 | 较 差 |
| HAP | 综合评价 | | 0.5940 | 中 |

与前面几次建设前的路网相比，本次建设前路网得到 0.5940，评价为"中"，说明当前的路网布局已经基本形成，相比以前的路网已经有很大程度的改善。本阶段的起步路网干道密度得到"极好"的评价，也说明现有路网的组团间连通程度已经较高，主干道布局基本形成。路网非直线系数与单位路网非直线系数也得到了"较好"的评价，这说明交通小区间的出行便捷程度已大大提高。尤其是出行量较大的起步区的路网框架接近完成，也正因为如此，单位路网可达性得了"极好"的评价。在这一时期，优越的路网负荷度与车辆行驶速度已成为郑州市郑东新区道路网络的一大特色。但我们也应该注意到，

综合评价"中"仍然与我们的预期相差甚远，这一阶段的路网仍然存在诸多不足。首先，道路网密度仍然未达到国家基本标准，保持"极差"的评价，这说明加快建设脚步不容延缓。其次，路网连接度与路网可达性也保持"极差"的评价，这显然也不是郑州市郑东新区未来交通所愿意遇见的状态。路网负荷均衡性"极差"也说明了局部路网矛盾异常突出，车流密度较高也说明了现有路段的不足。

### 2. 模型求解及成本—效益分析

根据 P6.1 模型及其算法，我们将 2013 年的路网数据与 2015 年的交通需求预测数据代入进行求解，得到 2013—2015 年的路网建设计划。2015 年郑州市郑东新区道路网结构图见图 4。

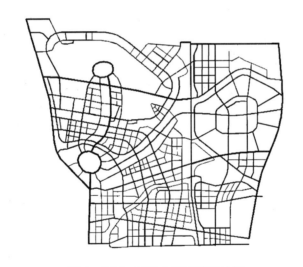

图 4　2013—2015 年路网建设计划

根据计算结果，在这一阶段内，郑州市郑东新区需要新建道路 133.55 万 m²，新增道路长度 48.235km。按每平方米道路面积造价 222.68 元计算，这一阶段约需资金 2.974 亿元，总投资按道路使用寿命年限分摊到年为 1487 万元，每平方米道路养护费用按国家标准 5.82 元/年计算，新增道路养护费用为 777.2913 万元/年，不考虑拆迁和征地费用合计新增费用约为 2264.3 万元/年。

考虑到与道路建设成本的可比性原则，将效益可以量化的部分归纳为与之对应的两个重要指标，即缩短运距节约的费用（PCU 公里的节约）和缩短路上时间（PCU 小时的节约）带来的效益。PCU 公里按标准的 90% 的计算结果，本阶段为 1.07 元。PCU 小时按每 PCU 的人或货物折算成 3 个人每小时创造的国内生产总值来计算，每年按 244 个工作日，每个工作日 8 小时，2015 年郑州市区 GDP 为 306.45 亿元，人口 444.36 万人，于是得到本阶段 PCU 小时为 10.6 元。将 2015 年的交通生成量数据分别加载到 2015 年、2013 年路网，对这两个指标进行对比计算，每年因运距的缩短可产生 3400 万元的经济效益，因路上时间的节约可产生 4695.8 万元的经济效益，合计直接经济效益为 8095.80 万元，本阶段道路建设投资为 2.974 亿元，每年新增道路养护费 777.2913 万元，考虑到资金的时间价值，按 7% 的贴现率折现，投资回收期约四年半，投资净现值为 5.3 亿元。见表 8。

郑州市郑东新区道路网 2013—2015 年投资效益的核算　　　　表 8

| | 车公里(万 PCU 公里/年) | 车小时(万 PCU 小时/年) |
|---|---|---|
| 建设前路网 | 582660 | 24463 |
| 建设后路网 | 579260 | 24020 |
| 差值 | 4000 | 443 |
| 单位费用(元/PCU 公里、元/PCU 小时) | 1.07 | 10.6 |
| 直接经济效益(万元/年) | 3400 | 4695.8 |
| 合计效益(万元/年) | 8095.80 ||
| 投资回收期(年) | 4.5 ||
| 净现值(亿元) | 5.3 ||
| 内部收益率(%) | 32.6% ||

## 六、2015—2020 年建设计划及成本—效益分析

根据我们的预测，2020 年完成郑州市郑东新区的入住人口规划，相比 2015 年主要增加了龙湖北区的交通小区人口。增加的郑州市郑

东新区人口将给 2015 年的路网带来压力。在这一节，我们首先观察 2015 年的路网针对 2020 年交通需求的路网矛盾，然后根据多阶段路网离散扩张模型制定 2015—2020 年的道路建设计划，最后分析新建道路的投资成本—效益。

### 1. 2015 年路网承担 2020 年交通需求的情况分析

到 2020 年，郑州市区人口预测达 542.71 万人；郑州市郑东新区入住人口预计达 135 万人；同时我们预测 2020 年郑州市郑东新区的交通出行总量为 211.67 万 PCU/d。将 2020 年的郑州市郑东新区交通需求加载到 2013—2015 年的路网方案上，我们得到本阶段建设前路网的道路网络评价表，见表 9。

2015 年路网承担 2020 年交通需求评价　　　　　　表 9

| 指标编号 | 指　标　名　称 | 指标值 | 评分值 | 评　语 |
|:---:|:---|:---:|:---:|:---:|
| 1 | 人均道路面积 | 13.47 | 0.996 | 极　好 |
| 2 | 道路网密度 | 5.0306 | 0 | 极　差 |
| 3 | 干道网密度 | 3.3173 | 1 | 极　好 |
| 4 | 连接度指数 | 3.3719 | 0.1438 | 差 |
| 5 | 路网可达性 | 1096 | 0 | 极　差 |
| 6 | 路网非直线系数 | 1.42 | 0.725 | 较　好 |
| 7 | 单位车流可达性 | 703.72 | 0.9502 | 好 |
| 8 | 单位车流非直线系数 | 1.32 | 0.85 | 好 |
| 9 | 路网负荷度 | 0.26467 | 0.90761 | 好 |
| 10 | 负荷均匀性 | 0.757 | 0 | 极　差 |
| 11 | 路网技术等级 | 1.686 | 1 | 极　好 |
| 12 | 路网连通度 | 2.1507 | 1 | 极　好 |
| 13 | 路网服务水平等级 | 2.2996 | 0.31275 | 较　差 |
| 14 | 流量距离加权均速 | 32.888 | 0.52587 | 较　好 |
| 15 | 车流密度 | 67.935 | 0 | 较　差 |
| HAP | 综合评价 |  | 0.6253 | 较　好 |

经过十多年的建设，郑州市郑东新区的路网总体评价水平上了一个新台阶，综合 HAP 为 0.6253，说明路网在本阶段建设前就已经得到了"较好"的评价。但 0.6253 的评价仍然与我们对总体规划的预期相差甚远，因此在本阶段内完成郑州市郑东新区全部路网建设不容延缓。随着城市的扩张与人口的入住，郑州市郑东新区的人均道路面积也开始逐渐下降，总体路网密度仍然偏低。由于通过组团式发展，干道密度高，因此干道网密度得到"极好"的评价。而单位车流系数与单位路网可达性等指标也说明郑州市郑东新区交通小区的出行比较便利，路网负荷度"好"的评价也说明郑州市郑东新区路网的车辆行驶十分顺畅。但我们也应该注意到当前路网对2020 年的交通需求仍然存在诸多缺陷。连接度指数"差"说明了路网仍然存在很大程度的不完整，负荷均衡性"极差"说明了局部路网矛盾十分突出，路网服务等级"较差"也说明了目前的路网还存在诸多不理想，路网密度也说明了必须尽快完成剩余的道路分流车流量。

### 2. 模型求解及成本—效益分析

本阶段的路网建设以彻底完成郑州市郑东新区全部路网建设为目标。根据 P6.1 模型，我们将 2020 的路网数据与 2015 年的交通需求预测数据代入进行求解，得到 2015—2020 年的路网建设计划。实际上根据模型及算法，全部路网相比 2015 年剩下的路网即为本阶段的建设内容。

2020 年比 2015 年新增道路面积约 125 万 m²，新增道路长度约39km。2020 年郑州市郑东新区道路网结构图见图 5。

在这一阶段内，郑州市郑东新区需要新建道路 125.28 万 m²，新增道路长度 39.44km。按每平方米道路面积造价 222.68 元计算，这一阶段约需资金 2.79 亿元，总投资按道路使用寿命年限分摊到年为1395 万元，每平方米道路养护费用按国家标准 5.82 元/年计算，新增道路养护费用为 726.6 万元/年，不考虑拆迁和征地费用，合计新增费用约为 2121.6 万元/年。

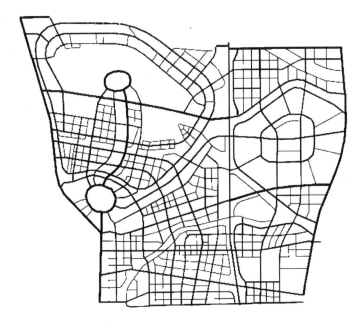

图 5　2015—2020 年路网建设计划

　　考虑到与道路建设成本的可比性原则，将效益可以量化的部分归纳为与之对应的两个重要指标，即缩短运距节约的费用（PCU 公里的节约）和缩短路上时间（PCU 小时的节约）带来的效益。PCU 公里按标准的 95％ 的计算结果，本阶段为 1.13 元。PCU 小时按每 PCU 的人或货物折算成 3 个人每小时创造的国内生产总值来计算，每年按 244 个工作日，每个工作日 8 小时，2020 年郑州市区 GDP 为 386.08 亿元，人口 542.71 万人，于是得到本阶段 PCU 小时为 10.9 元。将 2020 年的交通生成量数据分别加载到 2020 年、2015 年路网方案上，对这两个指标进行对比计算，每年因运距的缩短可产生 1187 万元的经济效益，因路上时间的节约可产生 5150 万元的经济效益，合计直接经济效益为 6337 万元，本阶段道路建设投资为 2.79 亿元，每年新增道路养护费 726.6 万元，考虑到资金的时间价值，按 7％ 的贴现率折现，投资回收期约五年半，投资净现值为 3.6 亿元，见表 10。

郑州市郑东新区道路网 2015—2020 年投资效益的核算　　表 10

| | 车公里(万 PCU 公里/年) | 车小时(万 PCU 小时/年) |
|---|---|---|
| 建设前路网 | 699870 | 29247 |
| 建设后路网 | 698820 | 28776 |
| 差值 | 1050 | 471 |
| 单位费用(元/PCU 公里、元/PCU 小时) | 1.13 | 10.9 |
| 直接经济效益(万元/年) | 1187 | 5150 |
| 合计效益(万元/年) | 6337 ||
| 投资回收期(年) | 5.5 ||
| 净现值(亿元) | 3.6 亿 ||
| 内部收益率(%) | 24.9% ||

# 七、小　　结

　　本文利用多阶段路网离散扩张模型，研究郑州市郑东新区的路网建设计划问题。我们首先评估模型 P6.1 的重要参数，然后根据 P6.1 的模型及其算法，得到郑州市郑东新区五个阶段的路网建设计划。本文也分析了各个阶段的投资成本—效益核算。由于采用贪婪算法，投资内部收益率逐渐下降，但优化后的方案仍使内部收益率达到 24% 以上，这说明每阶段的建设投资都是高效运转的。

# 主 要 参 考 文 献

［1］陆化普，王建伟，李江平，兰荣，王京著．城市交通管理评价体系．北京：人民交通出版社，2003.

［2］杨晓光，等著．城市道路交通设计指南．北京：人民交通出版社，2003.

［3］杨佩昆，吴兵编著．交通管理与控制．北京：人民交通出版社，2003.

［4］徐循初主编，汤宇卿副主编．城市道路与交通规划．北京：中国建筑工业出版社，2006.

［5］王纬，等著．城市交通管理规划指南．北京：人民交通出版社，2003.

［6］岑乐陶主编，戴慎志主审．城市道路交通规划设计．北京：机械工业出版社，2006.

［7］徐循初主编，黄建中副主编．城市道路与交通规划．北京：中国建筑工业出版社，2007.

［8］王炜，过秀成，等编著．交通工程学．南京：东南大学出版社，2003.

［9］石京著．城市道路交通规划设计与运用．北京：人民交通出版社，2006.

［10］吴瑞麟，沈建武编著．城市道路设计．北京：人民交通出版社，2003.

［11］张坤民．可持续发展论．北京：中国环境科学出版社，1997.

［12］诸大建，等．为了上海的明天——上海可持续发展的理论与实践．上海：同济大学出版社，1997.

［13］李德华．城市规划原理［M］．第3版．北京：中国建筑工业出版社，2001.